高等学校新能源科学与工程专业教材

可再生能源导论

| 刘建国　主编 |
| 王刚　吴聪萍　副主编 |

中国轻工业出版社

图书在版编目（CIP）数据

可再生能源导论/刘建国主编．—北京：中国轻工业出版社，2023.7

普通高等教育“十三五”规划教材　高等学校新能源科学与工程专业教材

ISBN 978-7-5184-1147-4

Ⅰ．①可…　Ⅱ．①刘…　Ⅲ．①再生能源—高等学校—教材　Ⅳ．①TK01

中国版本图书馆 CIP 数据核字（2016）第 241626 号

责任编辑：江　娟　　责任终审：唐是雯　　封面设计：锋尚设计
版式设计：王超男　　责任校对：吴大朋　　责任监印：张　可

出版发行：中国轻工业出版社（北京东长安街 6 号，邮编：100740）
印　　刷：北京君升印刷有限公司
经　　销：各地新华书店
版　　次：2023 年 7 月第 1 版第 3 次印刷
开　　本：787×1092　　1/16　　印张：22
字　　数：532 千字
书　　号：ISBN 978-7-5184-1147-4　　定价：48.00 元
邮购电话：010－65241695
发行电话：010－85119835　传真：85113293
网　　址：http：//www.chlip.com.cn
Email：club@chlip.com.cn
如发现图书残缺请与我社邮购联系调换
231053J1C103ZBQ

本书编委会

主　编:

刘建国　南京大学

副主编:

王　刚　中国质量认证中心

吴聪萍　南京大学

编　委:

吕　俊　三江学院

徐　超　华北电力大学

杨　浩　大唐集团

王胜年　美国路易斯安那理工大学

叶季蕾　中国电力科学研究院

前　言

人的生存过程，就是消费能源，向自然排放危害环境物质的过程。当人类活动的范围和活动能量不足够大时，我们并不能意识到人类活动对环境的破坏，而随着世界人口的增加，城市化进程加速，蓦然回首，我们却发现自身的生存环境岌岌可危。

三度普利策奖得主托马斯·弗里德曼在其引起世界轰动效应的《世界又热又平又挤》这一著作中分析了当今世界发展的五大趋势：能源与资源的供需失衡；石油的垄断；碳排放引发的全球气候变暖；能源日益匮乏；因人口爆炸性增长、无节制开发和环境污染导致的生物多样性消失，从而引发对未来地球及生命造成危害甚至毁灭的前景的深刻担忧。这不仅是托马斯·弗里德曼的担忧，这也是世界各国的科学家、环保主义者的共同担忧，他们呼吁要以创新的观念和方法求发展，减少和限制地狱能源（造成严重环境污染和气候变暖的传统能源，如石油、煤炭等），大力开发和使用清洁能源（太阳能、风能、潮汐等）。

因此，启动“绿色能源革命”是世界发展必然的选择。正如托马斯·弗里德曼说的，启动绿能，才能从地狱到天堂，谁能领导能源革命，谁就能主宰世界。绿色能源指的是清洁能源，不排放污染物的对环境友好的能源，主要就是指可再生能源。可再生能源的特点就在于其具有取之不竭用之不尽、原材料可以再生的特性，具体包括太阳能光热利用、太阳能光伏利用、风能、生物质能、地热能、海潮能等。近年来，可再生能源发电的份额逐步提高，与传统的化石能源发电相比，风能、太阳能等再生能源的发电具有波动性和间歇性的特点，大规模纳入会对电网的安全稳定带来很大的冲击。因此储能技术是实施可再生能源并网的关键，它将促进可再生能源的集约化开发和利用。“储能 + 再生能源”是人类能源供需的未来和能源行业的发展路径。

《可再生能源导论》系统地介绍各种可再生能源技术的基本原理及当前开发利用的主流技术，并着重地介绍了解决可再生能源间歇性缺点的氢能与燃料电池，以及储能技术。

本教材的编写，希望能满足理工科大学对于新能源科学的教学与学习参考的需求，也期冀能为从事可再生能源技术研发的相关科技人员及工程技术人员提供有价值的借鉴。由于我们的水平和经验有限，书中难免出现错漏和不足之处，敬请读者批评指正。

本教材的编写，得到南京大学现代工程与应用学院各位领导和同事的大力支持，李艺萱和刘增勇参加了资料查阅、整理编写以及校阅等工作，在此一并致以衷心的感谢。

前言

目 录

第一章　绪论

第一节　能源的定义与分类

一、能源的定义

能源是人类生存与社会发展的基础。在某种意义上讲，能源的开发与利用是衡量人类社会进化、国家经济发展以及科学技术水平的重要标志。

《大英百科全书》对能源的定义为“能源是一个包括所有燃料、流水、阳光和风的术语，人类用适当的转换手段，给人类自己提供所需的能量。”中国《能源百科全书》定义为“能源是可以直接或经转换提供人类所需的光、热、动力等任一形式能量的载能体资源。”《能源词典》中的解释为“能源是可以直接或通过转换提供人类所需的有用能的资源”。可见，能源就是一种呈多种形式的，且可以相互转换能量的源泉。

二、能源的分类

能源从不同的角度，可以有不同的分类。

1. 按照能源的来源分类

（1）来自地球内部　如地球上的铀、钍等放射性物质发出的核能、地热能。

（2）来自太阳辐射　太阳能、风能、煤、天然气、石油、水能、生物质能等的来源都可以追溯到太阳辐射。

（3）来自天体引力　如潮汐能。

2. 从转换过程分类

（1）一次能源　直接存在于自然界的天然能源，未经加工和转换，如煤、石油、天然气、水能、风能、核能、海洋能、生物质能、地热能等。

（2）二次能源　由一次能源直接或间接加工转换而成的人工能源，如汽油、柴油、焦炭、煤气、水电、氢能、沼气、蒸汽、火电、核电、太阳能发电、潮汐能发电等。

3. 按照反复利用的属性分类

（1）可再生能源　是不会耗尽的能源，如风能、太阳能、水能、生物质能、地热能、海洋能等非化石能源。

（2）不可再生能源　是随着人类的开发利用而越来越少的能源，如煤、石油、天然气、页岩气、核能燃料等。

4. 按照开发使用的技术成熟度分类

（1）常规能源　如煤、石油、天然气、水能、核能（曾经属于新能源，随着其技术的成熟以及广泛地开发利用，现被归为常规能源）。

（2）新能源 如太阳能、风能、海洋能、地热能、氢能、生物质能等。

5. 其他分类方式

（1）按能源的性质 分为燃料型能源（如煤、石油、天然气、泥炭、木材等）和非燃料型能源（如水能、风能、地热能、海洋能等）。

（2）按能源消耗后的污染性 分为污染型能源（煤、石油等）和清洁型能源（水能、电力、太阳能、风能等）。

（3）按能源的物态 分为固态燃料（煤、炭）、液态燃料（石油）和气态燃料（天然气、高炉煤气）。

（4）按能源的交易属性 分为商品能源和非商品能源。一般认为进入能源市场作为商品销售的能源称为商品能源，如煤、石油、天然气、电等；自用的薪柴和农作物残余（如秸秆等）称为非商品能源。

第二节 人类利用能源的历史

在漫长的历史长河中，人类对能源的利用经历了三个时期：薪柴时代、煤炭时代、石油时代。能源消费结构经历了两次大的转变，并且正在经历第三次大转变。

在薪柴时代，人类通过简单的收集薪柴、砍伐树木，并辅以畜力和简单的水利、风力，获得初级能源。通过对这些能源的消费，学会利用火来改变人类的生活方式。通过火，人类开始食用熟食，有了照明、取暖，学会了驱兽，开始冶金、制造生产工具和武器，甚至是酿酒。这一时期的生产和生活水平都很低，社会发展迟缓。

直到 18 世纪 60 年代，英国产业革命的兴起，特别是蒸汽机的发明和使用，大大提高了人类的生产力水平，也促使了煤炭勘探、开发和运输的发展。人类能源利用进入了煤炭时代，也完成了从薪柴为主到煤炭为主的能源消费结构的第一次转变。到 1920 年，煤炭占世界能源构成的 87%，煤炭取代薪柴，成为世界能源消费的主体。这一转变使人类的生活和文化水平得到了极大的提高，从根本上改变了人类社会的面貌。人类开始进入对大自然进行大规模改造的时期。

19 世纪中期，煤油的商业化使石油进入灯油时代，为此人类开始大规模开采石油。伴随内燃机的发明，汽车、飞机、坦克、军舰等的不断出现，石油成为燃料和动力原料，使石油工业从灯油市场转向汽油市场，开始了人类能源利用的又一新时代——石油时代。20 世纪 50 年代，石油勘探和开采技术的不断改进，中东、美国、北非相继发现大型油气田，加上石油冶炼技术的发展，促使各种成品油供应充足、价格低廉，致使消费量大幅提高，最终引发了人类能源消费结构的第二次转变，从以煤炭为主转变为以石油、天然气为主。1920—1959 年间，石油和天然气在世界能源构成中的比例，从 11% 上升到 50%，煤炭的比例则由 87% 下降到 48%。这次转变带来了世界经济的超前繁荣，创造了人类史上空前的物质文明，人类进入高速发展时期。

两次能源消费结构的转变，将人类从原始落后的天然薪柴能源时代带入以煤、石油和天然气等不可再生能源的化石能源时代，创造了人类社会发展史上的空前繁荣。但化石能源固有的不可持续特性，以及无节制的开采，给全球环境带来的压力日益严重，温室效应、化石能源枯竭、生态环境破坏等，已成为威胁人类生存和发展的严重问题。为了解决这一系列的问题，人类不得不大力发展太阳能、地热能、海洋能、风能、生物质能、氢能、核能等新能源。因而从20世纪中期以后，核能和太阳能的应用比例不断提高，太阳能的增速呈现比核能更快的趋势。世界能源结构已经开始向多元化的方向发展。人类能源消费结构进入一个新的转变期，即从石油、天然气等传统能源向可再生能源转变。

第三节 发展可再生能源的必要性

一、能源形势

在全球经济高速发展的今天，能源安全已上升到了国家的高度，能源是经济发展的原动力，不仅影响着世界的政治格局，而且关系到世界的安宁。化石能源的快速消耗，导致的能源短缺问题日益突出，能源危机迟早会到来。2014年，世界原煤消费量55.5亿tce（tce表示1t标准煤当量），世界原油消费量达到42.11亿t，世界天然气消费量33930亿m^3。据估算，按照目前的石油开采速度，地球上的石油储藏将在几十年内全部采完；煤的储量稍多一些，但也将在200多年时间内采完。如果能源供应出现严重短缺或中断，与能源有关的各种经济社会生活将会受到强烈冲击而造成巨大混乱。

二、环境污染

气候变化问题已经成为国际政治、经济和环境领域关注的热点问题之一。化石能源所带来的环境问题，也越来越受到人类的重视。由化石能源燃烧产生的CO_2，成为污染环境的主要废气，由CO_2为主的温室气体所引发的厄尔尼诺、拉尼娜等全球气候异常，以及由此产生的世界粮食减产、沙漠化等对人类的生存和发展造成了极大的威胁；煤炭的燃烧、机动车尾气所排放的颗粒污染物，导致PM2.5的严重超标，造成大面积雾霾，对人类的健康造成巨大的危害；化石燃料燃烧产生的NO_X是造成臭氧层破坏的主要原因之一，导致紫外线辐射强度增大，致使人类皮肤癌患者数量增加；化石能源中常常含有较多的硫，燃烧时形成的SO_2等物质会使雨水的酸度升高，形成“酸雨”，腐蚀建筑物，造成土壤酸化。这些对自然环境的污染以及对人类的危害已超出国家和地区的范畴，成为世界范围的公害。建立能源高效、合理利用的能源新体系，开发可再生能源、寻找替代能源、研发能源节约技术已刻不容缓。

三、我国发展可再生能源的必要性

我国能源总储量虽然丰富，但是人均资源量有限。据2015年报道，我国人均装机容量接近1kW，约为2000年的4倍，但仍不到欧美发达国家的一半。加拿大人均装机容量超过4kW，美国人均装机容量超过3kW，法国和日本均超过2kW。我国正处于经济飞速发展阶段，对能源的需求量增大，由于化石能源的大规模使用，有害物质排放不断增多，环境污染严重。因此，我国发展可再生能源是十分必要的。

1. 发展可再生能源利于实现经济、社会和环境的协调发展

我国可再生能源储量丰富，分布广泛，加快发展可再生能源利于实现经济、社会和环境的协调发展，利于促进我国能源结构调整、实现可持续发展。

2. 发展可再生能源利于环境保护

我国历经近30多年经济高速发展的同时，环境受到严重的破坏，生态系统脆弱，发展可再生能源利于保护社会环境。开发利用可再生能源以减少CO_2气体排放是应对气候变化的有效措施。

3. 发展可再生能源利于经济转型升级，扩大就业

可再生能源是高新技术产业和新兴产业，它的发展不仅可以充分利用自然资源和人力资源，而且可以有效带动相关产业的发展，利于产业结构调整，促进经济增长，扩大就业。

第四节 可再生能源的基本特点及发展概况

一、可再生能源的基本特点

可再生能源资源丰富，分布广泛，可就地开发利用，便于建立分布式能源系统，在能源的输送和利用上分片布置，减少长距离输送能源的损失，有效地提高了能源利用的安全性和灵活性，是替代化石能源的首选。可再生能源清洁干净，可以循环利用，没有或很少排放对生态环境有破坏的污染物，并且风力和太阳能光伏不像火力发电需要大量的水，对于干旱地区尤其具有突出的优点。可再生能源开发利用的技术逐渐趋于成熟，作用日益突出，经济可行性不断改善。虽然现阶段可再生能源的经济性还不算高，但随着世界各国政府的大力推广，有些可再生能源已经形成规模效应，成本不断降低，经济性不断提高。如风能、太阳能光伏、太阳能热水器、地热采暖等。

在现代人类生存、生活和科研活动中，电能发挥着不可替代的作用。因此可再生能源发电成为可再生能源开发利用的主要方式。可再生能源发电种类多样，具有环境友好、可循环利用、分布广泛等优点，同时又具有能量密度低、随机性和间歇性等缺点。因此，可再生能源发电设施往往需要大容量的储能装置或备用电源，初期投资较大。

二、全球可再生能源的发展概况

1980年联合国召开的“联合国新能源和可再生能源会议”指出：以新技术和新材料为基础，使传统的可再生能源得到现代化的开发和利用，用取之不尽、周而复始的可再生能源取代资源有限、对环境有污染的化石能源，重点开发太阳能、风能、生物质能、潮汐能、地热能、氢能和核能。1981年8月联合国新能源及可再生能源会议通过了《促进新能源和可再生能源的发展与利用的内罗毕行动纲领》（简称《内罗毕行动纲领》），并设立了按专业划分的10个特设专家组：水力、薪炭、生物质能、太阳能、地热能、风能、油页岩和焦油砂、海洋能、畜力、泥炭。会议上确定了新能源和可再生能源的基础概念：它不同于常规能源，可以是一些古老的能源，但是需采用先进的方法或技术开发利用，对环境和生态友好、可持续发展、资源丰富。

在此基础上，世界各国根据自身实际出发，对新能源和可再生能源的含义进行了不同的定义。但共同的认识是，除常规的化石能源如煤、石油、天然气，以及核裂变核能以外，其他能源都可以称为新能源和可再生能源。

截至2015年初，已有至少164个国家拥有可再生能源发展目标，约145个国家颁布了可再生能源支持政策。2014年，全球风电市场新增51GW，新增光伏发电装机约40GW（光伏累计装机约177GW）。其中，中国可再生能源装机容量占全球总量的24%，新增装机占全球增量的42%。全球可再生能源发电占电力总量的22.8%。

三、我国可再生能源的发展概况

我国于1995年颁布的《新能源和可再生能源发展纲要》明确要“因地制宜地开发和推广太阳能、风能、地热能、潮汐能、生物质能等清洁能源”。在2005年颁布的《中华人民共和国可再生能源法》里面强调指出“可再生能源，是指风能、太阳能、水能、生物质能、地热能、海洋能等非化石能源。”随着科技的不断发展，现阶段在我国一般认为新能源和可再生能源主要包括风能、太阳能、生物质能、地热能、海洋能、小水电、热核聚变的核能、氢能等，而把大中型水电、核裂变核能归为常规能源。

国务院印发《能源发展战略行动计划2014—2020年》，未来我国将继续大力发展可再生能源，大幅增加包括水电、风电、太阳能、地热能等在内的可再生能源消费比例。

据统计，我国2014年水电新增装机约20GW，总装机约300GW，提前一年完成“十二五”规划目标。新投产核电机组5台，全国在运核电机组达22台，装机容量达20.1GW。风电并网装机90GW，年发电量1500亿kW·h；太阳能发电并网装机达到30GW，年发电量250亿kW·h；生物质能、地热能发电装机超过9.2GW，发电量350亿kW·h。

思考题

1. 什么是能源，有哪些主要分类方法？
2. 发展可再生能源的意义是什么？
3. 可再生能源的基本特点是什么？

参考文献

1. 国网能源研究院．世界能源与电力发展状况分析报告．北京：中国电力出版社，2015.
2. 刘泉．新能源技术与应用．北京：化学工业出版社，2015.
3. 冯飞，张蕾等．新能源技术与应用概论．北京：化学工业出版社，2011.
4. 陈砺，王红林，方利国．能源概论．北京：化学工业出版社，2009.

第二章　太阳能光热利用

太阳是个巨大的辐射源，它每时每刻都在向宇宙空间辐射能量，这种以电磁波的形式向外传递的能量称为太阳辐射。太阳能一般是指这种太阳辐射能量，它有多种多样的利用形式，包括光热利用、光电转换、光化学利用、光生物利用等。太阳能光热利用是指通过物体吸收太阳辐射，并将辐射能转变成热能然后加以利用，它是太阳能利用的一种主要形式。吸收太阳辐射并将其转换为热能的过程通过集热器来实现，不同的集热器可以实现不同的集热温度，从而满足不同场合的热需求。太阳能光热利用具有非常悠久的历史，而当前由于人类对能源需求的日益增长和常规能源的日益短缺，太阳能热利用得到世界各国的普遍重视，各种太阳能热利用技术层出不穷，太阳能热利用将为人类社会的可持续发展提供重要保障。本章将介绍太阳能热利用的基础知识，具体包括太阳辐射及资源、太阳能光热转换、非聚光型光热利用、聚光型光热利用，及中高温储热技术。

第一节　太阳辐射及资源

一、太阳及太阳辐射

（一）太阳

太阳，简单地说，可以看作一个炙热的气体火球。它是位于太阳系中心的恒星，直径大约为 139 万千米，是地球直径的 109 倍，体积是地球的 129 万倍，而它的质量大约是地球的 33 万倍，平均密度是地球的 1/4。组成太阳的主要元素是氢和氦，其中氢大约占 78%，氦大约占 20%，其他包括氧、碳、氖、铁和其他重元素，占大约 2%。

太阳的结构包括太阳内部以及太阳内部之外的太阳大气层。太阳的内部主要可以分为三层：核心区、辐射区和对流区。取太阳的半径为 R，在 $0 \sim 0.25R$ 范围内是太阳的核心区，其质量约为整个太阳质量的一半以上，是太阳所释放的巨大能量的源头所在，也被称作核反应区。太阳核心区之外从 $0.25R \sim 0.86R$ 的范围是辐射层，它占据了整个太阳体积的绝大部分。这里包含了各种电磁辐射和粒子流，辐射从内部向外部的传递过程是多次被物质吸收而又再次发射的过程。辐射层内的温度、密度和压力都是从内向外递减的。太阳辐射层之外是对流层，即从 $0.86R$ 向外到达太阳大气层的底部，其厚度大约有十几万千米，这是太阳内部结构的最外层。在对流层内，温度、压力和密度梯度都很大，气体性质变化剧烈，很不稳定，形成明显的上下对流运动。太阳内部的能量就是通过这种对流运动实现向外部传输。

在对流层之外是太阳大气层，它又可以分成光球层、色球层和日冕层。光球层是太阳大气层的最里层，就是人们平常肉眼所看到的太阳表面，它确定了太阳非常清晰的边界。

光球层是一层不透明的气体薄层，温度大约为6000K，其平均密度只有水的几亿分之一，但是由于它的厚度达到500km，所以光球是不透明的。光球层表面常有黑子及光斑活动。色球层是光球层以上的一层大气层，厚约2000km。色球层平时不易被观测到，通常需要通过单色光色球望远镜或者在日全食时才能观测到。日冕层是太阳大气的最外层，主要是高温、低密度的等离子体，它的密度比色球层更低，而它的温度反而比色球层高，可以达到上百万摄氏度。

太阳从核心向外的温度分布并不是递减的。太阳的温度从核心向外先是逐渐下降，到达光球层顶部接近色球层时的温度大约是4600K，但是在色球层它的温度又逐渐上升，到色球层顶部时达到几万度，到了日冕区温度又陡然升至上百万度。

太阳的内部会不断发生4个氢核合成1个氦核的聚变反应，称为氢热核反应。它主要包括质子-质子反应和碳氮氧循环反应，这两类反应都使4个氢原子核合成1个氦原子核，并导致总质量稍微减少，损失的质量即转换为能量释放出去，这就是太阳不停地向外释放巨大能量的来源。太阳向外释放能量的功率达到了3.87×10^{26}W，相当于每秒钟烧1.32×10^{16}t的标准煤所释放的能量。虽然由于传播过程中的各种损耗，最终到达地球表面大气层的能量只有其中的22亿分之一，但这也使得地球表面吸收的功率达到了1.76×10^{17}W，折合成标准煤大约为每秒钟600万t。地球所接受到的太阳辐射能量是地球大气运动的主要能量源泉，也是地球光热能的主要来源。

（二）太阳辐射

1. 大气层外太阳辐射

地球上接收到的太阳辐射能量主要决定于太阳和地球之间的距离、太阳高度角和昼长，其有规律的变化形成了地球上季节的规律变化。太阳高度角是指太阳光线与地平面的夹角，它有日变化和年变化。太阳高度角越大，地球表面接收到的太阳辐射越强，而昼长越长则太阳辐射也越强。

人们通常以“太阳常数”来表征达到大气层外的太阳辐射的强度，它定义为在日地平均距离处，地球大气层上界垂直于太阳光线的面上所接受的太阳辐射通量密度，用S_0来表示。通过测量，可以得到$S_0=1353\text{W/m}^2$。但是，由于太阳位于地球公转轨道稍微偏离中心的位置，实际上地球公转的轨迹是一个偏心率很小的椭圆。因此，太阳和地球之间的距离在一年之内不断发生变化，每年1月2日至5日经过近日点，7月3日至4日经过远日点。这导致了到达地球大气层外的太阳辐射通量密度S会产生微小变化。实际的地球大气层外的太阳辐射通量密度S可以用以下公式计算：

$$S = S_0\left[1 + 0.033\cos\left(\frac{2\pi n}{365}\right)\right] \tag{2-1}$$

式中 n——日序，即当天在一年中的顺序数，以1月1日为第一天来计算

太阳常数是一个非常重要的常数，它的有效测量有助于了解和进一步研究太阳辐射以及太阳内部核反应的机制，也会对大气层研究、气象分析、太阳能利用等方面有所帮助。

由于太阳各部分温度并不一样，所以太阳并不是某一固定温度的黑体辐射体，而是各层发射和吸收各种波长辐射的综合辐射体。太阳辐射由连续变化的不同波长的光混合而成，太阳辐射能按波长的分布称为太阳辐射光谱，如图2-1所示。在全部太阳辐射能中，波长在0.15~4μm的辐射能占99%以上，且主要分布在可见光和红外区，其中可见光区

约占太阳辐射总量的50%，红外光区约占43%，紫外区的太阳辐射能很少，只占总量的7%。图2－1所示的地球大气层上界的太阳光谱能量分布曲线，与用普朗克黑体辐射定律计算出的温度为5762K的黑体光谱能量分布曲线非常相似。所以在太阳能热利用的技术中，可将太阳辐射看成温度为5762K的黑体辐射。

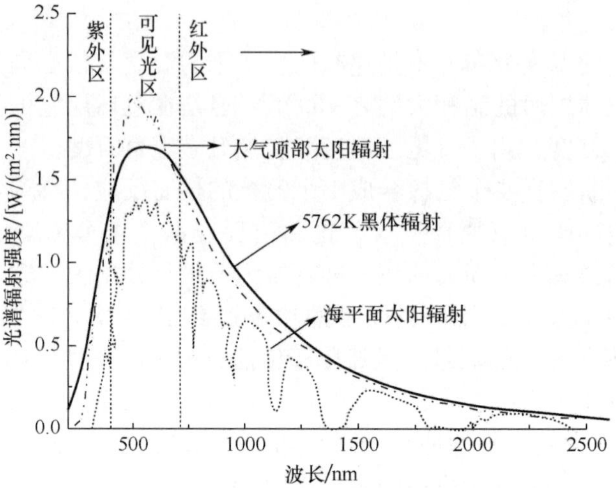

图2－1 太阳辐射光谱

2. 大气层对太阳辐射的影响

由于地球外围被大气层包裹，太阳辐射要到达地球表面，就必须先通过这层大气层。因此，研究地球表面太阳辐射的时候，就必须要考虑大气层对太阳辐射的影响。太阳辐射经过大气层时，会被空气中的各种成分（如二氧化碳、水蒸气、臭氧、灰尘等）所吸收、反射和散射。这使得到达地球表面的太阳辐射有了显著的变化和削弱，也导致了到达地球表面上的太阳总辐射分成直射辐射和散射辐射两种。大气层对太阳辐射的削弱程度，不仅和太阳辐射的传播路径长短有关，还和大气的透明度有密切关系。

（1）大气对太阳辐射的吸收　由于大气层对太阳辐射存在吸收作用，所以导致透过大气层的光谱曲线会变得极不规则。产生这一现象的主要原因是大气中的水蒸气、二氧化碳、臭氧、二氧化氮以及灰尘颗粒等成分有选择性地吸收一定波长的辐射能。这种效应使得太阳辐射光谱中存在着许多吸收带，并使辐射能量受到损耗。从空间分布的角度来看，大气对太阳辐射的吸收，在平流层以上主要是氧和臭氧对紫外辐射的吸收，在平流层至地面的空间内，主要是水蒸气对红外辐射的吸收。这部分被大气吸收的太阳辐射转化成了大气的内能，而不会再到达地球表面。

（2）大气对太阳辐射的散射　太阳辐射通过大气时遇到空气分子、尘粒、云滴等质点时，能量会减小，并且传播方向也会改变，这种变向和衰减的综合作用称为散射。但散射并不像吸收那样把辐射能转变为热能，而只是改变辐射方向，使太阳辐射以质点为中心向四面八方传播开来。经过散射之后，有一部分太阳辐射就到不了地面，原来传播方向上的太阳辐射会减弱。

大气散射的波长范围与大气吸收的波长范围恰恰相反，都集中于太阳辐射能力最强的可见光区内。因此，大气层对太阳辐射的散射是太阳辐射减弱的最重要原因。研究发现，大气层对太阳辐射的散射作用十分不稳定，其散射强度差异特别明显。太阳高度角、云量的多少、云层形状以及云层厚度、大气透明度等都会对散射强度产生非常大的影响。在这些变化因素中，云层变化对太阳辐射的散射作用最为重要。

（3）大气层对太阳辐射的反射　大气层对太阳辐射也存在反射作用，它主要由以下两个方面引起。一方面是因为大气散射方向与入射方向相反，这一方面的散射就包括了大气分子、水汽分子以及灰尘杂质等粒子所造成的反射；另一方面的反射，则是由于云层的存在，对太阳辐射造成了反射。一般情况下，云层的云量、云朵形状以及云层厚度是经常发生变化的，因此，云层所造成的太阳辐射的反射也是经常变化的。一般来讲，随着云层厚度的增加，反射能力也会增加。

二、地球表面的太阳辐射

由于大气层的作用，实际到达地球表面的太阳辐射通常是由直射辐射和漫射辐射两部分组成的。直射辐射是指来自太阳且辐射方向未发生改变的辐射；漫射辐射则是被大气层散射和反射后方向发生了改变的太阳辐射。可以作为光热利用的太阳辐射主要以直射辐射为主。

在地球表面上，任意一个平面能够截取的太阳直射辐射的大小主要取决于太阳光线的入射角，它是太阳光线与该平面法线之间的夹角，用符号 θ 表示。太阳入射角越小，则该平面能够截取的太阳辐射越大。太阳入射角是太阳赤纬角、地球纬度、太阳时角、该平面的倾斜角和方位角的函数，有关角度的关系如图 2－2 所示。下面首先介绍相关太阳角度的定义及相关角度之间的计算，然后介绍地球表面倾斜面上截取太阳辐射的计算。

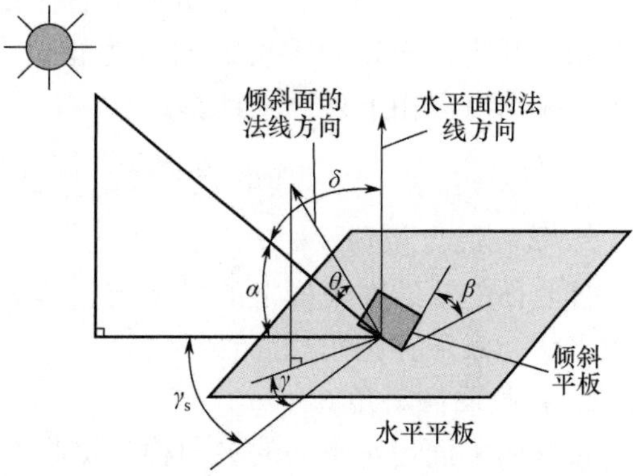

图 2－2　相关太阳角度的关系

（一）相关太阳角度的定义及相关角度之间的计算

1. 赤纬角 δ

赤纬角又称为太阳赤纬，是地球赤道平面与太阳和地球中心连线之间的夹角，用符号 δ 表示。赤纬角是由于地球绕太阳运行形成的角度，它随时间而变化。因为地轴方向不变，所以赤纬角随地球在运行轨道上的不同点具有不同的数值。在一年当中，δ 每天都在发生变化，但是赤纬角的变化范围在 $-23°26' \sim +23°26'$。通常，赤纬角采用的计算公式如下：

$$\delta = 23.45\sin\left(360 \times \frac{284 + n}{365}\right) \tag{2-2}$$

式中　n——一年当中，以 1 月 1 日为计算日期的天数

2. 时角 ω

时角，即为单位时间地球自转的角度，规定正午时刻时角为 0，上午时角为负值，下午时角为正值，用符号 ω 表示。在地球上，对于处于同一时刻、同一经度、不同纬度的人

来说，太阳对应的时角都是相同的。由于地球自转一周是360°，地球自转所需要的时间为24h，所以地球每小时自转所对应的时角为15°。由弧度表示的 t 时刻的时角 ω 的计算公式如下：

$$\omega = \frac{\pi(t-12)}{12} \tag{2-3}$$

3. 太阳高度角 α

如前所述，太阳高度角是指太阳光线与地平面的夹角，而更专业的表述是指某地太阳光线与通过该地与地心相连的地表切面的夹角，简称高度角。实际中，当太阳高度角为90°时，此时的太阳辐射强度能够达到最大；而当太阳斜射地面时，太阳辐射强度会随着斜射的角度而逐渐发生变化。太阳高度角用符号 α 表示，它可以用下面的公式进行计算：

$$\sin\alpha = \sin\varphi\sin\delta + \cos\varphi\cos\delta\cos\omega \tag{2-4}$$

式中 φ——当地地理纬度

δ——太阳赤纬角

ω——太阳时角

4. 太阳方位角 γ_s

太阳方位角即太阳所在的方位，指太阳光线在地平面上的投影与当地经线的夹角，用符号 γ_s 表示。太阳方位角可以近似地看作是竖立在地面上的直线在阳光下的阴影与正南方的夹角。规定正南方为零度，向西为正，向东为负，则它的取值范围是 -180° ~ +60°。太阳方位角可以用下列公式计算：

$$\cos\gamma_s = \frac{\sin\alpha\sin\varphi - \sin\delta}{\cos\alpha\cos\varphi} \quad 或 \quad \sin\gamma_s = \frac{\cos\delta\sin\omega}{\cos\alpha} \tag{2-5}$$

5. 接收面方位角 γ

接收面的法线在地面上的投影与正南方的夹角称为接收面的方位角，用符号 γ 表示。度量方法与太阳方位角相同。

6. 接收面倾斜角 β

接收面平面与水平面的夹角称为接收面的倾斜角，用符号 β 表示。

（二）地球表面倾斜面上截取太阳辐射的计算

对任意一个面积为 A、太阳入射角为 θ 的倾斜面或接收面，它截取的太阳直射辐射能量可以用下列公式计算：

$$Q = A \times DNI \times \cos\theta \tag{2-6}$$

式中 DNI——太阳直射辐射强度，W/m²

因此，当计算任一表面所截取的太阳直射辐射能量时，最重要的是确定太阳入射角。太阳入射角和上述相关太阳角度的关系可以通过下列公式表示：

$$\begin{aligned}\cos\theta = {} & \sin\delta(\sin\varphi\cos\beta - \cos\varphi\sin\beta\cos\gamma) + \\ & \cos\delta\cos\omega(\cos\varphi\cos\beta + \sin\varphi\sin\beta\cos\gamma) + \cos\delta\sin\beta\sin\gamma\sin\omega\end{aligned} \tag{2-7}$$

通过式（2-7），可以计算出任意地理位置、任意天数、任意时刻、任意接收面几何位置时的太阳能入射角，从而可以获得接收面截取的太阳直射辐射能量。下面讨论不同条件下式（2-7）的简化结果。

（1）当接收面竖直放置时，倾斜角为90°，式（2-7）简化为：

$$\cos\theta = -\sin\delta\cos\varphi\cos\gamma + \cos\delta\cos\omega\sin\varphi\cos\gamma + \cos\delta\sin\gamma\sin\omega \tag{2-8}$$

可以通过式（2－8）来计算太阳光线照射到窗户上的入射角。

（2）当接收面水平放置时，倾斜角为0，式（2－7）简化为：

$$\cos\theta = \sin\delta\sin\varphi + \cos\delta\cos\omega\cos\varphi = \sin\alpha \tag{2-9}$$

式（2－9）也是太阳高度角的计算公式。

（3）当集热器方位角为0时，式（2－7）简化为：

$$\cos\theta = \sin\delta\sin(\varphi - \beta) + \cos\delta\cos\omega\cos(\varphi - \beta) \tag{2-10}$$

以北半球朝正南放置的接收面为例，式（2－10）说明此时太阳入射角等于假想纬度（$\varphi-\beta$）处水平放置接收面的入射角。

（4）在春分、秋分的正午时刻，$\delta=0°$，$\omega=0°$，式（2－9）变为 $\sin\alpha=\cos\varphi$，说明太阳高度角随纬度的增加而减小。

（5）在每天的日出和日落时刻，太阳处于地平面上，太阳高度角为0°，则式（2－7）简化为：

$$\cos\omega = -\tan\delta\tan\varphi \tag{2-11}$$

从式（2－11）可以得到 $\omega = \arccos(-\tan\delta\tan\varphi)$，即可以求出地面上任意位置任何一天的日出和日落时的时角。定义一天内从太阳在地平线上出现至消失所经历的时间长度为日照时间，则可以得到日照时间 N 的计算公式为：

$$N = \frac{2}{15}\arccos(-\tan\varphi\tan\delta) \tag{2-12}$$

三、我国的太阳能资源

我国的太阳能资源较为丰富，全国总面积2/3以上的地区年日照时数大于2000h，年太阳总辐射量在5000MJ/m^{2}以上，具有利用太阳能的良好资源条件。但是我国各地太阳能资源并不均匀，太阳能资源分布总体呈现西高东低的形势。为了区分我国太阳能资源分布的强弱以及便于我国太阳能资源的开发与利用，根据各地接受太阳总辐射量的多少，可大致将全国划分为五类地区。

（1）第一类地区　为我国太阳能资源最丰富的地区，年太阳辐射总量在6680～8400MJ/m^2，相当于日辐射量5.1～6.4kW·h/m^2。这类地区包括宁夏北部、甘肃北部、新疆东部、青海西部和西藏西部等地。其中西藏西部太阳能资源最为丰富，最高达8400MJ/m^2（日辐射量6.4kW·h/m^2），居世界第二位，仅次于撒哈拉大沙漠。

（2）第二类地区　为我国太阳能资源较丰富的地区，年太阳辐射总量为5850～6680MJ/m^2，相当于日辐射量4.5～5.1kW·h/m^2。这类地区包括河北西北部、山西北部、内蒙古南部、宁夏南部、甘肃中部、青海东部、西藏东南部和新疆南部等地。

（3）第三类地区　为我国太阳能资源中等类型地区，年太阳辐射总量为5000～5850MJ/m^2，相当于日辐射量3.8～4.5kW·h/m^2。主要包括山东、河南、河北东南部、山西南部、新疆北部、吉林、辽宁、云南、陕西北部、甘肃东南部、广东南部、福建南部、江苏北部、安徽北部、中国台湾西南部等地。

（4）第四类地区　为我国太阳能资源较差地区，年太阳辐射总量4200～5000MJ/m^2，相当于日辐射量3.2～3.8kW·h/m^2。这些地区包括湖南、湖北、广西、江西、浙江、福建北部、广东北部、陕西南部、江苏北部、安徽南部以及黑龙江、中国台湾东北部等地。

（5）第五类地区　为我国太阳能资源最少的地区，主要包括四川、贵州两省，年太阳辐射总量 3350～4200MJ/m^2，相当于日辐射量只有 2.5～3.2kW·h/m^2。

第二节　太阳能光热转换

一、选择性吸收涂层

太阳能光热利用过程的核心是光热转换过程，即通过物体对辐射的吸收作用将太阳辐射转变为热能，这些热能可以用来加热不同种类的传热工质（包括液体、气体、固体），以满足后续不同场合的热能需求。在太阳能光热利用系统中，吸收太阳辐射并将产生的热能传递到传热工质的装置称为太阳能集热器。它是组成各种太阳能热利用系统的关键部件。在集热器实现光热转换的过程中，由于太阳能是一种低品质能源，具有较低的能量密度，要想获得较高的光热转换效率，一般均需要采用相应的强化措施。在太阳能集热器上的太阳辐射接收面上使用选择性吸收涂层是普遍使用的光热转换强化方法。

选择性吸收涂层是光谱吸收比随辐射波长的不同而发生变化的薄层物质，一般可以称这种特性的物质的吸收具有选择性。在实际工程实践中常会利用这种选择性吸收来达到强化太阳辐射吸收的目的。利用选择性吸收涂层来强化光热转换主要从控制物体红外辐射的发射率和对太阳辐射吸收的吸收比两个方面考虑：一方面，为了吸收尽可能多的太阳能，接收面对太阳辐射的吸收比要尽可能的大；另一方面，若想要减少接收面由于自身辐射而引起的损失，接收面自身的发射率也应减到最小。由于太阳辐射能的波长主要集中在 0.3～3μm，而常温下物体的红外辐射能则主要集中在 3～20μm 的波长范围内，所以在太阳能的吸收利用中，要想增强接收面对太阳辐射的吸收能力，又要减小接收面自身对外辐射造成的热损失，那么理想的接收面材料应该具有如下辐射特性：对太阳短波范围内辐射的光谱吸收比 α 接近 1，而对长波范围内的热辐射发射率 ε 尽可能接近零。用人工的方法在接收面涂覆选择性涂层，是提高 α/ε 的有效手段，已经得到广泛应用和迅速发展。人工研制的选择性涂层表面，吸收比最高可达 0.93～0.95，而发射率则可降低到 0.04～0.12，能够大幅度提高太阳能集热器的光热转换能力。

选择性吸收涂层根据相应的工作温度有很多种类，也涉及了多种不同的制备方法，如喷涂、电镀、电化学表面转化、真空镀膜涂层、化学蒸发沉积、等离子喷涂、熔烧等。采用这些方法制备所得到的选择性吸收涂层，大部分情况下的太阳吸收比都可达到 0.90 以上，但其发射率的性能变化各有不同。目前常用的涂层有黑铬涂层、铁锰铜氧化物涂层、铝阳极化涂层、金属陶瓷涂层等。

二、太阳能集热器分类

太阳能集热器的作用是确保在太阳能的热利用过程中能够高效吸收太阳辐射并将其转换为热能，它是太阳能热利用系统中的核心装置。由于用途不同，太阳能集热器具有非常多的种类，也涉及了多种不同的分类方法，常见的分类介绍如下。

（1）按照传热工质类型分类　液体集热器、空气集热器。

（2）按照太阳辐射是否聚集分类　聚光型集热器、非聚光型集热器。

（3）按照集热器是否跟踪太阳分类　跟踪型集热器、非跟踪型集热器。

（4）按照集热器的工作温度范围分类　低温集热器（工作温度小于80℃）、中温集热器（工作温度在80～250℃）、高温集热器（工作温度大于250℃）。

上述非聚光型集热器一般工作温度较低，为低温非跟踪型集热器，可以采用液体或空气作为传热工质，按照集热器内是否有真空，主要分成真空管集热器和平板集热器两类。而聚光型集热器由于聚光作用可以产生较高的工作温度，可以是中温集热器或高温集热器，工作温度较高时一般都需要跟踪太阳，所以大多为跟踪型集热器，也可以采用液体或气体作为传热工质。下面分别对非聚光型光热利用和聚光型光热利用技术进行介绍。

第三节　非聚光型光热利用

非聚光型光热利用运行时太阳直射辐射和漫射辐射都可以得到利用，但是由于不采用聚光装置，集热器能够实现的温度较低，是低温型的太阳能热利用技术。这种利用方式技术成熟，应用广泛，主要用来提供生活和工业热水，也可以用来为某些特定的工业过程提供热源。下面首先对非聚光型太阳能集热器进行介绍，然后对使用非聚光型集热器的光热利用系统进行概述。

一、非聚光型太阳能集热器

非聚光型的太阳能集热器主要有两大类：平板型集热器和真空管型集热器。下面将分别对这两类集热器进行介绍。

（一）平板型集热器

平板型集热器从外观来看像一个平板，如图2－3所示。它主要由吸热板、透明盖板、保温层和外壳四个部分组成。它的工作方式是太阳辐射透过透明盖板照射在有选择性吸收涂层的吸热板上，吸热板温度升高并将热量传递到吸热板上排管内的传热工质上，从而获得较高温度的传热工质。外壳由保温材料填充使其起到减少散热的作用。下面分别介绍上述四个组成部分。

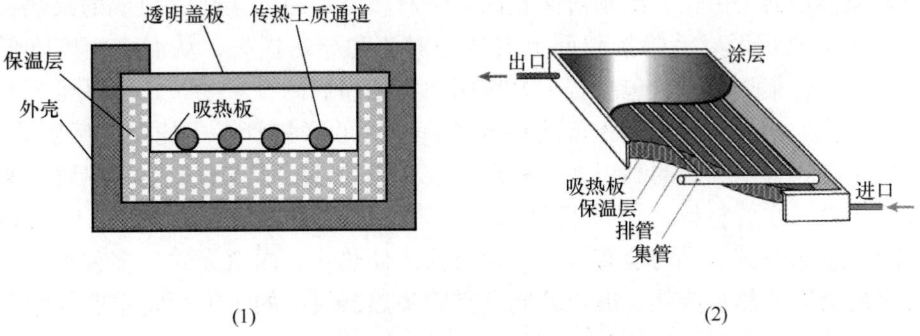

图2－3　平板型集热器示意
（1）横截面示意图　（2）内部三维结构示意图

（1）吸热板　吸热板的主要功能是吸收太阳辐射并向传热工质传递能量，一般需要满足以下技术要求：太阳吸收效率高，热传递性能好，不易被传热工质腐蚀，具有一定的抗压能力，加工工艺简单。吸热板的材料种类很多，有铜合金、铝合金、铜铝复合材料、镀锌钢等。为了强化太阳辐射的吸收及减少自身辐射损失，吸热板表面会涂覆深色的选择性吸收涂层。供传热工质流动的排管和集管也布置在吸热板上，排管是指纵向排列的构成流体通道的部件，集管则是吸热板上下两端横向连接构成流体通道的部件。其中排管按照排布方式，又主要包括管板式、翼管式、扁盒式、蛇管式四种。

（2）透明盖板　透明盖板的功能主要有三个：一是使太阳辐射透射到吸热板上；二是保护吸热板使其不会受到外部因素影响；三是阻止内部热量向环境散失。因此透明盖板的技术要求包括：太阳透射率高、红外透射率低、导热系数小、冲击强度高、抗腐蚀性能好等。综合以上技术要求，一般采用平板玻璃或者玻璃钢板（玻璃纤维增强塑料板）作为透明盖板。前者由于含有 Fe_2O_3成分导致太阳透射率不高，而且其抗冲击强度较低；后者则具有较高的红外辐射透射率，并且抗腐蚀性能较弱。但综合考虑，目前采用最多的还是平板玻璃。

（3）保温层　保温层是抑制热量向外传导从而减少集热器向环境散热的部件。主要技术要求是导热系数低、不易变形、不易挥发。通常采用的隔热材料主要有玻璃棉、聚苯乙烯、酚醛泡沫等。当采用聚苯乙烯时，由于聚苯乙烯在大于70℃的时候会发生一定的收缩进而影响吸热板的吸热效果，所以通常要在吸热板与聚苯乙烯材料之间放置一层薄的岩棉或者矿棉，并在四周贴上一层薄的镀铝聚酯薄膜。

（4）外壳　外壳是用来保护以及固定吸热板、透明盖板、保温层的部件。其要求有一定的强度与刚度、较好的密封性与耐腐蚀性。通常使用的外壳一般是铝合金板、不锈钢板、塑料板等。

平板型太阳能集热器结构简单、运行可靠、成本低廉，且吸热面积大、承压能力强，特别适合于建筑一体化要求，一直以来都是国际太阳能市场的主导产品，已经广泛应用于生活用水加热、工业用水加热、建筑采暖与空调等诸多领域。但是平板型太阳能集热器由于没有真空部分，热损一般较大。

（二）真空管型集热器

真空管型集热器是由在太阳辐射接收面上带有真空夹层的集热管组成的集热器，如图2-4所示。真空夹层可以消除接收面上气体的对流和导热损失，从而大幅度降低集热管的热损失。真空管集热器一般包括若干只按照一定顺序规则（主要包括水平排列和竖直排列）排列成的真空集热管阵列，上部连接各条真空管的联集管、尾托架、反射器等部件。反射器是为了提高太阳辐照的利用率，一般安装在集热管的下方。真空集热管是真空管集热器的核心元件，主要包括“全玻璃”和“玻璃与金属结构”两大类，其中“玻璃与金属结构”又包括热管式、同心套管式、U形管式、储热式、内聚光式等多种类型。国内日常见到最多的太阳能热水器就是由全玻璃真空管集热器组成的。下面将主要介绍全玻璃真空管集热器和热管式真空管集热器。

1. 全玻璃真空管集热器

全玻璃真空管的构造如图2-4（2）所示。它的形状像一根细长的暖水壶胆，由两根同轴玻璃管组成，内玻璃管和外罩玻璃管之间抽成真空，并且在管头部分装有弹簧支架。

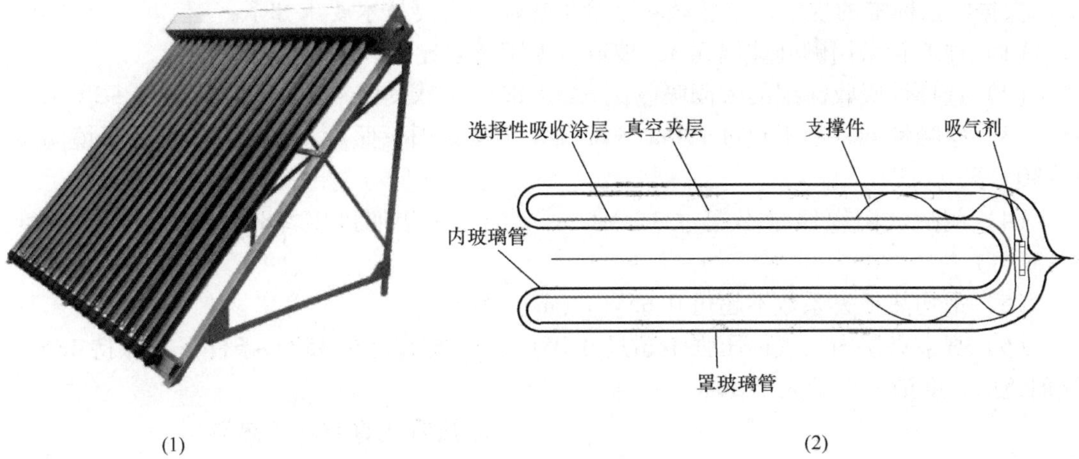

图 2－4　真空管集热器

（1）集热器产品照片　（2）全玻璃真空管示意图

确保真空集热管的真空度是提高产品质量、延长使用寿命的重要指标。真空管内的气体压强越低，说明其真空度越高。为了更有效地维持真空，内部一般含有消气剂等部件，使得正常情况下全玻璃真空管内的低压强和大气压相差 1000 万倍以上。从人身安全和集热器的长寿命考虑，真空集热管一般采用耐热冲击性好、化学稳定性佳和机械强度高的硼硅玻璃。此外，内玻璃管的外表面涂覆有具有良好真空性能和耐热性能的选择性吸收涂层，能够实现高的太阳吸收比和低的红外发射率。目前我国绝大多数生产企业采用铝－氮/铝选择性吸收涂层。

全玻璃真空管集热器运行时，太阳辐射透过真空管的外管，被内管表面镀膜吸收后将热能传递到管内的水。管内的水吸热后温度升高密度减小，由于浮力作用形成向上的动力，同时温度较低的水从顶部水箱部分沿管的另一侧不断补充。如此循环往复，构成一个被动式的热虹吸系统，最终整箱水都升高至一定温度。

全玻璃真空管集热器具有结构简单、性能优良、生产工艺先进可靠，特别适合大规模批量生产等优点。但它由于系统走水，运行过程中一旦出现一只管破裂便必须全部停止运行；并且真空管热容较大，太阳能要先把真空管内的水加热之后才能输出热水，晚上的能量不能得到充分利用，使之产生一定的浪费。

全玻璃真空管集热器的产品性能和质量通过热性能来体现，主要包括空晒性能参数、闷晒太阳辐照量及平均热损失系数等。具体的性能参数定义如下。

（1）空晒性能参数　定义为空晒温度和环境温度之差与太阳辐照度的比值。其中空晒温度的定义是全玻璃真空管内只有空气时，在规定的太阳辐照度条件下，在滞流状态和准稳态时，全玻璃真空管内空气达到的最高温度。

（2）闷晒太阳辐照量　全玻璃真空管充满水时，在滞流状态下，管内水温升高一定温度范围所需的太阳辐照量。

（3）平均热损失系数　在没有太阳辐照的条件下，全玻璃真空管内的平均水温与平均环境温度相差1℃时，单位吸热体表面积所散失的热功率。

根据国家标准的规定，全玻璃真空管集热器的主要技术要求如下：

(1) 玻璃管采用硼硅玻璃3.3，玻璃管太阳透射比$\tau \geqslant 0.89$。

(2) 选择性吸收涂层的太阳吸收比$\alpha \geqslant 0.86$，半球发射率$\varepsilon \leqslant 0.08$（80℃ ±5℃）。

(3) 空晒性能参数不超过190m^2 · ℃/kW（当太阳辐照度$G \geqslant 800W/m^2$，环境温度为8～30℃）。

(4) 闷晒太阳辐照量不超过3.7MJ/m^2（当太阳辐照度$G \geqslant 800W/m^2$，环境温度为8～30℃）。

(5) 平均热损失系数不超过0.85W/（m^2 · ℃）。

(6) 真空夹层内的气体压强不超过0.05Pa；内玻璃管在350℃条件下，保持48h，吸气剂镜面长度消失率不大于50%。

2. 热管式真空管集热器

热管式真空管集热器是一种常见的“玻璃与金属结构”真空集热管。它主要由热管、金属吸热板、玻璃管、金属封盖、弹簧支架、消气剂等组成，如图2-5所示。它是利用热管的超高传热性能来实现热能的有效传输。在工作时，太阳辐照透过含有真空夹层的两层透明玻璃管后照射到涂覆有选择性吸收涂层的吸热板上，吸热板将吸收的太阳辐射转化为热能并传递给热管蒸发段，使热管蒸发段内的工质迅速汽化并上升到冷凝段，在冷凝段工质液化并释放大量的潜热来加热冷凝段外的水工质。热管工质释放汽化潜热液化后，在重力的作用下回流至蒸发段，从而在不断的气液转换中实现热能的高效传输。

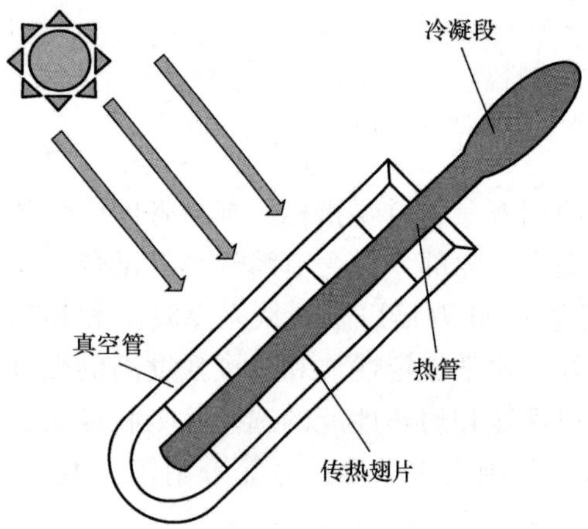

图2-5 热管式真空管集热器示意图

热管式真空管集热器的优点是集热器联集管没有漏水隐患，可以承受更大的运行压力，个别集热管损坏也不会影响整个系统的运行，因此特别适合于大中型太阳能热水系统。另一方面，由于采用金属吸热板，而且金属和玻璃的膨胀系数差别较大，所以存在玻璃与金属之间如何实现气密封接的问题。目前常用的玻璃-金属封接技术主要包括熔封和热压封两种。

热管式真空管集热器的热性能指标仅有“空晒性能参数”一项。

（三）太阳能集热器性能分析

太阳能集热器的运行性能有多个影响因素，包括集热器结构及布置方式、太阳辐射强度、入射角、环境温度、风速、天空温度、吸热工质种类、吸热工质入口温度及流量等。一般用集热器的热效率η来表征集热器的热性能，它是指在稳态条件下（或准稳态）集热器传热工质在单位时间内输出的能量与集热器面积和同一时段内入射到集热器上太阳辐射能量的乘积之比，即：

$$\eta = \frac{Q_U}{AG} \tag{2-13}$$

式中　A——集热器面积

G——太阳辐射强度

Q_U——集热器传热工质在单位时间内输出的能量

而集热器在单位时间内输出的有用能量即为吸热工质获得的内能，因此有：

$$Q_U = \dot{m}c_f(T_o - T_i) \tag{2-14}$$

式中　$\dot{m}$——吸热工质的质量流量

c_f——吸热工质的比热容

T_i——集热器的吸热工质进口温度

T_o——吸热工质出口温度

由于太阳能集热器具有多种不同的结构形式，不同结构的集热器的热效率具有不同的特点。下面以平板型集热器为例，来分析影响集热器热效率的主要因素。

根据能量守恒定律，在稳定状态下，集热器在单位时间内输出的有用能量等于单位时间内吸收的太阳辐射量减去集热器向周围环境散失的能量，即：

$$Q_U = Q_A - Q_L \tag{2-15}$$

式中　Q_A——集热器在单位时间内吸收的太阳辐射能量

Q_L——集热器在单位时间内向周围环境散失的能量

Q_A 和 Q_L 可分别表示为：

$$Q_A = AG\tau\alpha \tag{2-16}$$

$$Q_L = AU_L(T_p - T_a) \tag{2-17}$$

式中　τ——透明玻璃盖板的透射率

α——吸热板的吸收率

U_L——集热器总热损系数，W/（m^2·K）

T_p——集热器吸热板温度

T_a——环境温度

A——集热器面积

G——太阳辐射强度

因此可以得到：

$$Q_U = AG\tau\alpha - AU_L(T_p - T_a) \tag{2-18}$$

但是，由于集热器吸热板的温度不均匀，且不好直接测定，而吸热工质的进出口温度更容易测量，因此可以用吸热工质的平均温度 [$T_m = (T_i + T_o)/2$] 来表示吸热工质的有效得热量：

$$Q_U = F'A[\tau\alpha G - U_L(T_m - T_a)] \tag{2-19}$$

式中　F'——集热器效率因子，主要是由于集热板的温度分布不均匀引起的，它的物理意义是集热器的实际输出能量与假定整个吸热板处于工质平均温度时输出的能量之比，通常为 0.7～1

尽管人们能够测定吸热工质的平均温度，但由于进出口的吸热工质温度随着太阳辐射不断变化，不容易控制，所以吸热工质的有效得热量也可以用吸热工质的进口温度来表示，即：

$$Q_U = F_R A[\tau\alpha G - U_L(T_i - T_a)] \tag{2-20}$$

式中 F_R——集热器热转移因子，它的物理意义是集热器实际输出的能量与假定整个吸热板处于工质进口温度时输出的能量之比

这样，将式（2－19）和式（2－20）分别代入式（2－13），可以得到平板集热器的两种热效率表达式，分别为：

$$\eta = F'\left(\tau\alpha - U_L \frac{T_m - T_a}{G}\right) \tag{2-21}$$

和

$$\eta = F_R\left(\tau\alpha - U_L \frac{T_i - T_a}{G}\right) \tag{2-22}$$

图2－6所示为平板集热器及真空管集热器的典型的集热器效率曲线。可以看出，集热器的热效率并不是常数，它受工作温度、环境温度和太阳辐照度的影响较大，比如一台集热器在夏天具有的热效率比冬天的热效率高。不同集热器热效率随温度的变化规律并不相同，有的呈直线变化，有的呈抛物线变化。效率曲线在 y 轴上的截距表示集热器可以获得的最大效率，而效率曲线在 x 轴上的交点表示集热器可以达到的最高温度。这是因为当集热器的热损失达到最大时，集热器的效率为零，此时集热器的最大温度也称为闷晒温度或滞止温度。另一方面，效率曲线的斜率值表示集热器总热损系数的大小。真空管集热器的效率曲线的斜率较小，表面真空管集热器的总热损系数较小。这是由于真空集热管的对流热损失大幅降低，从而使得集热器的热损失随工质温度而变化的幅度减小。

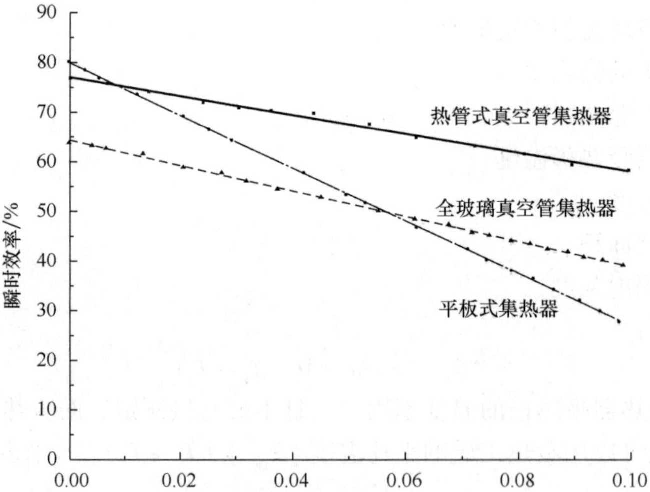

图2－6 集热器瞬时效率曲线

二、太阳能热水器

太阳能热水器是利用太阳能集热器吸收太阳辐射来产生高温水的一种装置，它是太阳

能低温热利用最成熟、最广泛的应用形式，具有环保、节能、安全、经济等特点，与人民的日常生活密切相关。太阳能热水器除了提供生活和生产的热水，还可以作为干燥、制冷、暖房等的热源。

太阳能热水器的组成部分主要包括：太阳能集热器、储水箱、连接管路、支架及控制系统等。太阳能热水器也有多种技术形式，并有多种分类方法，如按照系统循环种类可以分为自然循环系统和强制循环系统，按照集热器与水箱的相对位置可以分成分体式系统、紧凑式系统、整体式系统等。家用的太阳能热水器的发展过程大致经历了四个阶段：闷晒式、平板式、全玻璃真空管式、热管真空管式，目前广泛使用的为平板式、全玻璃真空管式和热管真空管式太阳能热水器。其中真空管式太阳能热水器占据国内绝大部分市场份额，而平板式太阳能热水器占据国外绝大部分市场份额。紧凑式的平板式家用太阳能热水器如图2－7（1）所示，可以承压运行，与建筑结合好，但是目前产品中热损相对较大。

真空管式太阳能热水器是我国市场份额最大的太阳能热水器，如图2－7（2）所示。其中全玻璃真空管太阳能热水器的吸热效率较高，成本低、寿命长。但是该系列产品对系统的设计安装施工要求高，如设计不当或安装不良容易出现爆管现象。而热管式真空管太阳能热水器是在普通全玻璃真空管热水器的基础上发展起来的新型产品，该产品系统稳定、破管无泄露、热效率较高，但是生产工艺要求严、成本高、寿命较短。

(1)　　(2)

图2－7　太阳能热水器

（1）平板型　（2）真空管型

当太阳能热水器采用直接系统时，即经过集热器产生的热水直接循环流至用户使用，所需集热器的总面积可以按照下列公式计算：

$$A_C = \frac{Q_w c_w (t_{end} - t_i) f\rho}{J_T \eta_{cd} (1 - \eta_L)} \tag{2-23}$$

式中　A_C——直接系统集热器总面积，m^2

Q_w——日均用水量，L

c_w——水的定压比热容，4.187kJ/（kg・℃）

t_{end}——储水箱内水的设计温度，一般为60℃

t_i——水的初始温度，℃

ρ——水的密度，1kg/L

J_T——当地集热器采光面上的年平均日太阳辐射量，kJ/m^2

f——太阳能保证率

η_{cd}——年平均集热器效率

η_L——储水箱和管路的热损失率

当太阳能热水器采用间接系统时，流经集热器的水通过换热器将热量传递给循环流至用户的水，系统涉及双回路。此时所需的集热器总面积可以按照下列公式计算：

$$A_{IN} = A_C\left(1 + \frac{F_R U_L A_C}{U_{hx} A_{hx}}\right) \tag{2-24}$$

式中 A_{IN}——间接系统集热器总面积，m^2

A_C——直接系统的集热器总面积，m^2

$F_R U_L$——集热器总损失系数，$W/m^2 \cdot ℃$

U_{hx}——换热器传热系数，$W/m^2 \cdot ℃$

A_{hx}——换热器总面积，m^2

三、太阳能其他低温工业热利用形式

除了上述太阳能热水器外，使用平板集热器或真空管集热器还可以为很多工业过程提供所需的热源，从而形成太阳能低温工业应用技术。目前太阳能的低温工业热利用形式多种多样，包括太阳能干燥、太阳能空调/制冷、太阳能海水淡化等。下面将重点对太阳能空调系统和太阳能海水淡化系统进行介绍。

（一）太阳能空调系统

随着人们生活品质的不断提高，对空调的需求也越来越大，空调系统能耗占据了人们生活中能耗的相当一部分比例。利用太阳能来驱动空调系统从而节约电能是一种新的发展方向。

太阳能空调是指利用太阳能来实现制冷作用的空调系统，可以分成太阳能光伏驱动空调系统和太阳能热驱动空调系统两大类。这里主要介绍利用吸收太阳辐射产生的热能来实现制冷的空调系统。太阳能空调与传统空调系统不同，不需要氟利昂或其他破坏臭氧层的有机制冷剂，它的技术形式也有多种，主要包括吸收式、吸附式、除湿式等。下面以吸收式技术为例介绍太阳能空调系统的技术原理。

吸收式制冷是利用某些具有特殊性质的工质对来进行的。一种物质对另一种物质吸收和释放时，会产生物质的状态变化，并伴随着吸热和放热过程。组成工质对的两种物质在同一压强下有不同的沸点，其中高沸点的称为吸收剂，低沸点的称为制冷剂。常见的吸收剂-制冷剂组合有两种：一种是水-溴化锂，通常适用于大型中央空调；另一种是水-氨，通常用于小型空调。

太阳能吸收式制冷机即是通过太阳能集热器来为吸收式制冷提供所需热能的制冷系统。太阳能吸收式制冷机一般由太阳能集热器、发生器、冷凝器、蒸发器、吸收器、泵、节流阀等组成。它的工作原理如图2-8所示，具体工作过程如下：利用太阳能集热器产生高温热水，并加热发生器中由泵从吸收器输送来的具有一定浓度的溶液，使制冷剂蒸发；制冷剂蒸气进入冷凝器后被冷却，并冷凝成制冷剂液体；制冷剂液体经过节流降压后进入蒸发器，并在蒸发器吸热气化实现制冷；之后制冷剂蒸气在吸收器中与从发生器中经过节流降压后进入吸收器的稀溶液相混合，并被稀溶液吸收，回复到原来的浓度；吸收完成后再经过加压将含有制冷剂的浓溶液送入发生器进行加热蒸发，完成一个制冷循环。

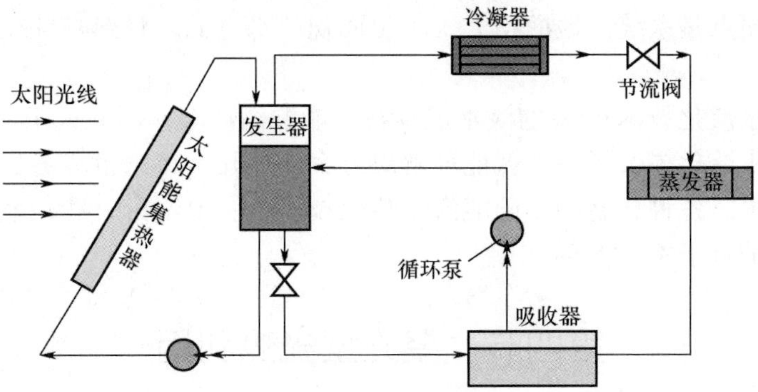

图 2－8　太阳能吸收器空调系统示意图

太阳能空调有以下突出优点：一是节能，且制冷剂无毒无害，十分环保；二是基本没有噪声，非常安静；三是制冷性能和用户需求匹配良好，这是因为当太阳辐射越强、天气越热的时候，空调负荷的需求也越大，而此时的太阳能空调的制冷能力和效率也越高。

当前的太阳能空调技术正日趋成熟，近年来创新技术层出不穷，系统能效不断提高，且已经有很多成功的示范应用项目。随着能源政策对清洁能源的倾斜，太阳能空调的推广普及前景必然十分美好。

（二）太阳能海水淡化系统

太阳能海水淡化是利用太阳能从海水（苦咸水）中制取淡水的技术，它是解决淡水缺乏或供应不足的重要途径之一，有着广泛的应用前景。同太阳能空调系统一样，太阳能海水淡化也有两种方法，一种是太阳能转换为热能来驱动海水淡化的热法；另一种是将太阳能转变为电能然后驱动海水渗析过程的膜法。这里主要介绍第一种方式，即利用太阳能热来驱动海水淡化的热法技术。

热法太阳能海水淡化技术是实际应用最早的太阳能海水淡化技术，也是目前太阳能海水淡化的主流技术。它是利用太阳能集热器将太阳能转化为热能来加热海水，使海水蒸发成蒸汽后再冷凝得到淡水。热法太阳能海水淡化技术也有多种技术类型，主要包括太阳能多效蒸馏法、太阳能加湿－除湿法、太阳能多级闪蒸法、太阳能压缩蒸馏法等。下面以盘式太阳能蒸馏系统为例介绍太阳能海水淡化的工作原理。

盘式太阳能蒸馏系统也称为温室型蒸馏系统，是太阳能海水淡化技术中最古老、也是最成熟的技术。如图 2－9 所示，它是一个密闭的温室，主要包括下方盛放海水的浅盘和上方倾斜的透明玻璃或塑料顶盖。透过透明顶盖的太阳辐射，除了小部分从水面反射外，其余大部分被海水吸收，海水温度也随之升高并开始蒸发。顶盖由于向大

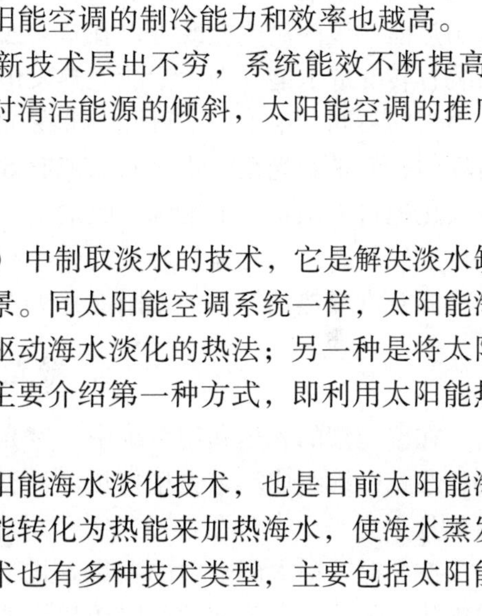

图 2－9　盘式太阳能蒸馏系统示意图

气散热，温度低于下方的海水温度，使得蒸发的水蒸气会在顶部遇冷凝结成液态。液态水在重力的作用下沿着倾斜的顶盖流下并汇集到下方的集水槽中，从而得到成品淡水。为增加太阳辐射吸收效率，一般将盛放海水的浅盘涂成黑色。该技术的优点是运行、维护成本低，设备简单；缺点是系统占地面积大，单位面积产水量低，且热性能受地区及气候条件影响大。

由于热法海水淡化技术60%的淡水成本在于能源消耗上，因此太阳能与传统海水淡化技术的结合为海水淡化提供了一个低能耗解决方案。近几十年来世界各国都在大力发展太阳能海水淡化技术，各种新型的太阳能海水淡化技术也层出不穷，相信利用太阳能为人类大规模提供淡水的日子不会太远。

第四节 聚光型光热利用

在非聚光的情况下，太阳能集热工质的温度一般低于100℃，因此非聚光的光热技术适合应用在温度较低的场合。为了提高工质温度从而扩大太阳能的热能利用范围，可以采用聚光型的光热利用技术。它通过使用由反射镜、透镜或其他光学器件组成的聚光器将进入较大面积采光口的太阳辐射改变方向，并聚集到较小面积的吸收器上，从而获得较高温度的热能。该高温热能既可以在众多工业过程中直接利用，也可以通过动力循环或热电转换装置转变成电能，即太阳能光热发电。聚光型的光热利用和非聚光型的光热利用可能存在很大的不同。由上一节可知，非聚光型的集热器一般既可以利用直射辐射也可以利用漫射辐射，但是聚光型的集热器只能有效地利用直射辐射而不能利用漫射辐射。此外，为了最大化地将太阳辐射汇聚到接收器上，聚光型集热器一般需要配置跟踪系统来对太阳位置进行准确跟踪。总之，聚光型的光热利用系统可以输出高温、大功率的能量用来发电、提供高温蒸汽或热油等，为太阳能在大型工业过程和发电领域的应用奠定了基础。

一、聚光类型及聚光型集热器

在聚光型的光热利用系统中，聚光型集热器是其核心组成部分，通常由聚光器、接收器和跟踪系统组成。聚光型集热器种类繁多，下面将通过不同的角度对聚光型集热器进行简单分类。

按照对入射太阳辐射的聚集方式不同，可以分为反射式集热器和折射式集热器。反射式集热器是通过一系列的反射镜片将太阳辐射聚集到接收面，如槽式抛物面集热器；而折射式集热器是将入射太阳辐射通过透镜汇聚到接收面，如菲涅耳透镜集热器。

按照聚光后是否成像，又可以分为非成像集热器和成像集热器。非成像集热器是指聚集太阳辐射时在接收面上不会形成焦点或焦线的集热器，如复合抛物面集热器；而成像集热器是指聚集太阳辐射时在接收面上形成焦点或焦线的集热器。对于成像集热器，按照聚焦方式又可以分为点聚焦和线聚焦两种，分别将太阳辐射基本上汇聚到一个焦点和一条焦线上。点聚焦集热器包括旋转抛物面集热器、塔式集热器等，而线聚焦集热器包括槽式抛物面集热器、反射式线性菲涅耳集热器等。此外，还可以依据聚光比大小、工作温度、跟踪方式等的不同对集热器进行分类。

表征聚光型集热器时经常用到几个术语，如采光口、几何聚光比、通量聚光比、截断因子、接收角等。为了更好地介绍后面的内容，这里首先集中介绍这些常用术语的定义。

（1）聚光器采光口　聚光器的开口面，通过该面太阳辐射进入聚光器。聚光器采光口面积是聚光器截获太阳辐射的最大投影面积。

（2）接收器采光口　接收聚集后的太阳辐射的接收器入口或敞开口。接收器采光口面积是接收器截获聚集的太阳辐射的最大投影面积。

（3）几何聚光比　又称为面积聚光比，定义为聚光器采光口面积和接收器采光口面积之比，可以表示为：$C = A_c / A_r$。聚光比反映了集热器使能量集中的程度，是聚光型集热器的重要特征参数之一。

（4）通量聚光比　聚集到接收器采光口平面上的平均辐射功率密度与进入聚光器采光口的太阳法向直射辐照度之比，可以表示为：$C_I = A_r / I_c$。由于镜面在光学加工过程中总是存在加工误差的，通过采光口的太阳辐射并不能全部聚集到接收面上。所以，通量聚光比总是小于几何聚光比。

（5）接收角　接收面能够接收到太阳辐射的入射光线与聚光器采光口平面外法向的最大夹角。对于线聚焦系统，接收角是一维的，而对于点聚焦系统，接收角是二维的。集热器的接收角大小决定了集热器应该选择什么样的跟踪控制方法。当接收角较小时，一般需要对集热器采用连续性的跟踪方式；而当接收角较大时，可以采用间断性的跟踪方式。

（6）接收器截断因子　单位时间内进入接收器采光口的能量与到达接收器采光口平面的总能量之比。

（一）集热器热效率

聚光型集热器在工作过程中存在对周围环境的散热损失，一般可以通过集热器的热效率来表征聚光型集热器的性能。聚光型集热器的热效率（η_c）可以定义为：在稳态（或准稳态）条件下，集热器传热工质在规定时段内获得的有效热能（Q_u）与聚光器采光口面积（A_c）和同一时段内垂直透射到聚光器采光口上的太阳辐射（G）的乘积之比，即：

$$\eta_c = \frac{Q_u}{GA_c} \tag{2-25}$$

根据能量守恒定律，在稳态情况下，集热器传热工质在一定时间内获得的有效热能等于该时间段内接收器得到的能量（Q_r）减去接收器对周围环境散失的能量（Q_l），即：

$$Q_u = Q_r - Q_l \tag{2-26}$$

另外，接收器的热损失可以表示为：

$$Q_l = U_l A_r (T_a - T_r) \tag{2-27}$$

式中　U_l——接收器的总热损系数

T_a 和 T_r——分别为环境温度和接收器表面温度

将式（2-26）和式（2-27）代入式（2-25），可以得到集热器的热效率、光学效率及光学聚光比之间的关系：

$$\eta_c = \eta_0 - \frac{U_l (T_a - T_r)}{G} \frac{1}{C} \tag{2-28}$$

式中，$\eta_0 = \frac{Q_r}{GA_c}$，是集热器的光学效率，它定义为太阳辐射中能够到达接收器被吸收的分量。它代表了聚光型集热器的光学性能，反映了在太阳辐射聚焦的过程中，由于聚光器方面的不理想因素（如表面光学精度、面型、反射率等）和接收器表面对太阳辐射存在不理想吸收（如反射等）而引起的光学损失。聚光型集热器的光学损失通常要比非聚光型集热器显著，而且漫射辐射只有在聚光比比较低的集热器中才能得到部分利用。因此，在对聚光型集热器进行能量分析时，必须考虑光学损失和散射辐射的损失。

（二）理论聚光比

集热器的接收面能够实现的温度与聚光比密切相关。一般来说，聚光比越高，能够实现的温度越高。反言之，若要求集热器的集热温度足够高，就需要较大的聚光比。如果太阳光线是绝对平行的，那么光线都可以聚焦在一点，则理论上集热器的极限聚光比应趋于无穷大。但实际上，太阳到达地球表面的光线并非平行光，而是张角为 $\theta_s = 0.52°$ 的发散光，因此不可能完全聚焦。这样，集热器理论上能够实现的聚光比并不是无限大，其最大值称为理论聚光比。对于使用线聚焦方式的二维聚光器，其理论聚光比可以表示为：

$$C_{m,2D} = 1/\sin(\theta_s/2) \tag{2-29}$$

而对于使用点聚焦方式的三维聚光器，其理论聚光比可以表示为：

$$C_{m,3D} = 1/\sin^2(\theta_s/2) \tag{2-30}$$

将太阳张角 $\theta_s = 0.52°$ 代入式（2-29）和式（2-30），可以得到线聚焦和点聚焦的理论聚光比分别约为 215 和 46000。但是，对于真实的聚光型集热器来说，存在多个引起误差的因素，比如跟踪误差、反射/透射镜的非理想面型误差、接收器位置机械偏差等，导致集热器的接收角要远大于太阳张角，从而真实的集热器能够实现的聚光比远远小于理论聚光比。比如，使用线聚焦的集热器目前能够实现的最大聚光比约为其理论聚光比的一半，而想进一步实现更大的聚光比实践起来非常困难。

（三）典型的聚光型集热器

前面提到，聚光型集热器种类繁多，各有特点，且应用场合并不一样。下面将简单介绍几种典型的聚光型集热器。

1. 抛物面集热器

抛物面集热器是一种反射式的集热器，其反射面由抛物线沿轴线旋转或纵向延伸形成。可知，在 (x,y) 直角坐标系下抛物线的方程可以写成：

$$x^2 = 4F(F-y), \quad |x| \leq D/2 \tag{2-31}$$

式中 D——抛物面开口宽度

F——焦距，如图 2-10 所示

图 2-10 还给出了抛物面集热器的另外一个常见参数：槽式抛物面的边界角 θ_0。

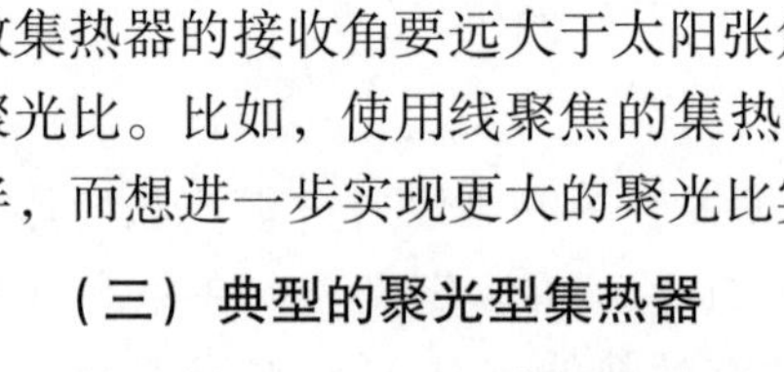

图 2-10 抛物线几何关系示意图

按照反射面形状可以将抛物面集热器分成两类：由抛物线沿轴线旋转而成的旋转抛物面集热器，和由抛物线向纵向延伸而成的槽式抛物面集热器。其中旋转抛物面将与抛物面轴线平行的光聚集到抛物面轴线上的焦点上，是点聚焦方式；而槽式抛物面将与抛物面轴线平行的光聚集到焦线上，是线聚焦方式。因此抛物面集热器属于成像型集热器，接收器安装在抛物面的焦点或焦线上。

槽式抛物面集热器也可以称为抛物柱面集热器，它是目前应用最广泛的聚光型集热器，尤其在太阳能热发电领域和中温工业热利用领域得到普遍应用，其原理如图 2 – 11（1）所示。槽式抛物面集热器一般包括：槽式抛物面聚光器、安装在焦线位置的管状接收器、支撑及跟踪装置。其中反射镜一般采用由低铁浮法玻璃制成的镀银玻璃，而管状接收器一般包括供吸热流体流动的金属管和同轴的玻璃外管，金属管和玻璃外管之间采用真空密封，来减少接收器对环境的热损失。如典型的中高温用槽式真空管接收器包含一个直径 0.07m 的不锈钢管，不锈钢管外面有选择性金属陶瓷涂层来强化太阳辐射吸收，外面同心玻璃管的直径为 0.115m，玻璃管和不锈钢管间空隙的真空度约为 0.013Pa。由于是线聚焦，槽式抛物面集热器运行时一般都采用单轴跟踪方法。

根据不同的应用场合，槽式抛物面集热器的采光口面积可以涵盖 1 ~ 60m²，而采光口开口宽度可以涵盖 1 ~ 6m。槽式抛物面集热器的聚光比的范围为 10 ~ 80，而边界角为 70° ~ 120°。在实际安装时，槽式抛物面集热器按照焦线方向既可以南北布置，也可以东西布置。当采用东西布置时，焦线处于水平位置，而当采用南北布置时，焦线既可以处于水平位置，也可以有一定的倾斜角度。

旋转抛物面集热器如图 2 – 11（2）所示，由旋转抛物面构成的聚光器与安装在焦点上的接收器组成。因为是点聚焦方式，旋转抛物面集热器的聚光比范围比较高，为 500 ~ 3000，最高聚光温度可以达到 3000℃。由于聚光温度较高，旋转抛物面集热器一般采用腔体式接收器。这是因为腔体式接收器的采光口较小，大大降低了接收器的热损失，而且腔体式接收器的采光口位置还可以安装透明的耐高温玻璃盖板，进一步降低接收器的热损失。由于大面积的玻璃难以按照固定曲线加工成型为旋转抛物面，目前的旋转抛物面聚光器基本采用使用多块小面积玻璃在抛物面位置拼接的方法来实现。另外，由于是点聚焦，旋转抛物面集热器一般都采用双轴跟踪方法来保证最大化的能量利用。

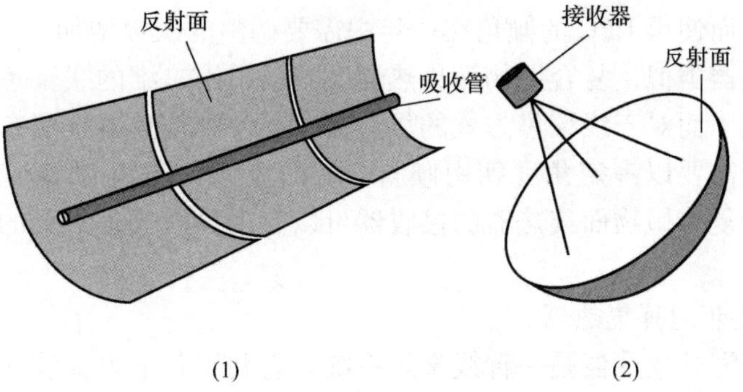

图 2 – 11　抛物面集热器
（1）槽式抛物面集热器　（2）旋转抛物面集热器

2. 复合抛物面集热器

复合抛物面集热器是一种典型的非成像型集热器，其工作时入射光线并不汇聚在一个焦点上，也可以不必和聚光器的轴线平行。它通常包括一个布置在抛物面焦点下方的接收器和一个复合抛物面聚光器（CPC），该聚光器可以使得入射到采光口任意角度的太阳光

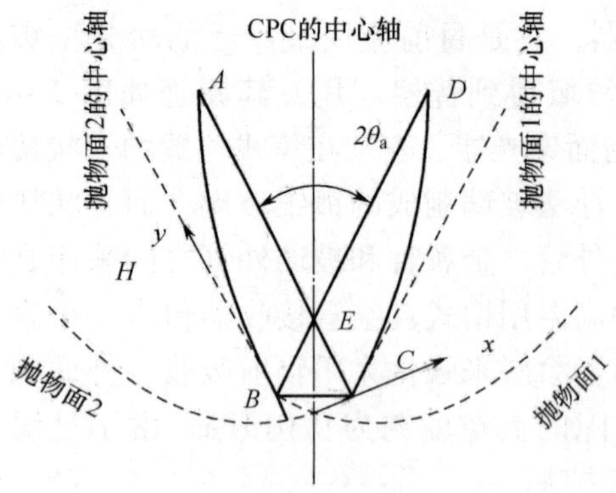

图 2－12　复合抛物面的几何关系

线能够反射到接收器表面。复合抛物面集热器的聚光比一般不超过 15，工作温度范围为 80～250℃，是应用较广泛的中温型集热器。

一个二维的复合抛物面集热器的基本几何关系如图 2－12 所示。之所以称为复合抛物面，是因为聚光器包括两段焦点位置不重合而又关于 CPC 轴对称的抛物面反射镜。通过调整两段抛物线的轴线位置，最终使得抛物面 1 的焦点位于抛物面 2 上，而抛物面 2 的焦点位于抛物面 1 上。*AD* 是聚光器采光口开口宽度，*BC* 是接收器采光口开口宽度。

如图 2－12 所示，抛物面 1 和 2 的轴线形成了 $2\theta_a$ 的接收角，该接收角和角 *AED* 相等。当入射光线的入射角小于该接收角的一半时，入射光线可以被反射至接收面上，而入射光线的入射角大于接收角的一半时，入射光线由于没法被反射至接收面而最终从采光口反射出去。CPC 的接收角和性能密切相关，当接收角为 180°时变成了平板集热器，而当接收角为 0°时，即变成了抛物面集热器。此外，复合抛物面集热器的几何聚光比可以表示成 $C = w/b$。可以推导得到该聚光器的最大几何聚光比与接收角有关，为：$C_m = w/b = \sin\theta_a$。同时可以推导得到，该聚光器的高度和开口宽度的比例为：

$$\frac{H}{W} = \frac{1}{2}\left(1 + \frac{1}{\sin\theta_a}\right)\cos\theta_a = \frac{1}{2}(1 + C)\left(1 + \frac{1}{C^2}\right)^{\frac{1}{2}} \tag{2-32}$$

由于在一天的运行过程中太阳位置通常不会脱离 CPC 的接收角的范围，所以 CPC 一般不需要进行频繁的跟踪调整，只需要在太阳位置开始脱离 CPC 接收角的范围时才需要进行调整。CPC 需要进行倾角调整的频率和 CPC 的聚光比有关：当聚光比增加的时候，CPC 的接收角减小，从而使得 CPC 的倾角在一年中需要调整的次数增加。

和抛物面集热器类似，复合抛物面集热器既可以采用二维的线聚焦方式，也可以采用三维的点聚焦方式。而对于线聚焦方式的集热器，通常将集热器按照东西方向布置，此时 CPC 的采光口一般需要以一定角度朝南倾斜，从而使得太阳辐射的入射角小于 CPC 接收角的一半。此外，复合抛物面集热器的接收器可以有多种形式，常见的有平板式接收器和圆管式接收器。

3. 反射式线性菲涅耳集热器

反射式线性菲涅耳集热器是一种线聚焦系统。它利用若干个安装在地面上的长条形的平面或微凹表面的反射镜，将太阳辐射汇聚到固定在上方焦点位置的接收器上，如图 2－13 所示。反射式线性菲涅耳聚光利用了菲涅耳透镜效应，该系统是由抛物槽式聚光系统演变而来的，可以设想是将槽式抛物反射镜线性分段离散化而成。因此线性菲涅耳集热器的聚光比和抛物槽式集热器类似，一般为 10～80。但是，与槽式反射技术不同，线性菲涅耳聚光使用多个阵列式大开口、短焦距的镜面来聚集太阳能，采光口宽度可以很容易达到抛物槽式反射镜的三倍，使得集热器的成本可以大幅度降低，且线性菲涅耳镜面布置不需要保持抛物面形式，离散的镜面可以处于同一水平面上。

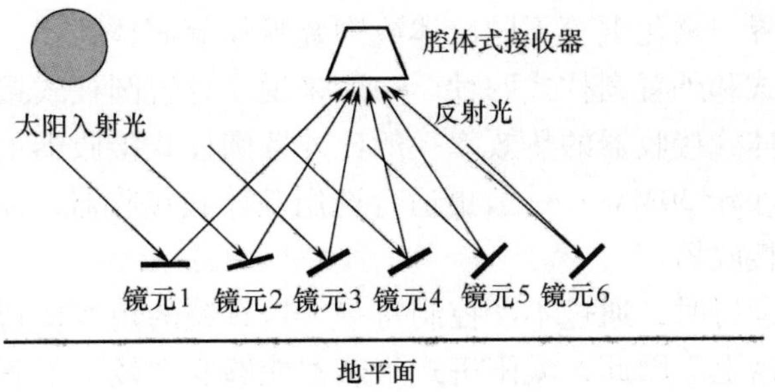

图 2 – 13　线性菲涅耳集热器示意图

线性菲涅耳集热器一般按照焦线采用南北布置方式，每一列镜面通过单轴跟踪系统实时跟踪入射光线，以一定的角度将入射光反射至悬挂固定在镜场上方一定高度的接收器上。接收器一般常用成本较低的没有真空的长条状腔体式接收器，但也可以采用直通式真空管接收器。采用的反射镜一般较为平整，可以采用紧凑的布置方式，土地利用率高，且近地安装有利于降低风阻，具有较好的抗风性能。

4. 太阳塔式集热器

太阳塔式集热器是一种点聚焦系统，主要由多个定日镜和一个安装在太阳塔顶部的接收器组成，如图 2 – 14 所示。定日镜是一种以机械驱动方式使太阳辐射恒定地朝一个方向反射的反射装置，一般包括反射镜、支撑结构、传动和跟踪控制系统。其中反射镜通常采用平面、球面或抛物面，而整体镜面既可以是一个单元镜，也可以是多个单元镜组合而成的复合镜面。为了能够每时每刻跟踪太阳，定日镜的跟踪控制系统采用双轴跟踪方式，即定日镜通常有两个正交的能持续跟踪太阳的旋转轴，其中一个是固定轴，与地面基础固定，另外一个是从动轴，与定日镜的镜面一起绕固定旋转轴转动。一个太阳塔式集热器可以包含成百上千，甚至上万个定日镜，这些定日镜布置在太阳塔的周围，组成庞大的定日镜场，从而实现较大的聚光面积。

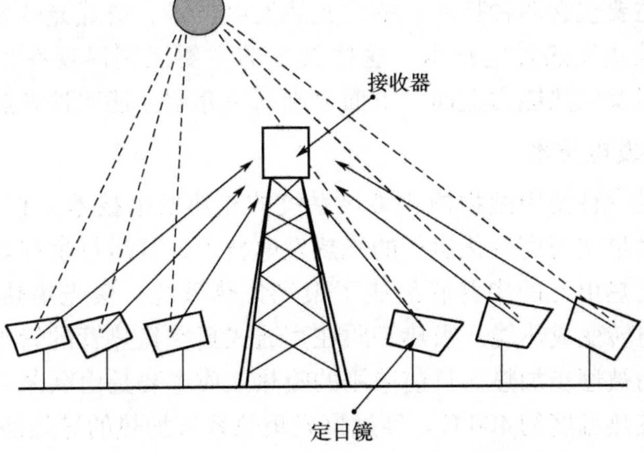

图 2 – 14　太阳塔式集热器示意图

接收器布置在中央位置固定安装的太阳塔的顶部，流经接收器的吸热工质可以是熔融盐、水、空气、超临界二氧化碳等不同流体或陶瓷颗粒等固体粒子。按照结构不同，接收器一般可以分为腔体式和外置圆柱式两种。一般来说，外置圆柱式接收器的接收角比腔体式接收器的大，而腔体式接收器的热效率一般比外置圆柱式接收器的高。因此，较小规模的系统（如集热功率小于30MW）一般更适合选用腔体式接收器，而较大规模的系统则更适合选用外置圆柱式接收器。

太阳塔式集热器运行时，通过不断控制每一个定日镜的角度使得定日镜反射的光都能汇聚到塔顶部的接收器上。因此，太阳塔式集热器能够实现较大的聚光比，聚光倍数可以达到数百至上千倍，且能使得接收器的工作温度达到1000℃以上。在接收器上吸收的高温热能可以通过朗肯循环或布雷顿循环等动力循环系统进行发电。基于上述原因，太阳塔式集热器在太阳能热发电站中有广泛应用。

二、聚光型光热发电

聚光型光热发电是太阳能聚光热利用的一种主要利用形式。它利用太阳能聚光集热系统产生的高温，生成高温高压的蒸汽或空气，进而驱动汽轮机或燃气轮机将高温热能转换为电能。和光伏发电系统相比，光热发电技术具有系统复杂、成本高的缺点。但是，光热发电可以配置低成本的储热系统，储热系统可以将白天的太阳能转换为热能存储起来，在太阳辐射不足或无太阳辐射的时候再把热能释放出来发电。因此，光热发电可以输出平稳、可调度的电力，能够成为未来的基荷电力。且由于其突出的可调度性，光热发电的大力推广也可以提高光伏发电、风力发电等不稳定的可再生能源发电的电网容纳比例。

近年来光热发电在世界范围得到了较为迅速的发展，截止到2015年，全球光热发电装机总容量达到4.8GW。而根据国际能源署（IEA）在2014年预测，到2030年全球光热发电装机总容量将达到261GW，中国的总装机容量将达到29GW。但是光热发电对太阳辐射资源有较高的要求，一般需要建立在太阳辐射强、气候干燥的地区。在世界范围内最适合发展光热发电技术的包括北非、中东、印度西北部、美国西南部等地区，而中国的西部地区包括青海、甘肃、新疆等太阳能资源丰富的地区也是发展光热发电的较好地区。

目前光热发电主要包含四种技术：槽式光热发电技术、塔式光热发电技术、线性菲涅耳光热发电技术和碟式光热发电技术。这些技术的主要区别体现在聚光方式、接收器形式、吸热流体种类以及储热能力上面。下面分别简单介绍上述四种光热发电技术。

（一）槽式光热发电技术

槽式光热发电是一种使用抛物槽式集热系统的光热发电技术，它是目前技术最成熟、应用最广泛、也是最早实现商业化运行的光热发电技术，其运行过程如图2-15所示。

多个槽式聚光集热单元的串并联组成了聚光集热系统，聚光集热系统可以将60%~70%的入射太阳辐射转变成热能。吸热工质在直通式真空集热管的管内流动，吸收聚光太阳辐射产生的热能而被逐步加热。目前采用的吸热工质主要是由联苯-联苯醚的混合物组成的导热油，最高集热温度约400℃。经过聚光集热系统加热的导热油可以直接进入油/水换热器，在换热器的另一端产生高温高压的水蒸气［如压力10MPa、380℃］，驱动汽轮机来发电。当太阳辐射过余时，聚光集热系统产生的一部分高温导热油可以流经导热油/熔

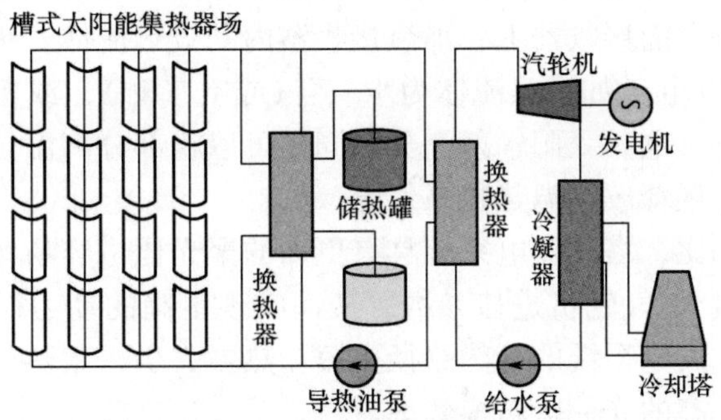

图2-15　槽式光热发电系统示意图

融盐换热器，将储热介质熔融盐从低温290℃加热到390℃，并将高温熔融盐存储在高温储热罐内。当太阳辐照不足或消失后，高温熔融盐可以通过导热油/熔融盐换热器来继续将导热油加热，然后经过油/水换热器产生高温高压的水蒸气，继续稳定地发电。

当前槽式电站的峰值光-电效率可以达到20%~25%，年均光-电效率约12%~16%。目前商业化运行的光热电站中，槽式电站数量占主导地位，且大部分都配备不同储热时间的储热系统。当前世界上最大的槽式光热电站是建立在美国加利福尼亚州南部的Solar Electric Generating Systems（SEGS）系统，由9个电站组成，总装机容量达到354MW，总聚光面积为231.5万m^2，其中第一个14MW的电站于1984年建成。该电站目前仍在正常运行，年均光-电转换效率约为13.7%。西班牙Andasol-1电站是欧洲第一座抛物面槽式电站，也是全球第一座带有长时间储热系统的太阳能热发电站，电站容量50MW，带有7.5h熔融盐双罐储热，年光-电效率约为16%。但是由于槽式抛物面集热器的聚光比不高，传热流体的工作温度不容易提高，使得系统效率及储热密度受到限制。预期在未来的发展中使用能够承受更高集热温度的水/蒸汽或熔融盐作为吸热工质的槽式电站将受到更多重视。

（二）塔式光热发电技术

塔式光热发电技术是使用塔式聚光集热系统的太阳能热发电技术，如图2-16所示。其能量转换过程和槽式发电系统相似，主要区别在于聚光集热系统和所用的吸热工质不

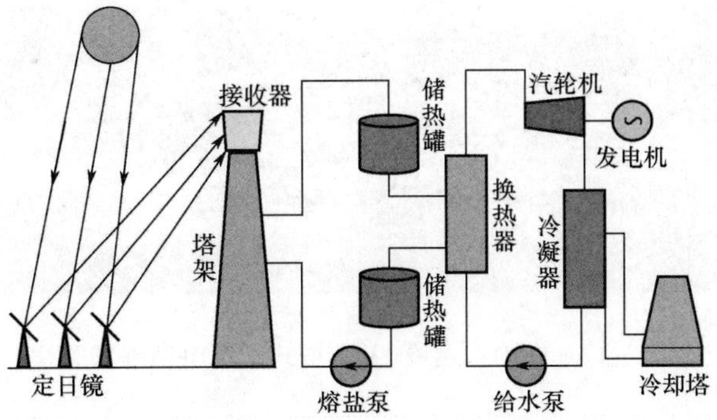

图2-16　塔式光热发电示意图

同。塔式系统运行时，定日镜光场内的所有定日镜通过双轴跟踪系统调整姿势，将太阳辐射反射到安装于太阳塔上的接收器上，加热接收器内的吸热流体。吸热流体或者直接用来驱动汽轮机/燃气轮机发电（如吸热流体为水/蒸汽或空气时），或者通过换热器产生高温高压的水蒸气然后进行发电。太阳辐射充分时同样可以将部分高温热能通过储热系统存储起来，然后在需要的时候释放高温热能来发电。

和槽式发电系统相比，塔式发电系统具有更高的聚光比，容易实现更高的集热温度和热力系统工质的汽轮机/燃气轮机进口参数，从而实现更高的动力循环效率及储热系统的储热密度。此外，塔式发电系统的传热路径更短，热损失少，集热效率较高。因此，塔式热发电系统一般具有更高的光－电转换效率。

塔式光热发电根据接收器内吸热工质的不同，具有不同的运行方式和性能特点，目前常见的吸热工质有水/水蒸气、熔融盐、空气等。以水/蒸汽为吸热工质的塔式电站中，接收器内直接产生高温高压的水蒸气，然后可以用来驱动汽轮机发电。世界上第一座商业化并网运行的塔式电站（西班牙 PS 10 电站）即是以水/蒸汽为吸热工质，于 2007 年并网运行。该电站容量为 10MW，聚光场包括 624 个开口面积为 $120m^2$ 的定日镜，太阳塔高为 115m，采用腔式接收器，接收器出口蒸汽参数为 250～300℃和 4.5MPa。此外，电站带有小容量的储热系统，可以使汽轮机在瞬间云遮时以 50% 负荷运行 50min。以水/蒸汽为吸热工质的塔式电站还包括 2014 年建成的美国 Ivanpah 塔式电站，容量为 392MW，是目前容量最大的塔式电站，没有配置储热系统，预期年平均光－电效率将达到 18%。我国首个、亚洲最大的塔式光热实验电站（八达岭太阳能热发电站）也是采用水/蒸汽为吸热工质。如图 2－17 所示，八达岭电站的太阳塔高为 120m，采用 100 个面积为 $100m^2$ 的定日镜，电站容量为 1MW。但是，目前缺乏水蒸气的大容量、低成本存储技术，水蒸气电站的发展受到储热能力的限制，以熔盐作为吸热工质正在成为塔式光热发电的主流技术。

图 2－17　中国八达岭 1MW 塔式示范电站现场照片

以熔融硝酸盐为吸热工质的塔式电站被认为是目前最先进的商业化光热发电技术，拥有高集热温度、便于储热、储热密度高等优点。熔融盐既是在塔式接收器中获得热能的吸热工质，也同时是在储热系统中存储热能的储热工质。熔融盐通过盐/水换热器来产生用于发电的高温高压蒸汽。全球首座采用熔融盐作为吸热/储热介质的商业化塔式电站是2011年在西班牙建成的Gemasolar电站，容量为19.9MW。该电站聚光场包括2650个开口面积为120m^{2}的定日镜，太阳塔高为150m，采用圆柱形外置式接收器，接收器出口温度为565℃。电站配有15h的熔融盐双罐储热系统，能够在一年中的多个月份实现24h不间断发电。全球第二座商业化的熔融盐塔式光热电站是正在建设中的Cresent Dunes塔式电站，容量为110MW，配有10h的熔融盐双罐储热系统。

以空气为吸热工质的塔式电站一般采用布雷顿循环的发电模式，空气经过接收器达到700℃以上的高温，然后进入燃气轮机进行发电。其运行效率可以达到30%以上，并且可以无水运行，是未来塔式光热发电的一个重要发展方向。德国Julich实验电站是目前唯一一个运行的采用空气作为吸热工质的塔式电站，电站容量为1.5MW，采用容积式接收器，接收器出口空气温度约700℃。

（三）线性菲涅耳光热发电技术

线性菲涅耳光热发电技术（图2－18）是使用反射式线性菲涅耳聚光集热系统的太阳能热发电技术，一般使用水/蒸汽作为吸热工质。它相当于一种简化的槽式发电系统，具有较低的系统总成本。但是线性菲涅耳光热发电技术的光学效率较低、接收器热损失较大，导致系统的光－电转换效率相对较低。

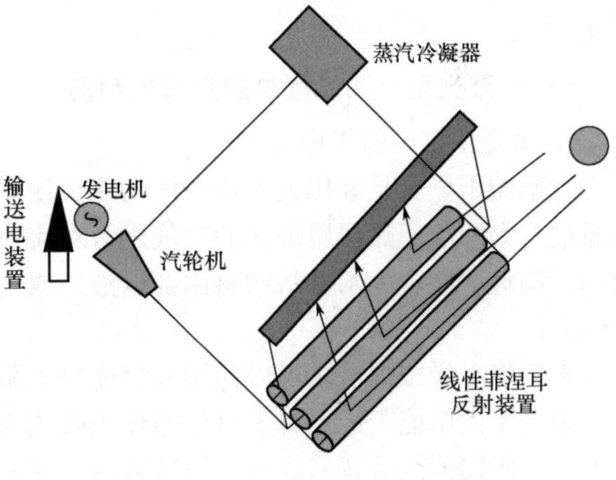

图2－18　线性菲涅耳光热发电示意

目前线性菲涅耳发电系统仍然处于市场化的边缘，正在运行中的发电系统一般都是小容量的示范系统。第一个并网运行的线性菲涅耳示范电站是德国的Puerto Errado 1示范电站，容量为1.4MW，该电站集热器出口的蒸汽参数为270℃和5.5MPa。为了提高线性菲涅耳发电系统的光－电转换效率，一些新的技术正在得到研发，主要是为了能够产生更高参数的蒸汽以及降低接收器的热损失。

（四）碟式光热发电技术

碟式光热发电技术如图2－19所示，采用旋转抛物面聚光器将太阳辐照聚集到焦点处的发电机上，通过斯特林机进行发电，其中斯特林机是碟式发电系统最关键的部件。它和塔式发电一样都是点聚焦方式，但是碟式系统的聚光比要高得多，一般为1000～3000，从而可以产生高达1000℃的集热温度，峰值光－电效率目前已经可以达到34%。

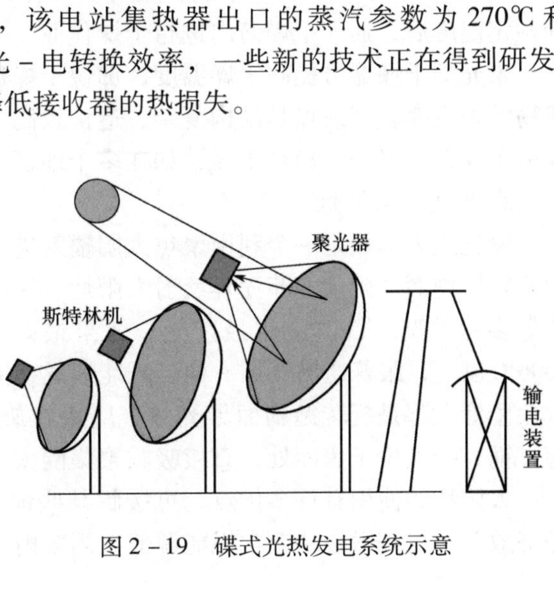

图2－19　碟式光热发电系统示意

由于受到聚光系统尺寸的限制，单个碟式发电系统功率较小，一般为5~50kW。因此碟式发电系统的总容量可大可小，既可以建成兆瓦级的电站并网发电，也可以作为分布式发电系统在边远地区离网使用。和其他三种光热发电技术相比，碟式热发电系统技术成本最高，技术成熟度最低，且大容量储热困难。研发出低成本、性能可靠的斯特林机及解决大容量储热的难题是碟式热发电技术在未来得到广泛应用的关键条件。

三、聚光型光热工业利用

相关资料显示，我国工业耗能当中热能大约占53%，且绝大部分的热能消耗温度在100~250℃，这与聚光型集热器产生的工质温度相匹配。如果一部分工业耗能能够由聚光型太阳能集热器来提供，则可以大大降低我国的工业耗能。一般聚光式集热器产生的热能可使空气温度达到400~1000℃，蒸汽温度达到100~300℃、蒸汽压力达到0.3~1MPa，能满足大部分工业系统的要求。下面将介绍几种典型的聚光型太阳能集热器的工业热利用情况，包括聚光型太阳能集热器直接热利用和聚光型太阳能集热器工业蒸汽系统两个方面。

（一）聚光型太阳能集热器直接热利用

1. 聚光型太阳能干燥器

太阳能干燥就是利用太阳能产生的热量使物料的水分逐渐蒸发的过程。被干燥的湿物料通过与太阳能集热器所加热的空气进行对流换热而获得热能，并将产生的热量传入物料内部，物料中所含的水分从物料内部以液态或气态的形式到达物料表面，然后再转移到空气中去。

太阳能干燥根据需求可以使用非聚光的太阳能集热系统，也可以使用聚光型的集热系统。聚光型太阳能干燥器属于自然循环吸收式太阳能干燥器，它的干燥温度较高，是一种中温型太阳能干燥装置，这种干燥装置的接收器内空气温度可达80~120℃，其热效率约40%。类似于一般的槽式或CPC集热器，由抛物槽式/CPC聚光器、管式接收器（干燥筒)、控制板、跟踪系统等组成。这类干燥装置利用聚光式太阳能空气集热器把空气加热到预定温度后，通入干燥筒内进行干燥作业。

聚光型干燥器可提高干燥温度，加快干燥速度，且用于谷物等的干燥时可以大幅提高谷物的杀虫率。其缺点是结构复杂、造价较高，且需要避免物料的超温现象。在我国，聚光型干燥器已经用于粮食干燥，如在多个地区都成功建成了高温快速谷物干燥装置。

2. 聚光式太阳灶

聚光式太阳灶是一个利用聚焦太阳辐射进行炊事的装置。按照聚光方式的不同，可分为旋转抛物面太阳灶、菲涅耳反射太阳灶、柱状抛物面太阳灶、圆锥面太阳灶及球面太阳灶等多种类型。目前应用最广泛、效果最好的为旋转抛物面太阳灶，温度可达400~1000℃以上，跟普通燃气灶一样，既能焖煮又能烹炸，较为方便，我国目前推广的几十万台太阳灶大都是旋转抛物面聚光灶。应用在旋转抛物面太阳灶上的接收器一般为锅、壶等，锅、壶底位于焦面处，直接吸收聚集的太阳辐射达到加热的目的。

太阳灶的使用有许多优点，可缓解某些地区能源紧缺的情况，具有可观的生态效益、经济效益。尤其适合缺乏常规能源但太阳辐射丰富的农村地区，比如中国西北部地区的西藏、青海、甘肃、新疆、内蒙古有各种太阳灶。但在实际应用方面也有一些不足，如太阳灶操作比较笨拙，烹饪的过程需要人员定时转动灶面；另外，太阳灶难以运输和挪动，需要在露天下运作，使用率较低。

（二）聚光型太阳能集热器工业蒸汽系统

太阳能工业蒸汽系统是通过太阳能产生蒸汽，为工业领域提供所需热能的装置。太阳能蒸汽系统在需要高温热蒸汽或热空气的工业领域有着广泛的应用前景，包括纺织印染、烟草业、食品加工业、造纸业、化工业、木材加工业、塑料业、医药业等多种行业。按照产生蒸汽温度的不同可分为中高温与低温太阳能蒸汽发生系统。中高温太阳能蒸汽发生系统采用聚光型太阳能集热器，低温太阳能蒸汽发生系统采用平板式或真空管式太阳能集热器。由于许多工业用蒸汽需达到的温度为120～250℃，而低温太阳能蒸汽发生系统达不到这么高的温度，所以这里只介绍由聚光型太阳能集热器组成的中高温太阳能蒸汽发生系统。

中高温太阳能蒸汽发生系统常用的集热器包括槽式抛物面集热器和线性菲涅耳集热器。在对日跟踪系统的作用下，从管状接收器中获得的高温吸热工质进入蒸汽发生器，通过换热器的热交换将热能传输给水从而产生饱和或过热蒸汽。高温高压的水蒸气被输送到用户那里，为用户提供需要的蒸汽热源。

全球首个工厂屋顶式太阳能中高温工业蒸汽系统于2011年5月在山东德州中国太阳谷试机成功，如图2－20所示。该系统采用反射式线性菲涅耳聚光集热技术，可提供100～250℃的工业用热，可替代多种行业的燃煤、燃油、燃气锅炉，实现工业节能。

图2－20　皇明太阳能中高温蒸汽系统照片

第五节　中高温储热技术

储热是太阳能热利用过程中普遍需要的一个非常关键的环节。这是因为太阳光只有白天存在，而且其强度随天气的阴晴、云雨变化很大，太阳辐射具有强烈的间歇性和随机性，导致光热系统的运行受到强烈不稳定的太阳辐射的影响和制约。储热系统可以将白天的太阳辐射转换为热量储存起来，在太阳辐射不足或无太阳辐射时再把热量释放出来加以使用。因此引入储热系统可以有效地稳定系统运行和提高热能利用的可调度性。随着储热技术的不断成熟和对储热系统越来越迫切的需求，储热技术的研发正在得到越来越多研究机构和企业界的投入。

储热系统主要是由储热材料、储热材料容器、换热器，以及其他配套设备组成。储热系统工作时，一个完整的工作过程至少包括三个过程：充热过程、待机存储过程和放热过程。在实际应用中，充热、放热过程可能同时发生，而在一个工作循环中，也可能存在多个充热、放热过程。

储热系统按照储热材料存储能量方式的不同可以分为显热储热、潜热（相变）储热和热化学储热。其中，显热储热技术简单、成本较低，是目前技术最成熟，且已经得到大规模商业应用的储热方式。而潜热储热和热化学储热技术由于其独特的储热密度大的技术优点，有望在未来得到广泛应用。目前来讲，相变储热技术还处于市场化的前期阶段，主要是由于相变材料的选择、系统复杂性及成本的限制。而热化学储热技术由于技术和工艺的原因，仍处于较初级的实验室研究阶段，离实际应用尚有很大距离。

储热技术已经广泛地在低温太阳能热利用系统中得到应用，主要是利用显热储热的水箱，如紧凑式太阳能热水器上方的储水箱。该技术成熟、简单、成本低，这里不再做介绍，下面将重点介绍中高温储热技术（包括显热储热和相变储热）的技术现状。中高温储热技术也涉及多种储热类型，是克服能源系统间歇性、波动性问题的重要解决方式，正在得到越来越多的重视。

一、中高温储热材料

当一个不发生相变的物质温度升高时，它具有的热能也随之升高。在物质温度升高（降低）过程中它吸收（释放）的热量称之为显热。利用显热存储热能的材料称之为显热储热材料。物质在相变温度上发生相变时吸收或释放的热量称之为潜热，潜热总是伴随着物质的相变过程。利用潜热存储热能的材料称之为潜热储热材料。

（一）显热储热材料

显热储热材料在工作时利用温度变化时的内能变化来实现热能的存储和释放，在工作温度范围内不发生相变。作为大容量储热所需的显热储热材料，需要价格便宜，有较高的体积热容和较高的热导率，且长时间热循环下具有稳定的性能。拥有较高的热容意味着可以减少储热系统体积，拥有高导热率意味着系统可以足够快地进行充放热，可靠的循环性能意味着储热系统的使用寿命长。显热材料选取时需要考虑的材料属性还包括密度、工作温度范围、蒸汽压、与管道和罐体等的相容性、安全性及环境友好性等。显热储热材料包括液体储热材料和固体材料。常见的储热材料包括以下几种。

（1）熔融盐　熔融盐一般是指无机化合物，包括硝酸盐、亚硝酸盐、氯化盐、碳酸盐等，是一种液体储热材料。熔融盐被认为是目前最好的中高温储热材料，尤其在目前的光热发电系统中得到广泛应用。它的主要优点包括：蒸气压很低，一般可在常压下保持液态；价格一般较低，可实现高效率、低成本的储热；适合工作温度宽；不可燃，环境友好。同时，化工领域使用熔融盐作为传热流体有广泛的应用，工程经验丰富。理想的熔融盐的属性应该包括：密度高、蒸气压低、较好的比热、化学稳定性好、低成本、凝固点低。由于碳酸盐和氯化盐的高凝固点和高腐蚀性，目前广泛使用的熔融盐一般是指熔融硝酸盐。但是，目前使用的熔融盐通常有较高的凝固点（120～220℃），给系统安全性带来危险。为了达到降低凝固点的目的，一般考虑使用多组分共晶混合物，如美国桑迪亚国家重点实验室最新开发了一种五元共晶硝酸盐，可以实现56℃左右的凝固温度。

（2）石块　如石英石等，自然存在，来源广，非常便宜。适用于堆积床类储热系统，比如使用熔融盐作为传热工质的单罐斜温层储热系统，及高温空气储热系统。石头种类繁多，使用中需要考虑中高温时石块的稳定性以及与传热流体的相容性。

（3）中高温混凝土　作为中高温固体储热材料，混凝土成本低、材料来源广、容易成形、稳定性较好。混凝土拥有较高的比热，较好的机械性能，热膨胀系数与管道用钢接近，抗热循环冲击能力较强。混凝土的主要缺点是导热系数较低［约为0.5W/（m·K）］，容易导致系统不能有效地充放热。此外，有研究表明混凝土储热模块多次热冲击后容易出现开裂，可能会影响系统的换热性能。为了减少混凝土开裂，混凝土内可以均匀布置金属丝等强化材料，加入金属丝等材料还可以提高混凝土模块的导热系数。

（二）潜热储热材料

潜热储热过程中，热能能够近似等温地以相变潜热的方式存储在相变材料中，此时相变可以为固-液相变，也可以为气-液相变或者固-固相变。目前，相变储热主要是利用固-液相变潜热，固-液相变储热材料通常称作相变材料（PCM）。相变储热系统储热密度高，可以用较小的体积存储较大的热量，从而减少储热材料的用量和成本。同时，能量的存储可以在较小的温度范围内实现，这尤其适用于太阳能直接蒸汽系统中蒸汽的储热（蒸汽液化成水）和放热（水汽化成蒸汽）。

理想的相变材料应该具有的属性包括：相变温度与需求相匹配；相变潜热大，比热大；液态和固态都有较高的导热系数；密度大，相变过程密度变化小；过冷现象程度轻；相变过程重复性好；化学稳定性好；长时间工作无相分离；与储罐材料相容性好；无毒，不可燃，无污染；价格便宜。近年来关于相变材料的研发越来越多，但相变储热在成熟的应用之前需要解决一系列的问题，比如：相变材料的导热率一般较低［一般小于1W/（m·K）］，导致充放热速度较慢；放热时由于固体首先出现在换热管道外，降低了放热速度。提高相变材料导热系数的方法有：通过强化换热途径提高换热速度；在相变材料中掺杂高热导率的物质（如石墨）来提高储热材料的热导率等。如在相变材料中掺杂膨胀石墨形成的复合材料可以实现5～10W/（m·K）的导热系数。

相变材料主要包括有机相变材料和无机相变材料。有机相变材料的相变温度一般在200℃以下，如醇类、酸类、酯类等有机物，而无机相变材料（如无机盐、合金等）可以具有更高的相变温度。无机盐主要包括硝酸盐、氯化盐、碳酸盐、氟化盐，其相变温度逐渐升高，目前研究的无机盐相变材料主要以硝酸盐或多元硝酸盐为主。而合金材料作相变储热介质时，一般具有如下优势：相变潜热大，储能密度高，使得单位价格储热量较高；导热系数非常大，充放热迅速；无毒无味等。但合金材料的熔点一般较高，使得它适用于较高温度的储热，如应用在碟式斯特林发电系统的短时间储热。目前研究较多的合金有铝基合金，尤其是铝-硅合金。

二、中高温储热系统

中高温储热系统按照储热系统的运行方式一般又可以分为主动式系统和被动式系统。主动式系统是指使用泵等设备强迫储热介质循环流动来实现充放热。主动式系统主要采用液体显热储热技术，目前在太阳能热发电站中运行的储热系统大部分为主动系统，比如双罐熔融盐储热系统。按照储热介质和传热介质是否相同，主动系统又可以分为主动式直接储热系统和主动式间接储热系统。直接储热系统中储热介质和传热介质为同一种物质，而间接储热系统中储热介质和传热介质为两种物质。被动式储热系统通常为双介质储热系统，主体储热介质为固体或相变材料。系统工作时主体储热介质静止不动，换热流体流经主体储热介质，将热量存储在储热介质中或从储热介质中将热量带走。目前研究较多的被动式储热系统包括混凝土储热系统、相变储热系统、单罐斜温层储热系统等。被动式储热系统通常有两个缺点：①放热时换热流体的温度会随着储热介质温度下降而持续下降，降低了储热效率；②当换热流体与储热介质通过换热器来换热时，换热速度较慢，影响充放热速率。下面对目前得到较多关注的储热系统进行介绍。

（一）双罐储热系统

双罐储热系统如图2-21所示，包括一个高温罐和一个低温罐，储热时低温罐内的低温介质经过吸热器或换热器吸收热量后被存储在高温罐内，放热时高温罐内的高温介质经过换热器把热量释放出来后再回到低温罐。双罐储热系统是当前最成熟的中高温储热系统，已经成功应用在众多商业化运行的光热发电系统中，既可以用作直接储热系统，又可以用作间接储热系统。目前商业化的双罐储热系统的储热介质是熔融硝酸盐。

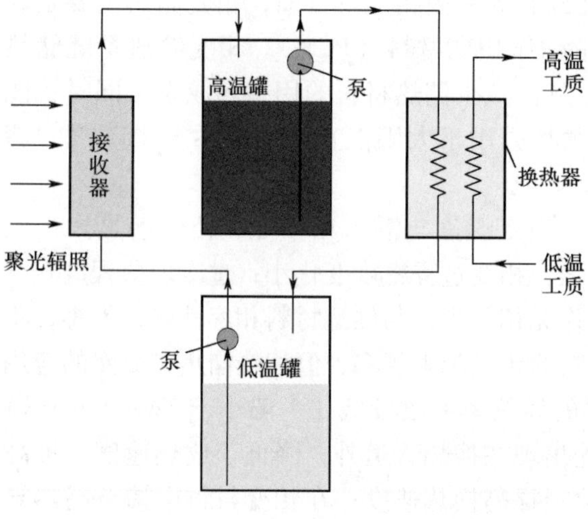

图2-21 双罐储热系统示意图

双罐储热系统的优点包括：技术成熟度高，高温介质和低温介质分开存放，使得放热时能够提供恒定温度的高温热源；系统储热效率高，可以达到99%以上。但双罐储热也有如下缺点：储热介质（熔盐）成本较高，同时需要两倍于储热材料的两个罐体，使得储热系统成本较高，而且成本下降空间不大。使用熔融盐的双罐储热系统目前在槽式和塔式系统中分别都有商业化应用的案例，如全球首座采用熔融盐作为传热介质的槽式电站（意大利 Archimede 电站），以及全球首座采用熔融盐作为传热介质的商业化塔式电站（西班牙 Gemasolar 电站）等。

在西班牙 Gemasolar 熔融盐塔式电站中，储热系统总容量为740MW·h，可以满足汽轮机满负荷运行15h，所用熔融盐总量为8500t。储热罐尺寸：高10.5m，直径23m。

（二）单罐储热系统

单罐储热系统如图 2－22 所示，只有一个储热罐。储热液体由于不同温度时的密度不同，容易自然地形成热分离，单罐储热系统正是利用热分离来保持高效的热量存储和释放。罐内的冷、热流体通过一个厚度较小但温度梯度很大的斜温层分隔开来，所以单罐储热系统又称为斜温层储热系统。储热时热流体从储罐上端流入，斜温层上面的热流体逐渐增加，下面的冷流体逐渐减少，斜温层向下移动；放热时则相反。单罐储热系统既可以用作直接储热，又可以用作间接储热。

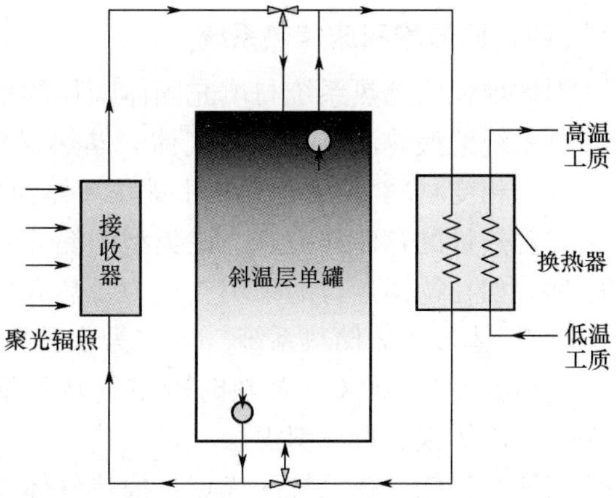

图 2－22　单罐储热系统示意图

单罐储热系统的优点：相对于双罐系统，单罐储热系统节省了一个储热罐；罐内还可以使用成本低廉的固体储热介质（如沙石等）替代成本较高的液体介质，形成斜温层液－固混合储热系统，从而有望将储热系统成本降低 35%。但是单罐储热技术并不十分成熟，单罐储热系统的缺点：很难理想分开高温流体和低温流体，部分存储热量不能有效利用，储热效率较低；斜温层的保持需要对充热和放热进行严格的调控，系统调控复杂。

单罐斜温层储热系统被应用在世界上第一座大型的塔式光热发电美国 Solar One 示范电站中，采用导热油作为储热和传热工质，储热罐内填充石块和沙子。美国桑迪亚国家重点实验室于 2002 年进行了使用熔融盐作为传热流体的单罐液－固混合储热系统的试验研究，储热容量为 2. 3MW · h。近年来包括美国普渡大学、中国华北电力大学及国内外企业界在内的众多机构都对单罐斜温层储热系统进行了持续的研究。

（三）中高温混凝土储热系统

中高温混凝土储热系统通常由多个混凝土储热模块通过串并联形式组成，储热模块通常为长方体，每个储热模块由高温混凝土和内置的换热金属列管组成。换热流体从列管内流过，实现与管外混凝土的热交换。换热列管通常为钢管，钢管的成本可能占据相当一部分储热总成本（可能达到 45% ~55%），所以混凝土储热系统的几何参数的设计（比如管径、布置方式、管间距等）对于系统性能和系统成本非常重要。

中高温混凝土储热系统的优点包括：混凝土价格低廉，储热系统成本低；工作温度范围宽；容易加工成形；环境适应性好；无安全隐患等。但该系统也有以下缺点：需要使用金属列管换热器，增加了建造成本；系统长期运行的稳定性仍有待研究；混凝土导热系数低，系统充放热速度受系统设计影响较大。

目前中高温混凝土储热系统还没有商业化应用，但是已经有 MW · h 级的中试研究，以德国宇航中心（DLR）的研究为代表。至 2001 年以来，DLR 持续开展了一系列的高温混凝土储热系统研究和示范，储热温度达到了 390℃，工作范围为 340 ~390℃。研究表明高温混凝土是一种非常有前景的固体储热介质，但是测试中发现储热模块可能出现开裂，以及需要对混凝土采取强化传热措施等，混凝土储热系统距离大规模商业化应用尚需一段距离。

（四）固体堆积床储热系统

固体堆积床储热系统与填充固体颗粒的单罐斜温层储热系统类似，不同的是固体堆积床储热系统的换热流体是高温气体。储热材料一般为石块、混凝土、陶瓷等耐高温固体，也可以为相变材料。系统工作时高温气体流经固体堆积床的空隙，与储热固体进行热交换，实现热量的存储和提取。该类型的储热系统主要应用对象为采用空气为吸热介质的塔式电站。如在德国运行的采用空气为吸热介质的 Julich 塔式示范电站中，选用了储热时间为 1h 的固体堆积床储热系统，固体为多孔陶瓷砖。储热系统充热时热空气从上端进入系统，进口温度为 700℃，放热时冷空气从下端进入系统，进口温度为 100℃，系统工作时会在储热固体区域形成斜温层。

固体堆积床储热系统的优点：换热气体与储热固体之间换热速度较快，能够实现有效充放热；储热介质为低廉的固体介质，储热成本低；系统结构简单。固体堆积床储热系统的缺点：气体热容低，所需气 - 固传热温差大；部分存储热量不能有效利用，导致储热效率较低。

（五）相变材料（PCM）储热系统

相变材料储热系统的结构一般与高温混凝土储热系统相似，只是储热材料在充放热时经历固 - 液相变。相变材料储热系统也可以采用堆积床结构，此时相变材料被封装在固体颗粒内部。为了实现更高效率的能量存储，可以采用多个不同相变温度的储热模块串联的储热系统。

相变材料储热系统的优点：系统储热密度高；能量存储可以在较小的温差范围内实现，且利用相变潜热可以实现较大的能量释放和存储密度，尤其适用于直接蒸汽系统中蒸汽的储热和放热。相变材料储热系统的缺点：受储热材料限制，目前系统性能和持久性面临很多问题；放热过程的储热材料凝固会降低放热速度；目前储热成本较高。

相变材料储热系统目前已经有 MW · h 级的中试研究。如德国 DLR 测试了用于蒸汽发生和蒸汽冷凝的相变储热系统，容量为 750kW · h，储热系统大小为 8.5m^3，含 14t 硝酸钠相变材料。

✼ 扩展阅读

1. 瑞士科学家研发出高性能纳米晶体吸热涂层

http://phys.org/news/2014-05-stronger-black-solar-coating-retains.html

太阳能集热器的寿命一般在 25 ~ 30 年，但选择性吸收涂层的性能容易发生衰减，从而使得集热器热效率逐渐下降。瑞士科学家研发出创新工艺来喷涂由钴 - 锰 - 铜材料组成的多层纳米晶体选择性吸收涂层。该涂层具有更好的选择性吸收性能及更好的稳定性。即使在 300 ~ 400℃的空气中该涂层也体现了优越的稳定性，使得在高温环境下可以不使用成本较高的玻璃真空结构。

2. 德国科学家研制出吸收太阳能的液体填充窗户

http://phys.org/news/2015-12-layer-insulating-liquid.html

德国科学家于 2015 年研制出用于建造节能的液体填充窗户。该窗户主要由微槽结构的玻璃和槽道内的流动液体组成。流动的液体能够更方便地吸收太阳辐射和环境热量，并将得到的热能用于建筑温度调节。该技术有望将建筑能耗降低10%。

3. 南非科学家研发出低成本塔式热发电技术

http：//mybroadband. co. za/news/energy/136346 – massive – breakthrough – in – solar – power – tech – by – sa – researchers. html

南非科学家于2015年研发出低成本的塔式集热器定日镜场，可以大幅度地降低塔式光热发电的发电成本。基于当前的定日镜技术，塔式光热发电的聚光成本较高。南非科学家开发了低成本的定日镜技术，该技术基于面积较小的定日镜，避免了水泥基础，大幅度降低了安装施工量。目前他们已经建成了由100面定日镜组成的150kW的塔式系统来测试新技术的性能。

思考题

1. 针对国内太阳能热水器的应用现状，对太阳能热水器的技术类型、市场占有率、优缺点、发展趋势等进行调研。

2. 结合我国国情及太阳能热发电的技术特点，分析太阳能热发电在我国的应用前景，讨论哪种技术具有更好的产业化前景。

3. 对于太阳能低温利用、中温工业利用、高温热发电等不同技术，哪种技术会具有持续的发展前景？

4. 试分析哪些太阳能热利用系统中需要集成储热技术，以及适合选用哪些储热技术。

参考文献

1. 杨世铭，陶文铨．传热学．第四版．北京：高等教育出版社，2006.

2. 刘鉴民．太阳能热动力发电技术．北京：化学工业出版社，2012.

3. 王慧，胡晓花，程洪智．北京：清华大学出版社，2013.

4. 张鹤飞．太阳能热利用原理与计算机模拟．第二版．西安：西北工业大学出版社，2004.

5. Jeffrey Gordon. Solar Energy – The State of The Art. UK：James & James（Science Publishers）Ltd，2001.

第三章 太阳能光伏利用

随着经济社会的发展，不可再生能源的日益消耗、价格的不断走高，以及人类对温室效应和环境变化的日益重视，开发利用新能源成为世界能源可持续发展战略的重要组成部分，全世界都在寻求各种可再生的、环保的新能源。在各种新能源解决方案中，太阳能光伏具有可持续发展和绿色环保的双重意义，以及取之不尽的资源优势。太阳能光伏发电把太阳辐射能直接转换成电能，具有资源丰富、无污染、安全、寿命长、维护简单等特点，是绿色能源，已成为全球发展最快的新兴产业之一。太阳能的发展得到各国政府的高度重视和支持。在太阳能光伏发电技术进步和各国政府有效的激励政策推动下，太阳能光伏发电产业和市场得以快速发展。

第一节 光伏发电原理

一、光伏效应

光生伏特效应简称为光伏效应，指光照使不均匀半导体或半导体与金属组合的不同部位之间产生电位差的现象。太阳能电池就是利用光伏效应将太阳能直接转换为电能的一种装置。当 n 型和 p 型两种不同型号的半导体材料接触后，由于扩散和漂移作用，在界面处形成由 n 型指向 p 型的内建电场。当光照在太阳电池的表面后，能量大于电池材料禁带宽度的光子便激发出电子和空穴对，这些非平衡的少数载流子在内电场的作用下分离开，在电池的上下两极累积形成电位差，这样电池便可以给外界负载提供电流。产生这种电位差的机理有好多种，以下以热平衡态下的 pn 结为例说明。

单独的 p 型和 n 型半导体是电中性的，内部无电场。但是当把两块（一块 p 型和一块 n 型）半导体紧密地结合在一起时，在交界面附近就不再是电中性的了。由于 p 区具有大量空穴（多子）和少量电子（少子），n 区具有大量电子（多子）和少量空穴（少子），因此在界面处存在空穴和电子的浓度梯度，使得空穴由 p 区向 n 区扩散，电子由 n 区向 p 区扩散，两者都在扩散过程中通过复合而逐渐消失。这样，在结两侧（一个限定区内）电中性被破坏，杂质离子显露出电性。人们把受主离子所显露的负电荷和施主离子所显露的正电荷统称为空间电荷，把存在空间电荷的区域称为空间电荷区，如图 3－1 所示（图中 W 表示空间电荷区的宽度）。

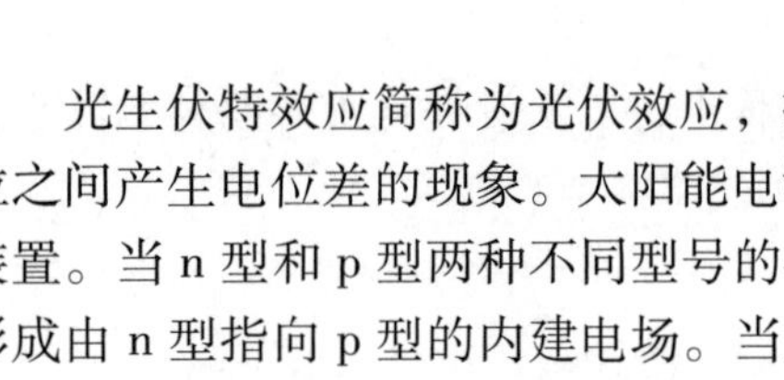

图 3－1 热平衡下 pn 结模型及能带图

在空间电荷区内两种电荷以 pn 结界面为分界被限定在两个区内，因此就形成了一个由 n 区指向 p 区的电场，也表示在图 3－1 中。一般把该电场称为自建电场或内建电场，用 ε_{bi} 表示，在这一电场下，载流子将做漂移运动，且电子和空穴的漂移运动方向与其自身的扩散方向相反，即内建电场阻止载流子继续扩散。载流子扩散运动一开始，内建电场即随之建立，不过此时电场很弱，其对载流子的漂移作用也很弱，故载流子主要是扩散运动。随着扩散运动的继续进行，空间电荷数量逐渐增多，空间电荷区加宽，内建电场逐渐增强，相应地载流子漂移运动也随之加强。最后，内建电场对载流子的漂移运动增强到和由浓度梯度引起的扩散运动相互抵消时，宏观上看，载流子没有净的运动，即空穴和电子各自形成的扩散电流与漂移电流大小相等，方向相反，流过 pn 结的净电流为零，于是 pn 结达到平衡状态。但是，显而易见这种平衡是一种动态平衡。

当光照射到 pn 结上时，产生电子－空穴对，在半导体内部结附近生成的少数载流子没有被复合而到达空间电荷区，受内建电场的吸引，电子流入 n 区，空穴流入 p 区，结果使 n 区储存了过剩的电子，p 区有过剩的空穴。它们在 pn 结附近形成与势垒方向相反的光生电场。光生电场除了部分抵消势垒电场的作用外，还使 p 区带正电，n 区带负电，在 n 区和 p 区之间的薄层就产生电动势，这就是光生伏特效应。此时，如果将外电路短路，则外电路中就有与入射光能量成正比的光电流流过，这个电流称作短路电流。另一方面，若将 pn 结两端开路，则由于电子和空穴分别流入 n 区和 p 区，使 n 区的费米能级比 p 区的费米能级高，在这两个费米能级之间就产生了电位差 V_{OC}。可以测得这个值，并称为开路电压。

二、太阳电池的工作原理

太阳电池是将太阳能直接转换成电能的器件。它的基本构造是由半导体的 pn 结组成。此外，异质结、肖特基势垒等也可以得到较好的光电转换效率。本节以最普通的硅 pn 结太阳电池为例，详细地观察光能转换成电能的情况。

首先研究使太阳电池工作时，在外部观测到的特性。图 3－2 所示为无光照及光照时电流－电压特性。当太阳光照射到这个太阳电池上时，将有和暗电流方向相反的光电流 I_{ph} 流过。当给太阳电池连结负载 R，并用太阳光照射时，则负载上的电流 I_m 和电压 V_m 将由图 3－2 中有光照时的电流－电压特性曲线与 $V=-IR$ 表示的直线的交点来确定。此时负载上有 $P_{out}=RI_m^2$ 的功率消耗，它清楚地表明正在进行着光电能量的转换。通过调整负载的大小，可以在一个最佳的工作点上得到最大输出功率。输出功率（电能）与输入功率（光能）之比称为太阳电池的能量转换效率。

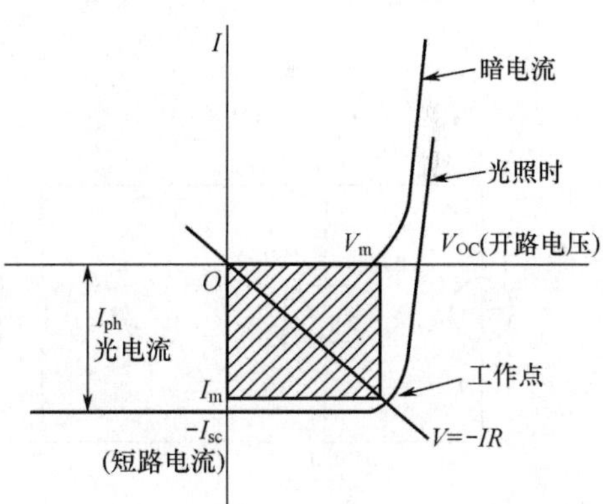

图 3－2　无光照及光照时电流－电压特性

三、太阳电池的基本特性

（一）短路电流

太阳电池的短路电流等于其光生电流。分析短路电流最方便的方法是将太阳光谱划分成许多段，每一段只有很窄的波长范围，并找出每一段光谱所对应的电流，电池的总短路电流是全部光谱段贡献的总和。

（二）开路电压

当太阳电池处于开路状态时，对应光电流的大小产生电动势，这就是开路电压。

由此可见，在较弱阳光时，硅太阳电池的开路电压随光的强度做近似直线的变化。而当有较强的阳光时，V_{OC}则与入射光强度的对数成正比。

（三）太阳电池的输出特性

1. 等效电路

为了描述电池的工作状态，往往将电池及负载系统用一等效电路来模拟。在恒定光照下，一个处于工作状态的太阳电池，其光电流不随工作状态而变化，在等效电路中可把它看作是恒流源。光电流一部分流经负载 R_L，在负载两端建立起端电压 V，反过来它又正向偏置于 pn 结二极管，引起一股与光电流方向相反的暗电流 I_{bk}，这样，一个理想的 pn 同质结太阳电池的等效电路就被绘制成如图 3－3（1）所示。但是，由于前面和背面的电极和接触，以及材料本身具有一定的电阻率，基区和顶层都不可避免地要引入附加电阻。流经负载的电流，经过它们时，必然引起损耗。在等效电路中，可将它们的总效果用一个串联电阻 R_S来表示。由于电池边沿的漏电和制作金属化电极时，在电池的微裂纹、划痕等处形成的金属桥漏电等，使一部分本应通过负载的电流短路，这种作用的大小可用一并联电阻 R_{Sh}来等效。其等效电路就绘制成图 3－3（2）的形式。其中暗电流等于总面积与暗电流密度的乘积，而光电流为电池的有效受光面积与光生电流密度的乘积，这时的结电压 V_j 不等于负载的端电压，如图 3－3 所示。

$$V_j = IR_S + V \tag{3-1}$$

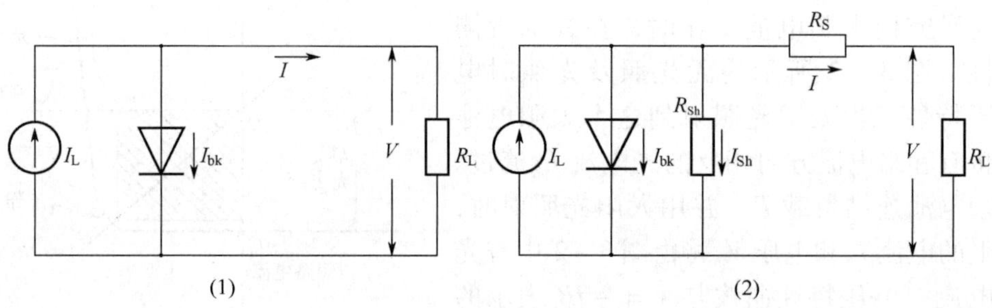

图 3－3　pn 同质结太阳电池等效电路

（1）不考虑串并联电阻　（2）考虑串并联电阻

2. 输出特性

根据图 3－3 可以写出输出电流 I 和输出电压 V 之间的关系：

$$I = \frac{R_{Sh}}{R_S + R_{Sh}}\left[I_L - \frac{V}{R_{Sh}} - I_{bk}(V)\right] \tag{3-2}$$

式中，暗电流 I_{bk}应为结电压 V_j的函数，V_j又是通过式（3－2）与输出电压 V 相联系的。

当负载 R_L从 0 变化到无穷大时，输出电压 V 则从 0 变到 V_{OC}，同时输出电流便从 I_{SC}变到0，由此得到电池的输出特性曲线，如图3－4所示。曲线上任何一点都可以作为工作点，工作点所对应的纵横坐标，即为工作电流和工作电压，其乘积 $P = IV$ 为电池的输出功率。

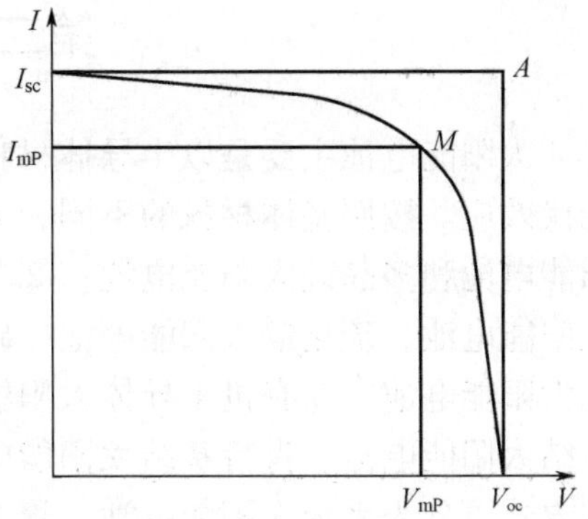

图3－4　太阳电池的输出特性

（四）转换效率

转换效率 η 表示在外电路连接最佳负载电阻 R 时，得到的最大能量转换效率，其定义为：

$$\eta = \frac{P_{max}}{P_{in}} = \frac{I_{mp}V_{mp}}{P_{in}} \tag{3-3}$$

即电池的最大功率输出与入射功率之比，这里定义一个填充因子 FF 为：

$$FF = \frac{I_{mp}V_{mp}}{V_{OC}I_{SC}} = \frac{P_{Max}}{V_{OC}I_{SC}} \tag{3-4}$$

填充因子是 $I-V$ 曲线下最大长方形面积与乘积 $V_{OC}I_{SC}$ 之比，所以转换效率可表示为：

$$\eta = \frac{FFV_{OC}I_{SC}}{P_{IN}} \tag{3-5}$$

（五）太阳电池的光谱响应

太阳电池的光谱响应是指光电流与入射光波长的关系，设单位时间波长为 λ 的光入射到单位面积的光子数为 Φ_0（λ），表面反射系数为 ρ（λ），产生的光电流为 J_L，则光谱响应 SR（λ）定义为：

$$SR(\lambda) = \frac{J_L(\lambda)}{q\Phi_0(\lambda)[1-\rho(\lambda)]} \tag{3-6}$$

式中　$J_L = J_{L顶层} + J_{L势垒} + J_{L基区}$

理想吸收材料的光谱响应应该是：当光子能量 $h\nu < E_g$ 时，$SR = 0$；当 $h\nu > E_g$ 时，$SR = 1$。

（六）太阳电池的温度效应

载流子的扩散系数随温度的增高而增大，所以少数载流子的扩散长度也随温度的升高稍有增大，因此，光生电流 J_L 也随温度的升高有所增加。但是 J_0 随温度的升高是指数增大，因而 V_{OC} 随温度的升高急剧下降。当温度升高时，$I-V$ 曲线形状改变，填充因子下降，所以转换效率随温度的增加而降低。

（七）太阳电池的辐照效应

作为人造卫星和宇宙飞船的电源，太阳电池已获得了广泛的应用。但是在外层空间存在着高能粒子，如电子、质子、γ 粒子等。高能粒子辐照时通过与晶格原子的碰撞，将能量传给晶格，当传递的能量大于某一阈值时，便使晶格原子发生位移，产生晶格缺陷，如填隙原子、空位、缺陷簇、空位－杂质复合体等。这些缺陷将起复合中心的作用，从而降低少子寿命。大量研究工作表明，寿命参数对辐照缺陷最为灵敏，也正因为辐照影响了寿命值，从而使太阳电池的性能下降。

第二节 光伏电池分类

太阳能电池主要是以半导体材料为基础，其工作原理是利用光电材料吸收光能后发生光伏效应。按照基体材料的不同，太阳能电池可分为：①晶硅太阳能电池，包括单晶硅太阳能电池和多晶硅太阳能电池；②非晶硅太阳能电池；③化合物太阳能电池，包括砷化镓太阳能电池、硫化镉太阳能电池、碲化镉太阳能电池、铜铟镓硒太阳能电池等；④染料敏化太阳能电池；⑤有机半导体太阳能电池等。按照电池结构可分为同质结太阳能电池、异质结太阳能电池、肖特基结太阳能电池、复合结太阳能电池、液结太阳能电池等。按照工作方式可分为平板太阳能电池、聚光太阳能电池和分光太阳能电池。图 3－5 给出了按照不同标准对太阳能电池的分类。

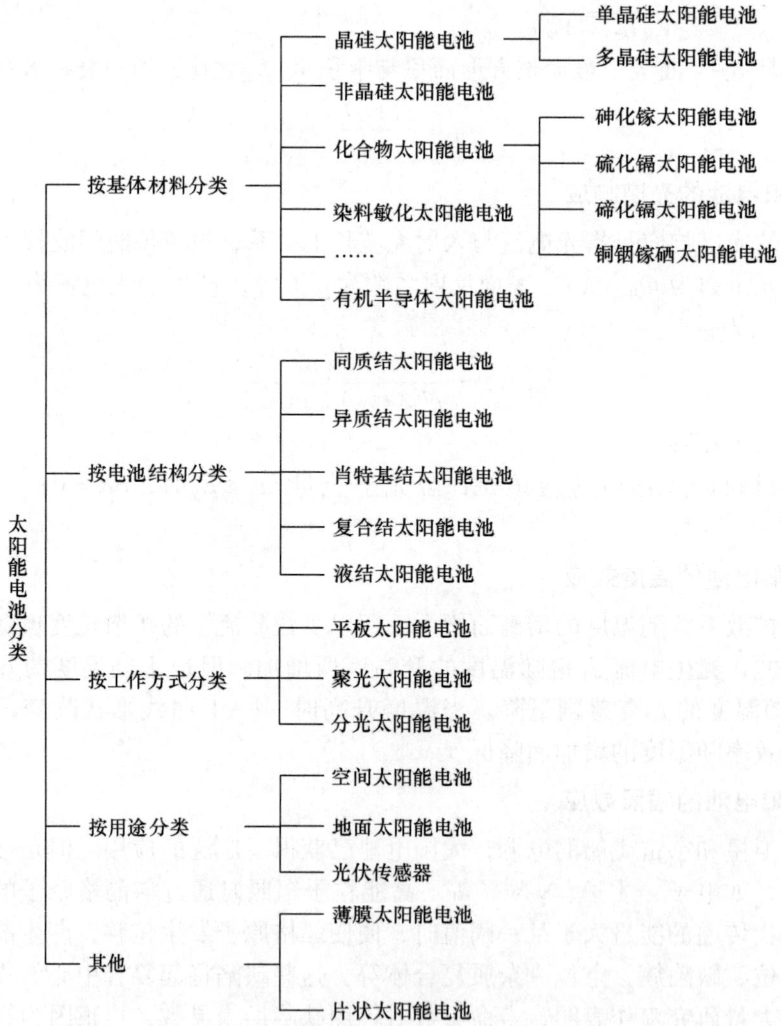

图 3－5 太阳能电池分类

不论以何种材料来制作电池，对太阳能电池材料一般的要求有：半导体材料的禁带不能太宽；要有较高的光电转换效率；材料本身对环境不造成污染；材料便于工业化生产且材料性能稳定。基于以上几个方面考虑，硅是最理想的太阳能电池材料，这也是目前在太阳能电池领域硅太阳能电池占主导地位的主要原因。下面针对不同基体材料的太阳能电池展开介绍。

一、晶硅太阳能电池

（一）单晶硅太阳能电池

硅系列太阳能电池中，单晶硅的光电转换效率最高，技术也最成熟。高性能的单晶硅电池是建立在高质量单晶硅材料和相关成熟的加工工艺基础上的。提高转换效率主要是靠单晶硅表面微结构的处理和优化的掺杂、表面钝化、金属化工艺。

晶硅电池在过去 20 年里有了很大发展，许多新技术的采用和引入使太阳能电池的效率有了很大提高。在早期的硅电池研究中，人们探索各种各样的电池结构和技术来改进电池性能，如背表面场、浅结、绒面、氧化膜钝化、Ti/Pd 金属化电极和减反射膜等。后来的高效电池是在这些早期实验和理论的基础上发展起来的。

单晶硅高效电池的典型代表是斯坦福大学的背面点接触电池、美国 SUNPOWER 公司的背接触电池、新南威尔士大学（UNSW）的钝化发射区电池（PESC，PERC，PERL）以及德国 Fraumhofer 太阳能研究所的局域化背表面场（LBSF）电池等。

（二）多晶硅太阳能电池

单晶硅太阳能电池的缺点是制造过程复杂，制造电池的能耗大。为了降低成本，用浇铸法或晶带法制造的多晶硅太阳能电池的开发取得了进展。单晶硅太阳能电池的优点是能直接制备出适于规模化生产的大尺寸方形硅锭，设备比较简单，制造过程简单、省电、节约硅材料，对材质要求也较低。晶界及杂质影响可通过电池工艺来改善；由于材质和晶界影响，电池效率较低。电池工艺主要采用吸杂、钝化、背场等技术。

研究证明，在多晶硅太阳能电池上，不同材料的吸杂作用是不同的，特别是对碳含量高的材料就显不出磷吸杂的作用。有学者提出了磷吸杂模型，即吸杂的速率受控于两个步骤：①金属杂质的释放/扩散决定了吸杂温度的下限；②分凝模型控制了吸杂的最佳温度。另有学者提出，在磷扩散时硅的自间隙电流的产生是吸杂机制的基本因素。

常规铝吸杂工艺是在电池背面蒸镀铝膜后经过烧结形成，也可同时形成电池的背场。近几年在吸杂上的工作证明，它对高效单晶硅太阳能电池及多晶硅太阳能电池都会产生一定的作用。

钝化是提高多晶硅质量的有效方法。一种方法是采用氢钝化，钝化硅体内的悬挂键等缺陷。在晶体生长中受应力等影响造成缺陷越多的硅材料，氢钝化的效果越好。氢钝化可采用离子注入或等离子体处理。在多晶硅太阳能电池表面采用 PECVD 法镀上一层氮化硅减反射膜，由于硅烷分解时产生氢离子，对多晶硅可产生氢钝化的效果。

在高效太阳能电池上常采用表面氧钝化的技术来提高太阳能电池的效率，近年来在光伏级的晶体硅材料上使用也有明显的效果，尤其采用热氧化法效果更明显。使用 PECVD 法在更低的温度下进行表面氧化，近年来也被使用，具有一定的效果。

由于多晶硅材料制作成本低于单晶硅 Cz 材料，因此多晶硅组件比单晶硅组件具有更大的降低成本的潜力，因而提高多晶硅电池效率的研究工作也受到普遍重视。

二、非晶硅太阳能电池

半导体巨型电子器件——太阳电池可用廉价的非晶硅材料和工艺制作，这就激发了科研人员、研究单位纷纷投入到这个领域的研究中，也引起了企业界的重视和许多国家政府的关注，从而推动了非晶硅太阳能电池的大发展。非晶硅太阳能电池很快走出了实验室，走进了中试线和较大规模的生产线。世界上出现了许多以 a－Si 太阳电池为主要产品的企业或企业分支。例如，美国的 CHRONAR、SOLAREX、ECD 等，日本的三洋、富士、夏普等。CHRONAR 公司是 a－Si 太阳电池产业开发的急先锋，不仅自己有生产线，还向其他国家输出了 6 条兆瓦级生产线。美国、日本各公司还用自己的产品分别安装了室外发电的试验电站，最大的有 100kW 容量。

事实上，由于 a－Si 多缺陷的特点，a－Si pn 结是不稳定的，而且光照时光电导不明显，几乎没有有效的电荷收集。所以，a－Si 太阳电池的基本结构不是 pn 结而是 pin 结。掺硼形成 p 区，掺磷形成 n 区，i 为非杂质或轻掺杂的本征层（因为非掺杂 a－Si 是弱 n 型）。重掺杂的 p、n 区在电池内部形成内建势，以收集电荷。同时两者可与导电电极形成欧姆接触，为外部提供电功率。i 区是光敏区，光电导/暗电导比在 105～106，此区中光生电子空穴是光伏电力的源泉。非晶体硅结构的长程无序破坏了晶体硅光电子跃迁的选择定则，使之从间接带隙材料变成了直接带隙材料，对光子的吸收系数很高，对敏感光谱域的吸收系数在 $10^{14}cm^{-1}$ 以上，通常 0.5μm 左右厚度的 a－Si 就可以将敏感谱域的光吸收殆尽。所以，p－i－n 结构的 a－Si 电池的厚度取 0.5μm 左右，而作为死光吸收区的 p、n 层的厚度在 10nm 量级。

总之，非晶硅太阳电池既是应用需求的产物，又是非晶半导体技术探索和基础理论研究的结果，科技创新与社会需求相结合产生巨大的价值。

技术向生产力如此高速的转化，说明非晶硅太阳电池具有独特的优势。这些优势主要表现在以下方面：①材料和制造工艺成本低。这是因为衬底材料，如玻璃、不锈钢、塑料等，价格低廉。硅薄膜厚度不到 1μm，昂贵的纯硅材料用量很少。制作工艺为低温工艺（100～300℃），生产的耗电量小，能量回收时间短。②易于形成大规模生产能力。这是因为核心工艺适合制作特大面积无结构缺陷的 a－Si 合金薄膜；只需改变气相成分或者气体流量便可实现 pin 结以及相应的迭层结构；生产可全流程自动化。③品种多，用途广。薄膜的 a－Si 太阳电池易于实现集成化，器件功率、输出电压、输出电流都可自由设计制造，可以较方便地制作出适合不同需求的多品种产品。由于光吸收系数高，暗电导很低，适合制作室内用的微低功耗电源，如手表电池、计算器电池等。由于 a－Si 膜的硅网结构力学性能结实，适合在柔性的衬底上制作轻型的太阳电池。灵活多样的制造方法，可以制造建筑集成的电池，适合用户屋顶电站的安装。

非晶硅太阳电池尽管有如上诸多的优点，但缺点也是很明显的。主要是初始光电转换效率较低，稳定性较差，作为功率发电使用时，稳定性成了比较严重的问题。功率发电的试验电站性能衰退严重，寿命较短，严重影响消费者的信心，造成市场开拓的困难，有些生产线倒闭，比如 CHRONAR 公司。

三、化合物太阳能电池

（一）GaAs 太阳能电池

化合物半导体材料大多是直接带隙半导体材料，光吸收系数较高，因此，仅需要数微米厚的材料就可以制备成高效率的太阳能电池。而且，化合物半导体材料的禁带宽度一般较大，其太阳能电池的抗辐射性能明显高于硅太阳能电池。

GaAs 电池与太阳光谱匹配良好，具有高的光电转换效率，是很好的高效太阳能电池材料，其基本结构如图 3－6 所示。由于其生产设备复杂、能耗大、生产周期长，导致生产成本高，难以与硅太阳电池相比，所以仅用于部分不计成本的空间太阳电池上。由于禁带宽度相对较大，可在较高温度下工作。高能粒子辐射产生的缺陷对 GaAs 中的光生电子－空穴复合的影响较小，因此电池的抗辐射能力较强。

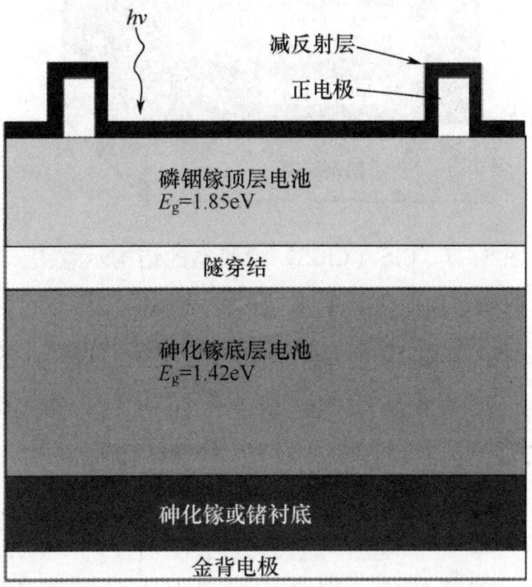

图 3－6　GaAs 电池结构示意图

GaAs 材料对可见光的光吸收系数高，使大部分的可见光在材料表面 2μm 以内就被吸收，电池可采用薄层结构，相对节约材料。较高的电子迁移率使得在相同的掺杂浓度下，材料的电阻率比 Si 的电阻率小，因此由电池体电阻引起的功率损耗较小。pn 结自建电场较高，因此光照下太阳能电池的开路电压较高。GaAs 叠层电池的设计，关键是调节各子电池材料的带隙、各个异质结之间的带隙匹配及各子电池的厚度，使各子电池之间的电流匹配，尽可能大地吸收和转换太阳光谱的不同子域，以获得最大的能量输出，从而大大提高电池的转换效率。优化 GaAs 叠层电池的结构仍然是研究的重点，为更好地提高太阳能电池的转换效率，在叠层电池设计中采用聚光技术成为开发的新热点。GaAs 叠层太阳能电池由于制造成本较高，尚未大量进入地面应用市场，目前主要应用于空间电源系统。但由于其具有超高转换效率、强抗辐射性等独特性能，因此随着制备工艺的进步和聚光技术及跟踪系统技术的成熟，相信其地面应用前景更加美好。

（二）$CuInSe_2$ 太阳能电池

CuInSe（CIS）薄膜材料是另一种重要的太阳能光电材料，它属于Ⅰ－Ⅲ－Ⅵ族，这种薄膜材料的光吸收系数较大。$CuInSe_2$ 的禁带宽度为 1.02eV，太阳能电池光电转换理论效率在 25%～30%，而且只需要 1～2μm 厚的薄膜就可以吸收 99% 以上的太阳光，从而可以大大降低太阳能电池的成本，因此，它是一种具有良好发展前景的太阳能电池。图 3－7 给出了 CIS（CIGS）薄膜电池的基本结构示意图。

目前，在实验室中 $CuInSe_2$ 太阳能电池的光电转换效率已经超过 20%，在国际上也已经投入了商业化生产。但是，由于 CIS（CIGS）薄膜材料是多元组成的，元素配比敏感，

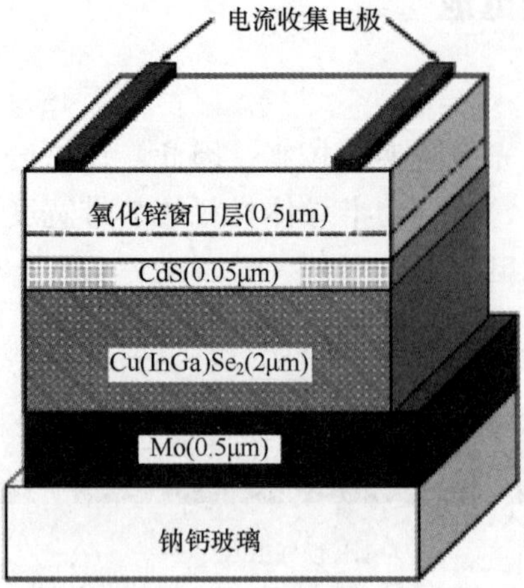

图 3-7 CIS（CIGS）薄膜电池结构示意图

多元晶体结构复杂，与多层界面匹配困难，材料制备的精度要求、重复性要求和稳定性要求很高，因此，材料的制备技术难度高，最大的问题是材料的来源，由于铟和硒都是比较稀有的元素，这也潜藏着一个成本的问题。

（三）CdTe 太阳能电池

CdTe 多晶薄膜的禁带宽度为 1.45eV，太阳电池光电转换理论效率在 30% 左右，是一种高效、稳定且相对低成本的薄膜太阳电池材料，而且 CdTe 太阳能电池结构简单，容易实现规模化生产，是近年来国内外太阳能电池研究的热点之一。美国的 FIRST SOLAR 公司已成功实现 CdTe 电池的商业化生产。

虽然在常温下 CdTe 是相对稳定和无毒的，但是 Cd 和 Te 是有毒的，在实际工艺制备 CdTe 薄膜时，并非所有的 Cd^{2+} 都会沉积成薄膜，也会随着废气、废水等排出，制备 CdS 薄膜时，多采用化学浴的方法，溶液中存在大量的 Cd^{2+}。地球上的 Cd 和 Te 资源十分有限，是稀有元素，这也潜藏着一个成本的问题。

四、有机半导体太阳能电池

共轭高分子聚合物材料由于沿着其化学链的每格点已轨道交迭形成了非定域化的导带和价带，因而呈现半导体性质。通过适当的化学掺杂可达到高电子迁移率，禁带宽度为几个电子伏特。有机半导体有许多特殊的性质，可用来制造许多薄膜半导体器件，如场效应晶体管、场效应电光调制器、光发射二极管、光伏器件等。用有机半导体制造太阳电池工艺简单、质量轻、价格低、便于大规模生产。

用于光伏器件的高分子材料主要有酞菁锌（ZnPc）、甲基叶林（TTP）、聚苯胺（PAm）、聚对苯乙炔（PPV）等。一般用金属电极与有机半导体之间形成的肖特基势垒和产生的内建电场，离解光生激子成为自由载流子并驱动载流子在有机半导体中传输。

有机半导体光伏器件中光生载流子的产生依赖于界面之间的电场，即只有扩散到金属/有机界面的激子才能够有效地转化为自由载流子。因而肖特基型有机太阳电池的光伏特性与电极性质有关。同时金属电极透光性差，又能促使激子复合，以及金属电极表面态又是自由载流子的强复合中心，所以导致了金属/有机半导体太阳电池的填充因子很低。选择最佳有机半导体材料、提高转换效率和稳定性等诸多方面的问题，需要进行大量的工作才能解决，只有这样有机半导体太阳电池才能达到实际应用水平。

五、染料敏化太阳能电池

染料敏化太阳能电池主要由纳米多孔半导体薄膜、染料敏化剂、氧化还原电解质、对电极和导电基底等几部分组成。纳米多孔半导体薄膜通常为金属氧化物（TiO_2、SnO_2、ZnO 等），聚集在有透明导电膜的玻璃板上作为 DSC 的负极。对电极作为还原催化剂，通常在带有透明导电膜的玻璃上镀上铂。敏化染料吸附在纳米多孔 TiO_2 膜面上。正负极间填充的是含有氧化还原电对的电解质，最常用的是氯化钾（KCl）。

染料敏化太阳电池与传统的太阳电池相比有以下一些优势：

（1）寿命长，使用寿命可达15～20年。

（2）结构简单、易于制造，生产工艺简单，易于大规模工业化生产。

（3）制备电池耗能较少，能源回收周期短。

（4）生产成本较低，仅为硅太阳能电池的1/10～1/5，预计每瓦的电池成本在10元以内。

（5）生产过程中无毒无污染。

经过短短十几年时间，染料敏化太阳电池的研究在染料、电极、电解质等各方面取得了很大进展，同时在高效率、稳定性、耐久性等方面还有很大的发展空间。但真正使之走向产业化，服务于人类，还需要全世界各国科研工作者的共同努力。

六、钙钛矿太阳能电池

在各类太阳能电池的发展过程中，新材料分子的发现和性能改进，电池结构的优化均不同程度地帮助提升太阳能电池的光电转换效率，其中以钙钛矿材料分子表现最为突出。2013年12月20日，美国*Science*杂志推出了他们的2013年十大科学突破评选结果，其中钙钛矿（Perovskites），一种1839年由Gustav Rose首次发现并根据俄罗斯矿物学家Lev Perovski名字命名的有机无机杂化分子材料，因为在太阳能电池中的应用和电池效率快速提升而入选。“钙钛矿材料便宜、易于制备，已经取得15%的光电转换效率；虽然比目前商业化的硅基太阳能电池效率低，但是钙钛矿型材料太阳能电池效率提升迅速，它和其他类型太阳能电池集成以后可以捕捉和转换更宽光谱范围的太阳光”，美国《科学》杂志这样给出钙钛矿材料入选的理由。

钙钛矿电池（PVSK）是一种有机－无机复合型的，以 $MAPbX_3$ 为吸光材料，配合电子和空穴传输材料的新型太阳能电池，其基本结构如图3－8所示。其封装前的厚度仅有数微米，远薄于非晶硅、CIGS等传统薄膜太阳能电池，成本也仅是其他太阳能电池组件的三分之一，因此业内将钙钛矿太阳能电池命名为超薄膜太阳能电池。

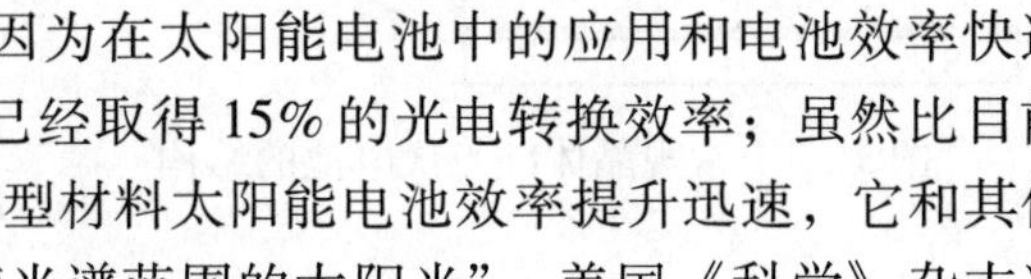

图3－8　钙钛矿电池结构示意图

在早期材料应用阶段，钙钛矿太阳能电池效率非常低，仅为3.5%。自从2009年日本科学家Tsutomu Miyasaka将钙钛矿材料用于染料敏化太阳能电池作为吸光材料取得3.8%光电转换效率以来，钙钛矿材料太阳电池效率已经跃升到2013年底的15%和目前的19.3%，并且还在迅速攀升中，有望突破20%大关。仅仅用了5年时间，钙钛矿材料太阳能电池就超越了许多太阳能电池技术数十年所积累的效率增长，这是从无先例和引人注目的。

第三节 晶体硅光伏电池的制备

晶体硅太阳电池占有了全世界接近90%的光伏应用市场，是目前光伏应用的主力军。晶体硅电池的光电转换效率较高，性能稳定，且结构简单，易于生产。在过去的10多年时间，随着晶体硅电池产量的迅速提高，电池的原材料、生产加工工艺和生产辅料、生产设备的不断提高完善，使得晶体硅电池的生产成本逐步显著降低，因而极大地加强了晶体硅电池的市场竞争力。本节将介绍常规晶体硅光伏电池的制备方法，以及高效晶体硅光伏电池的技术和进展情况。

一、工业化的晶体硅太阳能电池的加工制造方法

常规晶体硅光伏电池的结构如图3－9所示，通常以p型晶体硅作为衬底，正面采用绒面结构，由扩散形成n型发射结，发射结上方有SiN_x（氮化硅）作为减反射膜，正面金属接触层由丝网印刷的正面金属浆料经共烧结穿透减反射膜材料而形成，电池背面丝网印刷铝浆，烧结形成背面铝背场以及欧姆接触。随着电池工艺技术、生产设备的不断提高和完善，逐渐形成一套成熟的常规工艺流程，如图3－10所示。

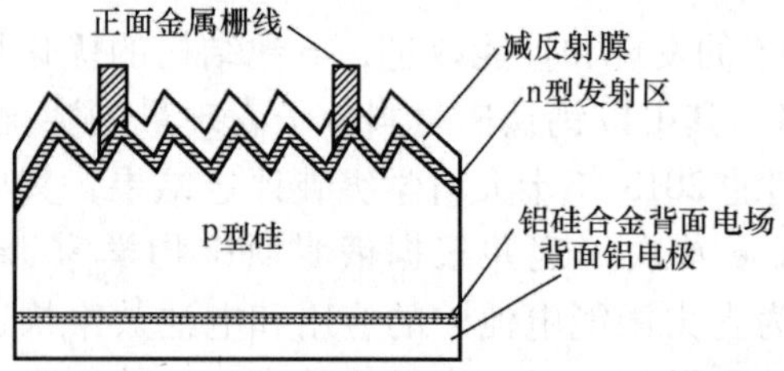

图3－9 常规晶体硅光伏电池的结构

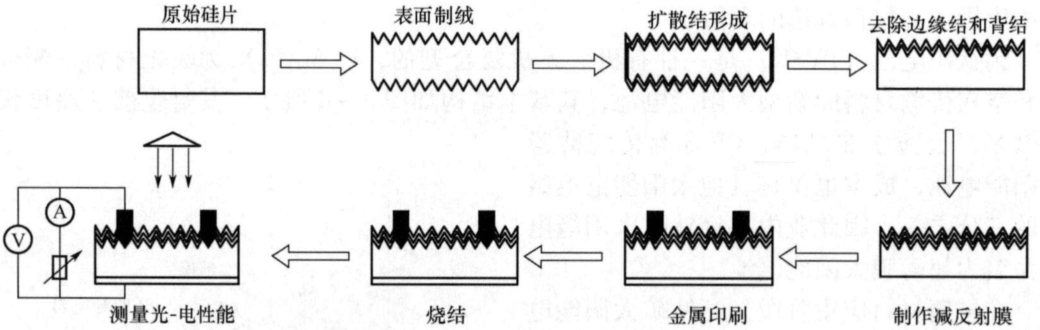

图3－10 晶体硅光伏电池的生产工艺流程

（一）表面制绒

单晶硅表面制绒采用含有一定乙醇含量的1%～2% NaOH（或KOH）溶液，它在各种晶面上的腐蚀具有各向异性。溶液中乙醇的作用是帮助形成一定数量的金字塔的顶端，并在腐蚀的过程中保护这些金字塔顶端。因此，制绒腐蚀工艺最终在硅片表面产生许多密布的表面为（111）面的四面金字塔，如图3－11（1）所示。由于化学腐蚀过程中的随机性难以获得十分均匀分布的方锥体，一般方锥体的尺寸控制在1～4μm为宜。近年来，制绒

工艺研究产生出很多的制绒添加剂产品，以帮助实现完美无缺陷的绒面表面，控制产生小尺寸的金字塔、取代乙醇等。

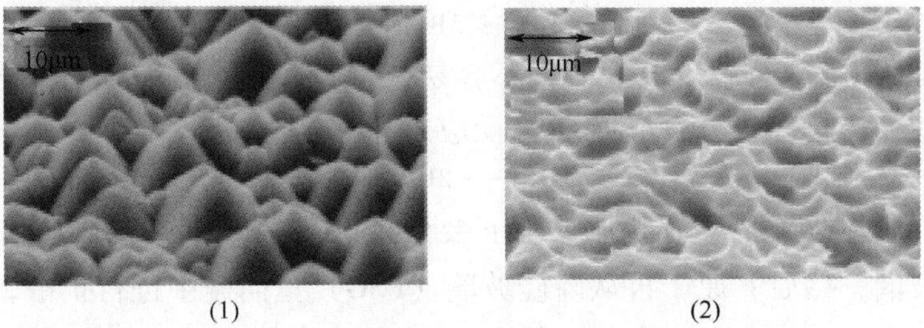

图3-11　晶体硅表面制绒

（1）单晶硅电池绒面结构　（2）多晶硅电池绒面结构

多晶硅的晶粒具有各种晶向，从而无法利用各向异性腐蚀方法制绒，多晶硅制绒工艺通常采用一定比例的硝酸（HNO_3）和氢氟酸（HF）混合溶液，在低温下对硅片进行各向同性腐蚀，在硅片表面形成如图3-11（2）所示凹槽状的绒面结构。

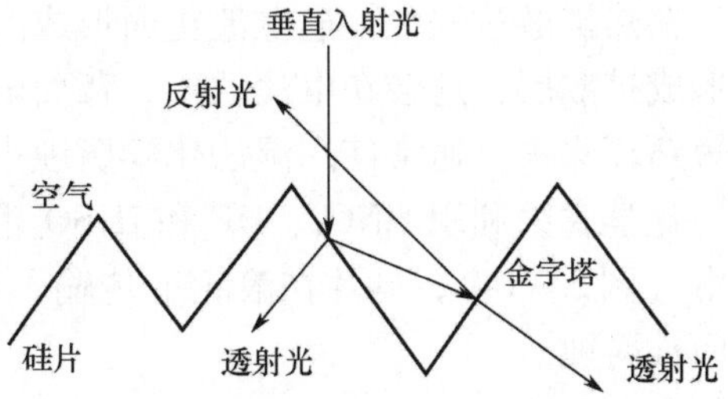

图3-12　垂直入射光在硅片绒面表面被反射后有第二次机会进入硅片中

晶体硅的高折射率（3.8）使其表面反射率高达35%以上，硅电池前表面的绒面可以有效降低入射光的反射。图3-11（1）中的金字塔的（111）面与（100）面的夹角是54.7°。如图3-12所示，垂直入射光在金字塔的斜坡面上有65%进入硅片，其余35%被反射后仍然以约20°角向硅片方向前行，直到再次到达另一个金字塔的斜坡面上第二次进入硅内，从而使硅表面的反射率下降到12%左右。多晶硅表面只有一部分区域可以实现这种二次吸收，但它的反射也能大大降低到小于20%。此外，如图3-12所示，进入硅片的光线也改变了垂直射入的方向，在更接近硅表面发射区的区域被吸收，这相当于增加了有效少数载流子的扩散长度，从而有助于提高光生电流。

（二）pn结扩散

作为光生电池工作的核心，pn结产生的自建电场可以分离光生载流子，形成光生电流。工业生产中，通常使用$POCl_3$液态源热扩散法制备pn结，图3-13给出管式扩散炉的

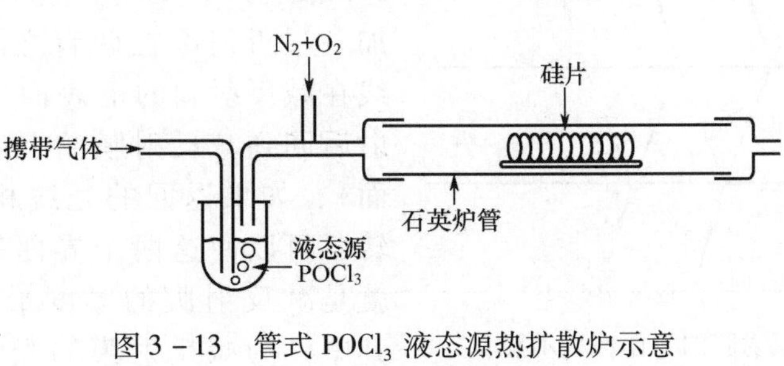

图3-13　管式$POCl_3$液态源热扩散炉示意

结构。

$POCl_3$在高温下（>600℃）分解生成五氯化磷（PCl_5）和五氧化二磷（P_2O_5），反应式如下：

$$5POCl_3 \longrightarrow 3PCl_5 + P_2O_5 \tag{3-7}$$

由于$POCl_3$的不完全分解生成的PCl_5不容易分解，并且对硅表面有腐蚀作用，所以需要通入氧气，使PCl_5进一步分解成P_2O_5，反应式如下：

$$4PCl_5 + 5O_2 \longrightarrow 2P_2O_5 + 10Cl_2\uparrow \tag{3-8}$$

上述两个反应生成的P_2O_5在扩散温度下会与硅反应生成SiO_2和P原子，并在硅片表面形成一层磷硅玻璃，然后P原子再从磷硅玻璃（PSG）里向硅中进行扩散，反应式如下：

$$2P_2O_5 + 5Si \longrightarrow 5SiO_2 + 4P\downarrow \tag{3-9}$$

扩散的关键是能得到均匀的发射结，这在工业化生产中并不是很容易实现，因此实现均匀的扩散炉内温度分布非常重要。目前的扩散炉都采用软着陆方式，也就是用碳化硅桨将舟送进炉管后再取出桨，封闭炉口后再进行扩散。这可以保证炉口密封和实现温度均匀，从而得到更均匀的扩散效果。近两年来新发展的低压扩散方法可以更均匀地并能一次加工3倍数量的电池。

（三）边缘隔离刻蚀与去除磷硅玻璃层

在热扩散过程中，硅电池正面形成的磷硅玻璃层需要去除。而硅片边缘和背面同时也会形成扩散层，这会在电池的正、背面电极之间形成短路环，为保证电性能必须将这个周边短路环除去。通常使用湿法化学腐蚀来实现。

化学腐蚀利用HNO_3、HF和H_2SO_4混合溶液对硅片边缘和背面进行刻蚀。在自动化设备中（图3-14），硅片在滚轮上传输，位于刻蚀液的上方，而只有背面和边缘接触到溶液而被腐蚀。

图3-14 边缘和背面刻蚀示意

（四）沉积SiN_x减反射膜

如前所述，光线照射到绒面的硅表面，也会有约12%以上的反射损失。在硅片的绒面表面上再镀一层减反射膜，可以帮助继续降低光的反射损失。减反射膜的工作原理如图3-15所示。在硅和空气之间增加一层折射率在两者之间的减反射膜，光线在减反射膜的下表面（与硅的界面）反射后回到减反射膜的上表面（与空气的界面），如果返回的光线相位发生180°的反转，可以使这两个界面的反射相抵消，这就是减反射膜的厚度最佳条件：$d=\lambda/2$。其中d为减反射膜的光学厚度，λ为入射

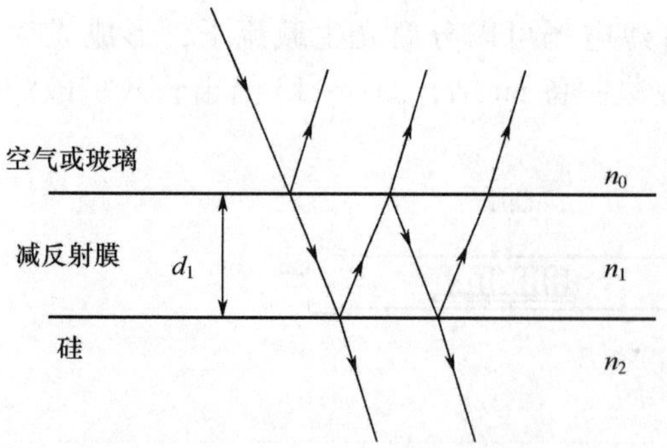

图3-15 减反射膜的工作原理示意

光的波长。在 $d = \lambda/2$ 条件下，减反膜的最佳折射率是其两边材料折射率的几何平均值（$n_1^2 = n_0 n_2$），由反射膜下表面反射回到反射膜上表面的反射光与反射膜上表面的反射光其相位相反且幅度相同，因而反射值为零。对于空气中的硅电池（$n_{Si} = 3.8$），减反射膜的最佳折射率是硅折射率的平方根（即 $n_{opt} = 1.95$）。太阳能电池对太阳光的可吸收波长是 300 ~ 1200nm 波段，而单层减反射膜的优化应当是反射率在这一波段区间进行积分的结果。

减反射膜的制备方法主要是等离子辅助化学气相沉积法（PECVD），在较低温度下（400℃）沉积制备的氮化硅结构致密、耐湿性好、介电强度高。氮化硅膜中的 Si : N 可以在 0.75 ~ 2 范围内调节，使得其折射率在 1.9 ~ 2.3 范围内连续可调，从而比较适合于在硅（折射率为 3.8）和空气（折射率为 1.0）或组件封装材料（折射率为 1.5）之间作为减反射膜。

PECVD 氮化硅易于与硅原子结合从而得到极低的界面态缺陷密度。在 PECVD 法沉积氮化硅膜的同时产生了很多的氢原子，能钝化硅表面的悬挂键。在金属化的共烧结过程中，氢原子会继续扩散到硅的体内，与硅体内的晶格缺陷处的断键结合，消除了这些断键在禁带内产生的能级，因而起到钝化体内缺陷的作用。此外，PECVD 氮化硅膜中还含有一定数量的正电荷（$10^{11} \sim 10^{12}cm^{-2}$ 数量级），这些正电荷在硅表面形成的电场会把体内带负电荷的自由电子吸引到硅表面，并排斥硅表面的空穴，从而形成多子（电子）在硅表面的积累和少子（空穴）在表面耗尽。而减少的少子（空穴）主导表面复合速率的下降，从而实现对 n 型发射区表面良好的场钝化作用。

（五）丝网印刷和共烧结金属化

常规晶体硅电池采用丝网印刷工艺实现金属化。丝网印刷方法是用一层光刻胶覆盖绷在金属框上的不锈钢网或聚酯网，在光刻胶上用光刻法制作出所需的电极图形开口，用橡胶刮条以适当压力将电极浆料通过丝网上的开口印刷到硅片表面。通常电池的正面电极采用高电导率的银浆来传导电池正面的光生电流，背面电极则采用焊接性能好的银铝浆作为背面可焊区域，背面其他区域采用铝浆制作铝背电场（BSF），以减小背表面处的复合。随着丝网印刷工艺和金属浆料技术的不断发展，所能够实现的金属栅线宽度也不断减小（目前已经能达到 40μm 以下），从而极大程度地减少了正面电极的遮光损失，与此同时栅线的高宽比也被逐步提高，以减小栅线的电阻损失。电池正、背面的丝网印刷的金属浆料，还需要通过高温共烧结才能与硅形成欧姆接触。

（六）测试光电性能

最后，制备好的硅电池需要测试光电性能，并根据测得的性能分档，图 3-16 所示为一个典型的单晶 156mm 电池在光照下的 $I-V$ 特性曲线。

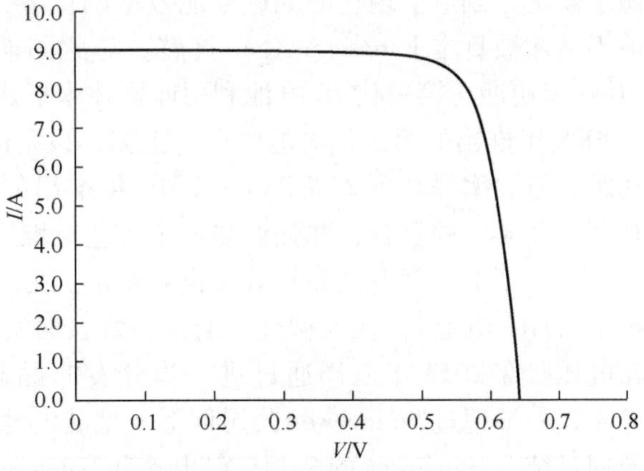

图 3-16 光照下的 CSUN 的单晶 156mm Qsar 电池的 $I-V$ 特性曲线

二、高效晶体硅太阳能电池技术

晶体硅太阳能电池技术在过去65年时间内逐渐发展，图3－17给出了晶体硅太阳能电池的光电转换效率的发展史。20世纪50年代中期，由于空间电池的需求，晶体硅太阳能电池得以迅速发展，以地面上的太阳光谱下测量的晶硅电池的效率也迅速超过10%。然后人们发现浅结电池可以极大程度地提高电池的效率。在20世纪70年代中期，单晶硅上碱制绒技术的发明使得电池效率达到17%，此时的电池结构与前节所述常规电池已经基本相同。

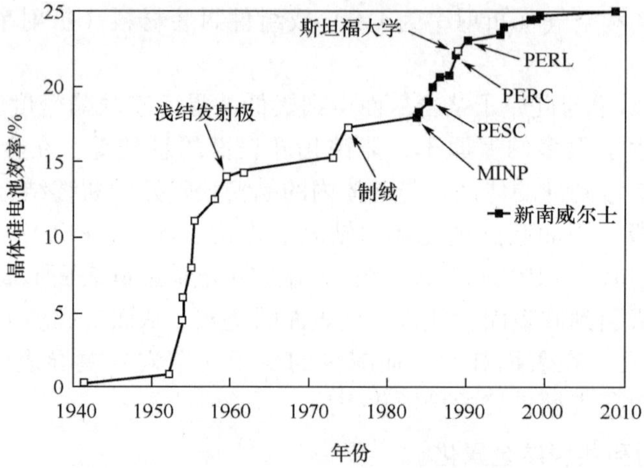

图3－17 地面用晶体硅太阳电池效率的发展史

由此以后，晶硅电池效率的进一步提高则以UNSW（澳大利亚新南威尔士大学）的表面钝化技术为主导，其中经历了MINP、PESC、PERC、RERL几个阶段，并在20世纪90年代末通过PERC电池结构达到了24.7%的电池效率。在2008年全世界各大权威太阳能电池测量中心修正了AM1.5阳光谱的数据，1999年PERL电池的测量数据也被根据新光谱做了修正，创造了现在的晶硅电池效率的世界纪录25.0%，此纪录保持15年之久，直到前不久才被日本Panasonic公司打破。与此同期，美国Sunpower公司开发出IBC电池。在2000年初期，第一代IB电池利用印刷技术形成背面图形化，实现量产电池效率20%以上；2008年推出的第二代电池则通过工艺、设备的进一步优化，减小背面金属化图形尺寸和间距，将效率提高到22%以上；2010年推出的第三代产品，通过进一步改进发射极掺杂和背面金属区的复合，并强调热加工工艺对堆垛层错的控制，从而实现24.2%的转换效率，这一度创下n型电池转换效率世界纪录。另一方面，日本三洋公司通过采用异质结钝化技术（HIT电池），在n型硅片的正、背表面实现优异的表面钝化，从而得到750mV的开路电压。在2013年三洋通过进一步开发非晶硅膜生长工艺，将HIT电池效率提升到24.7%，一举超过Sunpoewer公司创下n型硅电池的最新世界纪录。最新的日本Panasonic公司通过结合Sunpower的全背接触电池和Sanyo的HIT电池两种结构设计的优点，开发出基于异质结钝化的背接触电池，将晶体硅电池的转换效率世界纪录提升到25.7%。

晶体硅太阳能电池的工业化技术需要同时考虑转换效率和成本两个方面，目前工业化中所采用的常规电池结构正是基于此。在过去的十来年里，晶体硅电池工业界对加工制造工艺、设备以及原材料制备上都有了很大的提高，单晶硅电池的转换效率从十年前的15%提高到现在的19.5%左右，多晶硅的转换效率从十年前的14%提高到现在的18%。但这些提高基本上还是加工方法和材料上的优化，电池的基本结构并没有改变。工业化的晶体硅转换效率的继续提升需要采用更为先进的电池加工制造工艺和电池结构设计，也需要生产装备水平的进一步提升，这要依靠光伏产业整个产业链共同努力来推动。本节将介绍一些新的高效电池制备工艺技术和高效电池结构。

（一）高效电池的光学改进

由于硅材料的较低吸收系数以及衬底材料逐渐变薄化后，光学吸收能力进一步减弱，降低晶体硅太阳能电池的光学损失变得更加重要。通过合理的设计达到陷光效应可以增加光在硅材料体内的有效光学路径长度，这就需要减少光入射到电池正表面的反射损失和增强光入射进硅材料体内后到达背面的反射以提高长波段光的利用。

目前工业化中普遍采用的是利用化学溶液对硅表面进行不同晶向的各向异性或各向同性的刻蚀。但利用化学溶液对硅表面进行刻蚀的限制是难以获得微观尺寸更为细小、均匀的金字塔结构从而获得更低的反射率。随着业内工业化的技术和设备水平不断提升，一些主要用于实验室的更为先进的正面织构化的陷光结构如蜂窝状（honey comb structure）或V形槽等结构将有可能被广泛采用，如图3－18所示。蜂窝状陷光结构可以通过诸如：①利用激光开槽结合介质掩膜技术或Inkjet Jet/Aerosol Jet开槽结合介质掩膜技术，再利用湿法刻蚀来获得；或者，②利用等离子反应刻蚀技术也可以直接获得蜂窝状绒面。尤其是等离子反应刻蚀技术极具前景，目前这项技术引入工业化的主要障碍一方面来自于等离子反应中轰击硅表面产生的损伤效应，另一方面则来自于设备成本相对较高。

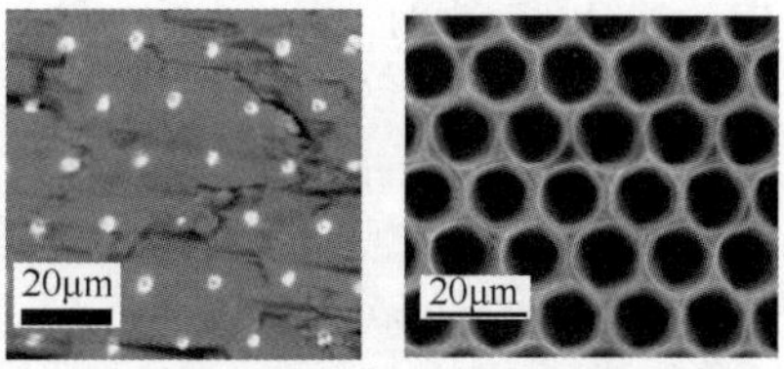

图3－18　正面织构化陷光结构

（1）在多晶硅衬底上利用氮化硅做掩膜，然后用激光技术开槽的光学显微形貌图　（2）对掩膜开槽后再利用HF、HNO_3、CH_3COOH体系溶液化学刻蚀得到的蜂窝状绒面的SEM显微形貌图

电池正面反射率的进一步降低仍需通过正面减反射膜来实现，利用PECVD沉积的SiN_x: H由于其同时兼具有对N^+发射极良好的场钝化效果，对体内的氢钝化以及优良的热稳定性，因此是目前工业化中的最佳选择。而基于氮化硅介质的双层减反射膜（SiN_x/SiN_y）可以获得更好的减反射效果，靠近n型发射结下方的第一层SiN_x侧重于发射极钝化，远离n型发射结的第二层SiN_y侧重于匹配光学反射效果。

仅仅具有较低的正面反射率还不足以获得良好的陷光效应，随着硅材料厚度的逐步薄化，越需要背面具备更高的反射率。背面反射率的增加可以通过采用反射率较高的织构化形貌，也可以通过增加一层背反射器来实现，比如在氧化层上蒸发或溅射一层金属铝就可以形成一个良好的背反射系统。

值得一提的是叠层电池通过采用不同禁带宽度组合材料的叠层结构设计来拓宽电池对太阳光谱波长的吸收范围以实现全光谱的吸收。如图3－19所示，利用3层不同禁带宽度组合材料的组成叠层结构来拓宽电池对太阳光谱波长的吸收范围，以实现全光谱的吸收，转换效率达到14.8%。随着硅衬底继续变薄，这种设计也可能用于工业化中。可以利用CVD设备来沉积具有不同禁带宽度的薄膜，以及开发新的具有对不同波段太阳光谱的材料以组成叠层减反射膜来实现这种全光谱的吸收。尽管成本较高，但这一理念随着衬底硅材料逐渐变薄，也有可能会引入到晶体硅太阳能电池工业化结构中。此外，在减反射膜的选择上也要结合考虑组件中的玻璃和EVA的光学特性以实现封装组件后的最佳光学匹配。

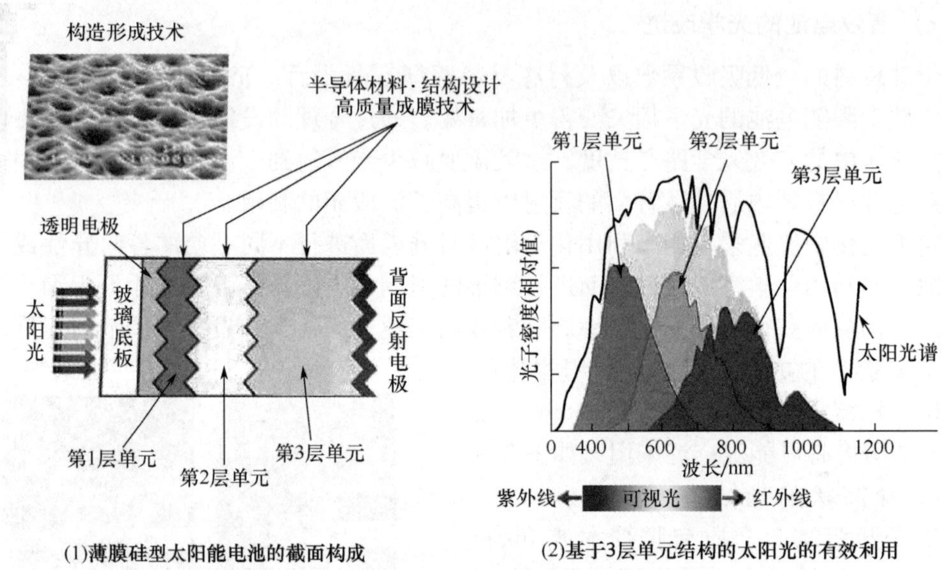

图3-19 三菱电机研发的薄膜硅型太阳能电池

（二）高效电池发射结技术

发射极作为晶体硅太阳能电池的核心组成，其性能对器件的转换效率起着至关重要的作用，需要通过高质量的发射极掺杂技术来获得最优化的发射极掺杂（表面浓度和掺杂分布曲线），从而提高蓝光响应。

1. 选择性发射结（selective emitter，SE）技术

电池前表面金属栅线之间区域和金属电极下方区域的发射极最佳掺杂分布是不同的，金属栅线之间区域是对短波光吸收利用最关键的区域，发射极的掺杂需要表面浓度较低、结深较浅的掺杂，以减小表面复合，从而提高发射极区域下方的载流子收集效率。而金属电极下方区域需要实现良好的金属与硅欧姆接触，这就需要发射极掺杂表面浓度较高的重掺杂，这样就形成了选择性发射结（selective emitter，SE）设计，如图3-20所示，金属栅线之间和金属栅线下方的掺杂分布需要独立设计。

最早的工业化SE电池技术是由中电光伏于2007—2008年在世界上率先开发、生产的，它采用氧化层掩模和印刷浆料腐蚀技术来形成浓磷图形。在完成浓磷扩散之后去除氧化层，再第二次扩散淡磷。此后，各家主要设备公司都独立开发了自己的SE技术，如Schmid公司开发出inSECT（inline selective emitter concept）技术，Manz等公司开发的直接

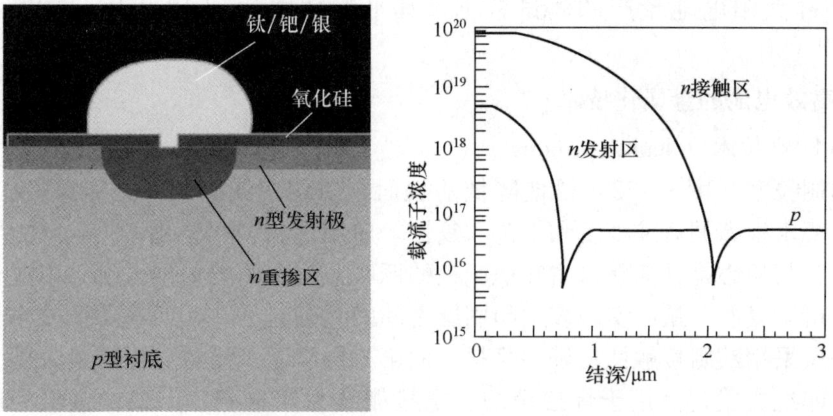

图 3 - 20 选择性发射结设计

在 PSG（磷硅玻璃）用激光热处理形成 SE 结构的技术，Innovalight 开发的硅墨水 SE 技术（silicon ink），Honeywell 和 E - ton 开发的利用 InkJet Doping 实现 SE 技术等。近年来，SE 技术的效率优势被逐渐减小，工艺成本也相对较高，这使得这项技术最终很难广泛应用于晶硅电池工业化生产中。业内更多的是采用更低掺杂表面浓度的均匀发射极结合不断发展的先进的银浆技术。

2. 离子注入发射极电池技术

传统的热扩散工艺制备的发射结表面掺杂浓度很高，导致表面死层效应严重，均匀性也不够好。采用离子注入工艺制备的 pn 结表面杂质浓度较低，避免了热扩散工艺制备 pn 结表面的死层所带来的表面复合损失，也提高了结的均匀性，而且离子注入是单面工艺，就省去了边缘刻蚀的需求，简化了工艺流程。图 3 - 21 对比了扩散和离子注入工艺制备的电池的发射结掺杂浓度分布（1）和内部量子效率曲线（2），可以看出，离子注入电池显著提升了对紫外光的响应能力。

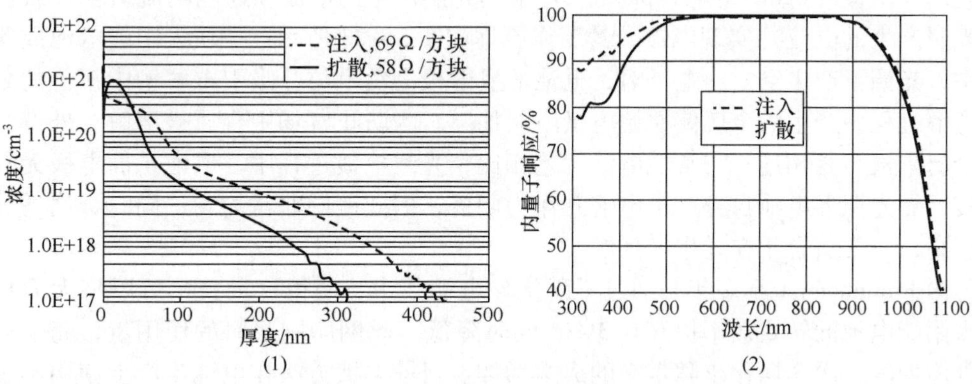

图 3 - 21 SIMS 测定的注入工艺与热扩散两种方式制备的太阳电池比对
（1）太阳电池发射结掺杂浓度分布 （2）太阳电池内部量子效率曲线

美国Suniva公司和Varian公司于2010年公布了他们通过联合研发的这项技术进行普通结构单晶硅太阳电池量产的测试数据，其平均效率达到18.8%，单片最高效率高达19.1%。

（三）高效电池的金属化技术

1. 两次印刷技术（double printing）

两次印刷技术（图3－22）既能降低前表面金属化遮光面积，又能提高栅线高宽比，但这项技术要求很高的对准精度和工艺重复性。应用材料公司推出的Esatto太阳能电池两次印刷技术，其核心是其拥有自主知识产权的照明系统和图案识别系统，以提供至关重要的高精度和可重复性，从而实现多重印刷层之间的精确对准。在两次印刷技术中，用于接触硅的第一层采用欧姆接触性良好的浆料，而第二层印刷采用电导作用良好的浆料；而且一般是两次印细栅线，而用于焊接用的主电极栅线只印单层，以减少银浆的用量。德国Fraunhofer ISE研究表明，使用两次印刷技术电池效率提升0.1%～0.2%，同时浆料节约接近15%。

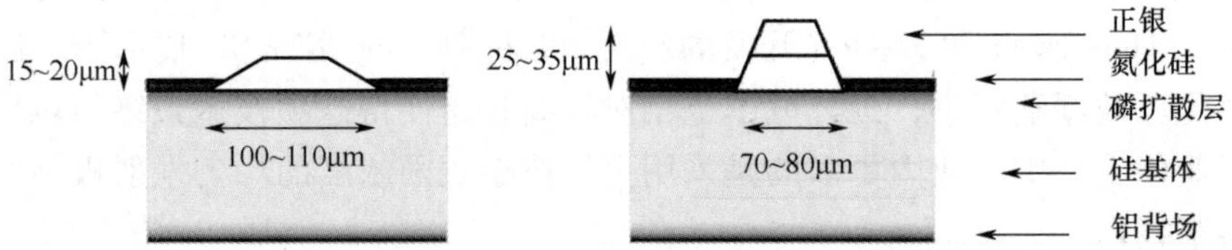

图3－22　单次印刷（左）与两次印刷（右）结构对比示意

2. 电镀技术（plating）

电镀金属化技术可进一步提高金属栅线的高宽比。为了使电池栅线具有良好的导电性，一般先利用喷雾印刷制备一层金属化种子层（seed layer），烧结时穿透SiN_x层形成欧姆接触；然后光致电镀或者化学镀的方法在种子层上生长导电层，进行二次金属化。种子层满足力学和电接触，镀层具有良好的电导性。

光诱导电镀（light induced planting）采用光照产生的电流和通电电流结合（或者仅仅采用光照产生的电流）实现电镀，其工作原理如图3－23所示：一块太阳能电池放置在电解槽中，光照下产生空穴－电子对，电池的发射极为负电位，吸引电解槽中正价的金属离子；电解过程中产生的金属使原始电极不断加厚。为防止背场中金属被溶解，外部电源提供的金属阳极与之相连。与常规电镀工艺相比，光致电镀过程中，电池正面电极无外部电源连接，靠光照下电池自身产生电流并作为阳极，因此镀层非常均匀；同时金属诱导电镀速率很高，非常适合于在线生产系统。

德国Fraunhofer ISE多年来通过不断优化电镀技术，使得这种技术可以将大面积丝网印刷太阳能电池的转换效率提高0.3%，同时降低了丝网印刷浆料的使用量，完全可以补偿额外增加的二次金属化步骤带来的成本增加。目前电镀方法在电池生产上使用不多主要的原因是针对现有的硅电池生产线升级则对其改变和冲击过大，在工艺方法上控制难度较高，还有潜在的可靠性风险。

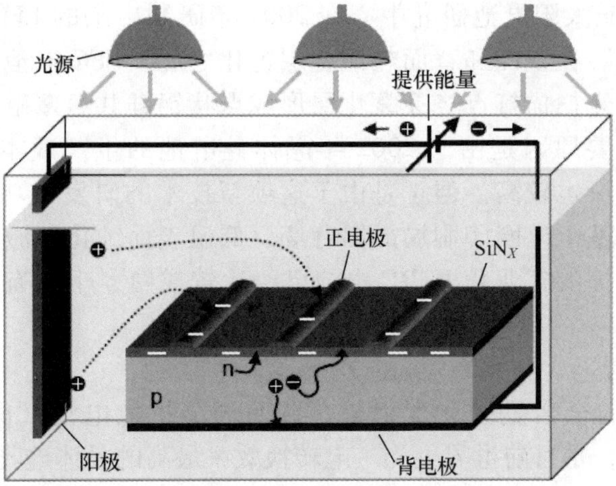

图 3－23 光诱导电镀工艺原理

（四）晶体硅高效电池介绍

1. PERC 电池结构

PERC 电池（passivated emitter and rear cell，钝化发射极及背面局部金属化）的电池背面通过采用了介质层钝化和局部金属接触设计从而极大程度地降低背表面复合速率，显著地提升晶体硅电池的开路电压，其结构如图 3－24 所示。背表面的介质层通常采用热氧化（或者 PECVD）制备的氧化硅，或者通过原子层沉积（或者 PECVD）的 Al_2O_3（氧化铝）来实现出色的背表面钝化，而其中带有负电荷的氧化铝介质膜层通过其对 p 型 Si 衬底的出色场钝化和良好的界面钝化作用是最佳的 p 型硅衬底的表面钝化技术方案。而通过合理优化地设计电池背面局部金属化图案（包括背面金属化单元图案、尺寸和间距），可以综合实现降低电池背表面复合以及获得尽可能小的电池串联电阻损失。

近年来，通过电池加工工艺、生产设备水平的逐渐提升，PERC 电池已经成为最有

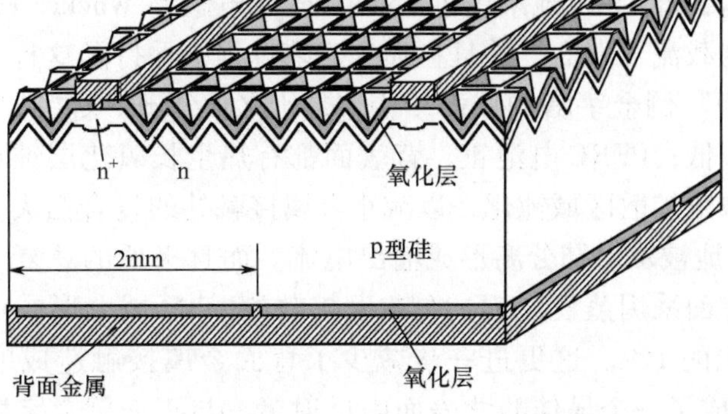

图 3－24 PERC（钝化发射极及背面局部金属化）电池的结构

潜力实现工业化的高效电池结构之一。在 PERC 电池工业化技术的开发中，最先做出努力的是德国 Fraunhofer 太阳电池研究中心在 2002 年研制出来的 LFC（laser fired contact）背面激光点接触电池。在正面和背面热氧化层钝化之后，LFC 电池直接在背面氧化层上蒸发纯铝，然后用激光扫描打点烧穿氧化层形成点状铝硅共熔接触。最终这种技术路线没有应用于生产，主要原因是由于 2002 年晶体硅电池的生产成本总体仍然偏高，LFC 的工业和设备成本本身也较高。但正是由于这项新技术的研发成功加速了 PERC 电池的产业化之路。目前，基于丝网印刷局部铝背场、低温表面钝化、激光消融介质层的开孔等新工艺技术作为支撑的工业化 PERC 电池已经比较成熟，十分有希望在几年内实现产业化。

2. PERL 电池结构

PERL 电池结构的全名是钝化发射极、背面局部扩散电池（passivated emitter，rear locally - diffused cell），是目前世界上光 - 电转换效率最高的晶体硅光伏电池之一，其结构如图 3 - 25 所示。PERL 电池是 1989 年开始在澳大利亚新南威尔士大学的光伏研究中心研制出来的，它的光 - 电转换效率在这之后的 10 年中被不断提高，最后在 1999 年到达了 24.7%。

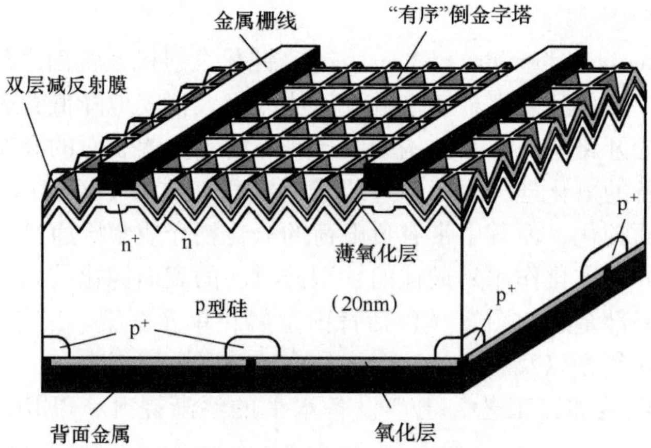

图 3 - 25 PERL 电池结构

如图 3 - 25 所示，PERL 电池采用了 1ohm. cm 低电阻率 Wacker FZ 单晶硅片，以保证原始硅材料内极高的载流子寿命，并且在加工工艺过程中保持了这种高载流子的寿命；电池正面采用了“有序”倒金字塔的绒面结构，加上 ZnS/MgF_2 双层减反射层，使电池的正面光反射损失达到最低；PERL 电池正、背表面都有热生长氧化层钝化，在正、背表面的金属接触区域，也被浓扩散区域钝化，以减小金属接触处的复合损失，从而电池内部的光生载流子接近 100% 地被发射结分离形成输出电流。而且极低的总复合率，也造成了极高的开路电压；电池背面采用蒸发纯铝，在浓硼扩散的 p^+ 区域上形成点状接触，点接触的面积不到背面总面积的 1%。这更进一步减少了背面金属接触造成的复合损失。背面的 $Si/SiO_2/Al$ 结构还形成了一个最佳的背表面内反射镜。与正面倒金字塔相结合，这形成了一个极佳的陷光结构。此外，PERL 电池结构背面的硼扩散也是用 UNSW 自己研发的 BBr_3

液态源扩散完成的。以前的各种半导体上使用的硼扩散方法都对硅片表面造成很大损伤，造成表面复合率增加。而这种 BBr_3扩散方法才形成了低表面复合的 p 型接触区域，为高效电池奠定了基础。综上所述，由于 PERL 电池采用了当时最佳的 TCA 热氧化表面钝化、BBr_3硼扩散和极小面积金属接触，以及金属接触区的扩散钝化技术，PERL 电池的表面复合被抑制到极低的水平，因而 PERL 电池内部的光生载流子以接近 100% 的概率被 pn 结收集，形成极高的开路电压和输出电流。

表 3－1 所示为在美国桑迪亚国家重点实验室测到的 PERL 电池的性能。这个性能是在 1999 年和 1996 年分别测量的，2008 年的光谱修正使第一个电池的效率从 24.7% 提高到 25%。前两个 $4cm^2$的小面积电池是未切片的电池，电池还在一个 4in（10.16cm）圆形硅片的中间。然而测量过程中 $4cm^2$电池之外的硅片面积完全用挡板遮盖。由于光照的电池面积内片光生载流子密度很高，这些载流子会向被遮盖的硅电池周边的暗区扩散，这也会造成一定的电流损失。而表 3－1 最下一行的 $21.6cm^2$的电池是一个大约 4cm × 5.5cm 的切片 PERL 电池。由于电池设计的主栅在电池的一边，其栅线长约 4cm，因而栅线的宽度增加为 35μm，比 $4cm^2$的 16μm 宽的栅线遮光损失增大很多。另外它四周切片处的复合损失，也使电池的测量效率有很大下降。如果把这种电池制造成在常用的 125mm 方形硅片上，其边缘的复合损失会大大降低，估计其效率应当在 24.5% 左右。

表 3－1　　PERL 电池的性能

电池序号	电池面积/cm^2	V_{oc}/mV	J_{sc}/（mA/cm^2）	FF/%	效率/%
Wh20－2b	4.0	706	42.2	82.8	24.7
Wh20－1b	4.0	704	42.2	82.3	24.5
W139－07a	21.6	704	41.5	81.0	23.7

注：表中的前两个电池是在 Wacker FZ 单晶片上制造的 $4cm^2$ PERL 电池在美国桑迪亚国家重点实验室测量的性能。测试条件为 25℃、$1000mW/cm^2$的 AM1.5 光谱下。

3. n 型电池结构

UNSW 在 2005 年研发的 n 型 PERT 结构电池（passivated emitter，rear totally－diffused，钝化发射极、背面全扩散电池），转换效率为 22.7%，追平了当时美国 Sunpower 公司保持的 n 型硅电池效率的世界纪录，其电池结构如图 3－26 所示。这种电池结构将硼扩散的 p 型发射区设置在电池背面。由于这种电池的发射区不受光照，基区中的光生载流子－空穴被收集到发射区中变成多子，因而不存在复合损失的问题，因此 p 型发射区可以采用更低的方块电阻，也容易做得更均匀。值得强调的是，背面 p 型表面用热生长的 SiO_2效果并不是最佳，如果现在改用 Al_2O_3来代替背面 SiO_2，这种 n 型 PERT 电池的性能应当可以进一步提高。只可惜当时 Al_2O_3钝化技术还没能成功地应用于 p 型硅表面。当然 p 型 PERL 电池的背面钝化也是它的一个弱点，采用 Al_2O_3钝化 PERL 电池的背面应当有同样良好的效果。

2008 年，Jan Benick 和 Bram Hoex 利用 ALD 生长的 Al_2O_3得到了十分出色的 p 型发射区表面钝化，并实现 23.2% 的新的 n 型硅电池的世界纪录，2009 年和 2010 年 Fraunhofer ISE 又将这个纪录继续提高到 23.4% 和 23.9%。图 3－27 给出了这种电池的结构，这种结

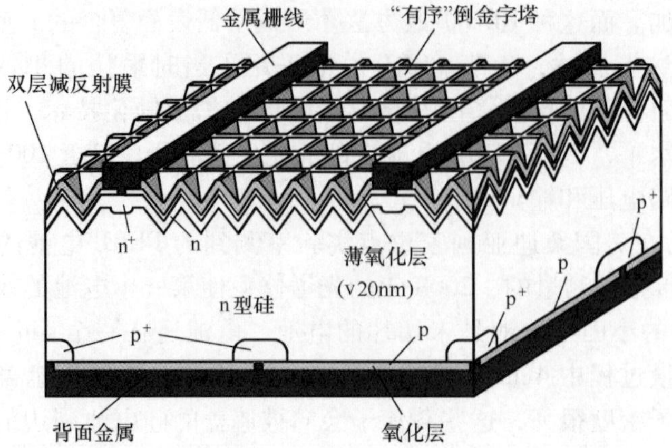

图 3-26　n 型 PERT 电池结构

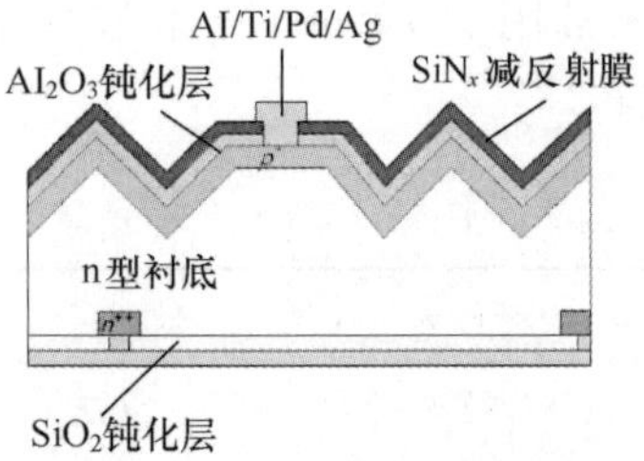

图 3-27　Al_2O_3钝化的 n 型硼正结 PERL 电池结构

构中将硼发射极设置在电池正面，硼结的钝化是采用 10～20nm 的 Al_2O_3，其上面还沉积一层 SiN_x 来形成光学减反射膜，背面则采用局部 n^+ 掺杂、热氧化钝化结合局部金属化。

4. 背接触（IBC）电池结构

由 SunPower 公司研发的 IBC 电池是典型的量产的高效太阳能电池，其电池结构如图 3-28 所示。这种电池结构采用了 n 型衬底以及热 SiO_2 表面钝化，p 型发射区和 n 型扩散接触区域全部设置在电池背面，并以线条状交替分布。在 21 世纪初期，SunPower 公司推出的第一代 IBC 电池，用印刷的方法来生产，由于印刷的精度比较低，这样背面金属栅线的间距较大（周期为 800μm），造成电池的复合损失和串联电阻都较大，因此这种 IBC 电池只达到了 20%～22% 的效率；2008 年 SunPower 推出第二代 IBC 电池，将印刷技术和设备进一步优化，要点在于减小图形尺寸，减小栅线间距，从而将生产电池的平均效率提高到 22% 以上；2010 年 SunPower 又推出第三代 IBC 电池，通过进一步优化改进了表面结区掺杂以及扩散 p^+ 和 n^+ 区域的完全分开，也进一步减小了金属接触区域的复合，同时热加工工艺还特别加强了对氧化堆垛层错的控制，一举在 n 型 Cz 硅衬底上达到了 24.2% 的光电转换效率，创下当时的世界纪录。

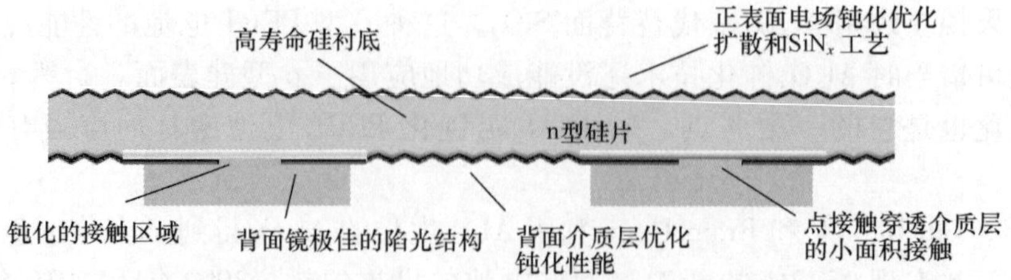

图 3-28　SunPower 的第三代背面点接触电池的结构

表3－2所示为SunPower的第三代IBC电池在美国NREL（国家可再生能源实验室）测量到的电性能，从SunPower第一代IBC电池一直到第三代IBC电池，通过持续对发射结掺杂、表面钝化和背面金属化的技术研发，使得饱和电池密度得以不断降低，从而使得IBC电池的开路电压逐渐提高到730mV。

表3－2　　SunPower的第三代IBC电池在NREL测量到的电性能

硅片类型	面积/cm^2	V_{oc}/mV	J_{sc}/（mA/cm^2）	FF/%	效率/%
CZ（n）	155.1	721	40.46	82.9	24.2

5. HIT电池（heterojunction with intrinsic thin layer，异质结电池）

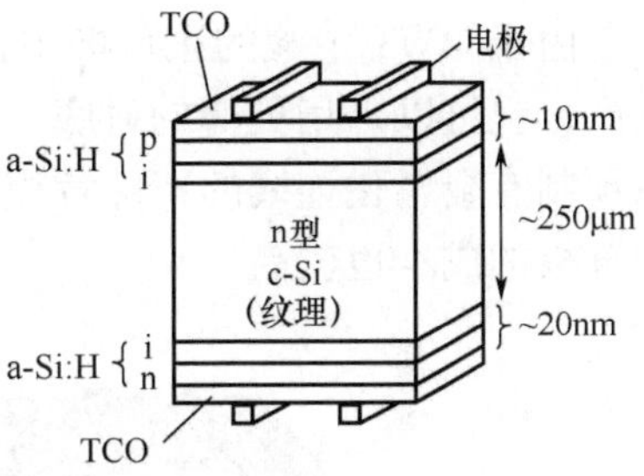

图3－29　HIT电池的结构

日本三洋公司采用非晶硅异质结电池通过出色地钝化n型硅片的正、背表面，得到了极高效率的HIT电池，其电池结构如图3－29所示。HIT电池的发展经历了两次飞跃。最初的非晶硅异质结钝化的效果并不好，电池效率也不高。后来三洋公司发现通过在异质结中加入了一个本征的没有掺杂的i层可以大大提高钝化的性能，开路电压也一举超过700mV。但由于非晶硅是直接禁带半导体，光吸收系数很高，而且非晶硅中的缺陷多，复合率也高，因此在非晶硅层中被吸收的光子基本上不能对电池的光生电流作出贡献。在这个问题上，三洋的解决办法是减小非晶硅膜的厚度，电池正面的p层和i层两层非晶硅膜总共才有10nm厚。尽管如此，HIT的电流密度也还是远低于PERL和IBC电池。

在2013年三洋公司通过继续优化HIT电池的非晶硅膜沉积工艺，在厚度为98μm、面积为101.8cm^2的n型硅片上创造了24.7%的n型硅电池的最新世界纪录，这块电池达到了750mV的开路电压，显示了极佳的异质结的表面钝化性能。最新的2014年日本Panasonic公司则通过结合Sunpower的全背接触电池和Sanyo的HIT电池两种结构设计的优点，开发出基于异质结钝化的背接触电池，将晶体硅电池的转换效率世界纪录提升到25.7%。

由于近年来三洋公司HIT的专利已过期，国内外多家公司开始研制这种电池。如德国的Roth&Rau公司的HJT电池已达到21%以上的电池效率。此外，美国Silevo公司在杭州建厂，生产其隧穿异质结电池，其5in（12.7cm）电池已达到729mV的开路电压和21.4%的光电转换效率。

6. MWT电池结构

电池正面的金属电极在收集电流作用的同时也遮挡了部分的入射光，从而降低了电池的光电转换效率。MWT（metal wrap through）电池结构设计的主要思想是将通常位于电池正面的主栅线（busbar）转移到电池背面，从而降低金属的遮光损失，其基本结构如图3－30所示。电池工作时，正面细栅线收集到的载流子通过充满金属的小孔汇集到位于电池背面的主栅线上。MWT电池具有以下优点：①电池背面通过采用局部金属化设计，减少电极与硅片的接触面积，从而降低背表面复合；②电池正面pn结和背面局部pn结可以同时收集光生载流子，这提高了载流子的收集效率，也降低了对硅片质量的要求。

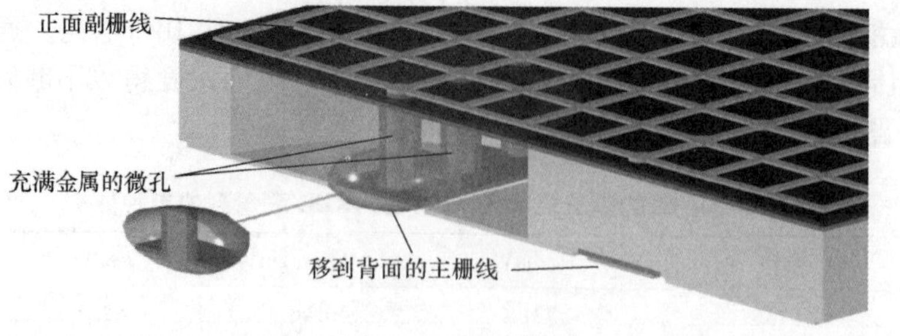

图 3－30 MWT 电池结构

由于 MWT 电池的正负极主栅线都在电池背面，可以实现同面互联，非常适合自动化生产，且可以采用更薄的衬底，如图 3－31 所示。而它的缺点是背面过多的接触点需要采用预制有金属化连线的特殊背板进行自动化互联封装，其自动化设备成本较高，特殊金属化背板的成本也较高。

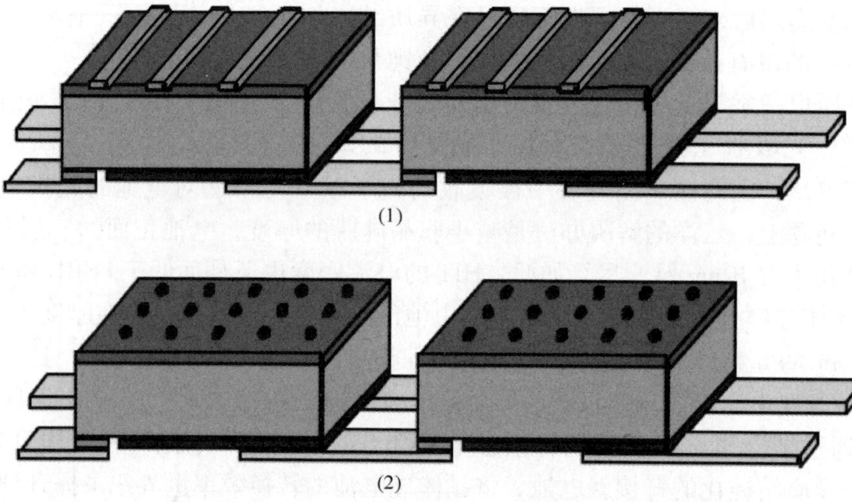

图 3－31 电池组件封装示意
(1) 普通结构电池异面拼接 (2) MWT 结构电池共面拼接

荷兰能源研究中心（ECN）和中国英利合作研发采用 MWT 结构在 n 型 Cz－Si 片上获得 20% 转换效率的太阳能电池。德国弗朗霍夫太阳能系统研究所（Fraunhofer ISE）的 HIP－MWT 结构电池在 p 型 Fz－Si 片及 mCz－Si 片上先后获得 20.2% 的转换效率。中国阿特斯公司也在 n 型 CZ 硅片上实现了 21.5% 的转换效率。

第四节 晶体硅太阳能组件

单片电池片输出功率太小，无法满足常规用电的需求；而且裸露的电池片在户外使用时由于环境影响容易造成电极脱落，从而导致电池失效。所以必须将一定数量的电池采用串、并联的方式密封成太阳电池组件。图 3－32 所示为不同规格的晶体硅太阳能组件。太阳电池组件可以提高输出功率满足负载要求，并且可以防止电池片破损和遭受自然条件的破坏，所以太阳电池组件的封装技术是太阳能电池生产中的关键步骤，是太阳能电池长期使用的保证。

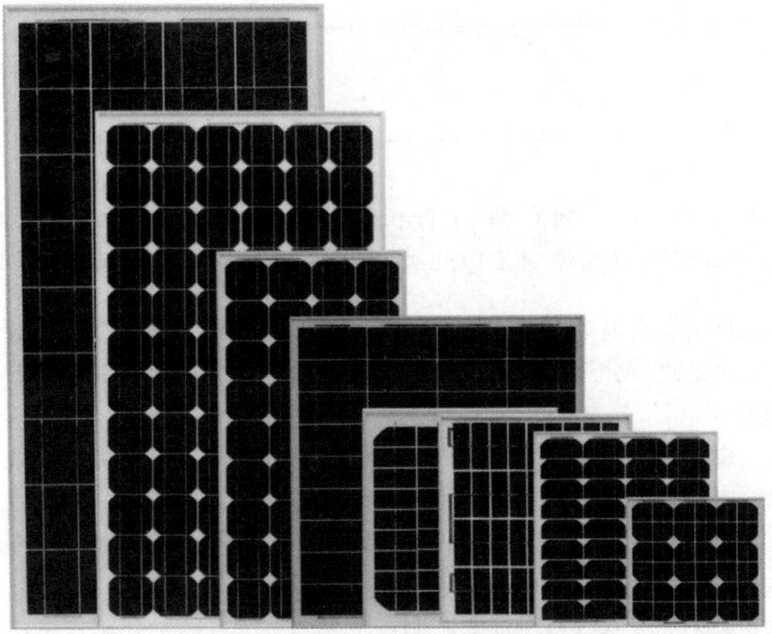

图 3－32　不同规格的晶体硅太阳能组件

一、晶体硅太阳能组件的设计

太阳能电池可以通过串联的方式来获得所期望的电压，也可以通过并联的方式来获得所期望的电流。在实际应用中，最常见的电池片连接方式为串联，本章也以串联为例对晶体硅太阳能组件的设计和封装进行阐述。

1. 电池片性能特性

在理想情况下，组件中的电池会表现出同样的特性，组件由 N 个电池串联而成，则组件的最大输出即为 N 个电池的最大输出总和。但在实际情况中，所有电池都具有不同的特性，输出最小的电池限制了整个组件的总输出。人们将组件中电池的最大输出的总和和组件实际的最大输出之间的差别称之为失谐损耗。图 3－33 和图 3－34 所示为低输出电池对总的开路电压和总的短路电流的影响，总的短路电流受到低输出电池的限制，高输出电池无法达到最佳

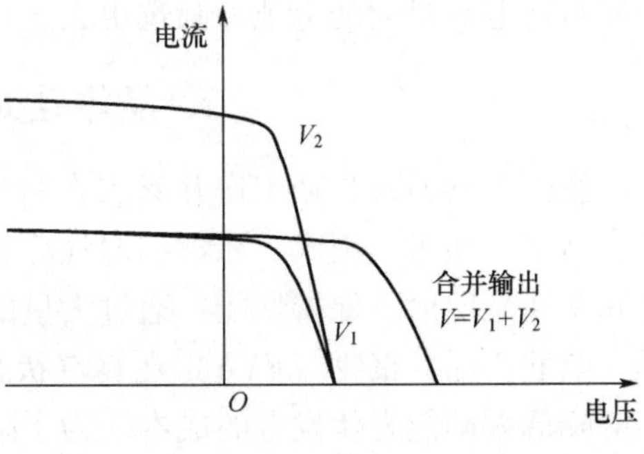

图 3－33　串联的失谐电池对电压的影响
总输出电压为每个电流对应的 V_1 和 V_2 求和所得

工作状态，从而会导致总输出的大幅度降低。

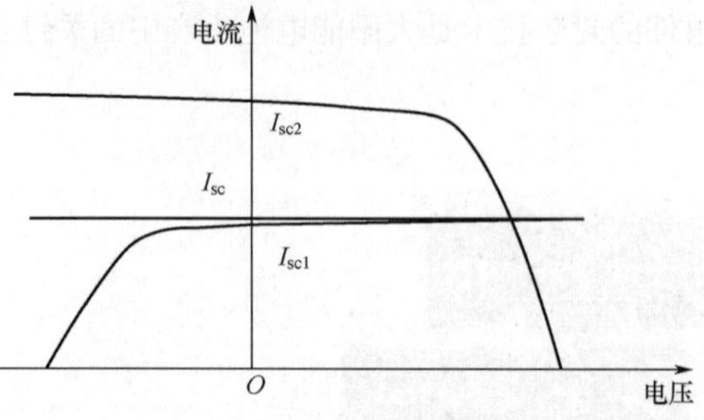

图 3－34 计算串联电池的总 I_{sc} 方法

将电池 1 的 $I-V$ 曲线沿电流轴旋转，电池 1 与电池 2 的 $I-V$ 曲线交点对应的电流值为总 I_{sc}，即 $V_1+V_2=0$

为了保证组件中所有电池的性能均得到最大程度的利用，减少失谐损耗，在生产组件时，需要对电池性能进行分选，保证性能相近的电池片封装在同一块组件中。

2. 热点过热

在使用中，由于一些意外情况，组件中的一个电池或一组电池被遮光或损坏了，此时受影响的电池或电池组无法发电，其处于反向偏置状态，消耗功率，引起发热，人们将这种现象称之为热斑效应。热斑处的电池片易受到损坏，降低组件的输出功率，甚至导致组件报废，严重降低组件的使用寿命。

为了减轻和避免热斑效应对组件的影响，常见的解决方法是在组件电池串上并联旁路二极管。当光线不被遮挡时，每个二极管都处于反偏压，每个电池都在产生电能；当有电池被遮挡时，会停止产生电能，成为一个高阻值电阻，同时其他电池促使其反偏压，导致连接电池两端的二极管导通，将被遮挡的电池所在串组片旁路掉，电流从旁路二极管流过，保护组件工作正常，并保护了被遮挡的电池片不被损害，如图 3－35 所示。

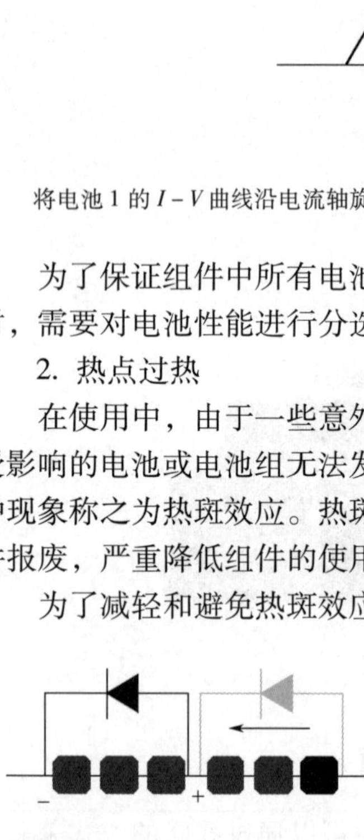

图 3－35 旁路二极管示意

如果生产组件选用的晶体硅太阳能电池片的逆电流过大，那么当其被遮挡时，旁路二极管就无法起到保护作用，易损坏太阳能组件。所以在晶体硅太阳能组件的生产过程中，需要将逆电流过大的电池片筛选出去，以避免影响整个组件的使用寿命。

二、晶体硅太阳能组件的封装材料

组件阵列通常长期工作并暴露在野外，所以组件必须经受各种气候变化，比如灰尘、盐、沙子、风雪、雨水、冰雹、湿气冷凝和蒸发、大气气体污染物和温度变化，以及在长时间紫外光照射下保持性能。通过大量的户外实验，最终认为：采用玻璃作为支撑，用乙烯－醋酸乙烯共聚物（EVA）在真空状态下热压密封，用含氟的绝缘材料作背板，但这样不能降低太阳能光伏发电的成本。为了降低太阳能光伏发电的成本，一些企业使用延长组件使用寿命的方法来降低发电成本。1997 年 Siemens 开始提供质保为 25 年的晶体硅太阳能电池组件。为了保证太阳能电池组件 25 年的使用寿命，人们对生产晶体硅太阳能电池组件所使用的主要材料的性能进行了规定。下面就这些材料给予介绍。

1. 玻璃

晶体硅太阳能电池组件采用低铁钢化绒面玻璃（又称为白玻璃），厚度一般为3.2mm±0.3mm，在太阳能电池光谱响应波长范围内（350~1100nm）透射率大于91%，对于波长大于1200nm的红外光有较高的反射率，同时能耐太阳紫外光线的辐射，透光率不下降。

为了增加太阳光在玻璃中的透射率，需要降低玻璃中的铁含量，铁含量（Fe_2O_3）控制在0.015%以下。在生产过程中通常将玻璃两面制成大小不同的绒面，从而可以增加太阳光的入射量。另外可以通过在玻璃表面镀减反膜的方法来减少太阳能电池组件的光学反射损失。可以通过磁控溅射、气相沉积、溶胶凝胶、真空蒸镀等方法制备镀膜玻璃，其中溶胶凝胶因具有投资成本低、膜层结构可控等优势而广泛使用。镀膜后玻璃的透射率可以增加2%以上。

作为太阳能电池组件的最外层，光伏玻璃的性能和质量有很高的要求，必须具有很好的抗机械冲击强度，以及抗化学腐蚀能力。钢化玻璃允许每米边上有长度不超过10mm，自玻璃边部向玻璃板表面延伸深度不超过2mm，自板面向玻璃另一面延伸不超过玻璃厚度三分之一的打磨爆边；钢化玻璃内部不允许有长度大于1mm的集中的气泡，对于长度小于1mm的气泡，每平方米不得超过6个；不允许有结石、裂纹、缺角的情况发生；钢化玻璃表面允许每平方米内宽度小于0.1mm、长度小于50mm的划伤数量不多于4条，每平方米内宽度0.1~0.5mm、长度小于50mm的划伤不超过1条；在50mm×50mm的区域内碎片数必须超过40个；钢化玻璃不允许有波形弯曲，弓形弯曲不允许超过0.2%。不合格的钢化玻璃极易造成组件在使用中发生碎裂。

2. EVA

EVA胶膜是由乙烯－醋酸乙烯共聚物组成的，产品在较宽的温度范围内具有良好的柔软性、耐冲击强度、耐环境应力开裂性和良好的光学性能、耐低温及无毒的特性。它是一种热融胶黏剂，常温下无黏性而具抗黏性，以便操作，经过一定条件热压变发生熔融粘接与交联固化。固化后的EVA能承受大气变化且具有弹性，它将晶体硅片组“上盖下垫”，将硅晶片组包封，并和上层保护材料玻璃、下层保护材料TPT利用真空层压技术黏合成一体。EVA交联固化后会变得完全透明，与玻璃黏合后可以提高玻璃的透光率，起着增透的作用，并对太阳电池组件的输出有增益作用。

因为太阳能电池组件长期工作与露天，EVA胶膜必须经受不同地域环境和不同过期后的侵蚀，EVA的黏合强度决定了组件的近期质量，单EVA的耐湿热性、耐低温性、耐氧化性、耐紫外线老化性等指标决定了组件的长期质量，特别是对组件功率的衰减起着决定性的作用。

EVA的性能主要取决于相对分子质量（用熔融指数*MI*标示）、醋酸乙烯酯（VA）含量。当*MI*一定时，VA含量越高，EVA的弹性、柔软性、耐冲击性、耐应力开裂性、耐气候性、黏结性、相溶性、热密封性、辐射交联性、透明性等会提高，而强度、硬度、融熔点、耐化学性、热变性、隔离性等会降低。VA含量一定，*MI*越高，融体的流动性增加，融体的黏度、韧性抗拉强度、耐应力开裂性等则降低。

不同的温度对EVA的交联度有比较大的影响，而EVA的交联度直接影响到组件的性能以及使用寿命。在熔融状态下，EVA与晶体硅太阳电池片、玻璃、TPT产生黏合，在这过程中既有物理变化也有化学的键合。未经改性的EVA透明、柔软，有热熔黏合性，熔融温度低，熔融流动性好。但是其耐热性较差，易延伸而低弹性，内聚强度低而抗蠕变性差，易产生热胀冷缩导致晶片碎裂，使得黏接脱层。

因此通过采取化学交联的方式对EVA进行改性，其方法就是在EVA中添加有机过氧化物交联剂，当EVA加热到一定温度时，交联剂分解产生自由基，引发EVA分子之间的结合，形成三维网状结构，导致EVA胶层交联固化，当交联度达到60%以上时能承受大气的变化，不再发生热胀冷缩。在实际生产过程中，EVA的交联度通常控制在85%~95%。

3. 背板

太阳能电池背板是用在太阳能电池组件的背面，作为太阳能电池组件背面保护的一种封装材料，以增强太阳能组件的高渗水性。晶体硅太阳电池背板的材料主要有TPT、TPE和PET等，其中TPT最常见。

最早的TPT叫法来自于以优质PET作为基材，两面均通过胶黏剂复合一层杜邦PVF膜（商品名为Tedlar）的复合型太阳能背板。目前TPT是太阳能背板的一种通称，只要是双面含氟加上中间层PET的三层复合型或涂覆型的太阳能背板，均可称为TPT。

常规太阳能背板厚度为0.17~0.35mm，纵向收缩率不大于1.5%。用于封装的TPT太阳能背板至少应该有三层结构：外层保护层PVF具有良好的抗环境侵蚀能力；中间层为聚酯薄膜，具有良好的绝缘性能；内层PVF需经表面处理，且EVA具有良好的黏接性能。

封装用Tedlar必须保持清洁，特别是内层不得用手指直接接触，以免影响EVA的黏接强度。太阳电池组件背面的太阳能背板一般为白色，对阳光起到反射作用，可以略微提高组件的效率，并且因其具有较高的红外反射率，还可降低组件的工作温度，也有利于提高组件的效率。当然，此保护膜必须首先满足太阳电池封装材料所要求的耐老化、耐腐蚀、不透气等基本特性。

4. 互连条与汇流条

互连条主要用于晶体硅太阳电池片间的互连；汇流条主要用于电池串之间的汇流互连条与汇流条，即涂锡铜合金带，简称涂锡铜带或涂锡带，主要分含铅和无铅两种，其中无铅涂锡带因其良好的焊接性能和无毒性，是涂锡带发展的方向。无铅涂锡带是由导电优良、加工延展性优良的专用铜及锡合金涂层复合而成的。

铝合金边框的主要作用是保护玻璃，便于安装和运输，增加晶体硅太阳电池组件的密封性和整体的机械强度。

为保证太阳组件长达25年的使用寿命，铝合金表面必须经过钝化处理——阳极氧化，表面氧化层厚度大于12μm。金属氧化物薄膜改变了表面状态和性能，如表面着色、提高耐腐蚀性、增强耐磨性及硬度、保护金属表面等。用于太阳电池组件封装的边框应无变形，表面无划伤。

5. 接线盒

晶体硅太阳电池组件的正负极从背板引出后需要一个专门的电气连接盒来实现与外电路的连接。

为了确保组件在室外使用25年以上不出现老化破裂，接线盒选用由ABS或PPO工程塑料注塑制成，并加有防老化和抗紫外线辐射剂。接线柱应由外镀镍层的高导电解铜制成，能确保电气导通及电气连接的可靠。接线盒应用硅橡胶黏结在 TPT 表面，并用螺钉固定在铝边框上，具有水密封性能。

6. 硅胶

主要用来粘接、密封。粘接铝合金和层压好的玻璃组件并起到密封作用；粘接接线盒 TPT 太阳能背板，起固定接线盒的作用。硅胶的选用要求如下：

（1）容易使用，单一组分，无需混合，可用普通的打胶枪施用。

（2）固化成坚固的、弹性的密封装置，具有在接口或接口附近抵受移动的能力，固化时间短。

（3）优良的耐候性、抗紫外线、振动、潮湿、臭氧、极端温度、空气污染等性能。

三、单晶硅太阳能组件制造工艺

晶体硅太阳能组件把一定数量的晶体硅太阳能电池热封在钢化玻璃上形成一个单元，对太阳能电池起到机械支撑作用，使电池与外界隔绝，免受环境的破坏。

晶体硅太阳能组件的制备流程如图 3－36 所示。

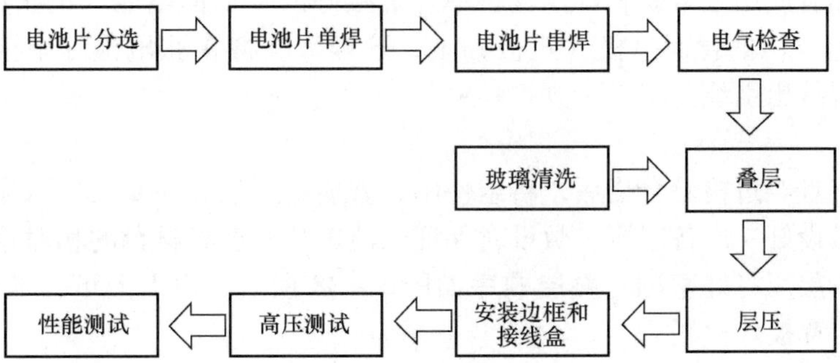

图 3－36 晶体硅太阳能组件制备流程示意图

1. 电池片分选

通常一个低功率的电池片会很大程度地降低整个组件的功率输出，为了减少电池片封装带来的损耗，在电池片进行封装之前，需要对电池片按照电性能进行分选分档，将性能一致或相近的电池片组装在一起。通常电池片分选按照效率来分档，也可以按照工作电流进行分档。

另外还要对电池片进行初选，将缺角、隐裂、栅线印刷不良和色差的电池片筛选出来，以保证组件的质量以及生产的高效率运行。

2. 单片焊接

单片焊接时将焊带焊接到电池正面的主栅线上。焊带为镀锡铜带，长度约为电池边长的两倍，多出来的焊带会在串焊的时候焊接到后面的电池片背部。

在焊接过程中，电池片放在温度恒定的焊接面板上进行预热，可以降低烙铁头与电池片之间的温差，减少烙铁头高温对电池片的热冲击，避免电池隐裂。焊接温度会直接影响电池片的焊接质量。焊接温度过高会增加烙铁头对电池片的热冲击，增加电池的热变形，从而提高电池片的碎片率。而焊接温度偏低，会导致电池片主栅线与锡无法形成欧姆接触，造成虚焊。所以寻找合适的焊接工艺条件对晶体硅组件生产非常重要。

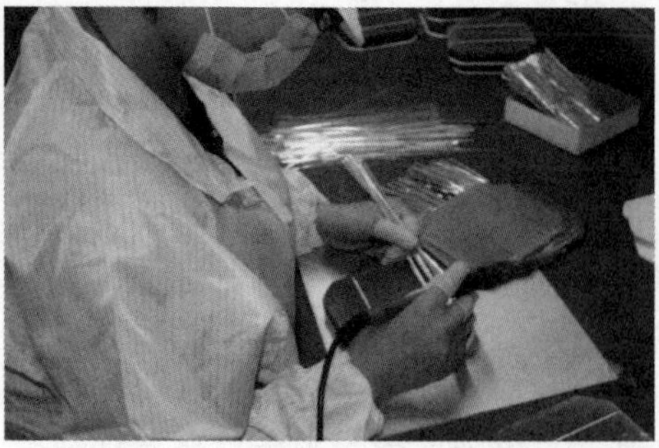

图 3－37　手工单片焊接

太阳能电池片单焊需满足下面的要求：已焊电池片没有助焊剂的残迹，如有应用无水乙醇进行轻轻擦拭；焊带焊接应平整光洁、无锡珠、无毛刺、无虚焊、无过焊；焊带偏离电池片的主栅线距离小于 0. 5mm；焊带平直牢固，用手沿 45°左右方向轻提焊带不脱落。图 3－37 所示为手工单片焊接。

3. 串焊

背面焊接是将 *N* 张片电池串接在一起形成一个组件串。电池的定位主要靠一个模具板，不同规格的组件使用不同的模板，焊接模板下部有加热装置，通过焊接模板可以对电池片进行加热，这样可以减少电池片焊接过程中的热冲击，减少电池片的隐裂和虚焊。焊接过程中，操作者使用电烙铁和焊锡丝将单片焊接好的“前面电池”的正面电极（负极）焊接到“后面电池”的背面电极（正极）上，这样依次将 *N* 张电池片串接在一起并在组件串的正负极焊接出引线。

4. 叠层

背面串接好且经过检验合格后，将组件串、玻璃和切割好的 EVA、太阳能电池背板按照一定的层次敷设好，准备层压。敷设时保证电池串与玻璃等材料的相对位置，调整好电池间的距离，为层压打好基础。叠层顺序如图 3－38 所示，由上向下：钢化玻璃、EVA、电池片、EVA、背板。

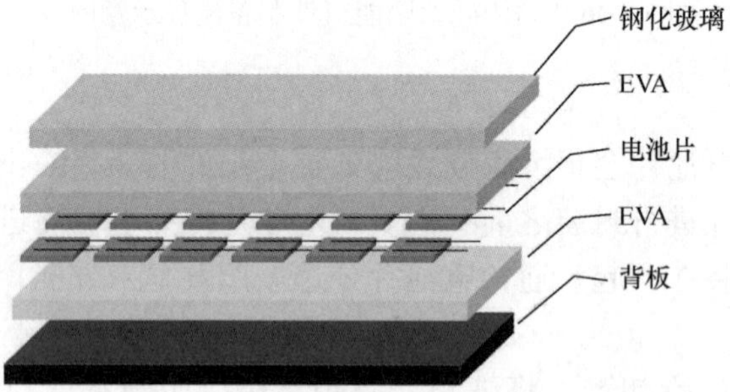

图 3－38　晶体硅太阳能组件的叠层顺序

在叠层工艺过程中，必须保证：不得有色差过大的电池片在同一块组件上；电池片无破碎；汇流带焊接光滑、无毛刺、无虚焊、无锡珠；电池串片间间距一致，串间间隙一致，误差小于 ± 0. 5mm；EVA、TPT 要覆盖住钢化玻璃，钢化玻璃、TPT 毛面对电池，EVA 则光面对电池；焊接尺寸符合工艺要求；所有原材料都要保持清洁、无杂物、无玷污；条形码粘贴位置正确，方向一致；引出线无短路现象。

5. 层压

将敷设好的电池组件放入层压机内，通过抽真空将组件内的空气抽出，然后加热使EVA熔化将电池、玻璃和太阳能电池背板粘接在一起，最后冷却取出组件。层压工艺是太阳能电池组件生产的关键一步，层压温度和层压时间根据EVA的性质决定。人们使用普通的EVA时，层压循环时间约为21min，固化温度为138～140℃。

为了避免将“黑心”片、隐裂片、碎裂片层压进组件，在进行层压之前要对叠层好的半成品进行电致发光（EL）检查。在检查过程中如果发现“黑心”片、裂片，需要将半成品返回叠层台，将“黑心”片、裂片拆除，换上好的电池片。图3－39所示为叠层后正常片、隐裂片和“黑心”片的EL图像。

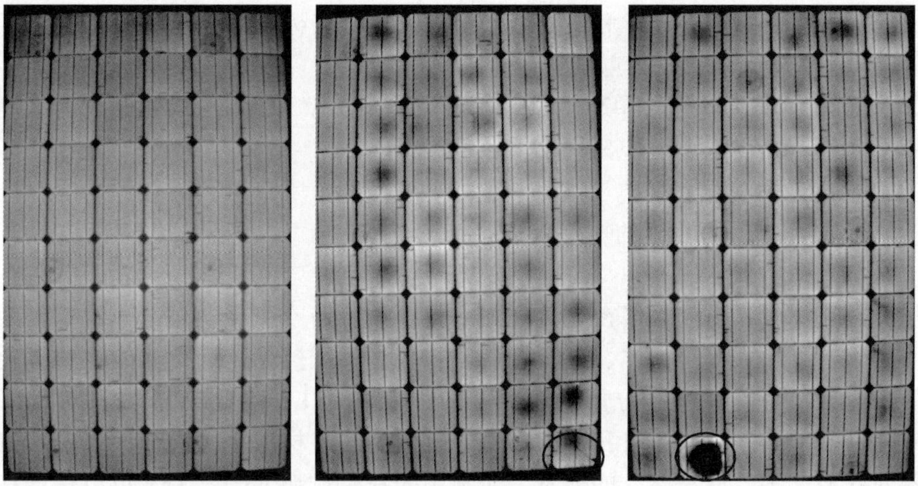

图3－39 叠层后正常片、隐裂片和“黑心”片的EL图像

层压工艺的组件要求边缘10mm内不允许有气泡，其他地方直径4mm的气泡不多于2个/m^2，直径2mm的气泡不多于4个/m^2，直径1mm的气泡不多于8个/m^2；背面鼓泡不得超过工艺要求；汇流条无严重扭曲，无短路。

6. 修边

层压完成的电池组件，EVA熔化后由于压力而向外延伸固化形成毛边，不利于边框的安装，所以层压完毕应将其切除。对晶体硅太阳电池组件修边时，边缘EVA要清除干净，但不能损伤背板。

7. 安装边框及接线盒

给玻璃组件装铝框，增加组件的强度，进一步地密封电池组件，延长电池的使用寿命。边框和玻璃组件的缝隙用硅酮树脂填充，各边框间用铝合金角键连接。同时，在组件背面引线处粘接一个盒子，以利于组件与其他设备的连接。

装框的工艺要求：边框平整、挺直、无划伤；铝合金框两条对角线相差小于4mm；铝合金框安装孔的尺寸偏差小于±1mm；边框交接处缝隙小于0.5mm，平面高低不超过0.3mm；硅胶从组件的边框边缘均匀溢出；引出线与接线盒、旁路二极管与接线盒的电气连接与机械连接牢固可靠；汇流条引出长度适当，无短路隐患；接线盒涂胶不得超过限定范围，硅胶的厚度不得超过4mm。在焊接引出线时要求焊接牢固可靠。

8. 组件测试

测试的目的是对电池的输出功率进行标定，测试其输出特性，确定组件的质量等级。测试条件为标准条件，即 AM 1.5、25℃、1000W/m^2。

四、组件可靠性

太阳能组件阵列通常用于荒芜偏远地区，所以组件必须能够扩充和无维护运转，必须提高组件的质量和可靠性，以保证组件在恶劣环境中可以长期正常工作。IEC 61215 标准被组件厂家广泛采用，以验证组件在极限、但是现实存在的环境下持续运行的情况。IEC 61215 测试需要制造商提供 8 块同一批通过正常品质检查的组件，每块组件经过不同次序的检查，包括外观、电学、光学和机械结构检查，其合格标准为：

（1）有明显的肉眼可见缺陷。

（2）在 STC 情况下，经过单个测试后的最大输出功率衰减小于5%，在所有测试程序之后的最大输出功率衰减小于8%。

（3）通过绝缘性测试和高电压测试。

（4）样品不存在任何明显的短路或接地故障。

1. 抗侯性

湿气长时间的渗入，水蒸气在电池板上冷凝导致短路或腐蚀，是造成组件失效的主要原因。所以密封组件必须对气体、蒸汽和液体有很强的抵抗性。最常用的低铁钢化玻璃具有很好的密封性，可以很好地防止湿气渗入，并且在 350～1200nm 波段具有良好的透过率，具有良好的抗冲击性能和自我清洁能力。电池和封装材料之间的界面以及所有不同材料相接触的界面是湿气最易渗入的地方。通常用的封装材料 EVA、TFT 可以保证在极限环境下保持附着，阻止电池受到水汽和各种化学腐蚀。

人们通常通过加速老化的方法来检验组件在极限条件下的工作情况，测试组件的可靠性。可靠性试验包括紫外预处理试验、热斑耐久试验、热循环试验、湿－冻试验、湿热试验（试验温度 85℃ ±2℃，相对湿度 85% ±5%，试验时间 1000h）、引出段强度试验、湿漏电流试验、机械载荷试验、冰雹试验、旁路二极管热性能试验等，具体试验方案见 IEC 61215。

2. 高压测试

正常生产的晶体硅太阳电池组件在出场前必须经过耐压性和绝缘强度测试，以保证组件在恶劣的自然条件（雷击等）下不被损坏。

（1）晶体硅电池组件的耐压测试流程

①将组件引出线短路后接到绝缘电阻测试仪的正极。

②将绝缘电阻测试仪的负极接到组件铝边框的接地端。如果组件无边框或边框是不良导体，将组件的周边和背面用导电箔包裹，再将导电箔连接到绝缘测试仪的负极。

③以不大于 500V/s 的速度增加测试仪的电压，直到 1000V 加上两倍的系统最大电压（即由制造商标注在组件上的系统电压）。如系统最大电压不超过 50V，所施加电压为 500V。维持此电压 1min。

④降低电压到零，将绝缘测试仪的正负极对接 3～5s 使组件放电。

（2）晶体硅电池组件的绝缘测试流程

①拆去绝缘测试仪正负极的短路。

②以不大于500V/s的速率增加绝缘测试仪的电压，直到等于500V或组件最大系统电压的高值，维持此电压2min。然后测量绝缘电阻。

③降低电压到零，将绝缘测试仪的正负极短路使组件放电。

④拆去绝缘测试仪与组件连接的连线及正负极的短路线。

（3）晶体硅电池组件耐压合格要求　在耐压测试中，无绝缘击穿（漏电流小于50μA），或表面无破裂现象；在绝缘测试中，对于面积小于0.1m^2的组件绝缘电阻不小于400mΩ；对于面积大于0.1m^2的组件，测试绝缘电阻乘以组件面积应不小于40mΩ·m^2。

3. 组件衰减

在使用过程中，太阳能组件会有不同形式的衰减和失效。长期的性能研究表明，太阳能组件的效率衰减范围通常在1%～2%。导致组件输出功率下降的原因可以分为三大类：①组件的光致衰减及老化衰减；②组件质量问题造成的功率非正常衰减；③外界环境因素导致的破坏性影响，引起组件功率衰减甚至组件损坏。

（1）光致衰减　光伏组件光致衰减可分为两个阶段：初始光致衰减和老化衰减。

①初始光致衰减：初始的光致衰减与p型（掺硼）晶体硅片中的硼、氧有关，在光照或电流注入情况下，硅片中的硼和氧形成硼氧复合体，使少子寿命降低，从而导致效率降低。通过改变p型掺杂剂，用稼代替硼能有效地减小光致衰减；或者对电池片进行预光照处理，光伏组件的初始光致衰减就能控制在一个很小的范围之内，同时也提高了组件的输出稳定性。

②老化衰减：老化衰减是指在长期使用中出现的极缓慢的功率下降，产生的主要原因与电池缓慢衰减有关，也与封装材料的性能退化有关。其中紫外光的照射是导致组件主材性能退化的主要原因。紫外线的长期照射，使得EVA及背板发生老化黄变，导致组件透光率下降，进而引起功率下降。在组件封装时，选择耐老化性能优秀的材料，可以减小因辅材老化而引起的组件功率衰减。

（2）组件质量问题引起的衰减

①组件受光面硅胶、EVA未清洗干净，引起室外灰尘附着，这些易造成热斑损坏组件。

②助焊剂残留腐蚀焊带、增大组件电阻，或助焊剂与EVA反应使EVA产生黄化，导致组件效率下降。

③组件内电路焊接面积过少，在恶劣气候条件下，经高低温交变的影响，易产生连接失效，造成组件效率大幅下降。

④组件中有不良电池片，如黑心片、隐裂片等。

（3）外界环境因素导致的破坏性影响　光伏电站在后期的使用过程中，因大部分电站的安装地点都是在野外，因此会碰到各种各样的天气和环境条件，其中最容易导致组件功率下降的因素就是热斑效应。外界因素导致的热斑效应主要是指太阳电池组件在阳光照射下，由于部分组件受到乌云或者树叶等的遮挡无法工作，使被遮盖的部分组件升温远远大于未被遮盖部分，致使温度过高出现烧坏的暗斑。

第五节 光伏系统应用

按是否与电网（grid）相连，太阳能光伏系统可以分为离网型（off - grid）和并网型（grid - connected）。离网光伏系统不与电力系统的电网相连，作为一种移动式电源，主要用于给边远无电地区供电；并网光伏系统与电网连接，作为电力系统中的一部分，可为电力系统提供有功和无功电能。目前，全球光伏发电系统的主流应用方式是并网发电，即光伏系统通过并网逆变器与当地电网连接，通过电网将光伏系统所发电能进行再分配，如供当地负载或进行电力调峰等。本节将主要讲述并网光伏系统的相关内容。

一、太阳能光伏系统设计

太阳能光伏系统的设计分为软件设计和硬件设计，并且软件设计先于硬件设计。软件设计包括：太阳能组件方阵面上辐射量的计算，太阳能组件方阵安装倾角的确定，系统运行情况的预测和系统经济效益的分析等；在离网系统中，还包括负载的功率和用电量的统计，太阳能组件、蓄电池用量的计算和两者之间相互匹配的优化设计等。软件设计由于牵涉复杂的辐射量、安装倾角以及系统优化的设计计算，一般是由计算机来完成的；在要求不严格的情况下，也可以采取估算的办法。硬件设计包括：太阳能组件的选型、太阳能方阵支架的设计、逆变器的选型，以及控制、测量系统的选型和设计；对于大型太阳能光伏系统，还要有太阳能组件方阵场的设计、防雷接地的设计、配电系统的设计以及辅助或备用电源的选型和设计；在离网系统中，还包括负载类型的确定、蓄电池的选型等。

（一）光伏并网系统的构成

光伏并网系统通常由三部分构成：光伏阵列、并网逆变器和电网，如图 3 - 40 所示。

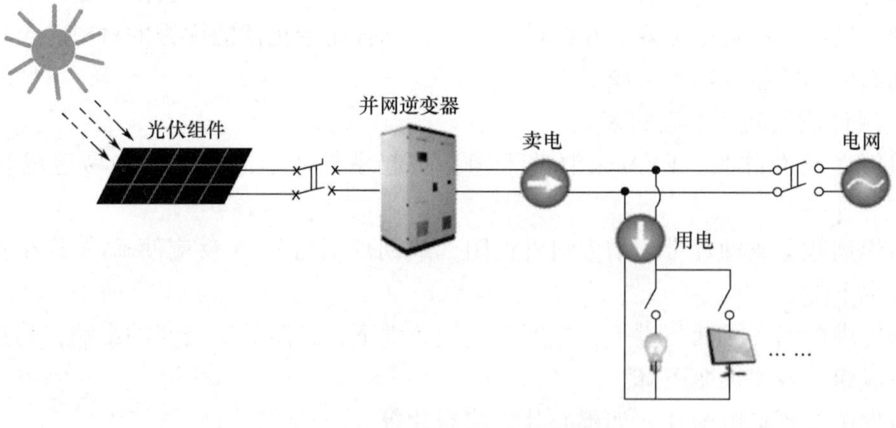

图 3 - 40 光伏并网发电系统结构

其中，光伏阵列主要由光伏组件组成，其应用为单个组件、组件串联及组件并联等。众所周知，光伏发电系统追求发电效率及输出功率的最大化，系统结构对发电收益有着直接的影响：一方面，光伏阵列的排布方式会对发电效率产生重要影响；另一方面，逆变器的结构也将随功率等级的不同而发生变化。因此，根据光伏阵列的不同分布以及功率能级，可以把光伏并网发电系统结构主要分为三大类：集中式、交流模块式和组串式。

1. 集中式结构

所谓集中式结构，如图 3－41 所示，就是将所有的光伏组件通过串、并联构成光伏阵列，并产生一个足够高的直流电压，然后通过一个并网逆变器集中将直流转换为交流并把能量输入电网。集中式结构的优点是：输出功率可达到兆瓦级，单位发电成本低，主要用于光伏电站等功率等级较大的场合。为获取足够的功率和电压，它的光伏阵列由光伏组件串、并联构成。

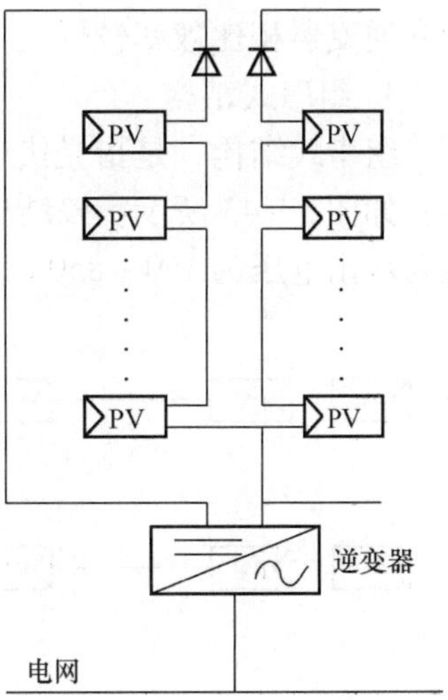

图 3－41　集中式结构
（图中 PV 代表光伏组件）

但光伏组件的这种串、并联连接方式容易带来以下的缺点：

（1）同一阵列中光伏组件不仅受串联组件特性的相互影响，也受并联组件之间特性的相互影响，因此会影响光伏组件的输出功率。该逆变器对光伏组件的利用率低于其他方式。

（2）光伏阵列中某一个组件被阴影遮挡时，该组件不仅不能输出功率，还会成为系统的负载，引起该组件的发热，产生“热斑效应”。

（3）光伏阵列的特性曲线出现复杂多波峰时，单一的集中式结构难以实现良好的最大功率点跟踪。

（4）这种结构需要相对较高电压的直流母线将并网逆变器与光伏阵列相连接，不仅降低了安全性，还增加了系统成本。

虽然存在以上不足，但随着光伏并网电站的功率越来越大，集中式结构由于其输出功率可达到兆瓦级，单位发电成本低，适合用于光伏电站等功率等级较大的场合。

2. 交流模块式结构

交流模块式结构是指把逆变器和光伏组件集成在一起作为光伏发电系统模块，如图 3－42 所示。交流模块式结构与集中式结构相比，具有以下优点：

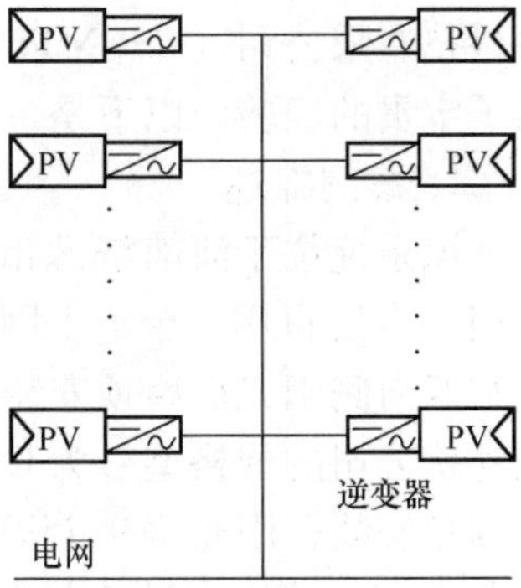

图 3－42　交流模块式结构

（1）无热斑和阴影遮挡问题。

（2）每个模块独立 MPPT 设计，最大程度地提高了系统发电效率。

（3）不需要直流母线，输出端直接连接到电网上，提高了系统的安全性。

（4）逆变器和它所连接的光伏模块本身就是一个独立工作的完整的光伏系统，这个特性给系统扩充提供了很大的灵活性：用户可根据所需要的功率选择相应数目的模块式逆变器。

另外，这种连接方式提高了整个系统工作的可靠性：即使某个逆变器发生故障，系统的其他部分也能正常工作。模块式逆变器还可工作在某些远离电网但需要交流电的应用场合。但在同等功率水平条件下，交流模块式逆变器的价格高于其他类型的逆变器，且与大功率逆变器相比效率较低。

3. 组串式结构

组串式结构，是指光伏组件通过串联构成光伏阵列给光伏发电系统提供能量的系统结构，如图 3－43 所示。该结构综合了集中式和交流模块式两种结构的优点，一般串联光伏阵列输出电压为 150～850V，功率等级为几千瓦至几十千瓦。

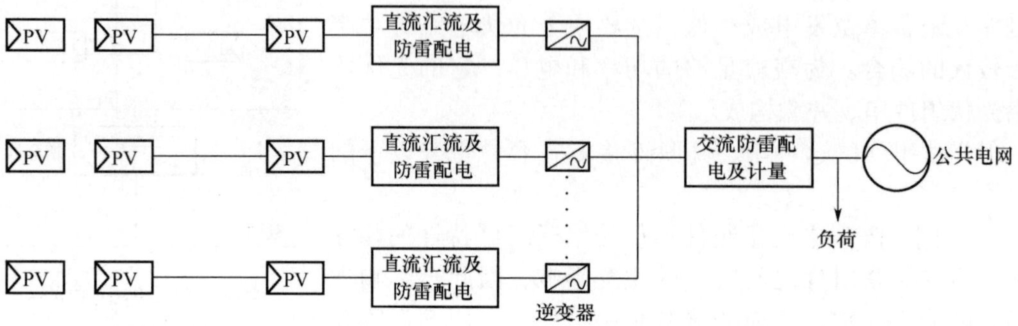

图 3－43　组串式结构

由于每个串联阵列配备了一个 MPPT 控制电路，该结构只能保证每个光伏组件串的输出达到当前总的最大功率点，而不能确保每个光伏组件都输出在各自的最大功率点。与集中型结构相比，组串型结构不受组串间差异和阴影遮挡的影响，同时减少了光伏组件最佳功率点与逆变器不匹配的情况，从而增加了发电效率，但仍低于交流模块结构。

（二）户用光伏并网发电系统设计案例

户用光伏并网系统是非常有发展前景的可再生能源利用方式。2013 年以来，在政府的各项鼓励政策的推动下，国内户用并网光伏发电系统得到了长足的发展。中电电气南京电力科技有限公司（CSUN PST）建设的户用并网光伏系统在这方面做出了积极的探索并积累了宝贵的经验。以下是一个典型的户用光伏并网系统的介绍。

1. 案例综述

该系统位于河南济源市北海区的一座民用建筑屋顶。设计总装机容量为 20.46kWp，采用“自发自用、余电上网”模式。包括三层楼平屋顶最佳倾角安装的 10.71kWp 常规组件和西南侧阳光房屋顶安装的 9.75kWp 双玻组件。其中，三层楼平屋顶 10.71kWp 采用中电光伏公司的规格型号为 CSUN255－60M 的 5 主栅组件，共计 42 块，按当地的 28°最佳固定倾角安装；阳光房 9.75kWp 采用 CSUN250－60M 双玻组件，共计 39 块，以 5°倾角铺设在业主自主搭建的阳光房结构上。

安装此光伏并网发电系统采用分布式并网的设计方案，即三层楼平屋顶和西南侧预建阳光房屋顶（分别为 10.71kWp 和 9.75kWp）光伏发电系统各两路直流输出（共计四路，两个 MPPT），统一接入 20kW 三相逆变器，转化为 380V 交流电后经分布式并网接口设备后并入用户配电箱，实现“自发自用，余电上网”。图 3－44 所示为本项目光伏发电系统组成和发电流程的示意图。

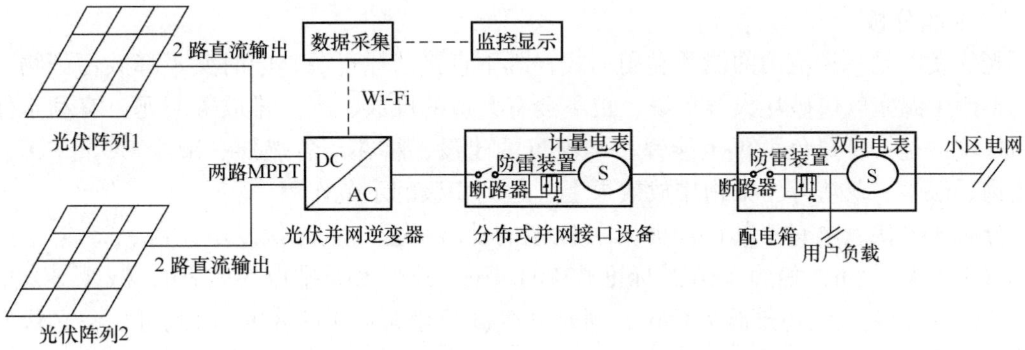

图 3－44　户用并网光伏系统设计示意图

2. 设备选型

综合光伏组件效率及价格因素，本项目三层楼平屋顶 10.71kWp 使用单晶 CSUN255－60M 的 5 主栅组件；本项目阳光房 9.75kWp 使用单晶 CSUN250－60M 双玻 5 主栅组件。经过对光伏系统安装容量的分析，采用一台 20kWp 的三相组串式逆变器。本系统选定为低压三相 380V 用户侧并网。以下为系统设备配置清单及相关技术参数（表 3－3）及安装后的现场照片（图 3－45）。

表 3－3　　系统设备配置清单及相关技术参数

名称	规格	单位	数量
光伏组件	CSUN 255－60M	件	42
光伏组件（双玻组件）	CSUN 250－60M	件	39
并网逆变器	20kW	套	1
并网配电柜	20kW	台	1
光伏安装支架及导轨	铝合金	套	1
直流电缆	$4mm^2$	米	200
交流电缆	$5\times10mm^2$	米	10
MC4 接头		个	20
安装辅材		套	1
防雷接地系统		套	1

(1)　　(2)

图 3－45　户用光伏并网发电系统现场照片
（1）现场全景图　（2）双玻组件局部图

3. 节能分析

光伏发电是一种清洁的能源利用形式，既不直接消耗资源，同时又不释放污染物、废料，不产生温室气体破坏大气环境，也不会有废渣的堆放、废水排放等问题，有利于保护周围环境，是一种绿色可再生能源。本项目的建设，将在节省燃煤、减少 CO_2、SO_2、氮氧化物、烟尘、灰渣等污染物排放效果上，起到积极的示范作用。

分布式光伏发电有着其他能源无可比拟的社会效益。本光伏发电系统，25 年累计发电 51.04 万 kW · h，相当于节约标准煤 204.16t，减少 CO_2 排放 508.86t，减少 SO_2 排放 15.312t，减少氮氧化物排放 7.656t，同时减少碳粉尘排放 138.82t。由此可见，光伏发电有着显著的环境效益，同时对减少雾霾、保护蓝天起到积极的示范作用。

4. 发电量计算

项目建成后并网光伏电站寿命期为 25 年，电站年发电量在寿命期内为线性衰减。计算得出 20.46kWp 光伏并网发电系统在 25 年寿命期内项目运行期的年发电量及累计发电量数据见表 3-4。

表 3-4　本项目的发电量预计

时间	功率衰减	系统实际功率/W	年发电量/kW · h	累计发电量/kW · h
第 1 年底	97.0%	19846	22597	22597
第 2 年底	96.3%	19703	22172	44769
第 3 年底	95.6%	19560	22012	66781
第 4 年底	94.9%	19417	21851	88632
第 5 年底	94.2%	19273	21691	110322
第 6 年底	93.5%	19130	21530	131582
第 7 年底	92.8%	18987	21369	153221
第 8 年底	92.1%	18844	21209	174430
第 9 年底	91.4%	18700	21048	195478
第 10 年底	90.7%	18557	20888	216366
第 11 年底	90.0%	18414	20727	237093
第 12 年底	89.3%	18271	20566	257659
第 13 年底	88.6%	18128	20406	278065
第 14 年底	87.9%	17984	20245	298310
第 15 年底	87.2%	17841	20085	318395
第 16 年底	86.5%	17698	19924	338319
第 17 年底	85.8%	17555	19763	358083
第 18 年底	85.1%	17411	19603	377685
第 19 年底	84.4%	17268	19442	397128
第 20 年底	83.7%	17125	19282	416409
第 21 年底	83.0%	16982	19121	435531

续表

时间	功率衰减	系统实际功率/W	年发电量/kW·h	累计发电量/kW·h
第 22 年底	82.3%	16839	18961	454491
第 23 年底	81.6%	16695	18800	473291
第 24 年底	80.9%	16552	18639	491931
第 25 年底	80.2%	16409	18479	510409

（三）常用的专业光伏设计软件

在进行光伏系统设计时，可以通过专业软件来辅助设计。如果使用得当，能大大减少计算量、节约时间、提高效率和准确度。现在国际上比较常用的系统设计软件有十多种，下面着重介绍 PVSYST、RETscreen、Sketchup 三款软件在光伏发电系统设计中的应用。

1. PVSYST

PVSYST 是一款常用的光伏系统设计辅助软件，用于指导光伏系统设计及对光伏系统进行发电量模拟计算。因为它的多功能性（瑞士的 Geneva 大学还在进一步开发其新的功能）使得它成为同类软件中功能最强大也是最全面的程序。经过版本的不断更新，内部功能不断完善，PVSYST 目前体现运行的多层次化，可以进行并网型、离网型、光伏水泵等光伏系统种类的分析模拟，通过设定光伏组件的排布参数，如固定方式、光伏方阵倾斜角、方位角、阵列间距等，架构建筑物对光伏系统遮阴影响评估、计算遮阴时间及遮阴比例，模拟光伏系统的发电量及系统发电效率等。PVSYST 也支持三维阴影分析。

图 3－46 为使用 PVSYST 对南京某厂房屋顶 6KWp 分布式光伏发电系统进行阴影模拟和发电量影响分析。如阵列建模侧面图所示，光伏阵列排布在距离厂房屋顶中轴线天窗位置以北。考虑到光伏阵列距离天窗的距离 d 分别为 3.35m（CaseA）、2.85m（CaseB）、

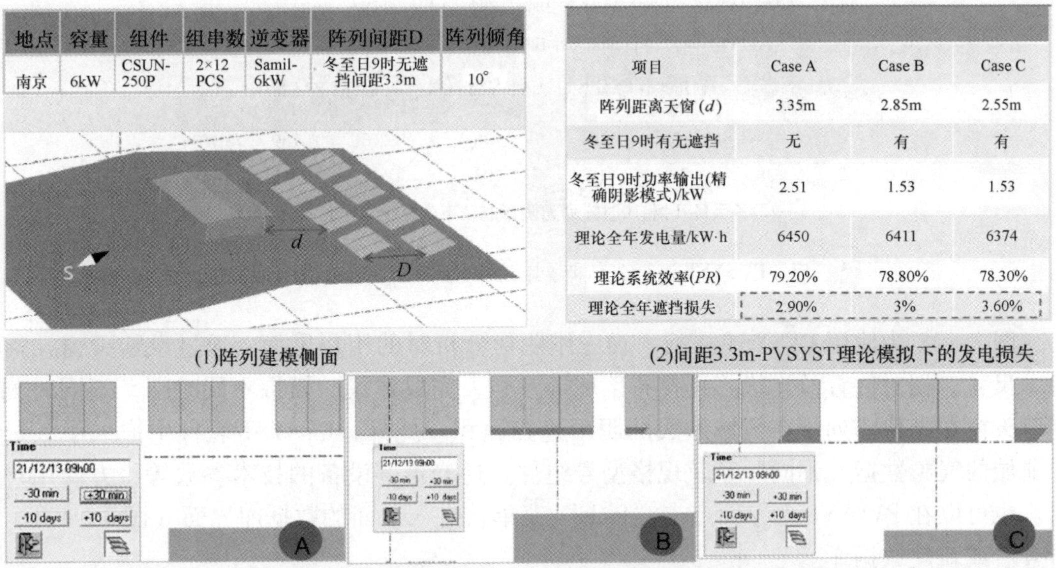

(3)阵列距离天窗不同位置时的阴影(冬至日9时)

图 3－46　PVSYST 进行阴影对发电量的影响模拟分析

2.55m（CaseC）时，在冬至日上午9时天窗产生的阴影遮挡对光伏系统发电功率输出产生的影响。可以看出，当光伏阵列距离天窗距离 d 为3.35m（CaseA）时，冬至日9时天窗对光伏阵列无阴影遮挡，此时输出功率、理论全年发电量最大，分别为2.51kW、6450kW·h，理论全年遮挡损失2.9%；当 d 缩短至2.85m（CaseB）时，冬至日9时天窗对光伏阵列产生阴影遮挡，此时输出功率、理论全年发电量分别降低至1.53kW、6411kW·h，理论全年遮挡损失增加至3%；当 d 缩短至2.55m（CaseC）时，天窗仍产生阴影遮挡，输出功率为1.53kW，理论全年发电量降低至6374kW·h，理论全年遮挡损失增加至3.6%。可见，随着光伏阵列距离天窗的距离 d 逐渐缩短，阴影面积、遮挡损失逐渐增大，理论全年发电量逐渐降低。

图3-47为使用PVSYST对南京某10KWp光伏发电系统在一年中各个月份、不同时刻下的影长进行模拟分析，从影长曲线可以看出，夏至日前后（6月20日）影长最短，冬至日前后（12月22日）影长最长；一天中不同时刻下影长的变化规律有所不同。

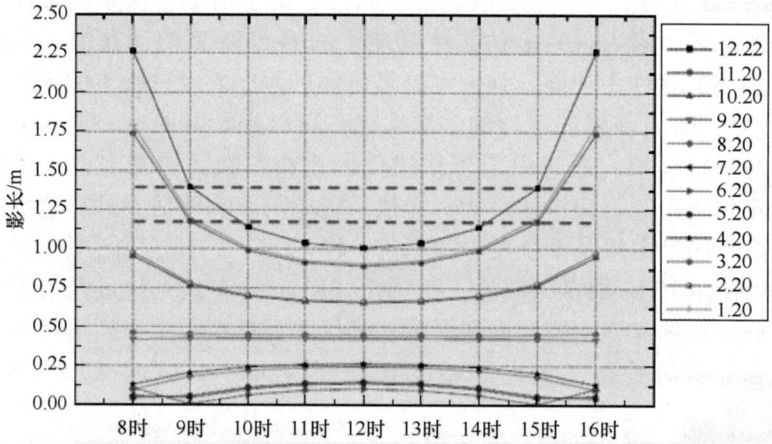

(1)不同月份日期和不同时刻下的影长曲线(南京)

序号	安装角/°	最佳间距/m	容量/kW	方阵占地面积/m^2	阴影损失	发电量/(kW·h/年)	效率
1	28	3	10	106	4.20%	10769	78.70%
2	28	2.8	10	100	4.60%	10725	78.40%

(2)冬至日9时和10时阵列无阴影遮挡下的理论发电量对比

图3-47 PVSYST进行光伏阵列前后间距对发电量的影响模拟分析

图3-48为使用PVSYST进行天窗三维阴影分析时的用户界面。通过设定天窗几何形状、尺寸、相对位置及光伏阵列排布区域等参数，完成建模，模拟不同时间、不同时刻条件下天窗在光伏阵列排布区域形成的阴影遮挡面积。此外，PVSYST软件中嵌入了大量不同地域的气象数据、不同厂家及规格型号组件、逆变器等设备的技术参数等，方便用户调用。也可以在PVSYST主界面点击“tools”菜单，进入下面的数据库界面（图3-49），进行查看或新建数据库。

图3-50为组件数据库新建信息界面，可以在此界面设定组件的基础电气、温度、机械特性参数等，保存后以备调用。

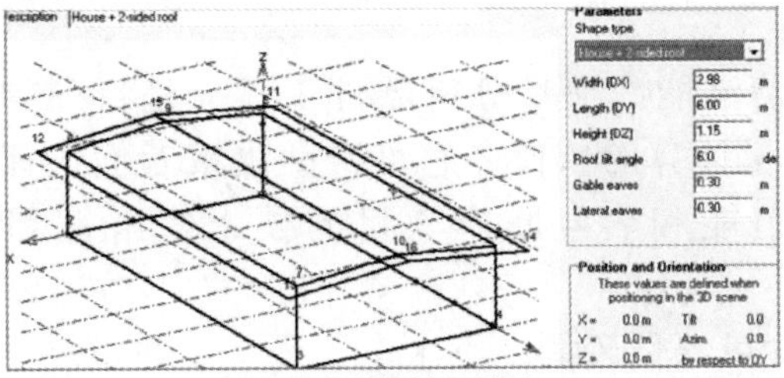

(1)天窗参数设置界面

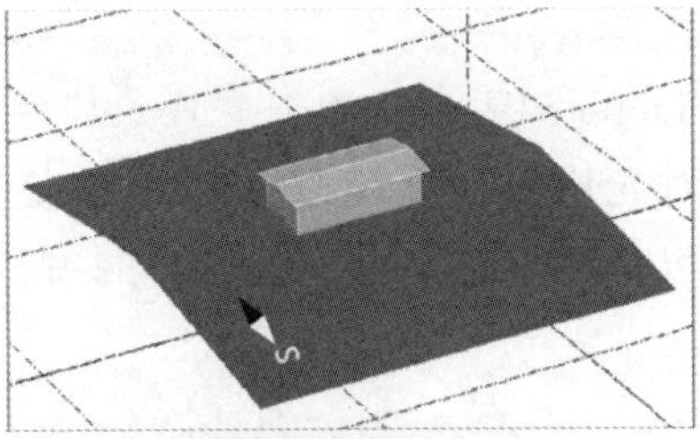

(2)PVSYST模型完成图

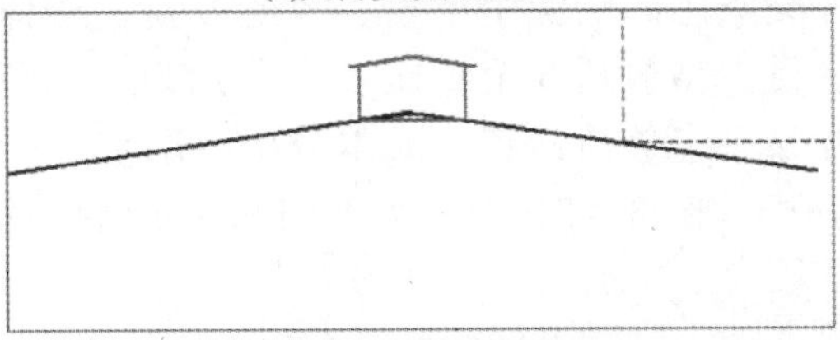

(3)PVSYST建模侧面

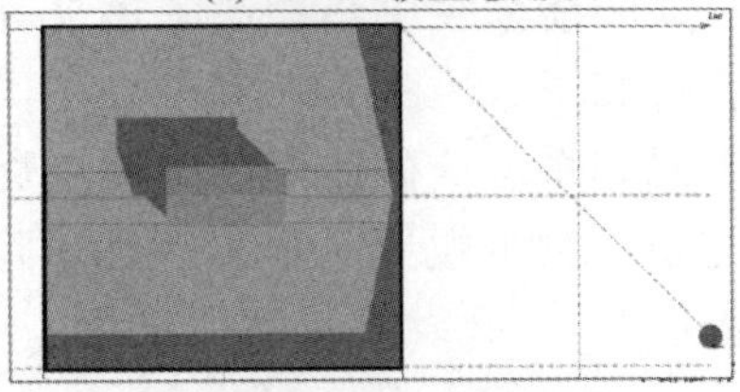

(4)PVSYST冬至日阴影模拟

图 3－48　PVSYST 进行天窗三维阴影分析时的用户界面

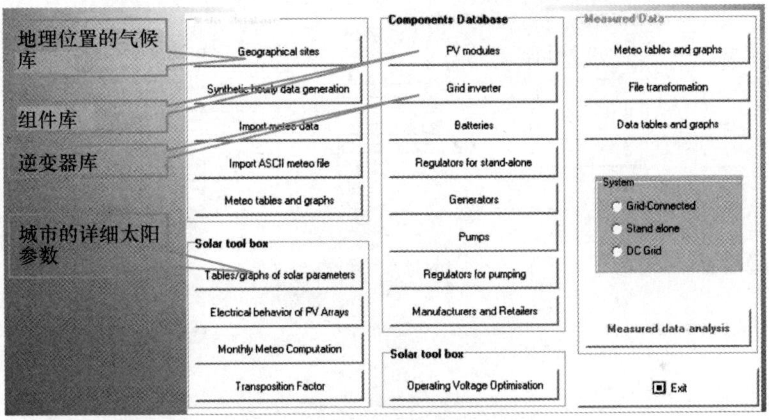

图 3－49　PVSYST 数据库界面

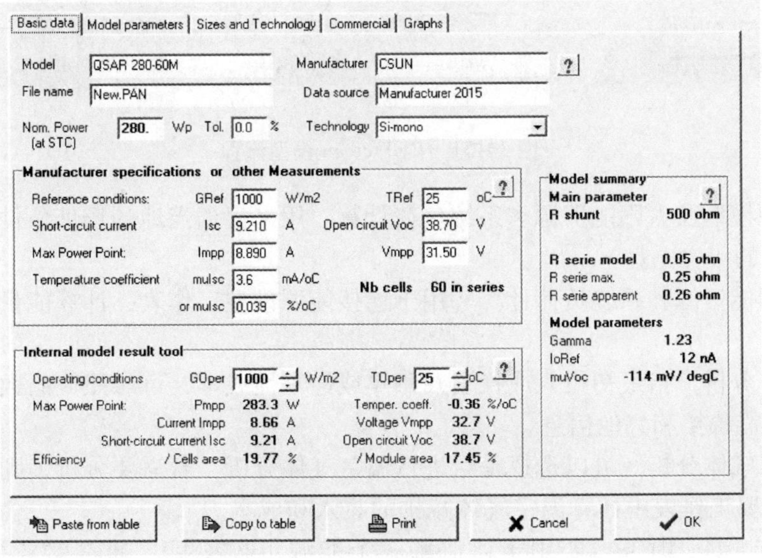

图 3－50　PVSYST 数据库新建信息界面

2. RETscreen

RETscreen 是一种基于“Excel”的清洁能源项目分析软件工具，是目前中国经常使用的对光伏发电系统进行倾角和发电量计算的软件，它可帮助决策者们快速而轻松地确定包括光伏发电等可再生能源、节能和热电联产项目的技术经济性和财务可行性。

软件包括产品、成本和气候数据库，可评估风能、小水电、光伏、热电联产、生物质供热、太阳能采暖供热、地源热泵等各类应用的能源生产量、节能效益、寿命周期成本、减排量和财务风险等。其中，光伏项目模型包括 6 个工作表，分别为：能源模型及太阳能资源和系统负荷计算、太阳能资源和系统负荷计算、成本分析、温室气体（排放降低）分析、财务概要、敏感性和风险分析。图 3 - 51 所示为 RETscreen 软件的基本模型流程图。

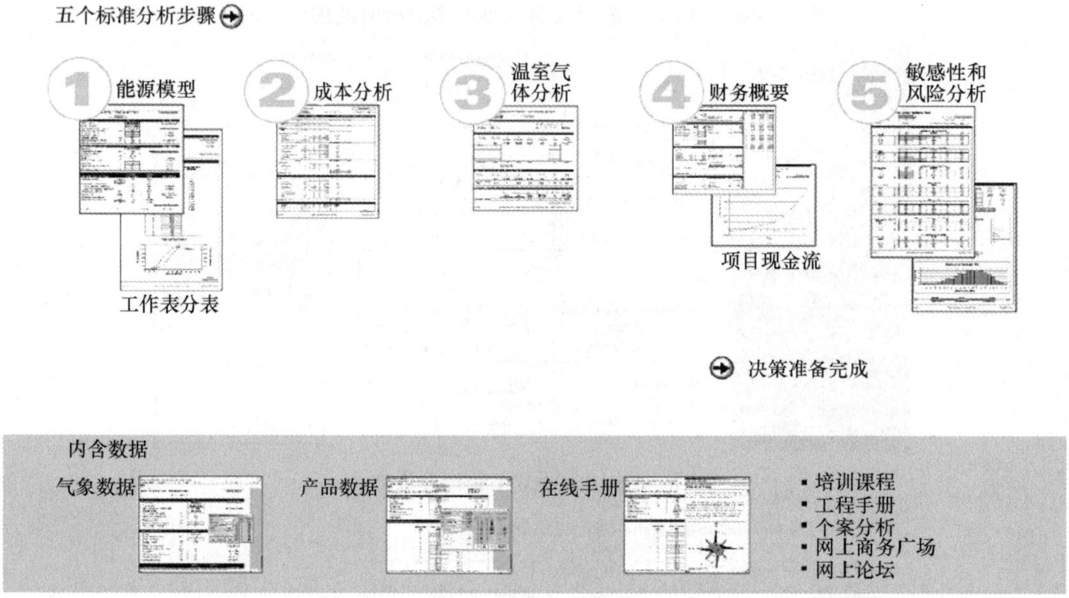

图 3 - 51 RETscreen 模型流程

（1）能源模型及太阳能资源和系统负荷计算　用来根据当地的场址条件和系统性能来计算光伏电站的年发电量。

（2）太阳能资源和系统负荷计算　用于连接能源模型工作表，计算能量负载和光伏系统节约的能量。

（3）成本分析　指最初投入或投资及每年或经常性成本，可参照产品数据库获取相关信息来了解所需价格和其他信息。

（4）温室气体分析　可以选择是否进行温室气体分析。若需要分析，则需要将某些数据输入财务概要工作表中计算温室气体减排的收入和成本。

（5）财务概要　财务概要用于评估每一个能源工程项目。通常财务概要工作表包括六个部分，年度能源结余、财务参数、项目成本和节余、财政可行性、每年的现金流量、累计现金流量图。其中，年度能源结余和项目成本和节余为每一个研究项目提供相关能源模型、成本分析和温室气体排放降低分析工作表的概要；财政可行性提供所分析的能源工程项目的财务指标，这个指标是基于用户在财务参数中所输入的数据；每年的现金流量可以将项目期间税前、税后和累计现金的流量趋势认识形象化。

（6）敏感性和风险分析　此工作表可以评估当前主要经济、技术指标发生变化后，项目主要财务指标的敏感性变化。敏感性分析和风险分析都提供关键参数与项目主要财政指标的关系，并显示哪些参数变化对财政指标的影响最大。敏感性分析（包括蒙特卡洛模拟）面对一般用户，而风险分析则主要面对那些了解统计学的用户。这两种分析都是选择项，其分析结果对其他工作表的分析和结果均无影响。

RETScreen 软件虽然整体功能比较强大，但不太适用于专业的光伏发电系统设计。软件中的全球气象数据库来自于 NASA（美国航空航天局），其地面数据与中国的气象站提供的地面数据有较大差别，在使用时应予以注意。

3. Sketchup

Sketchup 中文名称为草图大师，是一款 3D 设计软件。Sketchup 推出专门针对光伏电站设计的插件 Skelion，通过对光伏电站进行 3D 建模，绘制光伏系统布置效果图（图 3－52）和对建筑物进行阴影分析（图 3－53）。建模完成后，可以方便地得出安装面的方位角、倾角等信息；而且，可以一键排布太阳能组件。最关键的是，Sketchup 可以通过“添加位置”来获得项目地在谷歌地球上的位置，进而确定项目的坐标等信息，设计完成后可通过“分享模块”上传至谷歌地球。

图 3－52　Sketchup 绘制光伏系统布置效果图

Sketchup 建模较快速，配合 Skelion 太阳能插件可自动计算阴影区域，适用于复杂建筑物阴影分析，可制作阴影动画，可视化效果强。

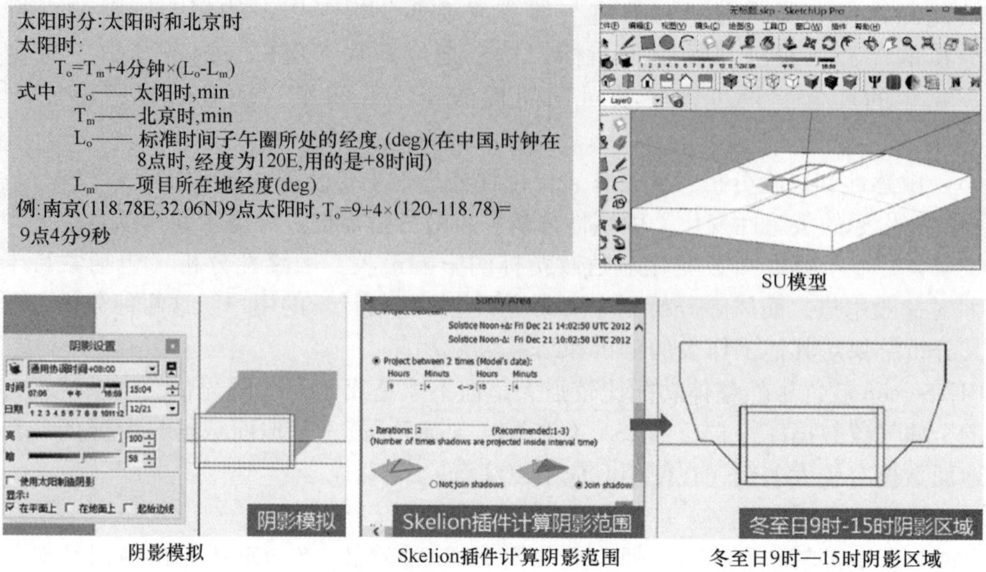

图 3－53 Sketchup 进行天窗三维阴影分析时的用户界面

二、太阳能光伏系统的应用

（一）离网型光伏系统

离网型光伏系统广泛应用于偏僻山区、无电区、海岛、通讯基站和路灯等应用场所。光伏组件在有光照的情况下将太阳能转换为电能，通过太阳能充放电控制器给负载供电，同时给蓄电池组充电；在无光照时，通过太阳能充放电控制器由蓄电池组给直流负载供电，同时蓄电池还要直接给逆变器供电，通过逆变器逆变成交流电，给交流负载供电。图 3－54 所示为离网型光伏系统的构成部件。

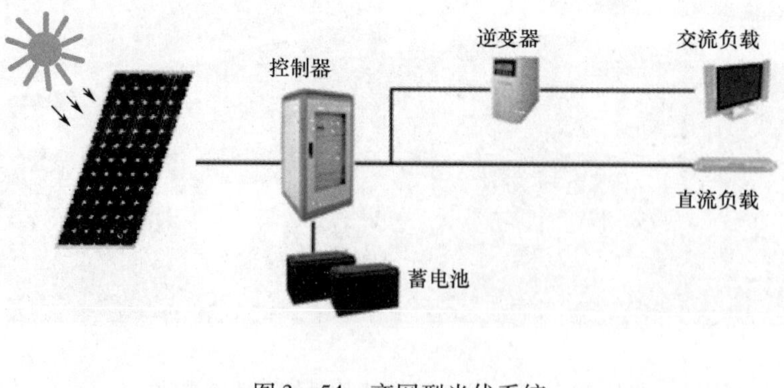

图 3－54 离网型光伏系统

离网型光伏系统使用了蓄电池作为储能设备，其建造成本要明显高于并网型光伏系统。而蓄电池的使用寿命普遍为 3～5 年，这导致整套系统的运行和维护成本也较高。国内早期的光伏应用，如偏远地区的农村电气化项目，大多属于离网型光伏系统。这些项目由政府出资支持，主要为解决无电区人群的基本需求，带有一定的政治任务目的，对成本并不敏感。

（二）并网型光伏系统

并网型光伏系统分为分布式和集中式两种类型，其区别见表3-5。

表3-5　分布式并网和集中式并网的区别

项目	分布式并网	集中式并网
基本原则	主要基于建筑物表面，就近解决用户的用电问题，通过并网实现供电差额的补偿与外送	充分利用荒漠地区丰富和相对稳定的太阳能资源构建大型光伏电站，接入高压输电系统供给远距离负荷
优点	（1）光伏电源处于用户侧，发电供给当地负荷，视作负载，可以有效减少对电网供电的依赖，减少线路损耗。 （2）充分利用建筑物表面，可以将光伏电池同时作为建筑材料，有效减少光伏电站的占地面积。 （3）与智能电网和微电网的有效接口，运行灵活，适当条件下可以脱离电网独立运行	（1）由于选址更加灵活，光伏出力稳定性有所增加，并且充分利用太阳辐射与用电负荷的正调峰特性，起到削峰的作用。 （2）运行方式较为灵活，相对于分布式光伏可以更方便地进行无功和电压控制，参加电网频率调节也更容易实现。 （3）建设周期短，环境适应能力强，不需要水源、燃煤运输等原料保障，运行成本低，便于集中管理，受到空间的限制小，可以很容易地实现扩容
缺点	（1）配电网中的潮流方向会适时变化，逆潮流导致额外损耗，相关的保护都需要重新整定，变压器分接头需要不断变换等问题。 （2）电压和无功调节困难，大容量光伏接入后功率因数的控制存在技术型难题，短路电力也将增大。 （3）需要配电网级的能量管理系统，在大规模光伏接入的情况下进行负载的同一管理，对二次设备和通讯提供了新的要求，增加了系统的复杂性	（1）需要依赖长距离输电线路送电入网，同时自身也是电网的一个较大的干扰源，输电线路的损耗、电压跌落、无功补偿等问题将会凸显。 （2）大容量的光伏电站由多台变换装置组合实现，这些设备的协同工作需要进行同一管理，目前这方面技术尚不成熟。 （3）为保证电网安全，大容量的集中式光伏接入需要有LVRT等新的功能，这一技术往往与孤岛存在冲突

我国东部地区用电量大，但土地稀缺，并网光伏系统应用以分布式为主，主要有BAPV、渔光互补、农光互补等形式。图3-55所示为中电电气集团建设在其南京科技园工厂屋顶的5MWp分布式项目。该项目每年可发电约550万kW·h，能有效地缓解工厂的用电压力。图3-56所示为中电电气集团在南京南站屋顶建设的10.67MWp分布式项目的效果图，该项目每年可发电1100万kW·h以上。

我国西部地区有大片的荒漠，且当地的光照条件优越，适合建造大规模的地面电站。图3-57所示为一座典型的地面电站。

图 3－55 中电电气南京科技园 5MWp 屋顶分布式项目

图 3－56 京沪高铁南京南站 10.67MWp 项目

图 3－57 建造在荒漠中的大型地面电站

第六节 光伏发电的展望

在当前世界各国致力于推行低碳经济和节能环保的大背景下，可再生能源是人类未来使用能源的主力军。二光伏电池发电作为可再生能源中唯一不完全受地域、环境限制的绿色能源有着光明的前景。但也应看到包括以光伏产业为代表的可再生能源产业相比于传统能源产业仍处于起步阶段，尚不够成熟。因此需要走可持续发展的道路，让光伏产业有更为经济、广泛、实用的终端应用。

✲ 扩展阅读

1. CIGS 薄膜电池——光伏发电最佳装备

http：//solar.ofweek.com/2014－03/ART－260019－8300－28790197.html

作为 EPC 系统集成商，选择什么样的发电装备，给未来电站带来较高的发电量是业主所关注的焦点。通过在石林电站内建设 1MW CIGS 并网地面电站，280kW 建筑光伏项目实践，认为 CIGS 薄膜电池组件是理想的发电装备选择。

2. 太阳能充电站——未来电动汽车充电首选

http：//guangfu.bjx.com.cn/news/20151104/677890.shtml

早在 2011 年，英国的世界首个高速公路太阳能电动汽车充电站网络是个很好的例子。

图3－58　太阳能充电站设计

既能推广充电汽车，又可以让太阳能发电更进一步。政府可以在交通枢纽地区建立与电网连接的中大型充电站，慢慢向四周扩展，最终形成一片充电桩森林（图3－58）。

太阳能充电站集太阳能光伏并网发电、太阳能光伏独立发电、电动汽车充电功能于一体，为智能型可再生能源综合应用系统。在系统智能控制器的控制下，太阳能光伏电池发的电，经系统变电后优先给车棚内停放的电动汽车充电，剩余的电能由蓄电池储备起来，蓄电池充满电后，太阳能电池发的电经光伏并网逆变器直接转换为市电并入公共电网。

由于车棚结构简单，安装简便，功能强大，并且以不消耗常规能源、工作稳定可靠、使用寿命长等优点著称，除了降低能耗之外，还非常注重环保，不产生任何污染，达到了美观和可持续使用的积极作用，因此该项目具有巨大的市场潜力和推广价值。

未来的太阳能充电桩还将拓展功能，将整合"光伏发电＋汽车充电＋WIFI＋广告展示＋临时休憩"等功能。相关企业表示，未来将在国内重点城市推广这种太阳能充电桩，让更多的市民享受到清洁能源给生活带来的便利。

3. 光伏发电的补贴调整（更新数据）

国家发改委在2015年12月22日下发《国家发展改革委关于完善陆上风电光伏发电上网标杆电价政策的通知》，降低了光伏发电上网标杆电价，具体价格见表3－6。光伏发电项目，自投运起执行标杆上网电价或电价补贴标准，期限原则上为20年。今后经营期内出现运行成本大幅降低、相关新能源项目整体收益水平明显偏高的情况，国家发改委将研究适当降低上述标杆电价。

表3－6　全国光伏发电上网标杆电价表（含税）　　单位：元/kW·h

资源区	光伏电站标杆上网电价	各资源区所包括的地区
Ⅰ类资源区	0.80	宁夏，青海海西，甘肃嘉峪关、武威、张掖、酒泉、敦煌、金昌，新疆哈密、塔城、阿勒泰、克拉玛依，内蒙古除赤峰、通辽、兴安盟、呼伦贝尔以外地区
Ⅱ类资源区	0.88	北京，天津，黑龙江，吉林，辽宁，四川，云南，内蒙古赤峰、通辽、兴安盟、呼伦贝尔，河北承德、张家口、唐山、秦皇岛，山西大同、朔州、忻州，陕西榆林、延安，青海、甘肃、新疆除Ⅰ类外的其他地区
Ⅲ类资源区	0.98	除Ⅰ类、Ⅱ类资源区以外的其他地区

按照我国《可再生能源法》规定，电网企业按照当地脱硫煤电标杆电价向可再生能源发电企业支付电费，其与国家规定的标杆电价差额和纯补贴部分在全国范围内分摊征收。

依照《可再生能源发展基金征收使用管理暂行办法》规定，可再生能源电价附加由财政部驻各省、自治区、直辖市财政监察专员办事处按月向电网企业征收，实行直接缴库，收入全额上缴中央国库，成为专项资金。我国可再生能源电价附加征收标准从2006年开始征收，由0.1分/kW·h逐渐提高到现在的1.5分/kW·h。近年来，随着风电、光伏等可再生能源的迅速发展，发电量迅速提升，可再生能源补贴出现严重缺额。此前，仅2012年以前的缺额就高达100亿元。2013年征收标准虽然有一次上调，但是在火电上网电价下调的趋势下，依然出现严重拖欠，以至于2013年8月以后至2015年并网的项目都没有拿到补贴。国家发改委在2015年12月30日发布了《国家发展改革委关于降低燃煤发电上网电价和一般工商业用电价格的通知》，将居民生活和农业生产以外其他用电征收的可再生能源电价附加征收标准，提高到1.9分/kW·h。这将有利于大幅缓解补贴资金缺口问题。

思考题

1. 请以单层减反射膜为例推导减反射膜的工作原理。

2. 太阳能组件的最大效率为什么低于所有电池片的效率叠加？如何降低这样的效率损失？

3. 试试能不能在NASA的官网主页上查到自己学校所在城市的太阳辐照量数据。

4. 从2013年以来，很多地方都出台了省、地级市、区或县级市的三级光伏补贴政策。上网查一查自己家乡的光伏补贴政策。如果你家乡当地有一家工厂，其屋顶面积约800m^2，可安装50kW的并网光伏系统，且所发电量能被工厂全部消耗。算算看，这家工厂建造光伏电站的话，几年能收回投资成本。计算模型如下：系统安装成本为8元/W；工业用电平均0.75元/kW·h，国家补贴0.42元/kW·h，省、市、县的地方补贴按各地不同；假设1W系统平均每年发电1kW·h，发电系统的寿命为25年，且无衰减。

5. 按小组讨论，类似“金太阳”示范工程这样的事前补贴有什么缺点？

参考文献

1. 刘恩科，朱秉升，罗晋生．半导体物理学．第6版．北京：电子工业出版社，2003.

2. 施敏（S. M. Sze），伍国钰（Kwok K. NG）．半导体器件物理．第3版．耿莉，张瑞智译．西安：西安交通大学出版社，2008.

3. 王长贵，王斯成．太阳能光伏发电实用技术．北京：化学工业出版社，2009.

4. GREEN M A. Solar Cells – Operating Principles, Technology and System Applications. Sidney: The University of New South Wales, 1982.

5. Zhao J, Wang A, Green M A. 24.5% efficiency silicon PERT cells on MCZ substrates and 24.7% efficiency PERL cells on FZ substrates. Progress in Photovoltaics, 1999, 7: 471 ~ 474.

6. Alemana M, Dasa J, et al. Development and integration of a high efficiency baseline lead-

ing to 23% IBC cells. Energy Procedia, 2012, 27: 638～645.

7. Masafumi Y. Ⅲ－Ⅴ Compound multi－junction solar cells: persent and future. Solar Energy Materials and Solar Cells, 2003, 75: 261.

8. S. Hegedus. Prog. Thin Film Solar Modules: The Low Cost, High Throughput and Versatile Alternative to Si Wafers. Photovolt: Res Appl, 2006, 14: 393.

9. Kumar P, Chand S. Recent progress and future aspects of organic solar cells. Prog. Photovolt: Res. Appl, 2012, 20: 377～415.

10. Park N G. Organometal perovskite light absorbers toward a 20% efficiency low－cost solid－state mesoscopic solar cell. J Phys Chem Lett, 2013, 4: 2423～2429.

11. Zhao J, Green M A. Optimised antireflection coatings for high efficiency silicon solar cells. IEEE Transactions on Electron Devices, 1991, ED－38: 1925～1934.

12. Zhao J, Wang A, Green M A. 24. 5% efficiency silicon PERT cells on MCZ substrates and 24. 7% efficiency PERL cells on FZ substrates. Progress in Photovoltaics, 1999, 7: 471～474.

13. McIntosh K R, Cudzinovic M J, et al. The choice of silicon wafer for the production of low－cost rear－contact solar cells. Osaka: 3rd World Conference on Photovoltaic Energy Conversion, 2003, 1: 971～974.

14. Smith D, Cousins P, Masad A. SunPower's Maxeon Gen III solar cell: high efficiency and energy yield. Tampa: 39th IEEE Photovoltaic Specialist Conf, 2013: 256.

15. Taguchi M, Yano A, et al. 24. 7% record efficiency HIT solar cell on thin silicon wafer. Tampa: 39th IEEE Photovoltaic Specialist Conf, 2013: 884.

16. Inomata Y, Fukui K, Shirasawa K. Surface texturing of large area multicrystalline silicon solar cells using reactive ion etching mehod. Sol Ener Mater Sol Cells, 1997, 48: 237.

17. Agostinelli G, Dekkers H F W, et al. Dry Etching And Texturing Processes For Crystalline Silicon Solar Cells: Sustainability For Mass Production. Paris: 19th EU PVSEC, 2004.

18. Gauthier M, Grau M. Industrial approaches of selective emitter on multicrystalline silicon solar cells. Hamburg: 24th European Photovoltaic Solar Energy Conf, 2009: 875～1878.

19. Köhler J R, Grabitz P, et al. Laser doped selective emitters yield 0. 5% efficiency gain. Hamburg: 24th European Photovoltaic Solar Energy Conf, 2009: 1847～1850.

20. Poplavskyy D, Scardera G, et al. Silicon ink selective emitter process: optimization of selectively diffused regions for short wavelength response. Honolulu: 35th IEEE Photovoltaic Specialists Conf, 2010: 3565～3569.

21. Antoniadis H, Jiang F, et al. All screen printed mass produced silicon ink selective emitter solar cells. Honolulu: 35th IEEE Photovoltaic Specialists Conf, 2010: 1193～1196.

22. Han Weizhi. Mass production implementation of Solion ion implantation technology. Frankfurt: 27thEuropean Photovoltaic Solar Energy Conf, 2012: 1498～1502.

23. 章从福. 应用材料公司推出 Esatto 太阳能电池双重丝网印刷技术. 半导体信息, 2010, 3: 37.

24. Blakers A W, Wang A, et al. 22. 8% efficient silicon solar cell. Applied Physics Let-

ters, 1989, 55 (13): 1363 ~ 1365.

25. Zhao J, Wang A. Rear emitter n – type passivated emitter, rear totally diffused silicon solar cell structure. Appl Phys Lett, 2006, 88: 242102.

26. Benick J, Hoex B, et al. High efficiency n – type Si solar cells on Al_2O_3 – passivated boron emitters: Appl Phys Lett, 2008, 92: 253504.

27. Glunz S W, Benick J, et al. n – type silicon: enabling efficiencies > 20% in industrial production. 35th Honolulu: IEEE Photovoltaic Specialists Conf, 2010: 50 ~ 56.

28. Mack M. Solar power for telecommunications. Telecommunications Journal of Australia, 1979: 29 (1) : 20 ~ 24.

29. King D L, Quintana M A, et al. Photovoltaic module performance and durability following long – term field exposure. Progress in Photovoltaics: Research and Applications, 2000, 8: 241 ~ 256.

30. Treble F C. Solar Cells. IEE Proceedings, 1980, 127A (8): 505 ~ 526.

31. Czanderna A W, Pern F J. Encapsulation of PV modules using ethylene vinyl acetate copolymer as a pottant: A critical review. Solar Energy Materials and Solar Cells, 1996, 43: 101 ~ 181.

32. Ross R G. Flat – plate photovoltaic array design optimization, Proc. San Diego: 14th IEEE Photovoltaic Specialists Conference, 1980: 1126 ~ 1132.

33. Schmidt J, Cuevas A. Electronic properties of light – induced recombination centres in boron – doped Czochralski silicon. Journal of Applied Physics, 1999: 84 (6): 3175 ~ 3180.

第四章　风能利用

第一节　概述

所谓风能，就是大气团沿地球表面运动时的动能。风能是人类从自然界中可以直接获取的一次能源，具有可再生性，是最具活力的可再生能源之一。风在自然界中呈现明显的区域性和时间性，因此，风能相对于其他一次能源，如煤炭、石油、天然气等，具有能量密度低、不连续的特点。但是，因其取之不尽、用之不竭的可再生性，风能一直以来都是人类社会发展所利用的重要能源形式。特别是近几十年来，煤炭、石油、天然气等储量有限的石化燃料面临着即将开采殆尽，以及石化燃料的过度使用引起的生态环境恶化，世界各国开始反思人类对石化燃料依赖的问题严重性，这一重要因素促使人们对风能开发利用的重新关注。

一、风能利用的历史

人类利用风能的历史可以追溯到公元前。在风能被用来发电之前，人类利用风能主要有两种传统方式，一是利用风能直接推动船只航行，二是通过风力机械装置。如风车，将风能转换为机械能，然后用于提水、灌溉、研磨谷物等。

公元前3000年，古埃及人就学会了驾驶帆船，在尼罗河上驭风而行。公元前2世纪，古波斯人发明了一种垂直轴风车用来碾磨谷物。公元10世纪，伊斯兰人开始用风车提水。11世纪风车在中东地区获得广泛的应用。13世纪，风车传至欧洲并被广泛地用于研磨谷物。14世纪，风车已经成为欧洲不可或缺的原动机，与古波斯人设计的垂直轴风车不同，欧洲的风车被设计成为水平轴形式；在荷兰，风车的结构又被进行了革命性的改造，风轮的转速和效率都有了显著提升；用于莱茵河三角洲湖地和低湿地汲水的风车，其功率可达50马力（37285W），后来风车又用于榨油和锯木。16世纪，荷兰人在沿海地区建立起了大量风车，用其排水、围海造地，在西部和北部的浅海和低洼的海滩上造出了1/4的国土面积。直至今天，荷兰人仍将风车视为国宝，保留着不少荷兰式的大风车，成为人类文明发展的见证。

我国是世界上最早利用风能的国家之一。在商朝时期，人们就开始用帆船运货。春秋战国时期，我国就有了利用风力来磨面、磨米、提水、灌溉的先河。宋朝是我国利用风车的全盛时代，当时流行的垂直轴风车一直沿用至今。到了明朝，帆船更是得到了空前的发展，众所周知的郑和七次下西洋就是最有力的证明。

风能被用来转换成电能大致是在19世纪末期，至此，将自然界中的风能（一次能源）转化成为电能（二次能源）的风力发电机组正式登上风能历史的舞台。1888年，美国人查尔斯·布鲁斯（Charles F. Brush）在俄亥俄州的克里夫兰（Cleveland）建造安装了世界上第一台风力发电机组，额定功率为 12kW、风轮直径为 17m，使用了 144 个叶片（图 4-1）。

图 4-1 世界上第一台风力发电机组

1891 年，丹麦物理学家 Poul La Cour 发现，叶片较少但旋转较快的风力发电机组效率高于叶片多但转速慢的风力发电机组，应用这一原理，他设计建造了一台 4 叶片、发电功率为 25kW 的风力发电机组。在第一次世界大战期间，有超过 250 台这种风力发电机组在丹麦运行，这成为现代风力发电机组的模本。1931 年，在前苏联的 Crimean Balaclava 建造了一台 100kW 容量的风力发电机组，这是最早商业化的风力发电机组。1941 年，美国工程师 Palmer C Putnam 与水轮机制造商 Smith 一起研制了第一台大型并网型风力发电机组，该机组具有双叶片，风轮直径 53.3m，额定功率为 1.25MW（1250kW）。并网型风力发电机组是指将由风能转化成的电能首先输送到大电网上，然后通过大电网进行远距离输电，将电能送到用电负荷中心。而这之前的风力发电机组基本上都是离网型的，离网型风力发电机组是相对于并网型而言的，就是将由风能转化成的电能就地消纳。本书重点介绍并网型风力发电机组。

1960 年左右，玻璃纤维和塑料被用于制造风力发电机组的叶片，技术上的改进令风力发电机组的效率显著提高。同时期也提出了高叶尖速比、低实度风力发电机组的理念。

但是，风力发电的发展并不是一帆风顺的，在 20 世纪 50 年代左右，以石化燃料为原料的发电站可以提供更便宜的电力。那时期，风电的成本大概在 12～30 美分/（kW·h），而以石化燃料为原料的电力成本只有 3～6 美分/（kW·h），与此同时，核电工程也得以发展，并被认为是能够最终解决未来能源需求的能源形式。因此，人们对利用风能发电的研究兴趣逐渐减弱了。然而，1973 年石油危机发生后，美国、德国、瑞典、加拿大、英国等工业国家开始投入研究力量寻找替代能源，这时候，利用风能发电又重新受到重视。20 世纪 90 年代初期，欧洲的风电研究转向了基础和应用方面，更加注重制定标准和风力发电机组认证试验程序，通过总结经验，深入探讨和解决实质性的问题，为后来风电的飞速发展奠定了坚实的基础。

二、世界风电的发展现状

进入 21 世纪，风力发电技术更加成熟，相对于其他可再生能源发电技术，如生物质能、太阳能、地热能、海洋能等，风力发电成本低廉，对环境影响小，且最具开发规模和商业发展前景。大力发展风电对于改善能源结构、保护生态环境、保证能源价格稳定、实现经济可持续发展有着极其重要的意义。

根据全球风能理事会（GWEC）最新统计数据，2014 年全球风电新增装机容量达到 51477MW，如图 4－2 所示。截至 2014 年底，全世界风电总装机容量达到 369553MW，如图 4－3 所示。

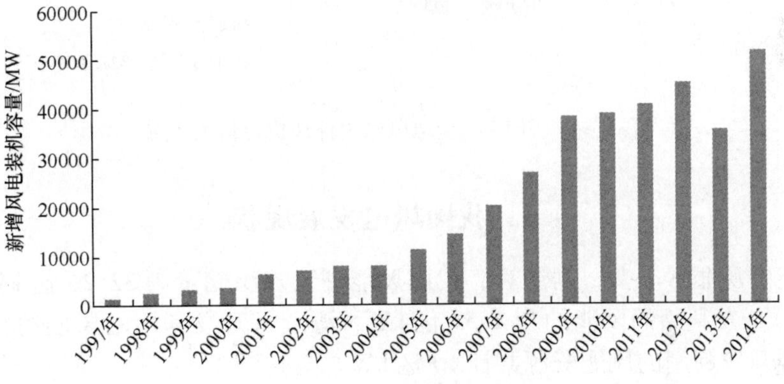

图 4－2　1997—2014 年全球新增风电装机容量

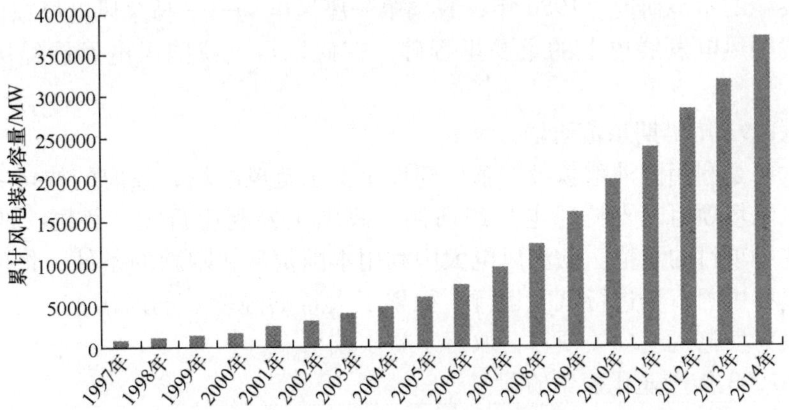

图 4－3　1997—2014 年全球风电累计装机容量

从各国的情况来看，无论是 2014 年新增装机容量还是截至 2014 年底累计装机容量，我国都位居世界第一。如图 4 - 4 所示。截至 2014 年底，我国累计装机容量达到 114763MW，德国以 65879MW 的累计装机容量位居世界第二，美国以 39165MW 的累计装机容量位列世界第三，巴西（22987MW）和印度（22465MW）分别位居第四和第五，另外进入前十名的国家还有英国（12440MW）、加拿大（9694MW）、法国（9285MW）、意大利（8663MW）、巴西（5939MW）。

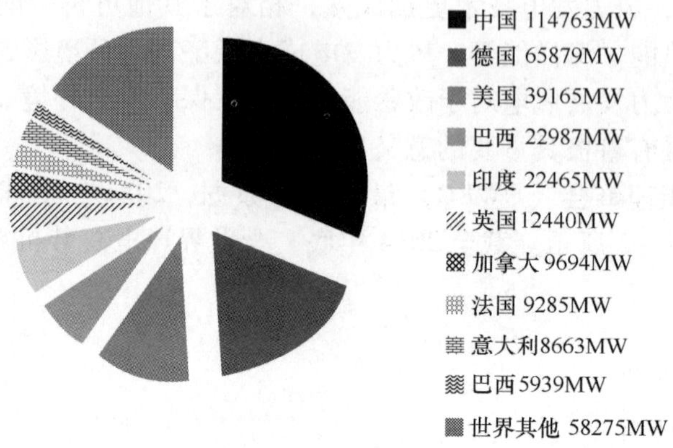

图 4 - 4　2014 年全球风电累计装机容量前十名

三、我国风电发展现状

我国风能资源非常丰富，据测算，我国风能理论资源储量为 32.26 亿 kW。全国陆地上 10m 高度可开发利用的风能约为 2.53 亿 kW，海上可开发利用的风能约为 7.5 亿 kW，因此，全国可开发利用的风能资源共计 10 亿 kW。

我国的风力发电始于 20 世纪 50 年代后期，当时基本上是以离网型小型风力发电机组为主，为海岛和边远农村及牧区提供基本生活用电。到了 20 世纪 70 年代，我国开始进行并网型风力发电的示范研究。1986 年，我国第一座风电场——马兰风电场在山东荣成并网发电，成为我国风电发展史上的重要里程碑。在此以后，我国风电发展经历了四个重要阶段。

1. 1986—1993 年早期示范阶段

该阶段主要是利用国外赠款及贷款，建设小型示范风电场，政府的扶持主要在资金方面，如投资风电场项目及支持风电机组研制。我国主要利用丹麦、德国、西班牙政府贷款，进行一些小项目的示范。欧洲风电大国利用本国贷款和赠款的条件，将他们的并网型风力发电机组在中国市场进行试验运行，积累了大量的经验。同时国家“七五”“八五”设立的国产风力发电机组攻关项目，取得了初步成果。

2. 1994—2003 年产业化探索阶段

该阶段首次探索建立了强制性收购、还本付息电价和成本分摊制度，由于风电场投资商的利益得到保障，贷款建设风电场开始发展。在第一阶段取得的成果基础上，中国各级政府相继出台了各种优惠的鼓励政策。科技部通过科技攻关和国家 863 高科技项目促进风电技术的发展，原经贸委、计委分别通过双加工程、国债项目、乘风计划等项目促进风电的持续发展。但随着1998年电力体制向竞争性市场改革，政策不明确，发展又趋缓慢。

3. 2003—2007年产业化发展阶段

该阶段主要是通过实施风电特许权招标项目确定风电场投资商、开发商和上网电价，通过施行《可再生能源法》及其细则，建立了稳定的费用分摊制度，从而迅速提高了风电开发规模和本土设备制造能力。国家发展和改革委员会通过风电特许权经营，下放总装机容量5万kW以下风电项目的审批权，要求国内风电项目国产化率比例不低于70%等优惠政策，扶持和鼓励国内风电制造业的发展，使国内风电市场的发展进入到一个高速发展阶段。特别是2006年1月1日开始实施新能源法后，我国风电市场稳步发展的势头进一步巩固。

4. 2008—2011年大规模发展阶段

在特许权招标的基础上，国家颁布了陆地风电上网标杆电价政策；在风能资源初步详查的基础上，提出了建设8个千万千瓦级风电基地，启动了建设海上风电示范项目。根据规模化发展需要，修订了《可再生能源法》，要求制定实施可再生能源发电全额保障性收购制度，以应对大规模风电上网和市场消纳的挑战。

2010年，我国风电累计装机容量达到44733MW，首次超过美国成为世界风电装机第一大国。截至2014年底，我国（除中国台湾省）风电总装机容量已经达到114609MW，占全世界总量的31%，是目前世界上风电装机容量最大的国家（图4-5和图4-6）。

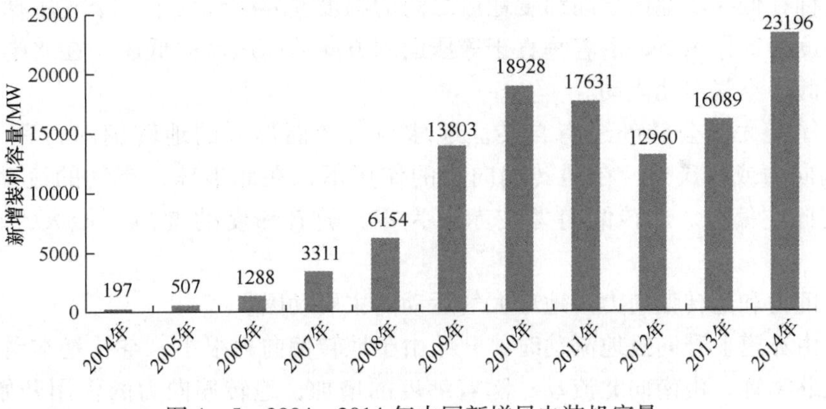

图4-5 2004—2014年中国新增风电装机容量

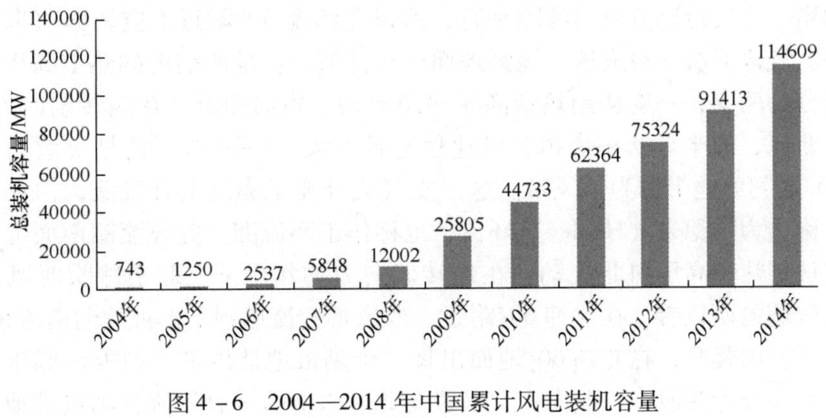

图4-6 2004—2014年中国累计风电装机容量

第二节 风能原理

自然界中，风的形成是空气流动的结果。空气流动形成的动能就是风能。空气流动是由于地球公转时，太阳辐射造成地球不同纬度之间温度差异而导致的。终其原因，风的形成是由于太阳辐射导致的。因此，风能是太阳能的一种转化形式。全球风能总量约为27.4亿MW，其中可利用的风能约为0.2亿MW，比地球上可开发利用的水能总量还要大10倍，是世界总能耗的3倍。

一、风的形成

地球表面的空气运动始终遵循着大气动力学和热力学变化规律。由于太阳辐射、地球公转与自转，以及地理环境等因素的综合作用，空气在自然界中的流动主要是大气环流、季风环流和局地环流。

（一）大气环流

地球绕太阳公转，由于日地距离和方位不同，地球上各纬度地区所接受的太阳辐射强度也就各异。在赤道和低纬度地区，太阳辐射强度高，地面和大气接受的热量多，因此空气温度较高；而在极地和高纬度地区，太阳辐射强度弱，地面和大气接受的热量少，空气温度低。这种在低纬度地区与高纬度地区之间的温度差异就形成了一个气压梯度。空气在这个气压梯度力的作用下，沿着垂直于等压面的方向从高压流向低压。在北半球等压面向北倾斜，因此，空气向北流动。

地球除了绕太阳公转外还有自转。地球因自转而形成的地转偏向力称为科里奥利力，简称偏向力或科氏力。在地转偏向力的作用下，在北半球，空气的流动向右偏转，在南半球则向左偏转。地转偏向力在赤道为零，随着纬度的增高而增大，在极地达到最大。

气压梯度力和地转偏向力是地球大气运动的主要动因。

当空气由赤道上升向极地流动时，开始由于地转偏向力很小，空气基本受气压梯度力的影响，在北半球，由南向北流动；随着纬度的增加，地转偏向力的作用开始逐步显现，空气运动也就逐渐地向右偏转，也就是逐渐转向东方。在纬度30°附近，地转偏向力与气压梯度力相当，空气运动方向与纬圈平行，所以在纬度30°附近上空，赤道来的气流受到阻塞而聚积，气流下沉，造成这一地区地面气压升高，就是所谓的副热带高压。副热带高压下沉气流分为两支，一支从副热带高压向南流动，指向赤道。在地转偏向力的作用下，北半球吹东北风，南半球吹东南风，风速稳定且不大，3～4级。这是所谓的信风，所以在南北纬30°之间的地带称为信风带。这一支气流补充了赤道上升气流，构成了一个闭合的环流圈，称之为哈德来（Hadley）环流，也称作正环流圈。此环流圈南面上升，北面下沉。另一支从副热带高压向北流动，在地转偏向力的作用下，北半球吹西风，且风速较大，这就是所谓的西风带。在北纬60°附近，西风带气流遇到了由极地向南流来的冷空气，被迫沿冷空气上面爬升，在北纬60°地面出现一个副极地低压带。副极地低压带的上升气流，到了高空又分为两股，一股向南，一股向北。向南的一股气流在副热带地区下沉，构成一个中纬度闭合圈，正好与哈德来环流流向相反，此环流圈北面上升、南面下沉，所以称作反环流圈，也称为费雷尔（Ferrel）环流圈；向北的一股气流，从上升到极地后冷却下沉，形成极地高压带，这股气流补偿了地面流向副极地带的气流，形成了一个闭合圈，此环流南面上升、北面下沉，与哈德来环流流向类似，因此也称为正环流。在北半球，此气流由北向南，受地转偏向力的作用，吹偏东风，在北纬60°~90°之间，形成了极地东风带。

综上所述，在气压梯度力和地转偏向力的综合作用下，地球上形成了三个闭合的大气环流圈，即：赤道-纬度30°环流圈（哈德来环流）、纬度30°~60°环流圈、纬度60°~90°环流圈。这就是著名的“三圈环流”（图4-7）。需要说明的是，“三圈环流”只是一种理论模型，由于地球上复杂的地理环境，因此实际的环流要复杂得多。

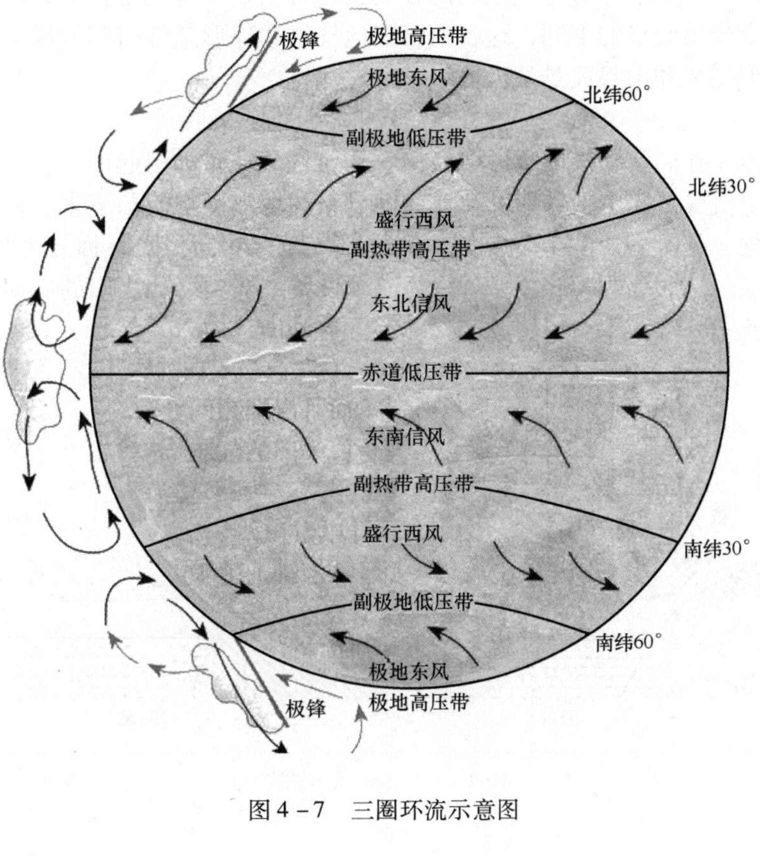

图4-7 三圈环流示意图

（二）季风环流

由于地球上每个地区在不同季节的受热程度不同，导致空气的流动方向随着季节的变换而产生有规律的变化，这种随季节变换而改变流动方向的空气流动称为季风。我国古代称之为信风，由于风向随季节的变换而有规律地变化，因此可以解释为“有信用的风”。季风盛行地区的气候称为季风气候。季风气候的主要特征是季风环流，形成季风环流的主要动因是海陆分布的热力差异以及地球风带的季节变换。

在海陆相接的地区，海洋的热容量较陆地大得多，导致海洋与陆地之间的受热和冷却速度不同，因而产生对气流运动有显著影响的海陆差异。在冬季，陆地比海洋冷，大陆气压高于海洋，气压梯度力由陆地指向海洋，风从大陆吹向海洋；在夏季，情况则相反，陆地比海洋热，大陆气压低于海洋，气压梯度力由海洋指向陆地，风从海洋吹向大陆。

我国位于亚洲东南部，东临太平洋，南邻印度洋，东亚季风和南亚季风对我国的气候变化有显著影响，因此我国是一个典型的季风气候国家。在冬季，主要在西风带影响下，盛行西北气流。在夏季，西风带北移，南方受大陆热低压控制，副热带高压从海洋移至大陆，转为西南气流。春季和秋季则为过渡季节。

（三）局地环流

大气环流和季风环流是地球上空气流动的主要影响因素。但是，对于某一局部地区而言，当地的气候和地形条件对空气流动的影响也非常明显。特别是在一天的昼夜交替过程中，空气流动呈现出明显的不同，这种由于当地气候和地形条件引起的局部空气流动称之为局地环流。海陆风和山谷风是最为典型的局地环流。

1. 海陆风

海陆风是由于在海陆相接的地区，海洋和陆地的热力差异引起的。在一天当中，白昼时，陆地上的空气受热膨胀上升至高空流向海洋，到海洋上空冷却下来，在近地层海洋上的空气吹向陆地，补偿陆地的上升空气，低层风从海洋吹向陆地，称之为海风；夜间时，情况相反，低层风从大陆吹向海洋，称之为陆风。将一天中海陆之间的周期性环流总称为海陆风，如图 4－8 所示。

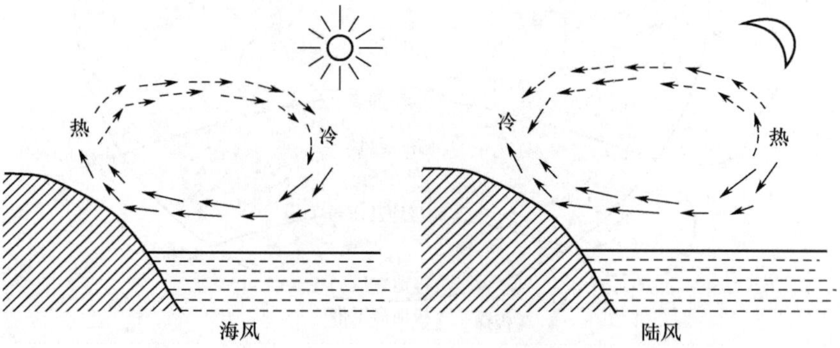

图 4－8　海陆风示意图

2. 山谷风

山谷风是由于在山区，山坡和山谷的热力差异引起的。在白天，山坡接受太阳辐射热多，空气升温较多，空气密度降低较快，形成低气压，而在山谷上空，同等高度上的空气离地较远，升温较少，空气密度降低较慢，于是山坡上的暖空气不断上升，并从山坡上空流向山谷上空，谷底的空气则沿着山坡向山顶补充，这样就在山坡与山谷之间形成一个局地热力环流，空气由谷底吹向山坡，称之为谷风。到了夜间，情况相反，山坡上的空气受山谷辐射冷却影响，空气降温较多，而山谷上空，同等高度的空气因离地面较远，降温较少，于是山坡上的冷空气沿着山坡流向山谷，山谷中的空气因汇合而上升流向山顶，这样就形成一个与白天情况相反的局地热力环流，空气由山坡吹向山谷，称之为山风。山风与谷风总称为山谷风，如图 4－9 所示。

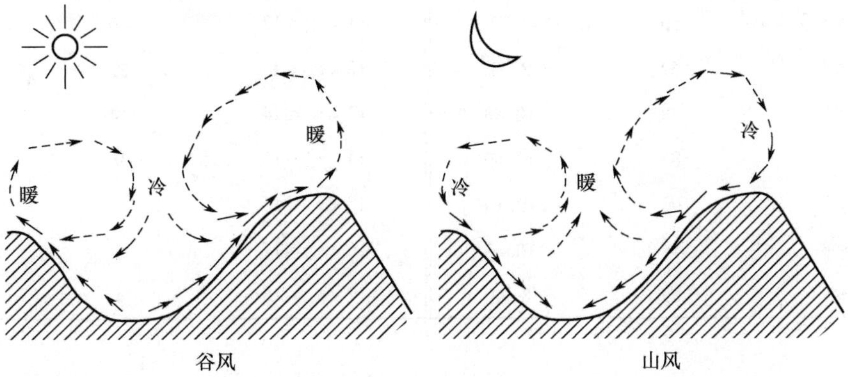

图 4－9　山谷风示意图

二、风的描述

风速和风向是描述风特性的两个重要参数。

（一）平均风速

风速是指风的移动速度，即单位时间内空气在水平方向移动的距离。人们通常所说的风力等级或者风级，是风速的另外一种表述方式。风速的大小表征了风力强度等级。由于风速随时随地在变化，因此，在实际应用中，通常采用一段时间内的风速平均值，如果选取的时距不同，则相应获得的平均风速值也会不同。

$$v_m = \frac{1}{n}\sum_{i=1}^{n} v_i \tag{4-1}$$

式中　v_m——平均风速，m/s

v_i——i 时刻的瞬时风速，m/s

n——平均风速计算时段内所选取风速数据个数

目前，国际上最常用的时距是 10min。大多数标准风能分析软件都是处理 10min 间隔的平均风速，在此基础上，再进一步分析每小时、每天、每月或者每年的风速和风能数据。

（二）风速分布

为了更好地掌握某个地区的风况概貌，需要对该地区一个长周期内（如一个月、一年）的风速分布进行分析。首先将周期内所有测得的风速数据按照等间隔划分，一般间隔长度取值 1.0m/s，然后分别统计出周期内每个风速间隔（如 0～1m/s，1～2m/s，2～3m/s，以此类推）的累计小时数，最后绘制出风速概率分布图。表 4－1 和图 4－10 所示为某地区某个月（31 天，744h）的风速概率分布示例。

表 4-1　一个月内风速的概率分布

风速间隔/（m/s）	时间/h	风速概率/%	风速间隔/（m/s）	时间/h	风速概率/%
$0<v_m\leq1$	13	1.75	$9<v_m\leq10$	54	7.26
$1<v_m\leq2$	37	4.97	$10<v_m\leq11$	40	5.38
$2<v_m\leq3$	50	6.72	$11<v_m\leq12$	30	4.03
$3<v_m\leq4$	62	8.33	$12<v_m\leq13$	22	2.96
$4<v_m\leq5$	78	10.48	$13<v_m\leq14$	14	1.88
$5<v_m\leq6$	87	11.69	$14<v_m\leq15$	9	1.21
$6<v_m\leq7$	90	12.10	$15<v_m\leq16$	6	0.81
$7<v_m\leq8$	78	10.48	$16<v_m\leq17$	5	0.67
$8<v_m\leq9$	65	8.74	$17<v_m\leq18$	4	0.54

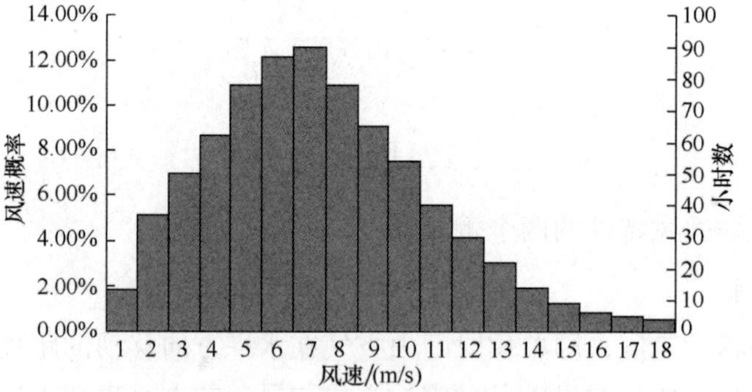

图 4-10　月风速概率分布

通常用于拟合风速概率分布的函数曲线有很多种，如瑞利分布、对数正态分布、威布尔分布等。对比不同类型的概率分布函数拟合风速分布数据，结果发现威布尔（Weibull）分布函数能够更好地描述风速分布，其准确度也在可接受的范围内。用于描述风速分布的威布尔分布函数数学公式为：

$$f(v_m)=\frac{k}{c}\cdot\left(\frac{v_m}{c}\right)^{k-1}\cdot\exp\left[-\left(\frac{v_m}{c}\right)^k\right] \tag{4-2}$$

式中　$f(v_m)$——一个周期内出现风速为 v_m 的时间概率，%

k——形状系数

c——尺度系数，m/s

v_m——风速间隔，m/s

当尺度系数 $c=1$m/s 时，称为标准威布尔分布。形状系数 k 对分布曲线的形式影响较大。当 $0<k<1$ 时，分布的众数为 0，$f(v_m)$ 为 v_m 的减函数；当 $k=1$ 时，分布呈指数形式；当 $k=2$ 时，便成为瑞利分布；当 $k=3.5$ 时，威布尔分布基本接近于正态分布了。

在获得一个地区长周期内风速观测数据后，就可以采用最小二乘法、平均风速和标准差估计法、平均风速和最大风速估计法等方法来确定威布尔分布函数的两个系数，即 k 和

c。以表 4－1 中的数据为例，利用最小二乘法，可以计算出 k 和 c 值分别为 2.37 和 7.45m/s。风速概率密度曲线的峰值代表该地区最常见的风速，从图 4－11 中可以看出，该地区在该月份当中常见风速为 6m/s。

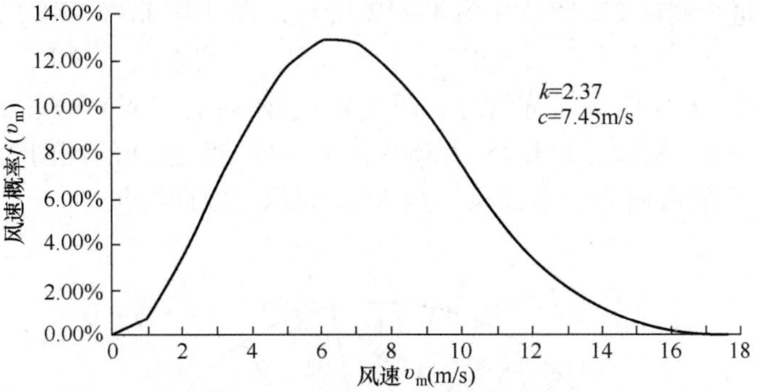

图 4－11　威布尔分布函数拟合风速概率密度曲线

式（4－2）给出了威布尔概率密度分布函数，对其进行积分，可以得出威布尔累计分布函数：

$$F(v_m) = \int_0^{v_m} f(v_m)dv_m = 1 - \exp\left[-\left(\frac{v_m}{c}\right)^k\right] \quad (4-3)$$

式中 $F(v_m)$ 代表一个周期内，在 $0 \sim v_m$ 之间风速的时间概率，%。

式（4－3）可以用来分析一个地区在特定风速间隔内风的时间概率。例如，介于低风速 v_{mL} 和高风速 v_{mH} 之间风速的时间概率为：

$$F(v_{mL} < v_m < v_{mH}) = F(v_{mH}) - F(v_{mL}) \quad (4-4)$$

将式（4－3）代入式（4－4），得出：

$$F(v_{mL} < v_m < v_{mH}) = \exp\left[-\left(\frac{v_{mL}}{c}\right)^k\right] - \exp\left[-\left(\frac{v_{mH}}{c}\right)^k\right] \quad (4-5)$$

［例题］某风电场的风速威布尔分布函数的形状系数 $k=2.4$，尺度系数 $c=9.8$m/s，一台风力发电机组安装在该风电场，该风力发电机组切入风速和切出风速分别为 4m/s 和 25m/s。这台风力发电机组在一天中有多少小时在工作？

切入风速是指能够使风力发电机组开始工作发电的最小风速，切出风速是指风力发电机组能够工作发电的最大风速，超过切出风速，为了保证风力发电机组的安全，风力发电机组必须停止工作。

因此，$v_{mL}=4$m/s，$v_{mH}=25$m/s，应用式（4－5）：

$$F(4 < v_m < 25) = \exp\left[-\left(\frac{4}{9.8}\right)^{2.4}\right] - \exp\left[-\left(\frac{25}{9.8}\right)^{2.4}\right]$$

$$F(v_4 < v_m < v_{25}) = 89\%$$

因此，一天中，该风力发电机组工作发电的小时数为：89% ×24h =21.36h。

（三）风向

风向是指风吹来的方向。因此，来自北方的风称之为北风，来自南方的风称之为南风。描述风向最简单直接的方法是度数表示法，即以正北方向为基准，顺时针方向旋转，东北风为45°，东风为90°，东南风为135°，南风为180°，西南风为225°，西风为270°，西北风为315°，北风为360°。

更为直观的风向描述方法是方位表示法，将0°～360°的风向等分成若干个扇区，通常分为16个扇区，每个扇区22.5°，如图4－12所示，即北东北（NNE）、东北（NE）、东东北（ENE）、东（E）、东东南（ESE）、东南（SE）、南东南（SSE）、南（S）、南西南（SSW）、西南（SW）、西西南（WSW）、西（W）、西西北（WNW）、西北（NW）、北西北（NWN）、北（N）。例如，348.75°～360°和0°～11.25°区间的风向为北风，用N表示，11.25°～33.75°区间的风向为北东北风，用NNE表示，以此类推。

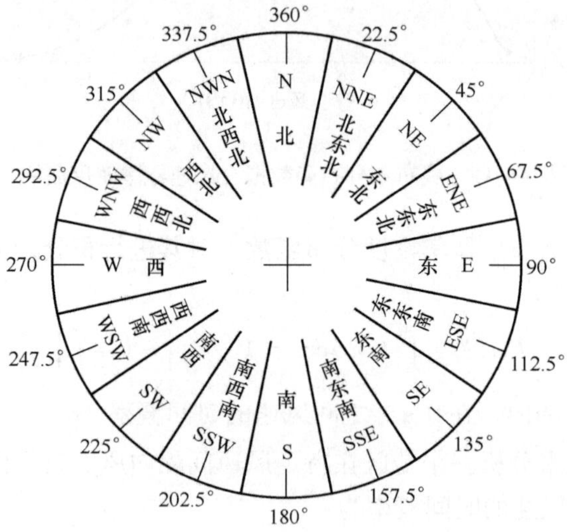

图4－12 风向16扇区方位图

（四）风廓线及风切变律

在近地层中，由于地面粗糙度对风的摩擦力（边界层效应）作用，风速随地面高度会发生显著变化。地面粗糙度可能是地球表面自身的粗糙度，也可能是地面上的植被或者建筑物。理论上，紧贴地面附近的风速应当为零，随着高度增加，风速快速增加，当达到一定高度后，风速增加不再显著。如图4－13所示，图中风速随高度变化的曲线称之为风廓线。风速随高度变化的规律称之为风切变律。

风速随高度增加的比例取决于地面的粗糙度。平坦光滑的地面对风的影响比较小，但是植被或者建筑物会增加地面粗糙度，这样的地面对风速的影响就会变得非常明显。地面粗糙度通常用粗糙度高度来表征。例如，平坦光滑地面粗糙度约为0.005m，水面或者冰面粗糙度约为0.0001m，开阔草地为0.025～0.1m，森林和城镇中心为1～5m。

通常用自然对数形式来描述风速随高度变化（即风廓线）：

$$v_m(Z_R) = v_m(Z) \cdot \frac{\ln(Z_R / Z_O)}{\ln(Z / Z_O)} \tag{4-6}$$

式中　$v_m(Z_R)$——在距离地面高度Z_R处的风速，m/s

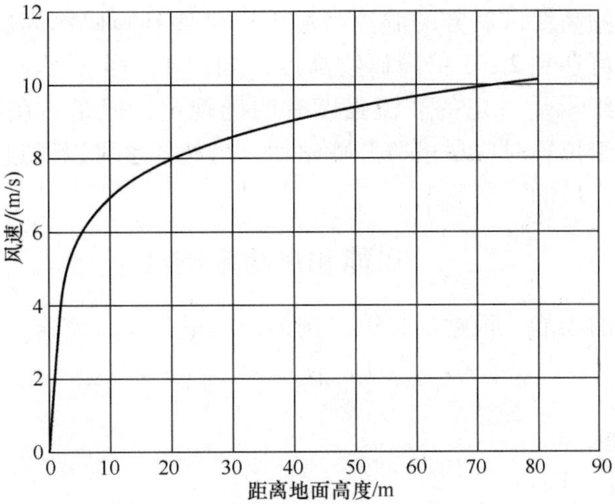

图 4 – 13　风速随高度的变化

$v_m(Z)$——在距离地面高度 Z 处的风速，m/s

Z_0——地面粗糙度高度，m

例如，在粗糙度高度为 0.1m 的地面上方，如果 10m 高度处的风速为 7.0m/s，那么 30m、50m、70m 高度处的风速分别通过式（4 – 6）计算出为：8.67m/s，9.45m/s，9.96m/s。

在实际风电场设计开发中，地面粗糙度高度是必须考虑的一个重要因素。

（五）湍流强度

当风通过障碍物（树木、房屋等）时，障碍物前后区域的风速和风向都会迅速发生不规则变化，这是由于湍流造成的，如图 4 – 14 所示。湍流是不利于风力发电机组正常工作的，它会减小风能的可利用率，也会增大风力发电机组的疲劳载荷，长期工作于湍流区，会降低风力发电机组的使用寿命。

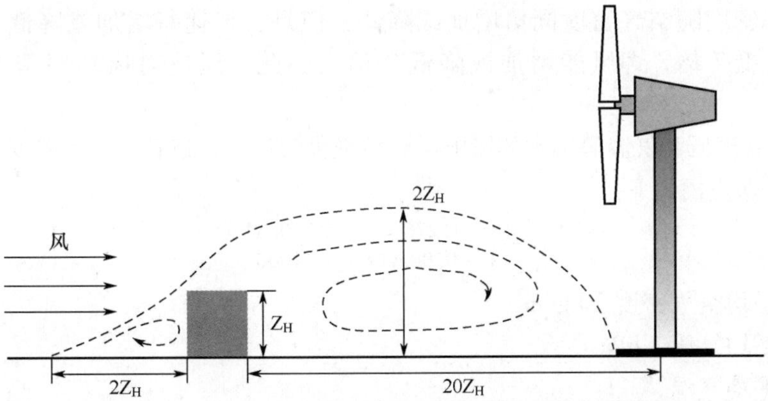

图 4 – 14　障碍物导致的湍流区域

湍流强度和区域取决于障碍物的形状和尺寸。基于湍流特性，障碍物前方的湍流区域可以扩展到2倍障碍物高度，后方的湍流区域可以延展到障碍物高度的20倍。在垂直方向，湍流的影响区域可达到2~3倍障碍物高度，如图4-14所示。虽然在风力发电机组的设计规范中，对机组承受一定的湍流强度有明确规定，但是，在实际风电场设计开发中，确定风力发电机组位置时应尽量避开障碍物，另外，也可以通过增加风力发电机组的轮毂高度来克服湍流区域的不利影响。

三、风能和风功率密度

风能是空气流动的动能。根据牛顿第二定律，质量为 m、流速为 v 的空气动能为：

$$E = \left(\frac{1}{2}\right)mv^2 = \left(\frac{1}{2}\right)\rho Vv^2 \tag{4-7}$$

式中 E——空气动能，J

m——空气质量，kg

v——空气流速，m/s

ρ——空气密度，kg/m^3

V——空气体积，m^3

空气在单位时间内流动通过截面积 A 时所拥有的能量，即风功率为：

$$W = \left(\frac{1}{2}\right)\rho Av^3 \tag{4-8}$$

式中 W——风功率，J/s 或 W

A——空气流通截面积，m^2

风功率与空气密度、空气流通截面积以及空气流速的三次方成正比。

在实际应用中，经常用风功率密度来评价一个地区或者一个风电场的风资源情况。风功率密度就是空气在单位时间内流动通过单位截面积时所拥有的能量，即：

$$p = W/A = \left(\frac{1}{2}\right)\rho v^3 \tag{4-9}$$

式中 p——风功率密度，W/m^2

如式（4-9）所示，风功率密度与空气密度、空气流速的三次方成正比。在相同条件下，风功率密度随空气密度同倍增加或降低，但是，风速每增加或降低1倍，风功率密度增加或降低7倍，即风能增加或降低7倍，因此，风速对风功率密度的影响至关重要。

空气密度受气压和气温等因素的影响，在标准大气压下，15℃时空气密度为 $1.225kg/m^3$。空气密度的计算公式如下：

$$\rho = \frac{1.276}{1 + 0.00366t} \times \frac{P - 0.378e}{1000} \tag{4-10}$$

式中 ρ——平均空气密度，kg/m^3

P——平均气压，hPa

t——平均气温，℃

e——平均水气压，hPa

在国际“风电场风能资源评估方法”中给出了风功率密度的7个等级，见表4-2。

表 4-2　　风功率密度等级

风功率密度等级	10m 高度		30m 高度		50m 高度		应用于并网风力发电
	风功率密度 /（W/m^2）	年平均风速参考值 /（m/s）	风功率密度 /（W/m^2）	年平均风速参考值 /（m/s）	风功率密度 /（W/m^2）	年平均风速参考值 /（m/s）	
1	<100	4.4	<160	5.1	<200	5.6	—
2	100~150	5.1	160~240	5.9	200~300	6.46	—
3	150~200	5.6	240~320	6.5	300~400	7.0	较好
4	200~250	6.0	320~400	7.0	400~500	7.5	好
5	250~300	6.4	400~480	7.4	500~600	8.0	很好
6	300~400	7.0	480~640	8.2	600~800	8.8	很好
7	400~1000	9.4	640~1600	11.0	800~2000	11.9	很好

注：1. 不同高度的年平均风速参考值是按风切变指数为 1/7 推算的。

2. 与风功率密度上限值对应的年平均风速参考值，按海平面标准大气压并符合瑞利风速频率分布的情况推算。

一般说平均风速越大，风功率密度也大，风能利用小时数就越多，风电场的发电量也越高。因此，风速和风功率密度是评价风电场风能资源的主要指标。我国风能区域等级划分如下。

（1）风能资源贫乏区　年有效功率密度小于 $100W/m^2$，3~20m/s 风速的年累计小时数不超过 2000h，年平均风速小于 4.5m/s。

（2）风能资源可利用区　年有效功率密度为 $100 \sim 150W/m^2$，3~20m/s 风速的年累计小时数为 2000~4000h，年平均风速在 5m/s 左右。

（3）风能资源较富区　年有效功率密度为 $150 \sim 200W/m^2$，3~20m/s 风速的年累计小时数为 4000~5000h，年平均风速在 5.5m/s 左右。

（4）风能资源丰富区　年有效功率密度大于 $200W/m^2$，3~20m/s 风速的年累计小时数超过 5000h，年平均风速大于 6m/s。

风能资源丰富区和较丰富区具有良好的风能资源，是理想的风电场开发建设区；风能资源可利用区的有效风功率密度相对低一些，对于电能紧缺地区还是具有一定的利用价值的。实际上，较低的年有效功率密度也只是对宏观的大区域而言，而在大区域内，由于特殊地形有可能存在局部的小区域大风区，因此，应具体问题具体分析，通过对这种地区进行精确的风能资源测量评估，详细了解分析实际情况，选出最佳区域开发建设风电场，效益还是相当可观的。风能资源贫乏区的风功率密度很低，对于大型并网型风力发电机组一般没有利用价值。

四、风能利用效率

风力发电机组在实际工作中，首先通过叶轮吸收风的动能并转换为机械能，然后叶轮再通过主轴、齿轮箱等传动装置带动发电机转子转动，最终产生电能。风流过叶轮并对叶轮做功后并不是静止了，而是继续向下游流动，这说明风的动能只有部分被叶轮吸收转换为机械能。叶轮从风中实际吸收的能量与风中具有的全部能量的比值称之为风能利用效率，通常用功率系数 C_P 来表示：

$$C_P = \frac{W_T}{W} \tag{4-11}$$

式中　W_T——叶轮实际吸收的风功率，J/s 或 W

将式（4－8）代入式（4－11）可以得出：

$$C_P = \frac{W_T}{\frac{1}{2}\rho A_T v^3} \tag{4-12}$$

式中　A_T——叶轮面积，m^2

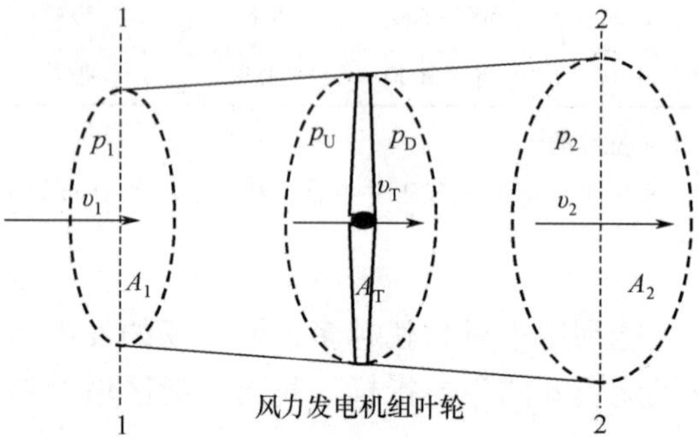

图 4－15　一维轴动量理论模型

对于水平轴风力发电机组，德国科学家阿尔伯特贝茨（A · Betz）提出了理想条件下的一维轴动量理论，根据该理论计算出了叶轮功率系数（C_P）的最大值，即贝茨极限。一维轴动量理论分析模型如图 4－15 所示，并假设：空气为不可压缩流体且各向同性；叶轮是由无数片叶片组成的圆盘；叶轮上、下游无限远处的空气静压均为大气压力；不考虑叶片对空气的摩擦阻力和叶轮后的尾流效应。

叶轮面积为 A_T，叶轮截面处的风速为 v_T，叶轮前后两侧的空气静压分别为 p_U 和 p_D，叶轮上游截面 1－1 处的面积为 A_1，风速为 v_1，静压为 p_1，叶轮下游截面 2－2 处的面积为 A_2，风速为 v_2，静压为 p_2，空气密度为 ρ。

根据质量守恒定律，截面 1－1、叶轮截面、截面 2－2 处的空气质量流量相等，即：

$$\rho A_1 v_1 = \rho A_T v_T = \rho A_2 v_2 \tag{4-13}$$

单位时间内，风作用在叶轮上的推力等于叶轮上、下游动量的变化，由一维动量方程可得：

$$F = mv_1 - mv_2 = \rho A_T v_T (v_1 - v_2) \tag{4-14}$$

另外，风作用在叶轮上的推力还可以用叶轮前后两侧的压力差来表示，即：

$$F = A_T (p_U - p_D) \tag{4-15}$$

由式（4－14）和式（4－15）可以得出：

$$p_U - p_D = \rho v_T (v_1 - v_2) \tag{4-16}$$

对于叶轮上游截面 1－1 和叶轮截面应用伯努利方程：

$$\frac{1}{2}\rho v_1^2 + p_1 = \frac{1}{2}\rho v_T^2 + p_U \tag{4-17}$$

对于叶轮截面和叶轮下游截面 2－2 应用伯努利方程：

$$\frac{1}{2}\rho v_T^2 + p_D = \frac{1}{2}\rho v_2^2 + p_2 \tag{4-18}$$

根据假设，叶轮上、下游无限远处的空气静压均为大气压力，即 $p_1 = p_2$，因此，由式（4－17）和式（4－18）可以得出：

$$p_U - p_D = \frac{1}{2}\rho(v_1^2 - v_2^2) \tag{4-19}$$

将式（4－19）代入式（4－16）可以得出：

$$v_T = \frac{1}{2}(v_1 + v_2) \tag{4-20}$$

式（4－20）表示叶轮截面处的风速等于叶轮上、下游风速的平均值。

定义轴向诱导系数 α，其物理意义为风通过叶轮后，其速度减弱程度，即：

$$\alpha = \frac{v_1 - v_T}{v_1} \tag{4-21}$$

由式（4－20）和式（4－21）可以得出：

$$v_T = v_1(1 - \alpha) \tag{4-22}$$

以及：

$$v_2 = v_1(1 - 2\alpha) \tag{4-23}$$

根据能量守恒定律，叶轮吸收的风功率等于叶轮上、下游风的动能差，即：

$$W_T = \frac{1}{2}mv_1^2 - \frac{1}{2}mv_2^2 = \frac{1}{2}\rho A_T v_T(v_1^2 - v_2^2) \tag{4-24}$$

将式（4－22）和式（4－23）代入式（4－24），可以得出：

$$W_T = \frac{1}{2}\rho A_T v_1^3 \cdot 4\alpha(1 - \alpha)^2 \tag{4-25}$$

将式（4－25）代入式（4－12）可以得出：

$$C_P = 4\alpha(1 - \alpha)^2 \tag{4-26}$$

这里需要指出的是，式（4－12）中的 v 和式（4－25）中的 v_1 都是代表叶轮前方空气来流速度，因此相等。

式（4－26）中功率系数 C_P 取最大值时，有：

$$\frac{dC_P}{d\alpha} = \frac{d[4\alpha(1 - \alpha)^2]}{d\alpha} = 0 \tag{4-27}$$

求解方程式（4－27）得出 α 的有效值为 1/3，即当 $\alpha = 1/3$ 时，功率系数取得最大值 $C_{P-MAX} = 16/27$，这一极限值称之为贝茨极限。它表示了在理想情况下，水平轴风力发电机组的叶轮最多可以吸收来流空气总动能的 16/27（≈59.26%），即：

$$W_{T\text{-}MAX} = \frac{16}{27} \cdot \frac{1}{2}\rho A_T v^3 \tag{4-28}$$

第三节　风力发电机组

并网型风力发电机组是将风能转化为电能的机械装置。实际工作过程中，来自流动空气中的动能首先被风力发电机组的叶轮吸收并转换成机械能，然后再通过风力发电机组的传动系统带动发电机转子转动，最终转换成电能并输送到电网中。自从风能被开发利用发电以来，世界各国就设计开发出了不同类型和形状的风力发电机组。

一、风力发电机组的形式

在风力发电机组的历史开发进程中，虽然出现了许多不同类型的机组形式以及不同的分类方法，但是，通常按照叶轮旋转轴相对于地面（或者空气来流方向）位置的不同而分

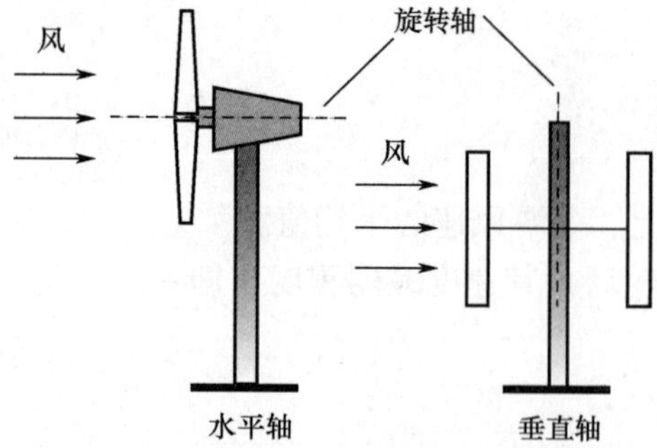

图4－16　水平轴和垂直轴风力发电机组

为水平轴风力发电机组和垂直轴风力发电机组，如图4－16所示。水平轴风力发电机组的叶轮旋转轴平行于地面，与空气来流方向也接近平行；垂直轴风力发电机组的旋转轴垂直于地面，与空气来流方向也接近垂直。

如图4－16所示，垂直轴风力发电机组的发电机系统和齿轮箱调速系统均可以置于地面上，不仅设计简单经济，而且运行维护也比较容易。水平轴风力发电机组的叶轮、发电机、齿轮箱等系统置于塔架之上，增加了机组的设计和安装难度，另外，水平轴机组需要有对风装置和偏航系统，用来调整机组的叶轮旋转平面（即扫掠面），使之始终与空气来流方向垂直。但是，经过多年的实际应用发现，水平轴机组具有垂直轴机组无法比拟的显著优点：切入风速低，易于启动；机组过载时易于切出保护；功率系数较高等。垂直轴机组的主要缺点就是不能自启动，一旦停止，需要额外系统施加推力来启动；叶轮在旋转一周时要经过一些空气动力死区，因此导致机组效率不高；在实际工作过程中，如果控制不当，叶片可能会超速危险运行导致机组损坏；另外，需要使用张紧的拉索来固定塔架结构，这在实际应用上存在困难。

水平轴风电机组根据叶轮迎风方向的不同分为上风向型风电机组和下风向型风电机组，如图4－17所示。根据叶片数目的多少，又可以分为单叶片、双叶片、三叶片和多叶片型发电机组，如图4－18所示。单叶片机组由于节省叶片材料，成本低，风阻损失也最小。但是由于必须在轮毂的对面增加相应的配重以平衡叶片，以及单叶片叶轮转速更快，导致过大的振动和噪声，因此单叶片设计应用不是很广泛。双叶片叶轮也有类似的平衡缺陷问题。另外，单叶片叶轮和双叶片叶轮在视觉上也不易被接受。相对比而言，三叶片叶轮的空气动力载荷相对一致，机组运行更稳定，视觉上也易为接受。虽然还有多叶片设计，但是兼顾机组效率和经济性，三叶片叶轮成为目前世界上最常用、最商业化的水平轴风力发电机组设计。

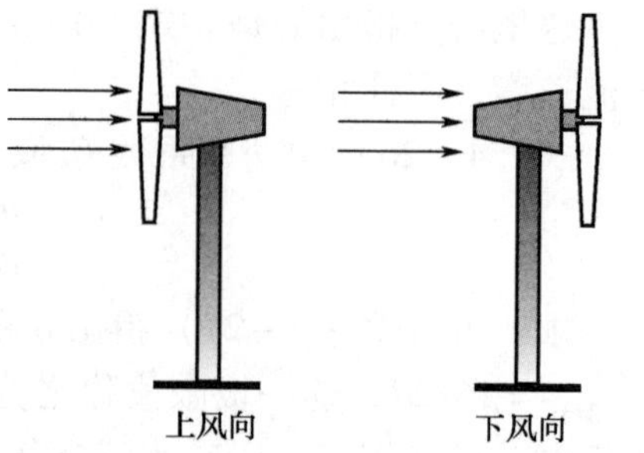

图4－17　上风向型与下风向型风电机组

为了获取更高的风速，需要通过塔架将叶轮和机舱安置于距离地面的一定高度。塔架不仅要支撑机舱和叶轮的质量，还要能够承受吹向整个风电机组的风压载荷以及机组运行过程中的动载荷。塔架的刚度与风电机组的振动特性有密切关系，特别是对于中、大型风力发电机组的影响更大。用于支撑水平轴风力发电机组叶轮和机舱的塔架主要有桁架式塔架、拉索式塔架、塔筒式塔架等。如图4－19所示。

目前，世界上绝大多数的风力发电机组基本上采用水平轴、三叶片、上风向、塔筒式形式，如图4－20所示。本书也将重点介绍该类型风力发电机组的结构及性能。

国际上知名的风力发电机组制造商有：丹麦维斯塔斯（Vestas）、美国通用（GE）、德

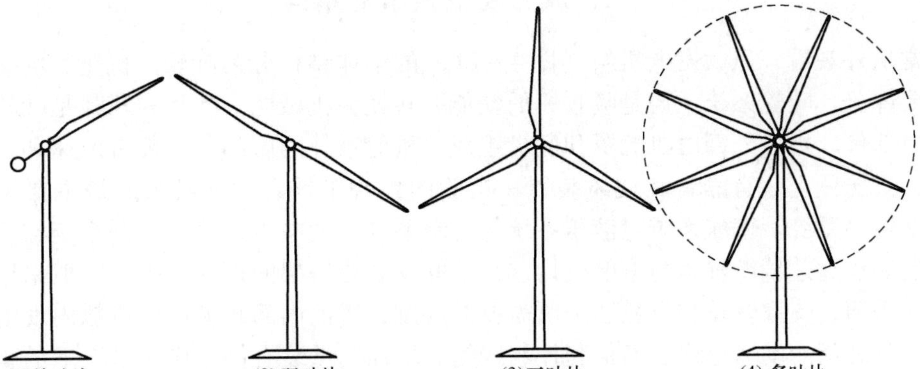

图4-18 不同叶片数目的水平轴风力发电机组

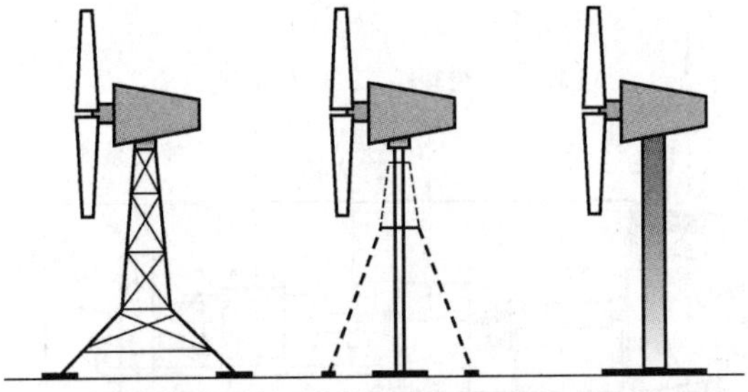

图4-19 不同类型的塔架形式

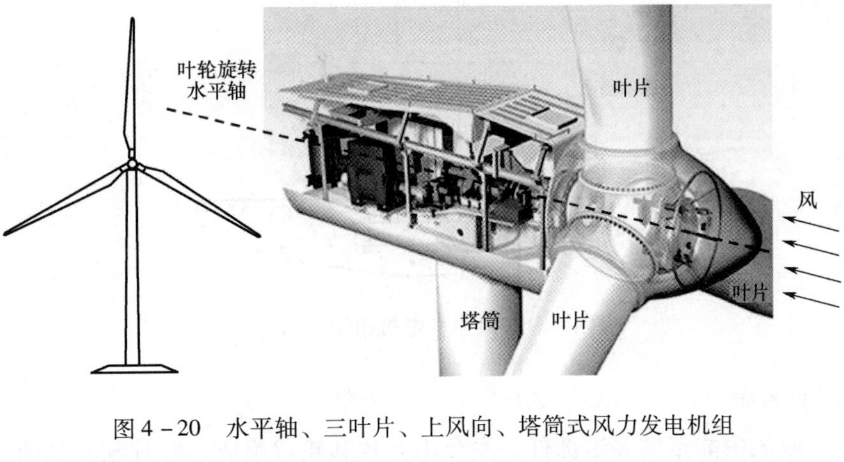

图4-20 水平轴、三叶片、上风向、塔筒式风力发电机组

国西门子（Siemens）、西班牙歌美飒（Gamesa）、德国恩德（Nordex）、德国爱纳康（Enercon）、印度苏司兰（Suzlon）等。随着风力发电的产业化大规模发展，我国风力发电机组制造产业也得到了快速发展。目前，国内知名风力发电机组制造商有：金风科技、华锐风电、联合动力、东方电气、远景能源、华创风能、明阳风电等。

二、风力发电机组的结构

通常从外观看，风力发电机组（图4－21）的整体结构分为叶轮、机舱、塔架和基础四个主要部分。叶轮系统主要是吸收风的动能并转换为机械能，叶片和轮毂是叶轮系统的主要构成部件。机舱外部由机舱罩和底盘组成，机舱罩外的后部上方装有风速和风向测量传感器，机舱壁上装有隔音和通风装置。机舱内包含了风力发电机组的最主要设备和系统，包括传动系统、偏航系统、液压系统与制动系统、发电机系统、控制系统与安全系统等。机舱底盘通过偏航轴承与偏航机构连接，并安装在塔架的顶部。塔架一般采用圆筒形设计，即塔筒，支撑叶轮和机舱达到所需要的高度，塔筒内部布置连接机舱内发电机与塔底电气设备之间的动力电缆、通信和控制线缆。塔筒内壁装有供工作人员上下的爬梯以及工作台。一些大型风力发电机组，特别是海上风力发电机组，其塔筒内部装有电梯。风力发电机组的基础为钢筋混凝土结构，在实际工程中，根据不同地质情况设计成不同形式。基础内部预置承受静、动载荷的结构件以及机组接地系统。

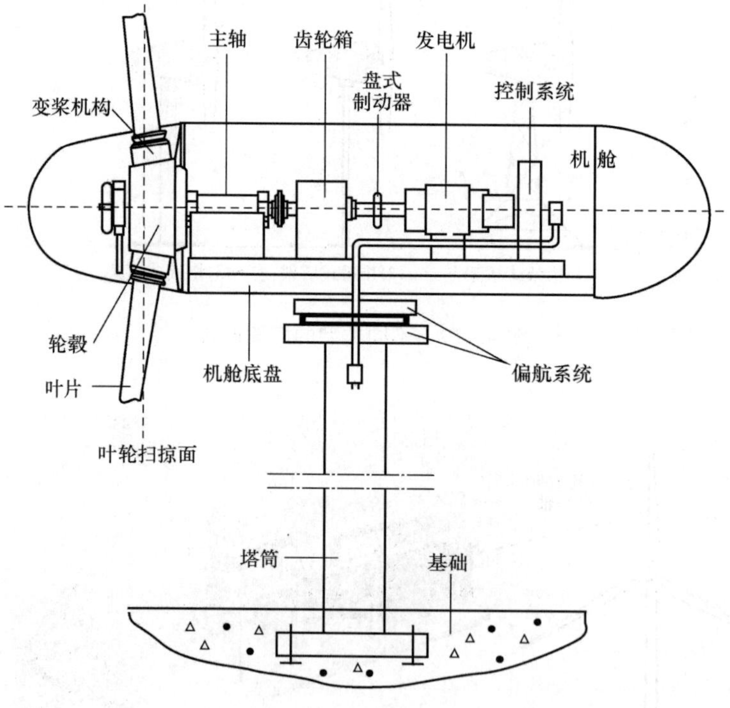

图4－21 风力发电机组结构示意图

（一）叶轮系统

叶轮是获取风中能量的关键部件，主要由叶片和轮毂组成。叶片在空气流作用下产生力矩驱动叶轮转动，通过轮毂将扭矩传递给传动系统。为了高效捕获风中能量，现代风力发电机组的叶片均采用空气动力外形以及翼型截面设计，如图4－22所示。

翼型上表面为凸面，下表面为凹面，且曲率不同，上表面的长度比下表面的长度长，为了保持气流流过翼型时的连续性，流经上表面的气流流速就比流经下表面的流速高，根据伯努利方程，在不考虑重力影响时，上表面气流的静压就会低于下表面气流的静压，这样就在上下表面之间存在一个压力差，由此而产生作用力 F。作用力 F 在垂直于空气来流方向的分量为升力 F_L，在平行于空气来流方向的分量为阻力 F_D，如图 4－22 所示。升力 F_L驱动叶片旋转，阻力 F_D作用在叶片上使之产生一定弯曲，最终通过塔筒传递给基础。对于风力发电机组而言，目标就是在保证机组安全的前提下最大化升力并同时最小化阻力。叶片翼型截面上的一点，除了具有风速 v 以外，还由于叶片的旋转而具有相对旋转速度 v_T，风速 v 和相对旋转速度 v_T的合成速度为 v_R。叶片翼型弦线与合成速度之间的夹角称之为攻角或迎角 α，叶片翼型弦线与叶轮旋转平面之间的夹角称之为桨距角 β，如图 4－22 所示。

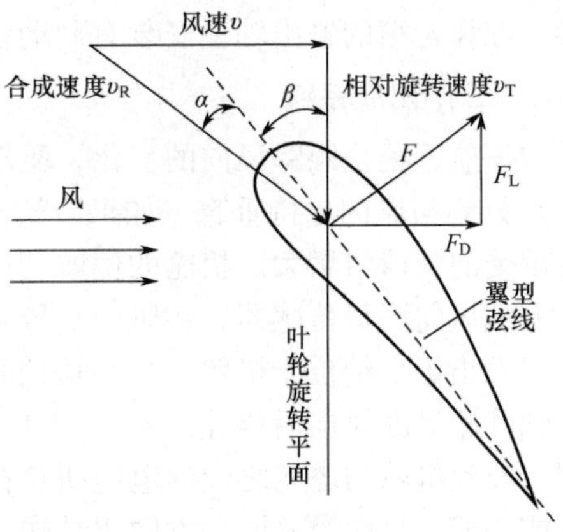

图 4－22　叶片翼型截面示意图

叶轮按照叶片是否能够围绕其纵向轴线转动，可以分为定桨距叶轮和变桨距叶轮，风力发电机组也因此分为定桨距机型和变桨距机型。定桨距叶轮的叶片与轮毂之间按照设计的固定的桨距角固定连接，定桨距结构简单，但是承受的载荷较大。在叶轮转速恒定的条件下，当风速超过机组额定风速时，气流边界层与叶片开始分离，随着风速继续增加，分离程度加深，叶片的升力逐步减小，直至进入“失速”状态，叶轮输出功率降低，发电机不会因超负荷而烧毁。变桨距叶轮的叶片与轮毂通过轴承连接。在机组实际工作中，叶片根据风速变化情况，可以通过变桨机构围绕其纵向轴线来进行旋转调节（调节桨距角），以获得最佳的运行状态。因此，对于变桨距风力发电机组，其叶轮系统还包括变桨机构。变桨距叶轮结构比较复杂，但是能够获得较好的性能，而且叶片承受的载荷较小，质量轻。另外按照转速的变化又可以分为定转速叶轮和变转速叶轮。变转速叶轮的转速随风速变化可以使叶轮保持在最佳效率状态下运行，获取更多的能量，并减小因阵风引起的载荷。但是变转速发电机的结构复杂，还需要通过交－直－交的变流装置与电网频率保持同步。

由于风力发电机组通常树立在比较空旷的地域，容易遭受雷击，所以叶片上必须安装防雷装置。

轮毂是连接叶片与主轴的重要部件，其作用是承受气流作用在叶片上的推力、扭矩、弯矩及陀螺力矩等，并将叶轮的力和力矩通过主轴传递给传动系统。

（二）传动系统

传动系统是将叶轮的旋转机械能传递给发电机转子，主要包括主轴、齿轮箱以及联轴器。轮毂承载着三根叶片组成的叶轮，在机舱内与主轴固定连接，通过主轴将叶轮产生的转矩传递给齿轮箱输入轴（低速轴）。齿轮箱将转速提高并经过其输出轴（高速轴）和联轴器驱动发电机转子。通常大型风力发电机组的叶轮转速为 10～30r/min，通过齿轮箱增速后，齿轮箱输出轴转速达到发电机的同步转速 1000r/min 或者 1500r/min。通常主轴与齿轮箱输入轴的连接采用胀套联轴器。有的风力发电机组将主轴与齿轮箱输入轴设计成为一体化结构，以节省机舱内有限的空间。齿轮箱输出轴通过柔性联轴器与发电机转子连接。在齿轮箱的输出轴上安装有制动盘，用于机组减速或停止。

（三）偏航系统

偏航系统是跟踪风向的变化，驱动机舱围绕塔筒中心转动，使叶轮的旋转平面（扫掠面）始终与风向保持垂直。如果叶轮旋转平面与风向不垂直，机组不仅功率输出降低，而且承受的载荷将增大。机舱的偏航动作是由偏航齿轮装置自动执行的。位于机舱罩外后部上方的风向测量传感器，将风向信号发给控制器，经过与叶轮当前的方位进行比较后，控制器发出指令给位于机舱底盘与塔筒顶部连接处的偏航机构，通过偏航轴承使机舱旋转，直到叶轮对准风向后停止。在实际工作中，有可能出现机舱沿着同一方向累计转了很多圈，导致机舱与塔底之间的电缆扭绞在一起，造成机组故障。因此，偏航系统还必须具有解缆功能，机舱沿着同一方向累计转了若干圈后，必须反向回转，直到扭绞的电缆松开。

（四）液压和制动系统

液压系统主要为油缸和制动系统提供必要的驱动压力。一些机组采用强制润滑型齿轮箱，因此也需要液压系统供油。油缸主要是用于驱动定桨距叶轮的叶尖制动装置或者变桨距叶轮的变桨距机构。液压系统一般由电动机、油泵、油箱、过滤器、管路以及各种液压阀组成。

制动系统是为了机组维修维护或者安全而使机组停机。一般分为空气制动和机械制动两部分。定桨距风电机组的叶尖制动片旋转90°，以及变桨距风电机组的叶轮处于顺桨位置，均是利用空气阻力使叶轮旋转减速或者停止，属于空气动力制动；机舱内主轴或者齿轮箱输出轴（高速轴）上设置的盘式制动器，属于机械制动。在实际工作中，为了让处于运行状态下的机组停机，通常先采用空气制动，使叶轮转速降低，再采用机械制动使叶轮停止旋转，最终实现机组停机。

（五）发电机系统

发电机系统是将叶轮的机械能转换为电能，主要包括发电机、变流器、冷却装置。常见的发电机分为同步发电机和异步发电机两种。同步发电机的并网一般有两种方式：一种是准同期直接并网，这种方法在大型风电机组中极少采用；另一种是交－直－交并网。近年来，由于大功率电子元器件的快速发展，变速恒频风电机组得到了迅速发展。同步发电机也在风电机组得到广泛应用。

异步发电机的转速取决于电网的频率，只能在同步转速附近很小的范围内变化。当风速增加使齿轮箱输出轴（高速轴）转速达到异步发电机同步转速时，机组并入电网，向电网输送电能。风速继续增加，发电机转速略微升高，增加输出功率。达到额定风速后，由于叶轮的调节，稳定在额定功率而不再增加。反之风速减小，发电机转速低于同步转速时，则从电网吸收电能，处于电动机状态，经过适当延时后应脱开电网。有的风电机组为了充分利用低风速时的风能，降低叶轮转速，采用了可变极数的异步发电机，如从4极额定转速1500r/min变为6极额定转速1000r/min，这种发电机仍然可以被认为是基本上恒定转速的。普通异步发电机结构简单，可以直接并入电网，无需同步调节装置，缺点是叶轮转速固定后效率较低，而且在多变的风速作用下，承受较大载荷。为了克服这些不足之处，相继开发出了高滑差异步发电机和变转速双馈式异步发电机。双馈是异步发电机借助于转子电路中的变频器在并网运行中，可以实现 ±40% 的转速可变运行。

为了减少齿轮箱的传动损失和发生故障的概率，有的风力发电机组采用叶轮通过主轴直接驱动同步多级发电机，这种没有齿轮箱的风电机组称之为直驱型风力发电机组。该类型风电机组的发电机转速与叶轮转速相同，而且随着风速变化。优点是叶轮可以转换更多的风能，所承受的载荷较小，减轻了传动系统部件的重量，降低了机组故障率；缺点是这种发电机结构复杂，尺寸较大，制造工艺要求很高，需要全功率的变流装置才能与电网频率同步，经过转换又会损失部分能量。

（六）控制系统

控制系统是为了自动控制风电机组运行，按照其特性自动检测故障，并根据情况采取相应的措施。主要包括控制和监测两部分。控制部分又设置了手动和自动两种模式，机组运行维护人员可在现场根据需要进行手动控制，而自动控制应在无人值守的条件下预先设置控制策略，保证机组正常安全运行。监测部分将各种传感器采集到的数据传送到控制器，经过处理作为控制参数或者作为原始记录存储起来，在机组控制器的显示屏上可以查询，同时通过网络传送到风电场中央控制室的电脑系统，也可以传送到业主所在的城市办公室。

（七）安全系统

安全系统是要保证风电机组在发生非正常情况时能够立即停机，预防或减轻故障损失。关键部件采用了“失效－保护”的设计原则。例如，定桨距机组的叶尖制动片与叶片外形组合成一个整体，同时保持机械制动器的制动钳处于松开状态，一旦发生液压系统失灵或者电网停电，叶尖制动片和机械制动器的制动钳将在弹簧作用下立即动作：叶尖制动片旋转 90°以及机械制动器的制动钳变为夹紧状态，叶轮被制动停止旋转。

三、风力发电机组的性能参数

风力发电机组最主要的参数是叶轮直径（或叶轮扫掠面积）和额定功率。通常这两个参数是机组型号的组成部分。例如，FL1500－77，或者 FL77/1500，其中 FL 表示机型代号，1500 表示额定功率为 1500kW，77 表示叶轮直径为 77m。叶轮直径（或叶轮扫风面积）说明机组能够在多大范围内获取风中蕴含的能量，是机组的基本标志。额定功率是与机组相配套的发电机铭牌功率，其定义为“正常工作条件下，风力发电机组的设计要达到的最大连续输出电功率”。叶轮直径应当根据不同的风况与额定功率匹配，以获得最大的年发电量和最低的发电成本，配置较大直径叶轮供低风速区选用，配置较小直径叶轮供高风速区选用。

通常用功率曲线图来反映风力发电机组的性能特性。功率曲线图的横坐标是风速值，纵坐标是风力发电机组的输出功率值。每种型号的风力发电机组在出厂销售时，其制造商都会给出功率曲线图。如图 4－23 所示。功率曲线主要分为上升和稳定两部分。功率曲线图中有三个重要的特征风速，即切入风速、额定风速、切出风速。切入风速是风电机组开始发电向电网输送电功率时的最小风速。需要注意的是切入风速不同于机组的起动风速，起动风速是叶轮开始旋转的风速。目前大多数风力发电机组的切入风速都为 3～5m/s。当风速超过切入风速并逐步增大时，机组的输出功率快速上升，这是由于输出功率大约与风

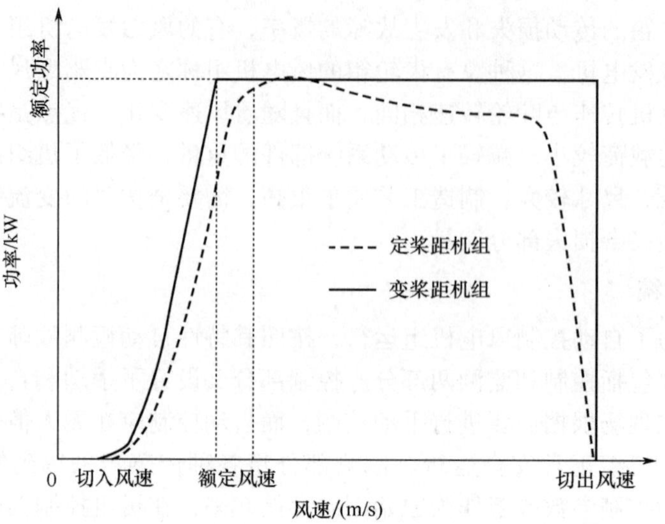

图4－23 功率曲线示意图

速的立方成正比。达到额定功率值时的风速称之为额定风速。此后风速继续增大，由于叶轮的调节作用，机组输出功率保持不变。定桨距叶轮因失速有个过程，超过额定风速后功率略有上升，然后下降。如果风速继续增加，为了保护机组的安全，规定了允许机组正常运行的最大风速，称之为切出风速。机组运行时遇到这样的大风必须停机与电网脱开，输出功率立刻降为0，功率曲线到此终止。根据风速可以将风力发电机组的运行性能分为4个区间，见表4－3。风电机组产生的电功率主要来自于第2区间和第3区间。

表4－3　风力发电机组运行性能区间

风速区间	机组输出功率	风速区间	机组输出功率
0～切入风速	输出功率为零	额定风速～切出风速	输出功率恒定（额定功率）
切入风速～额定风速	功率随风速增大而增大	大于切出风速	机组切出，功率为零

功率曲线的测试要有专用的测风塔，严格按照国际电工委员会（IEC）制定的标准方法进行。对应于风速的实测功率值是很分散的，最终得出的功率曲线是大量实测值按照规定方法概率分布归纳出来的。在风电场用机载风速仪和功率传感器测出的功率曲线是不规范的，只能作为参考。另外，样本上提供的功率曲线是换算成标准空气密度条件下的数值，在实际应用时要考虑现场的实际情况。

四、风力发电机组的功率调节

功率调节是风力发电机组的关键技术之一。风力发电机组在实际工作中，当风速超过机组额定风速后，为了确保机组的安全，必须降低叶轮的能量吸收，使机组的输出功率保持在额定值附近，同时也能够限制叶片承受的负荷以及整个机组受到的冲击。功率调节的方式主要有定桨距失速调节和变桨距角调节两种方式。

（一）定桨距失速调节

定桨距失速调节是定桨距型风力发电机组采用的功率调节方式。定桨距型机组的叶片与轮毂是刚性连接，即桨距角固定不变。当气流流经叶片翼型表面时，叶片的攻角随着风速增大而增大，升力随之增大，机组输出功率也增大，当风速达到额定风速时，机组输出功率达到或者接近额定功率。风速超过额定风速后，叶片翼型表面上的气流边界层开始分离，叶片进入失速状态，升力开始逐渐减小，由于风速在不断增大，而叶轮输出功率与风速的三次方成正比，虽然升力在减小，但是机组的输出功率还会略微增大，随着风速继续增大，叶片失速状态进一步加深，机组输出功率开始下降，直至叶片进入完全失速区，机组的输出功率迅速降低直至零，如图 4－24 所示。

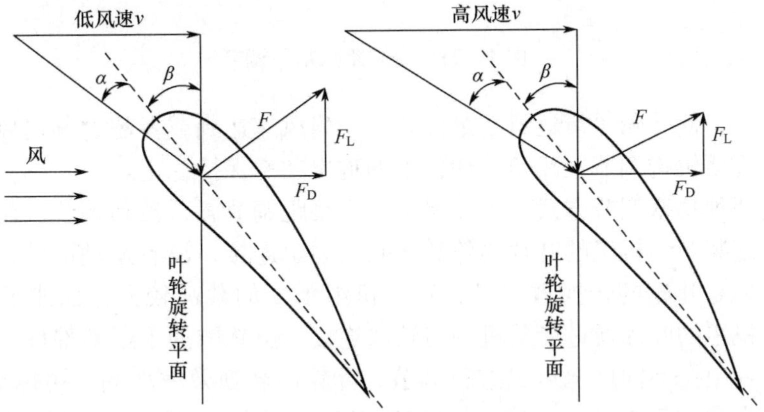

图 4－24　定桨距失速调节

对于定桨距型风力发电机组，在安装叶片时要尽量使桨距角达到最佳，从而避免机组的额定出力。通常情况下，定桨距型风力发电机组在安装运行一段时间后，需要对叶片的桨距角进行重新调整，以使机组能够适应当地的风速情况，提高机组的出力水平。

（二）变桨距角调节

变桨距角调节是变桨距型风力发电机组采用的功率调节方式。变桨距型机组的叶片与轮毂之间通过变桨机构连接。机组在实际工作中，叶片根据不同风况通过变桨距机构来调节桨距角，叶片翼型的攻角也随之被调节，进而达到调节叶片升力和机组输出功率的目的。在低风速时，叶片的攻角较大，以获得较大的升力和转动力矩，随着风速增大至一定时，变桨机构开始调节桨距角，桨距角向迎风面积减小的方向转动一定角度，相当于增大了桨距角，从而减小了攻角，在保持机组输出最大功率的同时防止气流边界层脱离叶片翼型表面。当风速达到额定风速时，通过调节桨距角来保持叶轮稳定的转速和扭矩，以稳定机组的输出功率，如图 4－25 所示。

变桨距型风力发电机组的叶片在机组停止运行时桨距角为 90°，此时的状态称之为顺桨。在顺桨时，气流对叶片不产生转动力矩，整个叶片实际上是一块启动阻尼板。当风速达到起动风速时，叶片向桨距角为 0°的方向转动，直到气流对叶片产生一定攻角，叶轮获得足够的气动力矩开始转动。在风速低于额定风速时，机组控制系统根据风速的大小调整

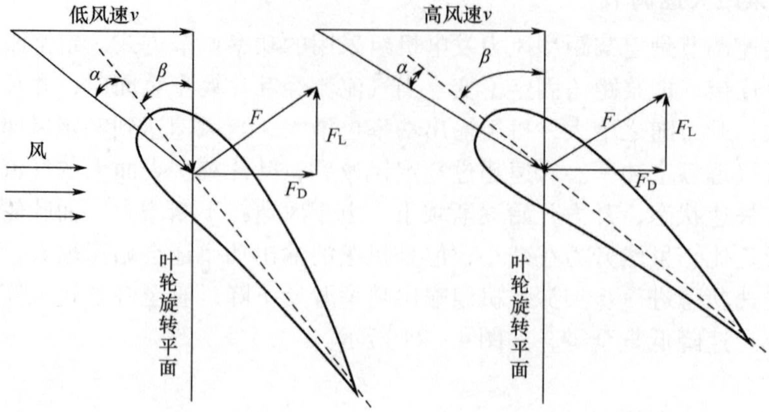

图 4-25　变桨距角功率调节

发电机的转差率，使叶轮尽量运行在最佳状态。当风速达到或者超过额定风速时，控制系统发出指令，变桨机构调节桨距角，使机组的输出功率保持稳定。

对比上述两种功率调节方式，可以看出，定桨距调节属于被动调节，而变桨距角调节是主动调节。定桨距型机组的叶片与轮毂之间为固定连接，没有运动部件，结构简单，控制原理简单，但是叶轮的转换效率低，整个机组承受的载荷较大，加速了机组的疲劳损坏。变桨距型机组的叶片通过变桨机构与轮毂连接，虽然增加了运动部件，控制原理变为复杂，但是叶片根据不同风况可以进行调节，叶轮的转换效率增高，可以充分吸收风能。目前，商业化大型兆瓦级（额定功率超过 1000kW）风电机组均为变桨距型。

✲ 扩展阅读

沪上“第一高楼”上海中心大厦塔冠的风力发电机

上海中心大厦是全球首座 400m 以上 Leed（美国绿色建筑协会能源与环境先锋设计认证体系）白金级建筑，多项节能、节水等因地制宜采用的绿色建筑技术也同步对外公布，每年为大厦供电 119 万 kW·h。

与常见的风电机总拥有宛如“大风车”般的巨大桨叶不同，登上上海中心大厦的 121 层，只见屋顶的钢结构上布满了一个个“小圆筒”。这正是 270 台“垂直轴涡轮”的风力发电机，总额定功率为 135kW，每年可以为大厦提供 119 万 kW·h 的绿色电力，供屋顶、观光层中的设备使用。由于高空屋顶上全年平均风速可达到 8～10m/s，非常适合利用风力来发电，因此，上海中心大厦的外幕墙上开了 3 个很大的开孔，安装高空风力发电系统。

除了风力发电之外，上海中心大厦围绕“节地、节能、节水、节材、室内环境质量和运营管理”等方面，采用了一系列绿色建筑适用技术。其中，通过收集塔楼屋面和裙楼屋面的雨水及酒店部分中水，用于办公部分冲厕、水景补水、绿化浇灌等用途，整幢建筑的节水率超过 50%；利用外遮阳系统，在保证窗户的采光、通风、日照、视野等前提条件下，减少了夏季阳光直射，有效降低了空调能耗。此外，上海中心大厦针对用电量、水耗、燃气、供热、供冷、热水、可再生能源都设置了分项计量，由总控中心控制管理着整座建筑的能耗。

思考题

1. 风力发电是否会对全球气候带来一定影响？
2. 为什么大多数风力发电装置是三片叶片？
3. 风力发电与光伏发电进行电力系统并网的困难主要有哪些？

参考文献

1. 宫靖远，贺德馨，等．风电场工程技术手册．北京：机械工业出版社，2010.
2. 陈听宽，章燕谋，等．新能源发电．北京：机械工业出版社，1988.
3. 杨校生．风力发电技术与风电场工程．北京：化学工业出版社，2011.
4. 中国标准出版社．风力机械标准汇编．北京：中国标准出版社，2006.
5. Boweden G J, Barker P R, et al. The Weibull distribution function and wind statistics. WindEngineering，1983，7：85～98.
6. 张志英，赵萍，等．风能与风力发电技术．第 2 版．北京：化学工业出版社，2010.
7. Gourieres D L. 风力机的理论与设计．施鹏飞译．北京：机械工业出版社，1987.
8. 风力机械标准化技术委员会．风力机械标准汇编．北京：中国标准出版社，2006.
9. 中国可再生能源学会风能专业委员会．风能．风能，2015，2.
10. 贺德馨．风电工程与工业空气动力学．北京：国防工业出版社，2006.
11. 叶杭冶．风力发电机组的控制技术．第 2 版．北京：机械工业出版社，2006.
12. 徐灏．机械设计手册．北京：机械工业出版社，2000.
13. 张新房，徐大平，等．风力发电技术的发展及若干问题．现代电力，2003，20（5）：29～34.
14. 宣安光．对风力发电机组机械传动技术的探讨．电气制造，2010，（3）．
15. 姚兴佳．风力发电测试技术．北京：电子工业出版社，2011.
16. 杨校生．风电场建设、运行与管理．北京：中国环境科学出版社，2010.
17. 景思睿，张鸣远，等．流体力学．西安：西安交通大学出版社，2008.
18. 傅秦生．工程热力学．北京：机械工业出版社，2012.

第五章　生物质能利用

生物质能是将太阳能通过绿色植物的光合作用将化学能直接或间接储存在生物质（包括动植物和微生物）中的能量进行二次开发利用的能源形式。生物质能的开发通常将生物质能的载体（如木材、森林废弃物、农业废弃物、水生植物、油料植物、城市和工业有机废弃物、动物粪便等）通过化学法、生物法以及化学生物相结合的方法转化为热量、电力、固体燃料（如木炭或成型燃料）、液体燃料（如生物柴油、生物原油、甲醇、乙醇和植物油等）和气体燃料（如沼气、生物质燃气和氢气等）等二次能源形式。生物质能转换技术涉及气化、液化、热解、固化、发酵和直接燃烧等技术。其主要可行的转换技术及产品如图 5 - 1 所示。近年来由于化石能源面临日益枯竭的问题和出于保障石油安全的目

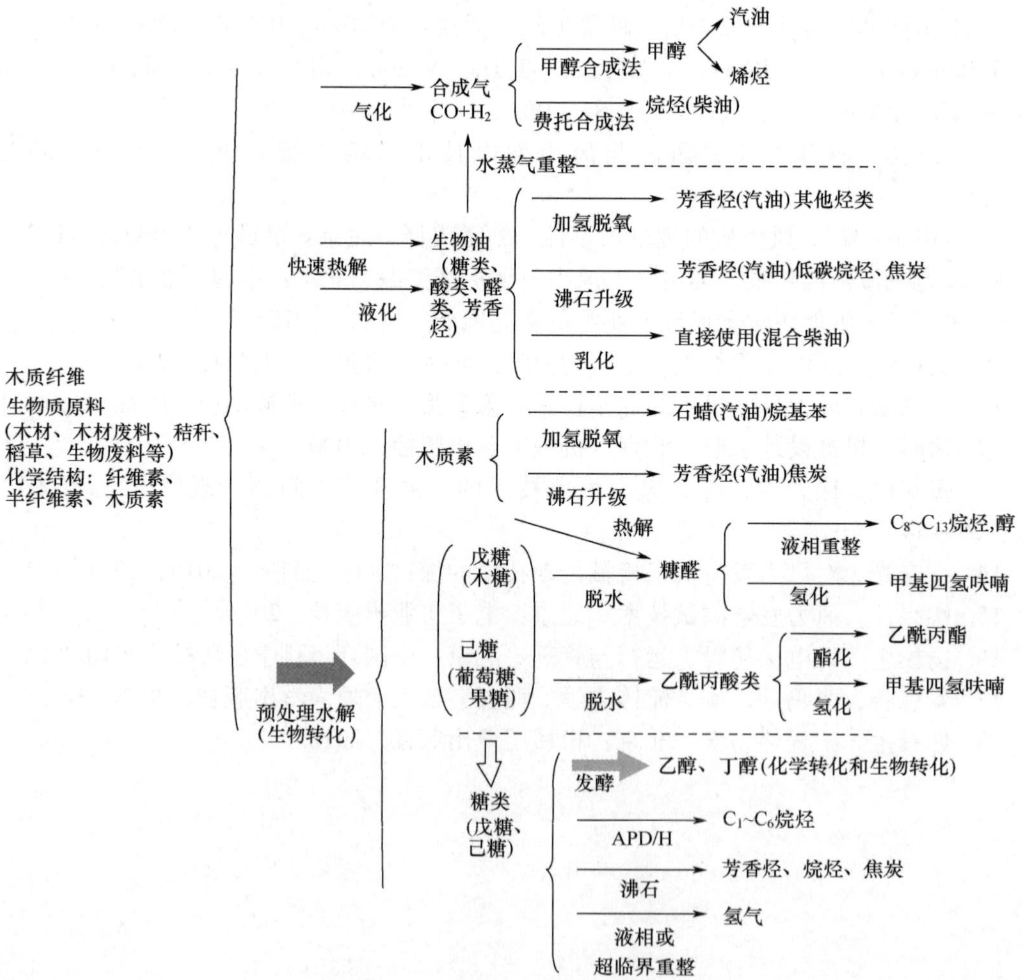

图 5 - 1　生物质制备生物燃料路径

注：除标记的转化方式外，其余均为化学转化。

的，生物质制取液体燃料的技术受到世界各国政府的高度关注与重视，发展非常快速。我国拥有丰富的生物质能资源，因此大力发展生物质能尤其是生物基液体燃料，对优化我国能源结构，增强我国能源供给能力，以及改善我国能源安全意义重大。

第一节 生物质资源

生物质（biomass）是生物质能的载体，包括各种由光合作用产生的有机体。狭义概念上，生物质主要是指农林业生产过程中的秸秆、树木等木质纤维素，农产品加工业下脚料，农林废弃物及畜牧业生产过程中的禽畜粪便和废弃物等物质。广义概念上的生物质包括所有的植物、微生物、动物及其生产的废弃物。代表性的生物质包括农作物、农作物废弃物、木材、木材废弃物和动物粪便。生物质具有可再生性、低污染性、广泛分布的特征。

一、生物质的组成

目前，农业废弃物（如麦草、玉米秸秆、玉米芯等）、工业废弃物（如制浆和造纸厂的纤维渣）、林业废弃物和城市废弃物（如废纸、包装纸等）等植物型生物质是生物质能的主要来源。这类生物质主要由纤维素、半纤维素和木质素构成。一般来说，纤维素占35% ~50%，半纤维素占20% ~30%，木质素占20% ~30%。表5 -1展示了三种不同类型生物质的组分构成。不同生物质中各组分比例差别较大。即使同种生物质，其在不同生长时期组分比例也不尽相同。

表5 -1 典型生物质纤维素、半纤维素及木质素组成分布 单位:%（质量分数）

生物质	纤维素	半纤维素	木质素
针叶木（软木）	35 ~40	25 ~30	27 ~30
阔叶木（硬木）	45 ~50	20 ~25	20 ~25
乔本科作物（农作物）	33 ~40	20 ~25	15 ~20

（一）纤维素

纤维素（cellulose）是D - 葡萄糖以β -1，4 - 糖苷键连接而成的大分子多糖。其基本结构如图5 -2所示。纤维素的分子式可写作（$C_6H_{10}O_5$）n。其相对分子质量50000 ~2500000，相当于300 ~15000个葡萄糖基。纤维素是自然界中分布最广、含量最多的一种多糖，是维管束植物、地植物以及一部分藻类细胞壁的主要成分。棉花、亚麻、苎麻和黄麻都含有大量优质的纤维素。棉花的纤维素含量高达90%，为天然的最纯纤维素来源。此外，麻、麦秆、稻甘蔗渣等，都富含纤维素。木头中纤维素含量较低，也约有50%。纤维素通常作为重要的造纸原料。其他主要以纤维素为原料的产品也广泛用于塑料、炸药、电工及科研器材等方面。

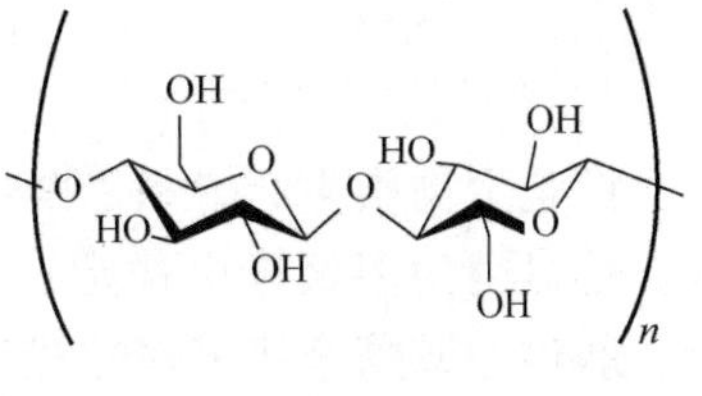

图5 -2 纤维素的结构式

含糖丰富的纤维素是燃料乙醇类生物燃料的极佳原料。燃料乙醇可直接作为燃料供汽车、摩托车等交通工具使用而无需过多改动发动机，也可作为添加剂加入汽油中制成混合燃料。每年纤维素类生物质如果能全部转化为生物能源，相当于340～1600亿桶原油，而目前全球每年消耗的石油约30亿桶。农作物秸秆、甘蔗渣、木屑、废纸、废林木等工农业及城市生活废弃物中都含有丰富的纤维素，都是生产燃料乙醇廉价而丰富的原料，和玉米、大豆相比，这些原料可以避免“与人争粮”和“与农争地”。单农作物秸秆一项，中国年产达6.5亿t。其理论燃料乙醇的年生产能力就可达到1.4亿t，足以满足全国一年全部运输燃料需求。

早期纤维素生产燃料乙醇技术采用硫酸水解纤维素工艺（详见本章第四节），设备和生产成本都很高，而且环境污染也很严重。当今纤维素生产乙醇的主导技术是用生物酶代替硫酸水解纤维素，同时进行糖化和发酵。酶解纤维素虽然高效，产物单一，但反应慢，周期长。更重要的是生物酶的成本高。尽管现在水解酶的成本已经降低为原来的1/30，但每升纤维素燃料乙醇的成本仍在4～7元徘徊，比石油的成本高出约50%。受困于成本，纤维素制乙醇虽然已经有万吨级别的生产装置，但目前仍未能商业化。

（二）半纤维素

半纤维素（hemicellulose）指在植物细胞壁中与纤维素共生，并且相互连接构成坚硬的细胞连接网络的那部分植物多糖（图5－3），是由几种不同类型的单糖（聚木糖类、聚葡萄甘露糖类和聚半乳糖葡萄甘露糖类）构成的异质多聚体，这些糖主要为己醣和戊糖，包括D－木糖基、D－甘露糖基、D－葡萄糖基、D－半乳糖基、L－阿拉伯糖基、4－*O*－甲基－D－葡萄糖醛酸基、D－半乳糖醛酸基和D－葡萄糖醛酸基等，还有少量的L－鼠李糖、L－岩藻糖等。

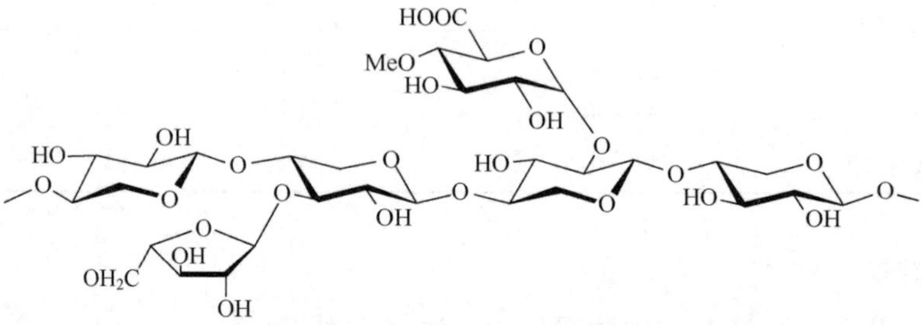

图5－3　半纤维素的结构式

糖是生物质生产燃料乙醇的核心，作为多聚糖的半纤维素本被看作燃料乙醇的重要原料。但是因为多聚糖更稳定，而戊糖不容易被酿酒酵母发酵，使半纤维素的利用更为复杂。通过酸或酶来将多聚糖进行水解，将其分解成单糖，同时开发可使戊糖发酵的酿酒酵母菌株或使用可使戊糖自然发酵的其他种类酵母，是将半纤维素有效转化为生物燃料的关键。

（三）木质素

木质素（lignin）是由高度取代的苯基丙烷单元随机聚合而成的高分子，它与纤维素、半纤维素一起，形成植物骨架的主要成分，在数量上仅次于纤维素。木质素填充于纤维素构架中增强植物体的机械强度，利于输导组织的水分运输和抵抗不良外界环境的侵袭，分子结构中含有氧代苯丙醇或其衍生物结构单元的芳香性高聚物。木质素是由四种醇单体（对香豆醇、松柏醇、5－羟基松柏醇、芥子醇）形成的一种复杂酚类聚合物。

因单体不同，可将木质素分为3种类型：由紫丁香基丙烷结构单体聚合而成的紫丁香基木质素（syringyl lignin，S－木质素），由愈创木基丙烷结构单体聚合而成的愈创木基木质素（guaiacyl lignin，G－木质素）和由对羟基苯基丙烷结构单体聚合而成的对羟基苯基木质素（para－hydroxy－phenyl lignin，H－木质素）（图5－4）。裸子植物主要为愈创木基木质素（G），双子叶植物主要含愈创木基－紫丁香基木质素（G－S），单子叶植物则为愈创木基－紫丁香基－对羟基苯基木质素（G－S－H）。根据不同的提取工艺，木质素又分为磺化木质素（酸木质素）、碱木质素、酶解木质素和有机木质素等。磺化木质素和

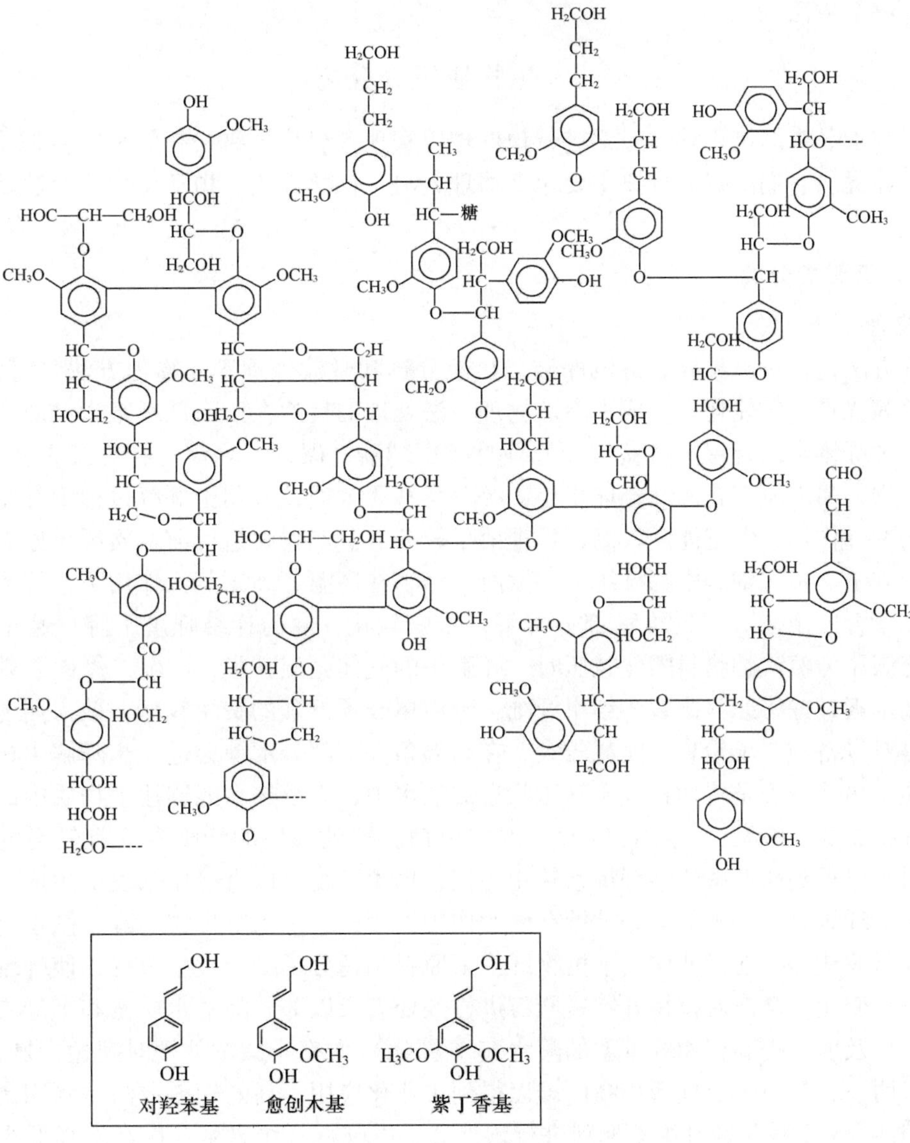

图5－4　木质素的结构式

碱木质素分别来源于亚硫酸法造纸和碱法造纸的副产物，而有机木质素和酶解木质素则来源于有机溶剂提取分离木质纤维素和木质纤维素酶解分离。磺化木质素在提取过程中其侧链会发生磺化反应及缩合反应，而缩合反应同样也会在碱木质素的提取过程中发生。相比于有机木质素和酶解木质素的结构类似于原木木质素，磺化木质素和碱木质素的结构发生了一定改变，因此，对它们采取的解聚策略也会有所差别。

木质素最大的特点是具有大量苯环结构，是潜在的制备芳烃化合物的重要可再生资源。木质素作为造纸工业废液，每年有近5000万t的产量，但由于木质素结构复杂，机械强度高，难以降解转化，只有2%被利用作为低热值燃料使用，大部分作为废物排放，不仅浪费资源，而且污染环境。由于木质素结构复杂、稳定，难以降解，因此催化转化制备芳香化合物面临极大挑战。目前，以木质素为原料制备芳烃的主要方法有催化热解和超临界催化降解等方法。

二、生物质组分分离

对纤维素、半纤维素和木质素进行预处理以实现各组分分离是有效利用生物质资源的关键技术前提。它们的提取分离主要包括物理方法、化学方法、物理化学结合法及生物处理方法。

（一）纤维素分离

1. 物理方法

物理方法包括机械粉碎、蒸汽爆破、热液分解和微波处理等。物理方法具有污染小、操作简单等优点，但能耗大，成本高。物理方法处理的目的在于降低纤维素结晶度，破坏木质素、半纤维素结合层。机械粉碎处理是指用球磨、碾磨、辊筒等将纤维素物质粉碎。经粉碎的物料粉末没有膨润性，体积小，提高了基质浓度，有利于酶解过程中纤维素酶或木质素酶发挥作用，但是能耗较高，处理效果较差。蒸汽爆破是目前木质纤维原料预处理最常用的方法。植物细胞中的纤维为木素所黏结，在高温、高压蒸汽作用下，纤维素结晶度提高，聚合度下降，半纤维素部分降解，木素软化，横向连结强度下降，甚至软化可塑，当充满压力蒸汽的物料骤然减压时，孔隙中的气体剧烈膨胀，产生“爆破”效果，可部分剥离木素，并将原料撕裂为细小纤维。蒸汽爆破预处理的费用较低，效果明显，其不足之处是对设备的要求较高，能耗较大，在高温条件下部分木糖会进一步降解生成糠醛等有害物质。热液处理是将物料置于高压状态的热水中，高压热水能够让生物质中的半缩醛键断裂并生成酸，酸又会使半纤维素水解成单糖。预处理后的纤维素具有较高的酶解效率，同时可以得到高产率的半纤维素转化的糖，水解产物可以直接用来发酵生成乙醇。其缺点是由半纤维素水解来的部分单糖在酸的作用下会进一步水解生成糠醛等微生物发酵的抑制物。微波法是指在微波作用下植物纤维素原料的超分子结构发生改变，使纤维素结晶区尺寸发生变化。微波对植物纤维素原料进行预处理可以部分降解木质素和半纤维素，从而增加其可及度，提高植物纤维素的酶水解（糖化）效率。微波处理时间短、操作简单、糖化效果明显，但由于处理费用高而难以得到工业化应用。高能辐射方法是利用高能射线如电子射线、γ射线来对纤维素原料进行预处理，以降低纤维素聚合度和增加纤维素的活性。电离辐射的作用，一方面是使纤维素聚合度下降，相对分子质量的分布特性改变，使其相对分子质量分布比普通纤维素更集中；另一方面是使纤维素的结构松散，并影响到纤维素的晶体结构，从而使纤维素的活性增加，有利于后续的水解。但是此方法设备投入较高，目前仅限于实验室。

2. 化学方法

（1）酸处理　纤维素水解试剂有浓酸、稀酸和无水无机酸。稀酸预处理是较常用而成熟的方法之一。酸水解可分为高温水解和低温水解。低温水解温度为100℃或100℃以下，而大多数高温水解是160~220℃。该方法温度和酸浓度越剧烈，木质纤维素的处理效果越好，但其产生的发酵抑制产物（甲酸、乙酸、糠醛、羟甲基糠醛、糖醛酸、己糖酸等不稳定生成物）相对增加，因此多采用稀酸和低温处理，常用为稀硫酸。经稀硫酸处理后，半纤维素水解，可以大大增加纤维素的水解性。纤维素被降解主要转化成葡萄糖；半纤维素则生成多种单糖（木糖、阿拉伯糖、甘露糖等）；木质素则降解成多种单环芳香族化合物。

（2）碱处理法　主要用的碱有氨水、$Ca(OH)_2$、NaOH和碱性过氧化氢。其原理是利用木质素能溶解于碱性溶液来破坏其中的木质素结构，机理是基于OH^-削弱纤维素和半纤维素之间的氢键及木聚糖半纤维素和其他组分内部分子之间酯键的皂化作用。随着酯键的减少木质纤维原料的空隙率增加，半纤维素部分溶解，纤维素则因水化作用而膨胀，纤维素的结晶度也有所降低。但是碱处理的主要缺点在于氢氧化钠成本较高且不易回收，废液会造成环境污染。

（3）有机溶剂萃取　最早开始于造纸行业，酸催化有机溶剂法最为常用。有机溶剂包括甲醇、乙醇、丙酮、乙烯基乙二醇、三甘醇及四氢化糠基乙醇，有机酸指草酸、乙酰水杨酸和水杨酸。它是利用有机溶剂在高温条件下，依靠溶液的H^+来进攻亚甲基醌结构中的碳负离子，从而破坏LCC复合物，脱出木素。有机溶剂处理可降低成本，避免阻碍微生物生长、酶法水解和发酵的化合物生成。但同时存在腐蚀和毒性等问题的限制，容易造成环境污染。

（4）臭氧处理　即利用氧气、臭氧、过氧化氢等强氧化剂将木质素氧化分解，同时溶出大部分的半纤维素，纤维素几乎不受影响。这种处理方法条件温和，操作简便。缺点是臭氧需要量较大，生产成本昂贵。除上述方法，还有湿氧化法预处理，此法通常是在加温加压条件下，水、氧气和碱共同处理木质纤维素原料，木质素、半纤维素溶解于碱液。湿氧化法不会产生糠醛、羟甲基糠醛等发酵阻抑物，处理后的液体含有溶解的半纤维素、羧酸等，是真菌生长繁殖的营养来源。

3. 物理化学结合法

物理化学结合法处理木质纤维素原料主要有氨冷冻气爆法、CO_2气爆法。将化学试剂加入蒸汽爆破处理的物料中提高预处理效果。

（1）氨冷冻气爆法（ammonia fiber explosion，AFEX）　将木质纤维原料在液态氨（压力115MPa，温度50~80℃）处理一定时间，然后突然减压使原料爆破。在此过程中，由于液体氨的迅速气化而产生的骤冷作用，不但有助于纤维素表面积的增加，同时还可避免高温条件下糖的降解以及有害物质的产生。此法采用的液态氨可以通过回收循环使用，整个过程能耗较低，被认为是一种较有发展前途的预处理技术。

（2）CO_2气爆法　过程类似于汽爆，在高温高压条件下固体原料和CO_2反应，在处理过程中部分CO_2以碳酸形式存在，增加木质纤维原料的水解率。CO_2爆破预处理效果比蒸汽爆破和氨纤维爆破法差，但是成本较汽爆高，缺乏经济竞争力，目前应用较少。

4. 生物处理

生物法是利用分解木质素的微生物降解木质素，从而提高纤维素和半纤维素的酶解糖化率。木腐菌是能分解木质素的微生物，通常分为白腐菌、褐腐菌和软腐菌3种。白腐菌是自然界中最主要的木素降解菌，其分泌的胞外氧化酶主要包括木质素过氧化酶（LiP）、锰过氧化物酶（MnP）、漆酶（Laccase）。这些木质素降解酶能有效、彻底地将木质素降解成为 H_2O 和 CO_2。微生物处理方法设备简单、能耗低、无污染、条件温和，但微生物处理方法的一个最大缺点是处理周期长，而且许多白腐真菌在分解木质素的同时也消耗部分纤维素和半纤维素。目前可知，影响木质纤维素物料酶解率的主要因素有纤维素的结晶度、可及表面积、木质素的保护，以及半纤维素的覆盖等。综上所述，随着人类对环境污染和资源危机等问题的认识不断深入，天然高分子所具有的可再生、可降解性等性质日益受到重视，虽然目前已经取得了一些成绩，但是对于纤维素原料的水解及发酵转化乙醇的工业化仍然存在许多挑战性的问题，随着研究的深入，许多关键性问题将得到解决。

（二）半纤维素分离

半纤维素的分离一般是用各种溶剂抽提木棕纤维素，利用不同浓度的碱液与某些助剂的共同作用或某种有机溶剂的单独作用，将不同的聚糖抽提出来并加以分离。常用的方法：浓碱溶解硼酸络合分级抽提法、有机溶剂提取法、逐步增加碱液浓度分级抽提法、单纯碱抽提法、碱性过氧化物抽提法、二甲基亚砜抽提法等。

1. 浓碱溶解硼酸络合分级抽提法

主要用于从针叶木棕纤维素中分离半纤维素，也可用于其他植物原料。主要先用24% KOH 抽提，然后用含硼酸盐的 NaOH（或 LiOH）再次抽提。分级抽提主要利用 NaOH、LiOH 对半纤维素的溶解性比 KOH 强，同时硼酸盐和聚葡萄糖甘露糖形成可被碱液抽提的络合物，实现半纤维素的分离。单纯碱抽提法，主要利用 KOH 溶液对聚木糖溶解能力强，而对聚甘露糖类溶解能力较小的特性，用 KOH 溶液抽提阔叶木与草类原料中的聚木糖，实现对半纤维素的提取。碱性过氧化物抽提法，主要在碱性介质中添加过氧化氢增加半纤维素大分子的溶解性，同时具有脱出木质素和漂白的作用，可获得更高相对分子质量的半纤维素样品，且包含很少的缔合木素。在碱性抽提过程中，半纤维素不可避免地发生一些反应，如碱性剥皮反应、苷键发生断裂的碱性水解、半纤维素与木素间化学键的断裂，从而对半纤维素的结构造成一定的影响。

2. 有机溶剂提取法

主要采用二甲基亚砜分离半纤维素。二甲基亚砜抽提可以避免细胞壁中重要的功能性基团乙酰基的脱除，使分离的半纤维素更接近原本结构。

（三）木质素分离

木质素提取分离的主要方法包括酸提取法、碱提取法、有机溶剂提取法和生物提取法。此外，木质素的分离方法还包括离子液提取和超临界萃取等。

1. 酸提取法

利用浓酸（64%～72%的浓硫酸、发烟盐酸和浓氢氟酸等）水解纤维素，木质素作为不溶物被分离出来，根据所用酸不同可分为磺酰木质素、盐酸木质素和氢氟酸木质素。酸溶液虽然能使纤维素水解变成水溶液并使木质素沉淀，然而这种分离方法自身却有很大的不足。因为在温度升高和质子的作用下，木质素中的肉桂醇、肉桂醛、α-醚结构容易在酸性条件下产生正碳离子，并与其他芳香环发生缩合反应，生成更加稳定的高聚物。这也使得木质素结构在很大程度上改性，从而制约了其作为分离产物在其他领域的应用，同时酸木质素不太适于木质素的结构研究。

2. 碱提取法

主要利用热碱液（180℃ KOH 溶液）溶解木质素，过滤纤维素后，再使用无机酸（如盐酸）酸沉，并用有机溶剂如氯仿、苯等萃取纯化得到碱木质素。碱木质素是造纸工业的主要副产物，造纸黑液中有大量木质素的存在，值得一提的是，作为分离纤维素的副产物，制备得到的木质素的经济价值甚至大大超出了造纸本身的利润。

3. 有机溶剂提取法

利用木质素在一定条件下易溶解于有机溶剂可实现木质素的分离提取。相较于碱法和酸法提取，有机溶剂法具有快速分离（真空干燥）、低污染（萃取液循环使用）和木质素变性程度较少（萃取环境相对温和）的优点。常用的溶剂有醇类（甲醇和乙醇）、酸类（甲酸和乙酸）、乙醚、丙酮和乙酸乙酯等。

4. 生物提取法

利用生物手段，使用降解纤维素的棕腐霉或木霉等将纤维素选择性地降解，实现木质素的分离。这种生化处理分离过程是环境友好、高效专一的，分离出的木质素发生化学改性的程度较少。

第二节　生物质固体燃料技术

一、生物质致密成型

生物质固化成型技术是将干枯的草本类（如农作物秸秆）、木本类（如树枝）植物经粉碎、干燥，在一定的压力作用下压缩成为一种固形物，最终产物被称之为致密成型燃料、生物质固型燃料、生物质型煤等，是目前国内外利用生物质能比较普遍且效果显著的技术之一。与普通薪材燃料相比，生物质固化成型燃料具有密度高、强度大、便于运输和装卸、形状和性质均一、燃烧性能好、热值高、适应性强、燃料操作控制方便等优点，可用于锅炉和煤气发生炉，也可用于工业、家庭和农业、园林暖房的取暖。

按照原料以及其中添加物的情况，生物质成型燃料主要可分为单一组分的成型燃料和复合成型燃料。复合成型燃料是为了便于成型、增加成型效果或增加燃料的除硫效果，在原料中添加一些黏结剂、除硫剂。

按照成型后的密度大小，生物质成型燃料可分为高、中、低三种密度。密度在 $1100kg/m^3$ 以上的高密度成型燃料，更适于取暖炉燃用和进一步加工成炭化制品；密度在 $700kg/m^3$ 以下的为低密度成型燃料；密度介于 $700 \sim 1100kg/m^3$ 的为中密度成型燃料。块型大小适宜的中低密度生物质成型燃料可以完全代替煤或与煤一起混合在普通炉灶、工业锅炉和燃煤电厂锅炉中燃烧。

按成型加压的方法不同来区分，目前国内外技术较为成熟、应用较多的生物质成型燃料加工机有螺旋挤压式、活塞冲压式（包括机械式、液压式）、辊模碾压式（包括环模式和平模式）等。按照其成型过程是否对原料辅助加热，上述三种加工方式又分为冷成型和热成型两类工艺，螺旋挤压式、活塞冲压式都属于热压成型工艺，辊模碾压式采用的是冷压成型工艺。

（1）螺旋挤压式　螺旋挤压成型技术是目前生产生物质成型燃料最常采用的技术，尤其是以机制炭为最终产品的用户，大都选用螺旋挤压成型机。螺旋挤压成型技术的优点是：成品密度高、质量好、热值高。但缺点也是很明显的，表现在：①产量低，目前国产设备的产量不到150kg/h，距离规模化生产的产量要求相差较大。②能耗高，粉料在螺旋挤压成型前先要经过电加温预热，挤压成型过程的吨料电耗在90kW·h/t以上。③易损件寿命短，国产设备主要工作部件——螺杆的最高寿命不超过500h，距离国际先进水平1000h以上还有不小的差距。④原料要求苛刻。螺旋挤压成型机采用连续挤压，成型温度通常调整在220～280℃，为了避免成型过程中原料水分的快速汽化造成成型块的开裂和“放炮”现象发生，一般要将原料含水率控制在8%～12%，所以对有的物料要进行预干燥处理，增加了加工成本。这一点，对于移动式的成型燃料加工系统来说也许是一个致命伤，因为与螺旋挤压成型工艺相衔接还需有配套的烘干机。

（2）活塞冲压式　活塞冲压技术的优点是成型密度较大，允许物料水分高达20%左右。但因为是油缸往复运动，间歇成型，生产率不高，产品质量不太稳定，不适宜炭化。活塞式的成型模腔容易磨损，一般100h要修一次，有的含SiO_2少的生物质材料可维持300h。

（3）辊模碾压式　生物质颗粒燃料的辊模辗压成型技术是在颗粒饲料生产技术的基础上发展起来的，两者的主要区别在于纤维性物料含量的多少和成型密度的高低。用辊模辗压式成型机生产颗粒成型燃料一般不需要外部加热，依靠物料挤压成型时所产生的摩擦热，即可使物料软化和黏合；对原料的含水率要求较宽松，一般在10%～30%均能成型，其成型最佳水分为18%左右。相比于螺旋挤压和活塞冲压而言，辊模辗压成型法对物料的适应性最好。此外，国内一些生产秸秆颗粒饲料的企业在生产颗粒饲料的同时也生产颗粒燃料，以提高设备的利用率。

二、生物质炭化

生物质含有大量的碳元素，是制备碳材料的丰富原料。而利用生物质为原料制备功能较多的活性炭或碳纤维是生物质利用的一种较有前途的方法。尤其是木质素，已被证明是一种良好的活性炭前驱体。生物质制备活性炭的方法主要包含物理法和化学法。通常物理法需要两步完成，先对原材料进行炭化，炭化后对形成的炭化料进行物理活化，如用水蒸气、二氧化碳、空气、烟道气等在700～1100℃下经过足够时间的活化，从而扩大活性炭的孔径，增强其吸附能力。而化学活化法一般一步就可以完成活性炭的制备，把炭化与活化两个过程合并在一起。先将原材料与一定比例的化学活化剂（如氯化锌、磷酸等）内浸渍一段时间，然后在惰性气体媒介中加热，经过炭化、活化后成为活性炭。制备活性炭常用的加热设备有马弗炉、平板炉、流动炉、回转炉等，活化温度为500℃以上，活化时间为60min以上。与物理法炭化相比，化学炭化法具有许多优点：活化温度低，一般为 600～800℃；活化时间短；产率高；形成的活性炭表面积大，孔隙结构较发达，有高含量的表面官能团；附值较高等。但是化学法中大量使用化学试剂容易造成环境污染。

微波法是近年来发展较快的活性炭加热方法，微波是频率范围为 300MHz～300GHz，所对应的波长为 1mm～1m 的一种电磁波。可以实现对物质内外加热，这种加热方式，缩短了活性炭的炭化活化时间；活化剂在微波加热时，也更好地发挥其活化性能。使用微波法所得活性炭往往具有更高的比表面积和较低浓度的含氧基团。同时微波法具有快速、高效、资源回收利用率高、不会造成二次污染、成本低等优点，是一种快速有效的活性炭制备方法。

第三节　生物质气化技术

一、沼气生产

沼气是通过厌氧发酵产生的。厌氧发酵将生物质（如人畜家禽粪便、秸秆、杂草等）在适当水分、温度、酸碱度和厌氧条件下，通过各类微生物的代谢分解，最终形成 CH_4 和 CO_2 等混合气体（沼气）。厌氧消化的优点是提供的能源形式为沼气（CH_4），非常洁净，残余物可作肥料，具有显著的环保效益；主要缺点是能源产出低，生物质能转化效率为 20%～40%，投资大。沼气不但可直接应用于燃气引擎和燃气机，也可进一步加工为高品位的天然气用于发电。现在厌氧消化已应用于多个领域，如工业废水处理、城市垃圾的处理及潜在能源的开发、作燃料与动力，并且已建立了大规模的厌氧消化工厂。

按照沼气的生产规模和方式可以分为户用型沼气和沼气工程。户用型沼气池主要将畜禽粪便和其他有机废弃物转化为沼气和发酵残余物（沼渣、沼液），沼气可用做炊事燃料，发酵残余物可用做肥料。沼气池通常为建造于地表以下的密闭容器，户用沼气池的容积一般在 $20m^3$ 以下。$1m^3$ 沼气在常规家用炉灶上大约可以燃烧 2h。中国户用沼气的发展具有近 80 多年的历史，农业部的数据显示，截止到 2011 年底，中国沼气用户的数量已经达到 4168 万户，其中包括 3996 万个家庭拥有户用沼气池。沼气用户占中国农户总数的 23%，大约相当于适合建造沼气池农户的三分之一。在 2015 年使全国农村沼气用户数量达到 5000 万户，大约占全部适合建池农户的一半。

户用型沼气技术主要体现在沼气池的池型上，典型的户用沼气池有水压式沼气池、浮罩式沼气池和强旋流液搅拌沼气池等。水压式沼气池是我国推广最早、数量最多的池型，这种池型的池体上部气室完全封闭，随着沼气的不断产生，沼气池内的压力相应提高（图 5－5）。这个不断增高的气压，迫使沼气池内的一部分料液进到与池体相通的水压间内，使得水压间内的液面升高。这样一来，水压间的液面跟沼气池体内的液面就产生了一个水位差。用气时，沼气开关打开，沼气在水压下排出；当沼气减少时，水压间的料液又返回池体内，使得水位差不断下降，导致沼气压力也随之相应降低。

（1）水压式沼气池　具有池体结构简单、施工方便、成本比较低、材料实用性强、装填方便等优点。其缺点是气压反复变化（压力在 4～16kPa 变化），这对池体强度和灯具、灶具燃烧效率的稳定与提高都有不利影响；同时由于没有搅拌装置，发酵原料的利用率不

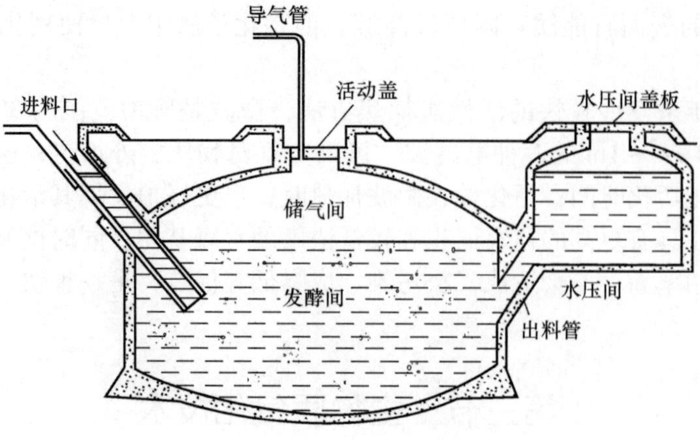

图5-5 水压式沼气池

高，池容产气率偏低；由于活动盖直径不能加大，对发酵原料以秸秆为主的沼气池来说，大出料工作比较困难。

（2）浮罩式沼气池 由发酵池和贮气浮罩组成，比较简单的一种是发酵池与气罩一体化（顶浮罩式）。基础池底用混凝土浇制，两侧为进、出料管，池体呈圆柱状。浮罩大多数用钢材制成，或用薄壳水泥构件。发酵池产生沼气后，慢慢将浮罩顶起，并依靠浮罩的自身重力，使气室产生一定的压力，便于沼气输出。这种沼气池可以一次性投料，也可半连续投料。其优点是：沼气压力较低而且稳定（2～2.5kPa），有利于沼气灶、灯燃烧器具的稳定使用；保温效果好，利于沼气细菌活动，产气效率高；装料多，其发酵容积比同容积的水压式池增加10%以上；产气率较高，一般比水压式池型提高30%左右。其缺点是占地面积大，建池成本高（比同容积的水压式池型增加30%左右），施工难度大，出料困难。

（3）强旋流液搅拌沼气池 是针对静态发酵沼气池存在微生物贫乏区、发酵盲区和料液短路，池内原料分层严重，带来的清渣出料困难、产气率低和管理不便等技术问题，研究开发的高效户用沼气池。其特点：①克服了发酵盲区和料液“短路”技术；②微生物成膜增殖技术；③自动破壳与强制搅拌技术；④清渣出料。

工业沼气生产适用于规模化畜禽养殖场粪便污水。以厌氧消化为主要技术环节，集污水处理、沼气生产和资源化利用为一体。沼气发酵工程的基本工艺流程包括：原料收集、厌氧消化、后处理和沼气的净化与储存等部分。

（一）原料收集

收集到的原料一般要进入调节池储存，因为原料收集时间往往比较集中，而消化器的进料常需在一天内均匀分配。所以调节池的大小一般要能储存24h废物量。调节池常可兼有酸化作用，对提高原料的可消化性和加速厌氧消化都有好处。若原料在调节池内滞留期过长，会因耗氧呼吸作用或沼气发酵的进行而损失沼气产量。

原料常混杂有生产作业中的各种杂物，为便于用泵输送及防止发酵过程中出现故障，或为了减少原料中的悬浮固体含量，有的在进入消化器前要进行升温或降温等，因而要对原料进行预处理。在预处理时，牛和猪粪中的长草、鸡粪中的鸡毛都应去除，否则极易引起管道堵塞。鸡粪中含有较多贝壳粉和砂砾等，必须进行沉淀清除，否则会很快大量沉积于消化器底部，不仅难以排除，而且会影响沼气池容积。目前采用的固液分离方式有格栅机、搅龙除草机、卧螺式离心机、水力筛、板柜压力机、带式压滤机和螺旋挤压式固液分离机等。

（二）厌氧消化

厌氧消化器是大中型沼气工程的核心设备，微生物的繁殖、有机物的分解转化、沼气的生成都是在消化器里进行的，因此，消化器的结构和运行情况是一个沼气工程设计的重点。主要要根据发酵原料或处理污水的性质以及发酵条件选择适宜的工艺类型和消化器结构。目前，应用较多的工艺类型及消化器结构有三类：①第一类为常规型消化器，该反应装置没有搅拌装置，原料在反应器内呈自然沉降状态；为提高产气效率，完全混合厌氧反应器在常规反应器的基础上安装搅拌装置，使发酵料和微生物处于完全混合状态，与常规反应器相比其活性区域遍布整个反应器，其效率比常规反应器有明显提高。②第二类为污泥滞留型消化器，使用较多的有使用于处理可溶性废水的升流式厌氧污泥床及使用于处理高悬浮固体的升流式固体反应器（USR，图 5－6）。③第三类为附着膜型消化器，目前使用的主要是填料过滤器，使用于可溶性有机废水处理，有启动快、运行容易的优点。

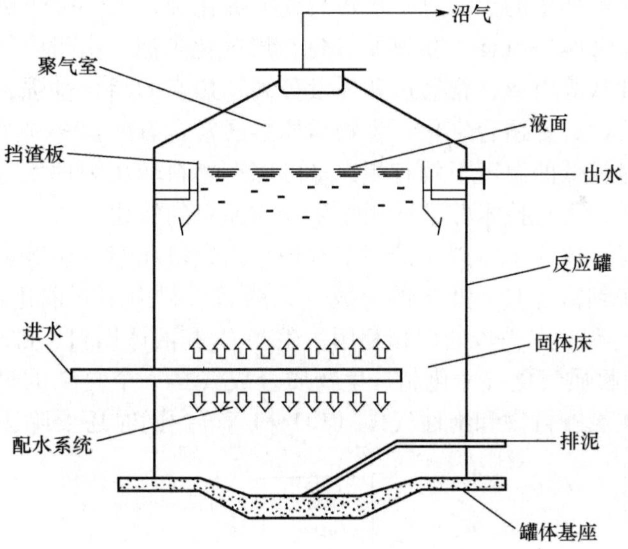

图 5－6 工业沼气生产升流式固体反应器

（三）后处理

出料后处理的方式多种多样，最简便的方法是直接用作肥料施入农田或鱼塘。如采用能源环保模式，则是将出料进行沉淀后再将沉渣进行固液分离，固体残渣用作肥料或配合适量花费做成适用于各种作物或花果的复合肥料，很受市场欢迎，并有较好的经济效益。清液部分可经爆气池、氧化塘、人工湿地处理设备进行深度处理，经处理后的出水，可用于灌溉或达标后排入水体，但花费较大。

沼气发酵时会有水分蒸发进入沼气，由于微生物对蛋白质的分解或硫酸盐的还原作用也会有一定量的硫化氢（H_2S）气体生成并进入沼气。水的冷凝会造成管路堵塞，有时气体流量计中也充满了水。H_2S 是一种腐蚀性很强的气体，它可引起管道及仪表的快速腐蚀。H_2S 本身及燃烧时生成的 SO_2、H_2SO_3、H_2SO_4，对人都有毒害作用。大型沼气工程，特别是用来进行集中供气的工程必须设法脱出沼气中的水和 H_2S。脱水通常采用脱水装置进行。沼气中的 H_2S 含量为 $1\sim12g/m^3$，蛋白质或硫酸盐含量高的原料，发酵时沼气中的 H_2S 含量就较高。H_2S 的脱除通常采用脱硫塔，内装脱硫剂进行脱硫。因脱硫剂使用一定时间后需要再生或更换，所以脱硫塔最少要有两个轮流使用。

沼气的输配是指将沼气输送分配至各用户（点），输送距离可达数千米。输送管道通常采用金属管，近年来工程也采用高压聚乙烯塑料管、PE 管、PPR 管等作为输气干管。用塑料管输气避免了金属管的易锈蚀等问题。气体输送所需的压力通常依靠沼气产生池或储气柜所提供的压力即可满足，远距离输送可采用增压措施。

二、生物质气化燃料技术

生物质气化是指生物质原料（薪柴、锯末、麦秸、稻草等）在缺氧条件下，进行气化裂解，得到可燃气体，并进行净化处理而获得产品气的过程。其原理是在一定的热力学条件下，借助于部分空气（或氧气）、水蒸气的作用，使生物质的高聚物发生热解、氧化、还原、重整反应，热解伴生的焦油进一步热裂化或催化裂化为小分子碳氢化合物，获得含 CO、CO_2、H_2、CH_4 和 N_2 的气体。生物质气化与煤气化类似，由于生物质由纤维素、半纤维素、木质素、惰性灰等组成，含氧量和挥发分高，焦炭的活化性强，因此，生物质与煤相比，具有更高的活性，更适合气化。生物质原料通常含有约 80% 挥发分，这就意味着生物质受热后，在相对较低的温度下就有相当量的固态燃料转化为挥发分物质析出。由于生物质这种独特的性质，气化技术非常适用于生物质原料的转化。

生物质气化所得气体除了可以直接用于锅炉、内燃机和燃气机等燃烧外，还可进一步净化或催化处理后得到富含 CO 和 H_2 的合成气，然后可经由不同催化过程（如水气转换、费托合成和甲醇合成等）进一步处理和利用，生产 H_2 和液体燃料，部分转化路径如图 5－7 所示。但是，由生物质气化气净化制备生物质合成气是一个复杂的过程：①去除生物质气化产物中的固体焦炭颗粒物和惰性气体（CO_2 和 N_2），同时还要除去产物中微量的碱金

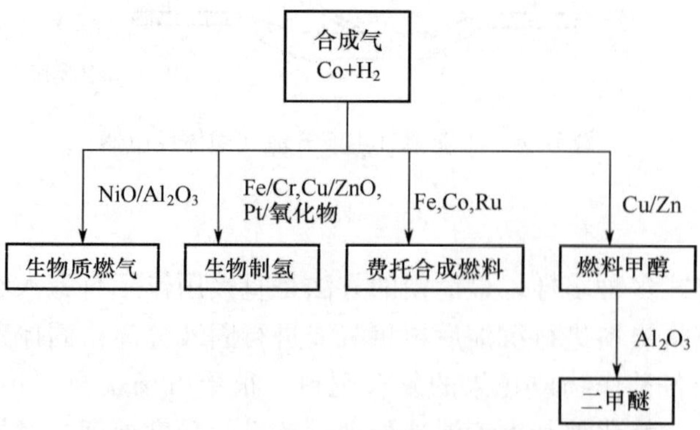

图 5－7　合成气为基础制备生物燃料路径

属、卤化物、硫和氮氧化物，避免在进一步催化反应中引起催化剂中毒；②通过水气转化反应调整气体产物中的 CO/H_2。

第四节 生物质液化技术

生物质液化转化为液体燃料工艺主要包括燃料乙醇、生物柴油以及热解生物汽油的生产。根据不同技术路线，有直接液化技术和间接液化两种。间接液化主要包括将生物质气化所得合成气经由催化合成为液体燃料（甲醇、乙醇、二甲醚、链烃等）的过程，以及采用水解法，把生物质中的纤维素、半纤维素转化为多糖，然后再用生物技术发酵成为生物乙醇的过程。直接液化是指把生物质在高压（5～20MPa）和一定温度（250～450℃）下与氢气发生反应直接转化为液体燃料的过程。直接液化生物质始于20世纪60年代。当时美国的Appell等人将木片及木屑放入 Na_2CO_3 溶液中，用CO加压至28MPa，使原料在350℃下反应，结果得到40%～50%的液体产物，这就是著名的PERC法。近年来，人们不断尝试采用 H_2 加压，使用溶剂（如四氢萘、醇、酮等）及催化剂（如CoMo、NiMo系加氢催化剂）等手段，结合超临界萃取和催化加氢，大幅度提高生物质直接液化过程中的液体产率，最高达80%以上。目前加压液化仍处在实验室阶段。欧美各国正积极开展这方面的研究工作，并取得了长足的研究进展。

一、燃料乙醇生产

乙醇生产目前仍然主要以生物发酵为主。生物发酵采用各种含糖（双糖）、淀粉（多糖）、纤维素（多缩己糖）的农产品，农林业副产物及野生植物为原料，经过水解（即糖化）、发酵使双糖、多糖转化为单糖，并在酵母的作用下进一步转化为乙醇。淀粉质在微生物作用下水解为葡萄糖，然后再进一步发酵生成乙醇。发酵技术已得到大规模应用，它使生物质变为清洁燃料，拓宽用途，提高效率；同时也存在转换速度太慢、投资较大、成本相对较高等缺点。对于木质纤维素生物质来说，由于其长链多聚糖的存在不适于直接发酵，而是要用酸和酶先水解，再将糖转化为乙醇，发酵过程比较复杂。

（一）水解技术

木质纤维素降解可以采用酸水解和酶水解两条不同的技术路线来实现。其中酸水解速度快，但污染、降解严重，发酵前还需要一定的脱毒处理；酶水解对设备要求低，产物单一，但速度慢，周期长。

1. 酸水解技术

在酸水解工艺中，一般使用盐酸或硫酸。按照使用酸的浓度不同可以进一步分为浓酸水解和稀酸水解。浓酸水解早在1856年即已提出。结晶纤维素在浓酸作用下迅速溶解，转化成含有几个葡萄糖单元的低聚糖。浓酸虽能够迅速溶解纤维素，但并不是真正发生了水解反应，而是纤维素经浓酸处理后成为纤维素糊精（低聚糖），变得易于水解，此时将相应溶液加水稀释并加热，经一定时间后便可把低聚糖水解为葡萄糖。浓酸水解反应温度、压力相对较为温和，而且对半纤维素、纤维素的水解也十分有效。分步水解时单糖得率可达90%以上。但浓酸水解污染严重，操作烦琐，且需要酸回收系统。稀酸水解的机理是溶液中的氢离子可和纤维素上的氧原子相结合，使其变得不稳定，变得容易和水反应。纤维素长链易在该处断裂，同时又放出氢离子，从而实现纤维素长链的连续解聚，直到分解成为最小的单元葡萄糖。稀酸水解原料处理过程相对简单，且较易实现工业化。但由于产生的糖会进一步发生分解，因此影响了糖的收率。与浓酸水解的工艺路线相比，稀酸水解需要在比较高的温度下进行，才能使半纤维素和纤维素完全水解。目前，稀酸水解木质纤维素通常采用二级水解的工艺方案：第一级水解反应器的温度相对低一些，主要用来处理比较容易水解的半纤维素；第二级反应器主要处理难降解的纤维素。水解后水解液经中和后送入发酵罐进行发酵，剩余的残渣主要是木质素。

2. 酶水解技术

酶水解是纤维素在纤维素酶催化作用下降解成葡萄糖的水解反应。与其他酶一样，纤维素酶属高度专一的生物催化剂。纤维素酶是一种复合酶，依靠多种组分的协同作用来完成水解反应。现已确定纤维素酶的 3 种主要组分，即葡聚糖外切酶（C_X 酶，CMC 酶），葡聚糖内切酶（C_1 酶，微晶纤维素酶，纤维二糖水解酶）和 β – 葡萄糖苷酶（纤维二糖酶）。纤维素的酶解机理至今仍存在很多争议，但有三点是一致的：①结晶纤维素是在 C_1 酶和 C_X 酶的共同作用下分解的；②C_1 酶是切割纤维素长链非还原性末端的 β – 1，4 – 糖苷键，得到纤维二糖；③β – 葡萄糖苷酶水解纤维二糖得到葡萄糖。同植物纤维酸法水解工艺相比，酶法水解具有反应条件温和、能量消耗小、糖转化率高、无腐蚀、无环境污染和发酵抑制物等问题。不足之处是纤维素酶成本高、反应速率慢以及生产周期长。

（二）发酵技术

木质纤维素生物质制乙醇工艺中的发酵与传统以淀粉或糖为原料的发酵存在很大不同，主要表现在：木质纤维素类生物质水解糖液中常含有对发酵微生物有害的组分；水解糖液中含有较多的五碳糖（主要是木糖，主要来自于半纤维素）。传统发酵工艺，主要以六碳糖为原料，技术相对成熟，而五碳糖的发酵相对困难，目前能有效利用木糖的酵母相对较少。根据糖化和发酵是否在同一个反应器中进行，可将木质纤维素生物质生产乙醇分为以下几种：分步水解和发酵（SHF）、同时糖化和发酵（SSF）和直接微生物转化（DMC）。

分步水解和发酵即纤维素酶法水解与乙醇发酵分步进行。这种方法最大的优点就是各步都可以在各自的最适温度下进行：45 ~ 50℃ 酶解，30 ~ 35℃ 乙醇发酵。其缺点是在酶解过程中释放出来的糖会反馈抑制酶的活性，因此酶用量较高。SSF 是目前典型的木质纤维素生产乙醇的方法。因为糖化和发酵即纤维素酶解与葡萄糖的乙醇发酵在同一个反应器中进行，酶解过程中产生的葡萄糖可被微生物迅速利用，解除了葡萄糖对纤维素酶的反馈抑制作用，提高了酶解效率。但同时糖化和发酵法常在 35 ~ 38℃ 下操作，这一折中处理使酶的活性和发酵的效率都不能达到最大。SHF 和 SSF 面临的主要问题是开发合适的微生物菌种或菌群，使其能同时发酵五碳糖和六碳糖生成乙醇。直接微生物转化法是将作物秸秆中的纤维素成分通过某些微生物（如粗糙脉孢菌和尖镰孢菌）的直接发酵转换为乙醇。这些微生物能同时满足纤维素水解和糖发酵的需求而实现乙醇的直接生产。

木质纤维素生物质发酵液中的乙醇浓度比较低，一般情况下均在 5%（体积分数）以下，需要进一步的精馏和脱水方可得到燃料乙醇以便使用。粗分离是将发酵醪通过粗馏和精馏得到合适的乙醇产品，同时得到副产物杂醇油。经蒸馏塔获得的30%乙醇经精馏进一步得到约95%乙醇。所得乙醇经进一步脱水，最终产生99.8%左右的无水乙醇。目前工业上乙醇脱水的方法主要有恒沸精馏、萃取精馏、吸附和膜分离等。

（三）燃料乙醇生产工艺流程

以玉米秸秆为原料，年产5×10^4t燃料乙醇的工艺流程如图5-8所示。玉米秸秆经粉碎后用稀硫酸进行预处理，经同步糖化共发酵后得到的发酵液进行固液分离，然后液体进入蒸馏工段。蒸馏采用双效差压蒸馏，最后通过分子筛脱水得到产物无水乙醇。在整个工艺过程中，发酵醪中乙醇浓度是影响整个乙醇生产过程经济性的重要因素。它取决于预处理和纤维素酶水解的效果，同时又直接影响后续乙醇蒸馏过程的能耗。

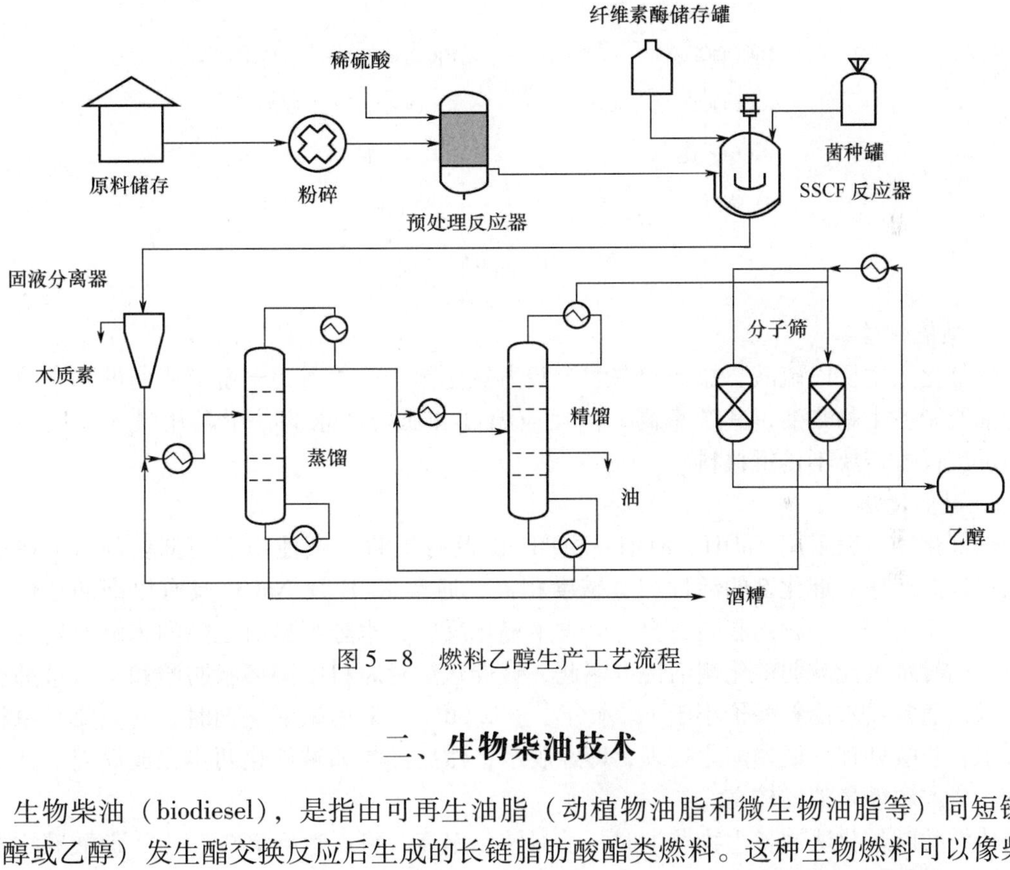

图5-8 燃料乙醇生产工艺流程

二、生物柴油技术

生物柴油（biodiesel），是指由可再生油脂（动植物油脂和微生物油脂等）同短链醇（甲醇或乙醇）发生酯交换反应后生成的长链脂肪酸酯类燃料。这种生物燃料可以像柴油一样使用，具有可再生性、生物可降解性以及闪点高等优点，是石化柴油的优良替代品。生物柴油的制备方法可分为物理法和化学法两大类。物理法是通过物理机械的方法，改变原料油脂或脂肪的黏度和流动性等得到生物柴油。物理法包括直接混合法和微乳化法。直接混合法是将植物油与矿物柴油按一定的比例（植物油5%～20%）混合后作为发动机燃料使用；微乳化法是将油脂与溶剂混合制成微乳状液作为燃料使用。物理法虽然简单易行，能降低动植物油的黏度，但十六烷值不高，燃烧中积炭及润滑油污染等问题难以解决。化学法分为高温裂解法和酯交换法。高温裂解是在催化剂作用下通过高温空气或氮气流将油脂的化学键断裂而产生小分子的生物柴油和生物汽油。高温裂解法过程简单，没有污染物产生，缺点是在高温下进行，需催化剂，裂解设备昂贵，反应程度难以控制，且高温裂解法的主要产品是生物汽油，生物柴油产量不高。目前，工业上生产生物柴油最普遍的方法是酯交换法，酯交换法包括酸催化、碱催化、生物酶催化和超临界酯交换法等。

（一）酯交换反应制备生物柴油

在酯交换反应中，油脂中的主要成分三甘油酯与低碳醇在催化剂作用下发生酯交换反应得到脂肪酸甲酯（生物柴油）和甘油，反应过程如图 5 – 9 所示。低碳醇包括甲醇、乙醇、丙醇、丁醇和戊醇。甲醇最为常用，因为其价格较低，极性强，反应速度快，且碱性催化剂易溶于甲醇。酯交换反应是由一系列串联反应组成的，三甘油酯分步转变为二甘油酯、单甘油酯，最后转变成甘油，每一步反应均产生一个酯。由于酯交换反应是可逆反应，为了使平衡向生成物的方向移动，反应过程中往往使用过量的醇。

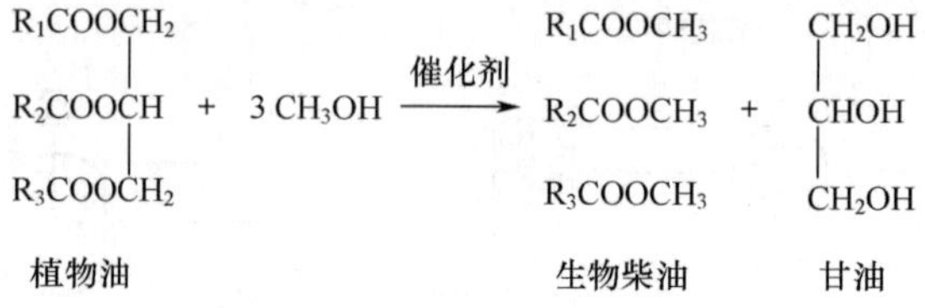

图 5 – 9　酯交换反应

1. 酸催化法

酸催化法主要以硫酸、盐酸和磷酸等酸为催化剂。该法适用于游离脂肪酸和水分含量高的油脂制备生物柴油，其产率高，但反应温度和压力要求高，甲醇用量大，反应速度慢，反应设备需要不锈钢材料。

2. 碱催化法

碱催化法一般采用 NaOH、KOH、KOMe 以及有机胺等碱性物质为催化剂，可在低温下获得较高产率。催化剂的活性与其碱度相关，通常 KOH 比 NaOH 具有更高的活性。在碱催化反应过程中，游离脂肪酸会与碱发生皂化反应，水分则易引起酯的水解而发生皂化反应，同时水也能减弱催化剂活性，因此，碱催化法对原料中游离脂肪酸和水含量都有较高要求，通常要求油料酸价小于 1，水分小于 0.06%。采用碱催化剂时，一般要对原料进行脱水、脱酸处理，或预酯化处理，即经脱水，然后经酸和碱催化两步完成反应，其工艺复杂，成本和能量消耗较高。

传统酸碱催化法制备生物柴油时，油料转化率高，可以达到 99% 以上，但酸碱均相催化剂不容易与产物分离，产物中存在的酸碱催化剂必须进行中和及水洗，并产生大量的污水，且不能重复使用，成本较高。同时，酸碱催化剂对设备有较强的腐蚀性。近年来，固载酸、碱催化剂的使用，有效解决了产物与催化剂分离的问题，常用固体催化剂有树脂、黏土、分子筛、复合氧化物、硫酸盐、碳酸盐等。

3. 生物酶催化法

生物酶催化法主要指在脂肪酶（lipase，EC 3.1.1.3，甘油酯水解酶）催化作用下动植物油脂与低碳醇发生酯化反应，生成相应的脂肪酸酯（即生物柴油）。脂肪酶具有选择性高、反应条件温和、醇用量小、无污染排放、设备要求低等优点。但是使用脂肪酶催化也存在着一些问题：脂肪酶对短链脂肪醇的酯化或转酯化效果劣于长链脂肪醇；而且短链脂肪醇对酶有一定毒性，影响酶的活性和使用寿命。同时，反应副产物甘油和水也难以回收，不但对产物形成抑制，且甘油对酶有毒性，使酶的使用寿命缩短。加上脂肪酶的价格昂贵，因而制约了酶法制备生物柴油技术的工业化推广。

4. 超临界酯交换法

超临界酯交换法指在超临界流体参与下进行酯交换反应。在反应中，超临界流体（甲醇、乙醇）既可作为反应介质，也可直接参加反应。超临界酯交换解决了醇油两相的共溶问题，无需催化剂即可进行，反应速率快、转化率高，且对油脂中的游离脂肪酸和水分的含量无任何要求。工艺流程简单，与传统方法相比具有很大的优势。缺点是反应在高温高压下进行，对设备要求相当高且能耗大，工业化应用困难。

（二）副产物甘油的回收和利用

生物柴油的生产过程中会产生大量副产物甘油，大约每生产 1t 生物柴油可产生 0.1t 的甘油。高纯度甘油（99.5%）是一种用途广泛的化学品，在医药、食品、纺织、化工、烟草、化妆品等领域都有着相当广泛的应用，而且范围正在不断延伸和扩展。国内高纯度甘油几乎全部依靠进口。在生产生物柴油的同时，如能联产高价值副产物高纯度甘油，有利于降低生产成本和减少环境污染，同时缓解甘油市场的紧缺局面。

生物柴油生产过程中产生的粗甘油通常含有甲醇、脂肪酸、脂肪酸甲酯及催化剂等杂质，需进一步的精制方可利用。目前粗甘油精制的主要方法包括离子交换法、膜过滤法和减压蒸馏法。离子交换法是首先通过离子交换树脂柱脱去粗甘油稀释溶液中的离子，然后再经过精馏脱水、除杂后得到甘油产品，由于需要大量的水对粗甘油进行稀释，使精馏过程中能耗较大。膜过滤法主要通过膜过滤去除甘油溶液中的杂质，该法只适用于低浓度甘油水溶液。减压蒸馏法，是甘油精制的比较成熟的技术，可用于高浓度、高黏度的甘油精制，但受蒸馏温度的影响甘油易发生聚合或分解反应，从而影响产物的质量。

经精制的高纯度甘油除了直接进入甘油市场外，还可以作为原料生产高附加值化学品，如 1，3 - 丙二醇、环氧氯丙烷、乳酸、聚羟基脂肪酸酯和 1，2 - 丙二醇等。1，3 - 丙二醇是一种重要的化工原料，可作为溶剂用于油墨、药物、润滑剂、抗冻剂等，还可作为二醇用于合成药物中间体。主要通过微生物法在厌氧或微氧条件下将甘油转化为 1，3 - 丙二醇。环氧氯丙烷是一种重要的有机化工原料和精细化工产品，是环氧树脂、氯醇橡胶、硝化甘油炸药和玻璃钢的主要原料。环氧氯丙烷可通过甘油与氯化氢反应生成，其反应条件温和、安全可靠、污染程度低，已引起工业界的广泛关注。乳酸广泛应用于食品、饮料、化工、医药保健等领域。其聚合产物聚乳酸，作为无毒、可降解、具有生物相容性的高分子材料更是得到了广泛的关注。以甘油为原料发酵生产乳酸是目前甘油利用的又一研究热点。

三、生物质热解制生物原油

生物质热解是指生物质在没有氧化剂（空气、氧气、水蒸气等）存在或只提供有限氧的条件下，加热到逾 500℃，通过热化学反应，包括分子键断裂、异构化和小分子聚合等反应，将生物质大分子物质（木质素、纤维素和半纤维素）分解成较小分子的固态炭、可燃气和生物油燃料物质的热化学转化技术方法。而且热解产物的分布规律受到生物质材料、反应温度、升温速率、滞留时间和催化剂等因素影响明显。

根据不同的热解条件和其对反应的影响可把热解过程分为快速（闪速）热解、慢速热解、热解气化和烘焙。在快速热解中，当完成反应时间非常短（<0.5s）时，又称为闪速热解。与慢速热解、热解气化和烘焙等相比，快速热解的传热反应过程发生在极短的时间内（加热速率10～200℃/s，反应温度400～600℃），强烈的热效应直接产生热解产物，再迅速淬冷，通常在2s内急冷至350℃以下，最大限度地增加了液态产物（油），其比例最大可达干料质量的70%～80%（图5－10）。有研究表明，相对于气化和生物发酵等方法，利用生物质快速热解转化法制备液态产物，可将成本降低至1/3～1/2，热解转化技术使生物质能可以与化石能源的利用相媲美。

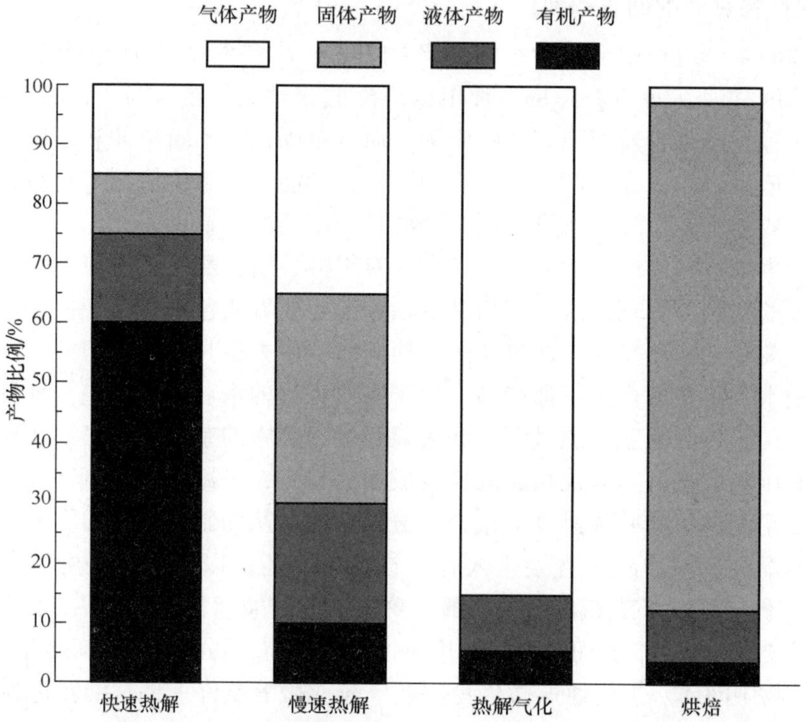

图5－10 不同热解处理方式所得产物组成

第五节 生物油品质提升

生物质快速热解实现了固体生物质液体燃料的有效转化，快速热解生物质可获得70%～80%的液体产品，并具有取代石油的潜力，近年来得到国内外的广泛关注。它具有原料来源广泛、可再生、便于运输、能量密度相对较高等特点，但生物质直接热解得到的油品（简称生物油）具有高含氧量、高含水量、酸度大等特性，在物理、化学性质上存在不稳定因素，长时间储存会发生相分离、沉淀等现象，并具有腐蚀性，这与传统石化燃料（柴油、汽油）有很大不同，这使生物油不能直接用于现有的动力设备。因此，生物油必须经过改性和精制后才可使用（表5－2）。

表5－2　　生物油元素组成及性质

元素组成及性质	典型数值	元素组成及性质	典型数值
C/%（质量分数）	54～58	固体/%（质量分数）	0.2～1.0
H/%（质量分数）	5.5～7.0	水分/%（质量分数）	15～30
O/%（质量分数）	35～40	密度/（g/cm^3）	1.2
N/%（质量分数）	0～0.2	高位热值/（MJ/kg）	16～19
S/（mg/kg）	40	黏度/mPa·s	40～100（50℃）
灰分/%（质量分数）	0～0.2	pH	2.5

一、生物油的精制技术

生物油的高含氧量导致其黏度较高、化学稳定性较差和热值较低。因此，生物油精制的核心是脱除生物油中的氧。近年来生物油精致的技术主要包括：催化裂解、加氢脱氧、乳化和水汽重整等，其中，加氢脱氧可显著降低生物油的含氧量，提高其能量密度，可将其转变为类石油燃料，而受到广泛关注。在此主要介绍催化裂解和加氢脱氧两种精制方法。

（一）催化裂解

催化裂解精制是在催化剂的作用下，通过催化裂解及催化重整过程，将生物油中的氧以 H_2O、CO 和 CO_2 的形式除去，并将生物油分子裂解成较小的，以烃类为主的高辛烷值燃料油的精制方法。催化裂解工艺按催化剂在反应器中的位置差别，可分为在线（in situ）和床内（in bed）两种不同工艺。在线工艺是生物质裂解得到蒸气后，使蒸气通过催化剂床层与催化剂作用，得到生物油、气体及固体产物的工艺；床内工艺是生物质原料与催化剂预混后在反应器中进行催化裂解的过程，又可称为催化热解（catalytic fast pyrolysis），如图5－11所示。催化裂解反应最大的优点是可以在常压下进行，不需要还原性气体，反应条件比较温和。由于反应过程以脱氧为目的，需要从主分子结构上断除小分子含氧基团。因此催化剂的筛选方向从开始便定位于石油裂解工艺中常用的分子筛催化剂，基于它们具有的强表面酸性和独特的孔道结构，可同时满足断键和选择性催化的功能，特别是其中评价较高的 ZSM－5 沸石。

Bakhshi 等考察了不同催化剂的生物油催化裂解效果，见表5－3。从表5－3可以明显地看出，催化裂解的有机液体的产率普遍较低；而结焦率比较高，在催化裂解过程中，30%～40%的生物油结焦分布在催化剂表面和反应器中，这也同时造成了催化剂的寿命比较短。在所有催化剂中，HZSM－5（氢型 ZSM－5）的有机液体产率最高（占原料质量的33.6%），且产物主要集中在芳烃类化合物，而经过硅铝催化的生物油包含更多的脂肪烃。芳香烃产品主要有甲苯、二甲苯、三甲苯，脂肪烃主要含己烷、戊烷、环戊烷、环丙烯。HZSM－5 良好的催化效果，引起了人们浓厚的兴趣，Huber 等以 ZSM－5 为催化剂进行催化热解，将生物质直接转化为以芳烃为主的产物，但是产率只有18%。与生物油催化加氢相比，催化裂解反应可以在常压下进行，不需要氢气，反应条件也比较温和；可对生物油

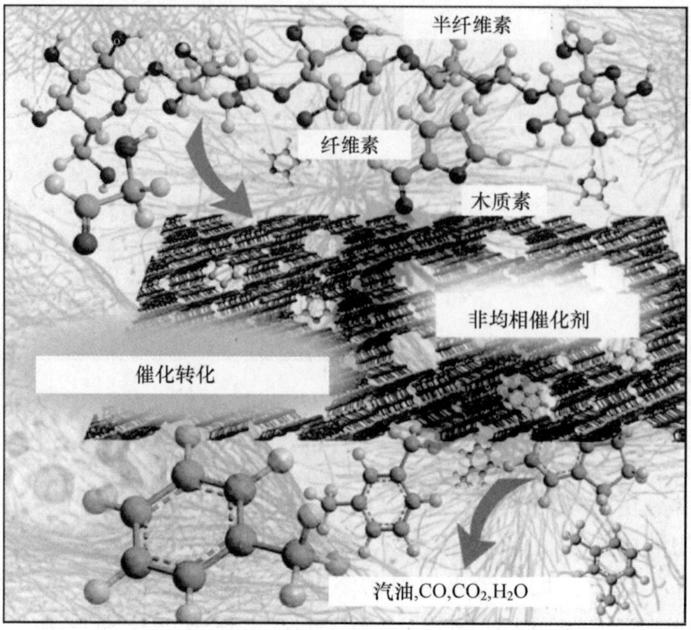

图 5－11　生物质催化热解

蒸气进行催化裂解，避免了二次加热升温，节省能源。但催化裂解较低的烃类产率、较高的结焦率和较短的催化剂寿命，制约了该领域的进一步发展。

表 5－3　不同催化剂条件下生物催化热解油的组成

项目	HZSM－5	SiO_2/Al_2O_3 (SiO_2/Al_2O_3＝0.14)	SAPO－5	SAPO－11	MgAPO－36
催化剂性能					
孔径/nm	0.54	3.15	0.80	0.56	0.75
BET 比表面积/（m^2/g）	329	321	330	205	196
比表酸度/（cm^2/g）	22.4	—	125.5	76.0	15.5
产物量（占原料质量的分数）					
液体产物/%	33.6	24.9	22.2	19.9	16.3
气体产物/%		6.1	10.3	12.2	10.1
焦炭产物/%	20.5～30.2	40.0	30.0	25.5	38.7
焦油产物/%	0～4.1	—	9.5	11.9	10.1
液相有机产物/%（质量分数）					
总烃产物/%	86.7	45.6	51.0	56.8	51.6
芳烃产物/%	85.9	2.1	27.5	29.1	26.7
脂肪族化合物产物/%	18.6	43.5	23.5	24.4	23.4

（二）加氢脱氧

加氢脱氧是在高压和中等温度的条件下，在氢气和催化剂作用下对生物油进行加氢处理。在加氢脱氧过程中，生物油中的氧与 H_2反应生成 H_2O，同时形成饱和 C—C 键，催化加氢可以显著降低生物油的含氧量。

使用硫化的 Co - Mo 催化剂对生物油加氢，处理后生物油的氧含量仅为 0.5%（质量分数）；压力为 5 ~ 12MPa、温度为 270 ~ 400℃的条件下，使用 CoMo 和 NiMo 催化剂，对生物油催化加氢，处理后生物油的酚类质量分数从原来的 40% 减少到 18%，同时烃类质量分数从 10% ~20% 提高到 70% ~75%。由此可见，生物油经过催化加氢，其含氧量大大减少。研究表明，当生物油的氧含量低于 5%（质量分数），生物油的黏度就可以满足柴油机的需求。加氢脱氧在降低生物油含氧量的同时明显增加了生物油的热值和稳定性（表 5 - 4）。

表 5 - 4　　生物油精制前后的特性

元素组成及性质	生物油	加氢脱氧处理后的生物油
C/%（质量分数）	43.5	85.3 ~ 89.2
H/%（质量分数）	7.3	10.5 ~ 14.1
O/%（质量分数）	49.2	0.0 ~ 0.7
H/C	1.23	1.40 ~ 1.97
密度/（g/cm^3）	1.15	0.80 ~ 0.93
水分/%（质量分数）	24.8	0.001 ~ 0.008
高位热值/（MJ/kg）	22.6	42.3 ~ 45.3
黏度/mPa·s	59（40℃）	1.0 ~ 4.6（23℃）
辛烷值（RON）	—	77

生物油黏度大、热稳定性差，操作中容易导致反应器堵塞。生物油还会覆盖催化剂活性中心，导致催化剂失活，降低催化剂的寿命。针对此，Elliott 等提出了两段催化加氢脱氧的思路。第一段在较低的反应温度下（270℃）进行催化加氢，这样先将热稳定性较差的酮类组分脱氧去除；第二段在较高的反应温度下（400℃）对需要较高反应条件的酚类组分继续加氢脱氧。两段均采用硫化的 $CoMo/Al_2O_3$或硫化的 $NiMo/Al_2O_3$催化剂。这样可以有效地减少反应过程中焦炭的生成，而避免造成反应器的堵塞。在该反应条件下，可将生物油的含量降低到 1%（质量分数），其产率约为 0.4 体积（refined - oil）/体积（bio - oil - feed）。在整个加氢脱氧过程中，有 20% ~30% 的碳转化为气体碳，这样明显降低了产率。

加氢脱氧不仅可有效降低生物油氧含量，还可降低其不饱和度，是生物油提炼精制的一种主要手段。目前加氢脱氧采用的催化剂多为传统的加氢精制催化剂，如硫化的 NiMo、WNi、CoMo、MoNiW 等催化剂。虽然这类常用过渡金属加氢催化剂对加氢脱硫、脱氮表现出了良好的催化性能，但其加氢脱氧活性较差。而且其较高的反应温度和压力要求并不适合生物油的加氢精制。贵金属催化剂较强的加氢活性及温和的反应条件被认为是理想的生物油加氢催化剂。除了活性组分，载体也是影响加氢活性的重要因素。在多环芳烃加氢饱和及深度脱硫研究中表明，载体同时具有强酸性和介孔结构可有效提高催化剂的加氢活性和耐硫性能。通过适当的手段开发高效加氢脱氧催化剂是实现高品质生物液体燃料生产的关键之一。

二、生物油催化加氢脱氧机理研究

生物油成分复杂，是上百种酚、酸、醛、酮等的混合物。其中含氧有机化合物主要为酚类和呋喃类，这给生物油各组分的加氢机理研究带来困难。取合适的、具有代表性的模型化合物进行加氢试验，有利于洞悉生物油主要成分的加氢机理，对实际生物油的催化加氢过程具有预测和指导作用。Delmon 等以硫化 Co - Mo 和 Ni - Mo 为催化剂，对甲基苯乙酮、癸酸乙酯和愈创木酚的混合物进行加氢脱氧研究，阐明了其模型化合物的主要反应路径和可能造成催化剂中毒的原因。模型化合物在该条件下的主要反应路径如图 5 - 12 所示，酮基在较低的反应温度下（200℃）就转化为亚甲基；而羰基在脱氧的情况下，同时发生了脱羰基反应；愈创木酚首先转化为儿茶酚，然后进一步脱氧生成苯酚。相对于酮基加氢脱氧可在较低的反应温度下进行，羰基和愈创木酚则需要较高的反应温度（300℃以上），同时愈创木酚在反应过程中较容易生成焦炭而造成催化剂失活。

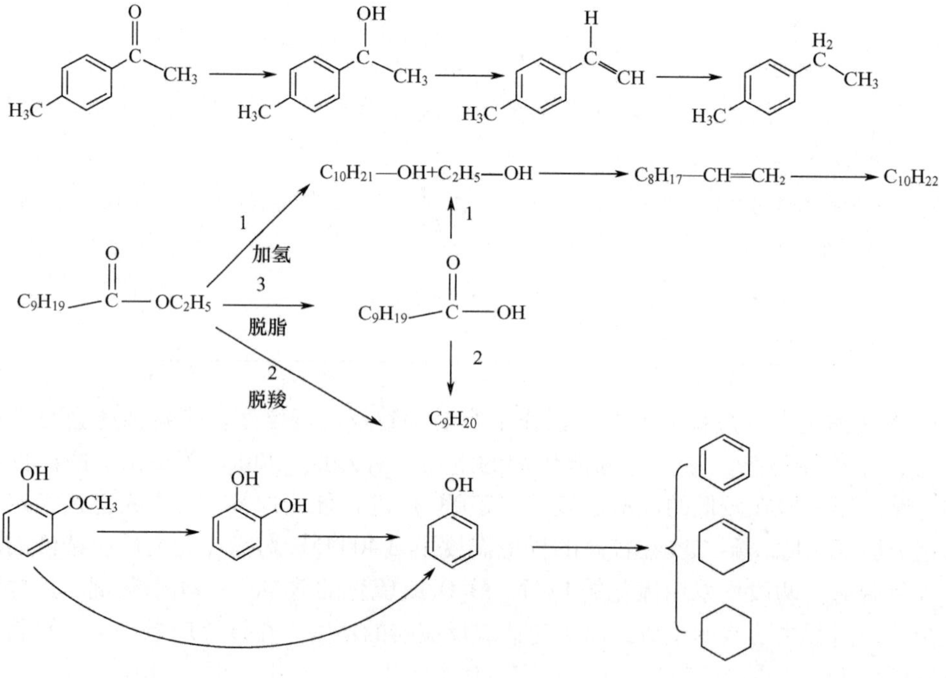

图 5 - 12 生物热解油加氢脱氧反应路径

（一）酚类的加氢脱氧

酚类芳环化合物在生物油粗品的含氧化合物组成中的质量分数高达 55% 以上。由于酚羟基氧与苯环直接相连，断裂该 C—O 键所需要的活化能较高，被认为是最难被脱除的。因此，生物油加氢脱氧机理研究首先集中在酚类，其中以苯酚和取代苯酚研究较多。酚类加氢脱氧生成烃的主要反应机理为：①氢化 - 氢解路径，芳环氢化生成环已醇中间产物，然后立即发生消除反应除去氧；②直接氢解路径，C—O 键氢解直接消除氧，如图 5 - 13 所示。在酚类的加氢脱氧反应中，催化剂的性质对反应路径的选择和产物分布有着重要的影响。

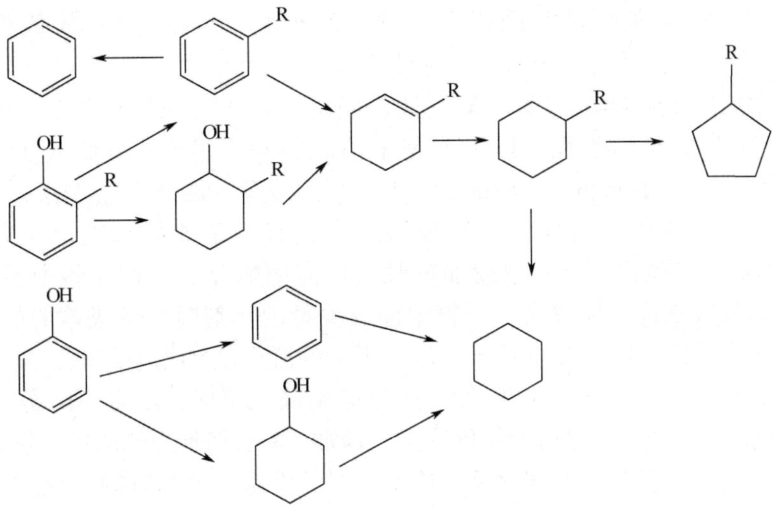

图 5 - 13　甲基苯酚的加氢脱氧反应

1. 苯酚的加氢脱氧研究

在苯酚的加氢脱氧反应中，$CoMoS/Al_2O_3$催化剂活性比 $NiMoS/Al_2O_3$催化剂高；前者反应的主要产物为苯，环己烯选择性低于 2%，而后者的主要产物为环己烷；当反应 10h 后，$NiMoS/Al_2O_3$的苯酚转化率从 36% 降至 26%，己酸甲酯的加入有利于提高产物中环己烷的选择性；苯酚与 H_2S 在催化剂上发生竞争吸附，H_2S 主要抑制 $NiMoS/Al_2O_3$ 催化剂的氢解和氢化 - 氢解活性，而抑制 $CoMoS/Al_2O_3$的氢解活性。

以 Pt/HY 为催化剂研究苯酚的加氢脱氧反应中，当苯酚转化率较低时，产物中 60% 以上为环己烷，且随着苯酚转化率的升高而直线上升；当苯酚转化率为 13% 时，主要产物除了环己烷还有环己醇，但环己醇的选择性随着苯酚转化率的升高而逐渐下降；当苯酚转化率达 25% 时，环己醇的选择性迅速下降，同时还检测到联环产物环己基苯酚、环己基环己酮和环己基环己烷；随着苯酚转化率的继续提高，环己基苯酚的选择性逐渐降低，而环己基环己酮的选择性先升后降，环己基环己烷的生成速率随着环己基苯酚、环己基环己酮的下降而加快；在高苯酚转化率下，有少量的甲基环戊基环己烷和痕量的三环化合物生成。

2. 甲酚的加氢脱氧研究

在甲酚的加氢脱氧反应中，采用 $CoMoS/Al_2O_3$为催化剂在温度 573K 和氢压 5MPa 条件下，最终只生成少量的甲基环己烯。对比 MoP、MoO_2和 MoO_3催化剂在甲酚加氢脱氧反应中的表现发现，在 MoO_2和 MoO_3催化剂的作用下，对甲基苯酚 HDO 反应的主要产物是甲苯。其中 MoO_2催化剂的活性最低，MoO_3的最高，主要原因是 MoO_3含有小的微晶和阴离子空位，导致催化剂具有较强的酸性；其次，氢气和水在空位上被解离生成新的质子酸（Brönsted 酸，简称 B 酸）中心，从而有利于对甲基苯酚的吸附。MoP 催化剂则显示出很高的加氢活性，对甲基苯酚加氢产物只有甲基环己烷，当温度升高至623K或648K时，有少量的异构化产物生成，甲苯的选择性也随之升高。比较不同形态MoS_2催化剂对甲酚的加氢脱氧反应影响，层化状和晶体状MoS_2催化生成的氢化产物（甲基环己烷）和氢解产物（甲苯）大致相等，原位分解七钼酸铵制备的MoS_2催化产物主要为氢解产物（甲苯）。除了活性组分，载体对催化活性同样有着重要的影响。当硫化CoMo负载在不同载体（Al_2O_3、C和SiO_2）上，其催化甲酚加氢脱氢反应结果有很大不同。在$CoMoS/Al_2O_3$催化剂上，甲酚的加氢脱氧产物为邻苯二酚，且在催化剂表面发现积炭现象，催化剂中加入1%碱金属K，可降低烧结程度，但不能完全消除积炭。相比$CoMoS/Al_2O_3$催化剂，CoMoS/C催化剂催化甲酚生成邻苯二酚的活性低，但生成苯酚的速率比Al_2O_3负载催化剂高。

除了催化剂，反应体系对酚的加氢脱氧反应也有着重要的影响，反应体系中加入H_2S、NH_3和H_2O等其他化合物对甲酚加氢脱氧反应影响显著。在原料中不加入硫化剂，硫化催化剂的加氢脱氧选择性较高，原料中加入少量硫化剂时，生成苯酚的选择性增加。H_2S抑制邻甲基苯酚的转化，增加H_2S分压，甲酚的脱甲基转化率降低，氢解反应比氢化反应受到的抑制作用更大。丙二胺和NH_3强烈抑制催化反应，随着NH_3分压的增大，氢化/氢解的选择性发生改变，有利于氢化反应。增加2-乙基苯酚的浓度，催化反应速率下降。H_2O并不影响对甲基苯酚的催化反应速率。对邻甲基苯酚加氢脱氧反应的抑制强弱顺序为：$NH_3 > H_2S > 2-$乙基苯酚$> H_2O >$丙二胺。

反应物分子结构对加氢脱氧反应有明显影响。对比三种甲基苯酚异构体在使用$CoMoS/Al_2O_3$催化剂情况下的加氢脱氧反应，结果表明三种异构体的反应活性顺序为对甲酚>邻甲酚>间甲酚，对位异构体反应生成大量的烃。

3. 甲氧基苯酚的加氢脱氧研究

在以邻甲氧基苯酚（愈创木酚/GUA）为模型化合物的加氢脱氧反应中，不同载体（TiO_2，Al_2O_3和ZrO_2）对MoS_2和CoMoS负载型催化剂催化活性的影响不同。相比MoS_2催化剂，在使用CoMoS催化剂的情况下，部分愈创木酚直接脱甲氧基生成苯酚，然后大部分苯酚可以直接经脱氧反应生成苯。MoS_2/TiO_2上愈创木酚的转化速率是MoS_2/Al_2O_3的2倍，且MoS_2/Al_2O_3催化愈创木酚加氢脱氧的主要产物为邻苯二酚，在使用MoS_2/ZrO_2催化剂的条件下，愈创木酚的脱氧率最高。在使用$CoMoS/ZrO_2$催化剂的条件下，愈创木酚加氢脱氧反应产物中含有大量的苯，而在$CoMoS/TiO_2$和$CoMoS/Al_2O_3$催化剂上愈创木酚加氢脱氧反应生成等量的苯和环己烯。采用低“无水酸”（Lewis酸，简称L酸）酸性的载体可抑制甲基化产物和其他副产物的生成，在这三种不同载体的催化剂中，$CoMoS/ZrO_2$具有最高的氢解活性，使愈创木酚脱甲基再脱羟基生成苯。

研究三种甲氧基苯酚异构体在$CoMoS/Al_2O_3$催化剂上的加氢脱氧反应发现：对甲氧基苯酚加氢脱氧反应生成大量的环烷烃，而邻甲氧基苯酚加氢脱氧反应生成邻苯二酚；随着空速的增加，间甲氧基苯酚的转化率降低，产物中间苯二酚和苯酚的选择性基本相等。产生这些差异的主要原因是原料分子的空间结构及其在催化剂上的化学吸附能力。

在愈创木酚的加氢脱氧反应中，反应体系对愈创木酚的加氢脱氧反应也有着重要的影响。在以$CoMoS/Al_2O_3$为催化剂的催化邻甲氧基苯酚的加氢脱氧反应中加入少量硫时，产物中苯酚的选择性明显升高。在使用CoMoS/C为催化剂的情况下，愈创木酚加氢脱氧反应活性的主要因素来自于活性相的高分散度。随着H_2S分压的升高，脱甲氧基生成酚和

C_6 的含量减少。在 CS_2存在下的混合硫化物（H_2/H_2S 和N_2/H_2S）影响下，N_2/H_2S 在 Re/ZrO_2硫化催化剂上可促进载体表面上 ReS_{2-x}物种的形成，导致直接脱甲氧基速率和产物中苯酚/邻苯二酚摩尔比的增大；原料浓度的增加，抑制了愈创木酚的脱甲氧基反应。由于 H_2S 和愈创木酚在 ReS_2的空位上存在竞争吸附，抑制了脱甲氧基反应，因而反应速率降低（图 5－14）。

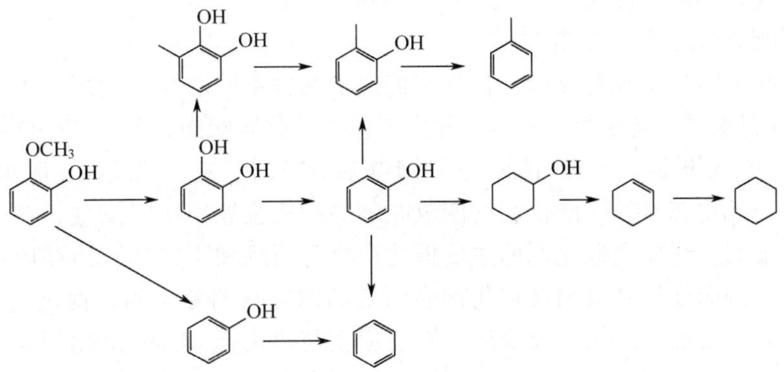

图 5－14 邻甲氧基苯酚在 CoMoS 催化剂上的加氢脱氧反应路径

贵金属催化剂在酚类化合物的加氢脱氧反应中可促进氢化－氢解反应路径，因而广泛应用于生物油的加氢脱氧反应中。在愈创木酚的加氢脱氧反应中，在 Rh 基催化剂上，愈创木酚按照先加氢再脱氧的反应路径进行，如图 5－15 所示。即先加氢生成邻甲氧基环己酮和邻甲氧基环己醇，然后再经脱甲氧基和羟基生成最终产物（产物中环己烷的选择性达4%）；而愈创木酚在硫化催化剂上是按先脱甲基、再脱甲氧基和脱氧等路径进行的。而在 Pt－Sn 催化剂上的加氢脱氧反应，苯酚、邻甲基苯酚、甲苯和苯是主要产物。由于形成了 Pt－Sn 合金，双金属催化剂活性比单一金属催化剂的高，愈创木酚转化率可高达 100%。

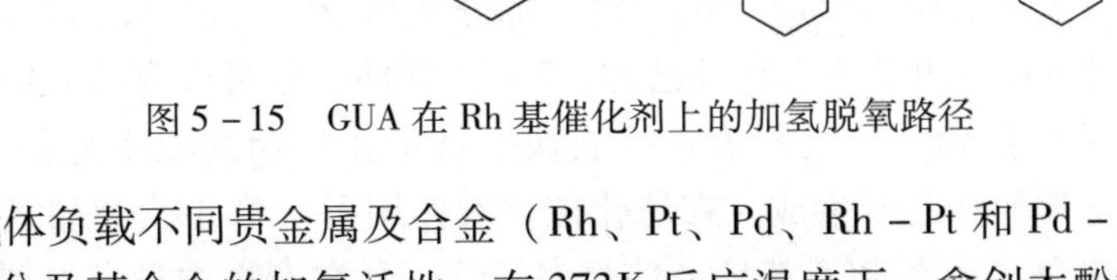

图 5－15 GUA 在 Rh 基催化剂上的加氢脱氧路径

以 ZrO_2为载体负载不同贵金属及合金（Rh、Pt、Pd、Rh－Pt 和 Pd－Pt）进一步明确了贵金属活性组分及其合金的加氢活性，在 373K 反应温度下，愈创木酚加氢脱氧反应的产物是加氢产物，其中 Rh/ZrO_2和 Rh－Pt/ZrO_2催化剂上愈创木酚的转化率可达 100%，产物中H/C原子比达到了汽油和柴油中的要求，而且甲基发生转移到碳氢环上。当反应温度升到 573K 时主要发生脱氧反应，且仅在 Rh/ZrO_2和 Rh－Pt/ZrO_2的催化产物中 O/C 原子比可以达到汽油和柴油的标准。Rh/ZrO_2和 Rh - Pt/ZrO_2催化剂上愈创木酚的加氢脱氧反应效果明显优于 Pt/ZrO_2 和 Pd/ZrO_2 催化剂，但 Pd - Pt/ZrO_2 的催化效果不及 Pt/ZrO_2 和 Pd/ZrO_2。

（二）呋喃类的加氢脱氧

在生物油中主要含氧有机化合物除了酚类，呋喃类也占相当大的比例。目前，呋喃类模型化合物研究较多的是四氢呋喃、苯并呋喃和呋喃等。

1. 四氢呋喃的加氢脱氧研究

关于四氢呋喃的加氢脱氧反应，科学家们提出两种不同的反应机理：①在分子内氢的作用下，C—O 键断裂，形成羟基—O—催化剂相连的过渡状态，然后 C—O 键断裂，生成丁烯，或者 C—C 键断裂，生成丙烯；②四氢呋喃分子内氢原子的迁移，脱水生成丁二烯。在对比还原型与硫化态 COMo 催化剂的四氢呋喃的加氢脱氧反应时发现，在两种催化剂上产物分布明显不同，还原型催化剂的主要催化产物为丙烯和丁二烯；而在硫化态催化剂由于表面氢较多，进而迁移到吸附在催化剂表面上的四氢呋喃分子内，促进过渡态 C—O 键断裂，丁烯成为主要反应产物。反应后，在还原型与硫化态 COMo 催化剂表面均有明显的积炭形成，随着时间的变化，前者的积炭速率比后者大，积炭量不断增加，加氢脱氧转化率不断降低。

对比不同载体（TiO_2、SiO_2和 Al_2O_3）负载 Pt 催化剂的四氢呋喃加氢脱氧反应，结果表明催化剂的催化活性顺序为：$Pt/TiO_2 < Pt/SiO_2 < Pt/Al_2O_3$，丁醇为主要催化产物，然后再进一步脱氧生成丁烷，或者脱羰基生成 CO 和丙烷。产物分布受反应温度的影响较大，在 473K 反应温度下，生成丁烷和丙烷的选择性基本相等；低于 473K 反应条件下，只有微量的甲烷生成；高于 473K 条件下，甲烷和丙烷的生成量大致相等。相比未氟化的 NiMo/Al_2O_3催化剂，氟化的 NiMo/Al_2O_3可以明显提高四氢呋喃的加氢脱氧总收率。

2. 苯并呋喃的加氢脱氧研究

在苯并呋喃的加氢脱氧反应中，使用 NiMo/Al_2O_3催化剂的情况下，产物中 75% 为单环烃类，环己烷占主要部分，还有少量的甲基环戊烷、环戊烷、苯、甲基环己烷和环己烯等，其他的产物为双环烃，环己基苯占主要部分；而在使用氧化态催化剂的条件下，单环化合物收率 25%；产物分布还与空速相关，随着接触时间的延长，双环己基和（环戊基）环己烷增多，而环己基苯和联苯减少。

在苯并呋喃的加氢脱氧反应中，针对不同的催化剂，Bunch 等提出了苯并呋喃相应的加氢脱氧反应路径，如图 5 - 16 所示。在还原型催化剂催化下，无 H_2S 加入时，苯并呋喃加氢脱氧反应只有氢化反应，反应产物中含有部分饱和或完全饱和的含氧化合物——六氢苯并呋喃、十氢苯并呋喃和 2 - 乙基环己醇，2 - 乙基环己醇可以直接氢解生成烃；其中十氢苯并呋喃的收率大于 50%，八氢苯并呋喃和十氢苯并呋喃的收率分别为 20% 左右，产物中没有发现乙基苯酚和乙苯生成。在硫化催化剂作用下，苯并呋喃加氢脱氧反应得到收率约 50% 的乙基苯酚，乙苯和乙基环己烷收率较低，且在产物中没有发现八氢苯并呋喃和十苯并氢呋喃；在原料中加入 H_2S，乙基苯酚氢解生成乙苯的难度增加，H_2S 的分压从 0 增加到 5kPa，氧脱除率从 60% 下降到 44%，H_2S 分压继续增加到 7.5kPa，对结果没有进一步的影响，降低 H_2S 分压，有利于双环烃类的生成，除去 H_2S 后，不饱和烃类产物

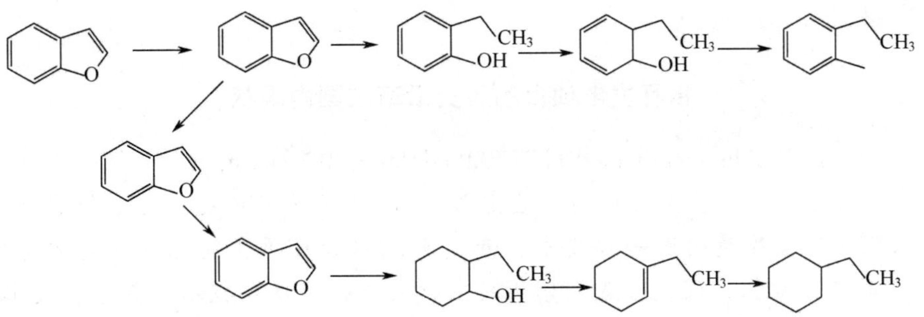

图 5-16　硫化态与还原态 NiMo 催化剂催化苯并呋喃加氢脱氧反应

增加。

采用过渡金属碳化物为催化剂研究苯并呋喃加氢脱氧反应时发现，苯并呋喃加氢脱氧产物主要为乙苯和乙基环已烷，且反应温度、反应体系中硫化剂和存在其他化合物等均会对苯并呋喃的加氢脱氧反应有影响。例如，在使用 MoC_2 为催化剂的条件下，反应体系中含有异丙基苯和苯并噻吩情况下苯并呋喃的加氢脱氧反应行为。体系中同时存在异丙基苯时，苯并呋喃的转化率达 97%，产物中乙基环已烷的选择性为 96%，乙苯选择性 4%；体系中含有苯并噻吩时，随着苯并噻吩量的增加，苯并呋喃转化率从 92% 降到 86%，稳定状态下，苯并呋喃转化率为 87%，产物中乙基苯酚、1，2-二氢苯并呋喃、乙基环已烷和乙苯的选择性分别为 44%、32%、17% 和 7%。

（三）实际生物油的加氢脱氧

实际油品中由于组分复杂，各组分间相互作用，抑制油品的加氢脱氧，稳定性差，对其加氢脱氧研究报道较少。由于生物油中存在大量的稠环芳烃，在生物油的加氢脱氧反应中，大孔径催化剂有利于大体积稠环芳烃的转换和氢化，能提高柴油馏分的辛烷值。研究催化剂酸度和孔尺寸对生物油加氢精制生成有机馏分产物收率、选择性和分布的影响，在使用 ZSM-5 沸石为催化剂的情况下，对有机馏分和烃的收率与选择性较好，有机馏分中芳烃的体积分数达 89%；MOR 沸石为催化剂的情况下，有机馏分主要是甲苯、乙苯、二甲苯和三甲苯等芳烃；而在 $SiO_2-Al_2O_3$ 为催化剂的情况下，有机馏分中脂肪烃的最大体积分数达 57%，主要为 $C_5 \sim C_{10}$ 化合物，芳烃含量相对较低。

反应温度对生物油加氢脱氧有着重要的影响。随着反应温度的升高，生物油中氧的脱除率逐步提高，且汽油馏分不断增加，柴油馏分减少；在反应初始阶段，氧相对容易脱除，随着时间的延长，脱氧速率逐渐放缓。由于生物油黏度大、热稳定性差，在反应过程中，随着反应温度的升高，生物油容易发生聚合并覆盖催化剂活性中心，导致催化剂失活，降低催化剂的寿命，同时容易导致反应器堵塞。两段催化加氢脱氧工艺可在一定程度上解决这一问题，具体方案是：第一段在较低的反应温度下（543K）进行催化加氢，这样先将热稳定性较差的酮类组分脱氧去除；第二段在较高的反应温度下（673K）对需要较高反应条件的酚类组分继续加氢脱氧，这样可以有效地减少反应过程中焦炭的生成，而避免造成反应器的堵塞。两段均采用硫化的 $CoMo/Al_2O_3$ 或硫化的 $NiMo/Al_2O_3$ 催化剂，采用这一方案可将生物油的含量降低到 1%（质量分数）。

✲ 扩展阅读

秸秆发电项目的历史沿革及国内现状

http：//wenku. baidu. com/view/0cb77702bed5b9f3f90f1caa. html

秸秆发电在欧洲，尤其是北欧的一些国家已有20多年的历史。随着一次性能源的逐渐减少及人们对环境质量的进一步要求，开发新能源和可再生能源在发达国家已方兴未艾。1973年的石油危机，促使丹麦开始研究生物质能秸秆发电技术。其中丹麦BWE公司率先研发秸秆生物燃烧发电技术，并在1988年投运了世界上第一座秸秆生物燃烧发电厂（Haslev，5MW）。此后BWE公司在西欧设计并建造了大量的生物发电厂，其中最大的发电厂是英国的Ely发电厂，装机容量为38MW。现在以秸秆发电等可再生能源已经占丹麦能源消耗的24%以上。

瑞典、芬兰、西班牙等国由丹麦BWE公司提供技术设备建成了秸秆发电厂，许多国家还制定了相应的计划，如日本的“阳光计划”，美国的“能源农场”，印度的“绿色能源工厂”等，它们都将生物质能秸秆发电技术作为21世纪发展可再生能源战略的重点工程。欧美国家把秸秆资源作为优先发展的可再生能源予以高度重视，并给予政策和资金的大力支持。欧洲国家秸秆利用技术成熟，政策较为完善。

我国的《可再生能源中长期发展规划》确定了2020年生物质发电装机3000×10^4kW的发展目标。秸秆直接燃烧技术的研究在我国起步较晚，缺乏合适的技术和规模。2003年以来，国家发改委先后批复江苏如东、山东单县和河北晋州3个国家级秸秆发电示范项目，拉开了我国秸秆发电建设的序幕。2004年，国家发改委批准河北省晋州市秸秆发电厂建设项目，这是我国第一个完全利用秸秆燃烧发电的发电厂。2006年，宿迁秸秆直燃发电示范项目在江苏宿迁正式投产。这是我国投入点火运行的首个拥有自主知识产权的国产化秸秆直燃发电示范项目。近年来，全国各地生物质能电厂蓬勃发展，但关键设备运行效果不好、运行经营难度大、现有扶持力度下效益不佳等诸多问题仍然牵制着其发展。

思考题

1. 任选几种常见的生物质，调查其纤维素、半纤维素及木质素组成分布。
2. 列举几个我国发展生物质能源存在的主要问题。

参考文献

1. Huber G W，Iborra S，and Corma A. *Synthesis of transportation fuels from biomass：chemistry，catalysts，and engineering*. Chemical reviews，2006，106（9）：4044～4098.

2. 黎建华．农村家用水压式沼气池技术的研究．江西能源，2001，（1）：41～42.

3. 雷震宇，李布青，周婷婷．大中型沼气工程设计初探．农业工程技术（新能源产业），2010，11：011.

4. Bain R. *An introduction to biomass thermochemical conversion*. in *DOE/NASLUGC Biomass*

and Solar Energy Workshop. Golden. 2004.

5. 姜芹等．纤维素燃料乙醇技术经济分析．过程工程学报，2012，12（1）：97～104.

6. Van Gerpen J. *Biodiesel processing and production.* Fuel processing technology，2005，86（10）：1097～1107.

7. Meier D，and Faix O. *State of the art of applied fast pyrolysis of lignocellulosic materials—a review.* Bioresource technology，1999，68（1）：71～77.

8. Carlson T R，Vispute T P，and Huber G W. *Green gasoline by catalytic fast pyrolysis of solid biomass derived compounds.* ChemSusChem，2008，1（5）：397～400.

9. Adjaye J，and Bakhshi N. *Production of hydrocarbons by catalytic upgrading of a fast pyrolysis bio－oil. Part II：Comparative catalyst performance and reaction pathways.* Fuel Processing Technology，1995，45（3）：185～202.

10. Elliott D，and Schiefelbein G. *Preprints of PaperssAmerican Chemical Society.* Division of Fuel Chemistry，1989，34：1160.

11. Laurent E，and Delmon B. *Study of the hydrodeoxygenation of carbonyl，car ylic and guaiacyl groups over sulfided CoMo/γ－Al_2O_3 and NiMo/γ－Al_2O_3 catalysts：I. Catalytic reaction schemes.* Applied Catalysis A：General，1994，109（1）：77～96.

12. Massoth F，et al. *Catalytic hydrodeoxygenation of methyl－substituted phenols：Correlations of kinetic parameters with molecular properties.* The Journal of Physical Chemistry B，2006，110（29）：14283～14291.

13. Lin Y －C，et al. *Catalytic hydrodeoxygenation of guaiacol on Rh－based and sulfided CoMo and NiMo catalysts.* Energy & Fuels，2011，25（3）：890～896.

14. Bunch A Y，and Ozkan U S. *Investigation of the reaction network of benzofuran hydrodeoxygenation over sulfided and reduced Ni－Mo/Al_2O_3 catalysts.* Journal of Catalysis，2002，206（2）：177～187.

第六章　氢能与燃料电池利用

第一节　概述

众所周知，当今世界的能源消耗量巨大。相对较低的成本以及成熟的开发利用技术，使得化石燃料在能源消耗中扮演了举足轻重的角色。但是化石燃料不可再生，而且开发使用过程中会对环境产生有害的影响。所以开发应用新的能源迫在眉睫。

2001 年，在一个由联合国发展计划署发起的论坛上，皇家荷兰壳牌公司的主席菲尔·瓦特说："石油和天然气是最重要的矿物燃料，它们曾经把整个世界推进了工业时代，但 21 世纪它们将为以氢经济为基础的能源新制度革命让出发展空间。"纵观全球，自进入 21 世纪以来，氢能的开发利用步伐逐渐加快，尤其是在一些发达国家，都将氢能列为国家能源体系中的重要组成部分，人们对其寄予了极大的希望和热忱。

氢具有清洁无污染、储运方便、利用率高、可通过燃料电池把化学能直接转换为电能的特点，同时，氢的来源广泛，制取途径多样。这些独特的优势使其在能源和化工领域具有广泛应用，集中表现为 3 个方面。首先，氢能是一种理想的清洁能源。不管是直接燃烧还是在燃料电池中的电化学转化，其产物只有水，且效率高。随着燃料电池技术的不断完善，以燃料电池为核心的新兴产业将使氢能的清洁利用得到最大发挥，主要表现在氢燃料电池汽车、分布式发电、氢燃料电池叉车和应急电源产业化初现端倪。其次，氢能是一种良好的能源载体，具有清洁高效、便于存储和输运的特点。可再生能源，特别是风能和太阳能在近十年来发展迅猛，但由于本身的不稳定，导致其电力上网难，出现大量的弃风、弃光现象，严重制约了它们的发展。将多余电量用于电解制氢，可大规模消纳风能、太阳能，制得的氢既可作为清洁能源直接利用，还能掺入到天然气中经天然气管网输运并利用。最后，氢气还是化石能源清洁利用的重要原料。成熟的化石能源清洁利用技术对氢气的需求量巨大，其中包括炼油化工过程中的催化重整、加氢精制以及煤清洁利用过程中的煤制气加氢气化、煤制油直接液化等工艺过程。推进氢能在这些方面的应用有望加速氢能的规模化利用。

汽车是人类迈向工业时代的重要标志，是社会进步的关键因素。然而，传统车用燃料面临紧缺，且产生的汽车尾气是导致全球变暖和环境污染的主要因素之一，这使得汽车工业找到新的技术以替代传统的燃油技术并降低污染物排放变得尤为紧迫。氢燃料电池汽车（FCEV）可实现真正的零排放、零污染，是传统燃油汽车理想的替代品，也是氢能清洁利用的主要方式。目前，交通用燃料电池的批量生产成本已由 2002 年的 275 美元/kW 降低到 2012 年的 47 美元/kW，这大大加速了氢燃料电池汽车的推广。2013 年 3 月，现代汽车 ix35 燃料电池车批产型号在韩国蔚山工厂下线，现代成为全球首个批量生产氢燃料电池车的汽车企业。同年，日本三大车企分别与其他巨头结盟，推进燃料电池汽车的商业化，它们是丰田和宝马、本田和通用、日产和戴姆勒及福特，先后计划于2015—2017年实现燃料电池汽车上市，其中，丰田燃料电池汽车Mirai已于2014年12月15日正式上市销售。在国内，氢燃料电池汽车开发也紧随其步，在北京奥运会、上海世博会、广州亚运会及深圳大运会期间都开展了燃料电池汽车的示范项目。特别是2014年3月，上海汽车集团与德国大众汽车签署联合声明，双方将开展燃料电池技术合作，并宣布于2015年推出80辆燃料电池汽车，进入商业化示范阶段。

目前，以燃料电池为主的分布式发电已在欧美日韩等发达国家和地区开始初步商业化。其中，日本的家用燃料电池发展领先于世界，截至2013年10月，家用燃料电池热电联供系统（CHP）安装量已达57000套，单套售价也已从2009年的350万日元降至今日的200万日元左右，有望至2016年降至70～80万日元，到时可完全实现商业化。

2005年，产自丰田的世界首台FCHV－F型燃料电池叉车在德国汉诺威举行的世界最大国际物流展上亮相。随后，美国Cat公司、德国STILL叉车公司、美国Crown公司、美国Raymond公司等纷纷推出自己的燃料电池叉车。其中美国Plug Power公司的GenDrive 1990燃料电池可完美取代电动叉车的蓄电池，其客户名单包括宝马、可口可乐、联邦快递等大公司，据《*FUEL CELL 2000*》2013年4月研究报告，目前北美地区有3500辆燃料电池叉车在用，其中Plug Power公司占有北美燃料电池叉车市场85%的份额。反观国内叉车市场，内燃叉车仍占据主导地位，燃料电池叉车的研发也才刚刚起步，未来还有很大的发展空间。

此外，目前许多国家已开始借用氢储能技术消纳可再生能源的方式来推动可再生能源发展。法国阿海珐集团的“MYRTE”项目，集成了氢能系统和太阳能光伏电厂，在科西嘉岛运作，旨在通过调峰和平稳光伏电厂负载来稳定电网。欧盟的资助项目“NGRID”，包括1MW的电解槽和储氢容量达33MW·h的金属氢化物，计划将在意大利运行。加拿大、美国、英国、西班牙、挪威等国，都有氢储能技术的示范项目运行。国内也开展了一些氢消纳可再生能源的示范项目，2010年年底，在江苏沿海建成了首个非并网风电制氢示范工程，利用1台30kW的风机直接给新型电解水制氢装置供电，日产氢气120m^3（标准状态下）。2013年11月，河北建投集团与德国迈克菲能源公司和欧洲安能公司签署了关于共同投建河北省首个风电制氢示范项目的合作意向书，其中包括建设100MW的风电场、10MW的电解槽和氢能综合利用装置。

国际上专门针对通过现有天然气管网输送掺氢天然气（HCNG）以解决输运问题，开展了一些研究工作。2004—2009年期间，由欧洲委员会支撑的“NATURALHY”项目比较系统地研究了氢气掺入对整个天然气系统的影响。2008～2011年，在荷兰的Ameland开展了有关将风电氢掺入当地天然气管网的研究，其中2010年年均氢气掺入体积分数高达12%。此外，美国能源部（DOE）也对该课题投入了大量的研究。在德国的Falkenhagen，一个具有2MW“电转氢”能力的示范电厂于2013年完全服役，制取的氢气被直接送入天然气管线。法国环境与能源控制署（ADEME）赞助的“GRHYD”项目也是将可再生能源制得的氢气掺入天然气中供加氢站和居民使用，掺氢体积分数最高将达到20%。然而，要开展天然气管道输送，受管道材料、管道配件、天然气成分及地理环境的影响，选取合适的掺氢体积分数依然是研究的重点。

氢气是炼油企业提高轻油收率、改善产品质量必不可少的原料。炼油过程中的耗氢主要集中在催化重整和加氢精制工艺。整个过程的氢耗一般介于原油质量的0.8%～1.4%，如果按照2015年我国预计的7亿t炼油能力计算，当氢耗取原油质量的1%时，耗氢量高达700万t。而随着炼厂各种临氢工艺的快速发展，加氢装置数量的不断增多，氢气的需求量将进一步加大。目前，氢气成本已是炼厂原料成本中仅次于原油成本的第二位成本要素。

我国呈现“富煤、贫油、少气”的能源结构，发展煤制清洁能源，被认为是应对能源和环境挑战的路径之一，具有重要的战略意义。由国务院办公厅下发的《能源发展战略行动计划（2014—2020）》中明确指出，要稳妥实施和推进煤制气、煤制油示范工程和技术研发。目前，我国已投产的煤制气项目产能约40亿m^3，预计到2020年其产能将达到600亿m^3。有关煤制油，仅2014年就有多个百万吨级甚至600万吨级的项目获得国家发展与改革委员会的审批。随着示范项目的陆续成功投产，煤制气、煤制油项目的投入力度将进一步加大，届时氢气的需求量也将大大增加，对推动氢气的规模化利用作用明显。

第二节 制氢

制氢的方法有很多种，常见的有甲烷水蒸气重整制氢、煤制氢、电解水制氢、太阳能制氢、生物质能制氢、热分解法制氢。其中甲烷水蒸气重整制氢和煤制氢属于化石燃料制氢，我国90%以上的氢气来源是通过化石燃料方法得到的。由于甲烷水蒸气制氢和煤制氢的原理和工艺比较类似，故这里只介绍甲烷水蒸气制氢。并且适当介绍其他几种制氢方法。

一、甲烷水蒸气重整制氢

甲烷水蒸气重整制氢是目前工业上最成熟的制氢技术，目前一般说的甲烷制氢指利用天然气中的甲烷制氢。天然气指天然蕴藏在地下的烃类和非烃类气体的混合物，一般指存在于岩石圈、水圈、地幔以及地核中的以烃类（甲烷、乙烷）为主的混合气体。世界天然气储量丰富，因此利用天然气（甲烷）制氢具有远大的前景。

甲烷水蒸气重整制氢过程发生的主要反应：

$$CH_4 + H_2O \rightleftharpoons 3H_2 + CO \qquad \Delta H = 206.29\text{kJ/mol} \tag{6-1}$$

$$CO + H_2O \rightleftharpoons CO_2 + H_2 \qquad \Delta H = -41.19\text{ kJ/mol} \tag{6-2}$$

从热力学角度分析，由于存在可逆平衡，温度、压力和水碳摩尔比都对反应平衡组成产生影响。由于反应一是吸热反应，故提高温度有利于提高转化率，但是考虑到反应装置能承受的温度以及反应二是放热反应，一般反应温度为650～1000℃；由于反应一是气体分子数增多的反应，所以压力较低有利于提高转化率，但是压力太低，反应速率较低，反应容器要求较大，一般采用2.0～2.5MPa的压力；水碳摩尔比（简称水碳比）指进口气体中水蒸气与含烃原料中碳分子总数之摩尔比，当原料都为甲烷时即为水蒸气和甲烷的摩尔之比。实际研究表明，随着水碳摩尔比的增大，甲烷平衡含量减小，即甲烷的转化率增加。但是过高的水碳比，增加能耗，降低设备的生产能力。所以工业上通常将水碳比选在2.8～3.5之间。所以从热力学角度，高温、低压以及高水碳比有利于提高转化率。

甲烷水蒸气重整反应机理十分复杂，故准备从宏观动力学角度介绍相关因素对反应的影响。由于催化剂的存在，该反应是气固相催化反应，存在气固两相之间的质量传递和热量传递，还有反应组分在催化剂内的扩散和催化剂颗粒的传热过程。这些因素都会对反应速率产生影响。由于实际的反应器内的流速很大，故普遍认为包括气固两相之间的质量传递和热量传递的外扩散的影响可以忽略不计。而内扩散有着显著的影响。研究表明，颗粒小、比表面积大的催化剂有利于提高反应的速率。当然催化剂中毒、催化剂寿命以及催化剂内部的传热性能都会对反应速率产生影响。

甲烷水蒸气重整反应是吸热的可逆反应，在高温下进行反应是有利的，但是即使在1000℃下，它的反应速率也是很慢的，因此需要采用催化剂来加快反应。在甲烷水蒸气重整催化反应过程中催化剂是决定操作条件、设备尺寸的关键因素之一。重整反应也称为转化反应。由于转化反应的操作温度要求高，工业上通常为了提高甲烷转化率而采用两段转化工艺。一段转化的工作温度通常在600~800℃，而第二段蒸汽转化温度达到了1000~1200℃。这种高温的操作条件很容易使催化剂的晶粒长大，活性降低。因此，为了得到高活性的催化剂，需要把活性组分分散在耐热的载体上，同时载体还要有较高的强度。此外，还需要添加催化剂助剂以提高催化剂的抗硫、抗积炭性能，进一步改善催化剂的性能。硫、卤素和砷等对还原后的活性镍催化剂是非常有害的。硫对镍的中毒属于可逆的暂时性中毒。如果催化剂已中毒，只要使原料中的含硫量降到规定的标准以下，催化剂的活性就可以完全恢复。硫对镍催化剂的毒害随催化剂、反应条件不同而有所差异。催化剂的活性越高，它能允许的含硫量越低。温度越低，硫对镍催化剂的毒害越大。目前在烃类水蒸气重整制氢研究中使用到的催化剂活性成分有 Ni、Pt、Pd、Rh、Ru、Ir、Co、Fe 等第Ⅷ族元素；工业上使用的甲烷水蒸气重整制氢的载体主要以 Al_2O_3 和 MgO 为主；目前对于镍-氧化铝体系催化剂助剂的研究主要集中在稀土氧化物、碱金属、碱土金属、氧化物等。

实际中的工艺流程比较复杂，而且有不同的改进工艺以降低成本提高产率。但整个工艺流程都包括四大单元（图6-1），即原料气处理、蒸汽转化（甲烷蒸汽重整）、CO变换和氢气提纯。

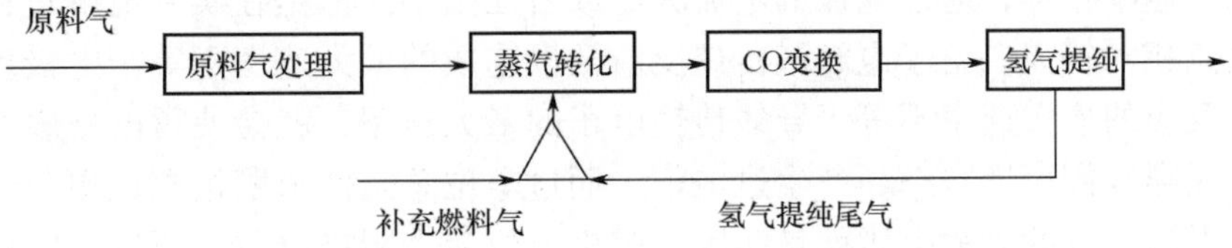

图6-1 甲烷水蒸气重整工艺流程

原料气经脱硫等预处理后进入转化炉中进行甲烷水蒸气重整反应。该反应是一个强吸热反应，反应所需的热量由天然气的燃烧供给。由于重整反应是强吸热反应，为了达到高的转化率，需要在高温下进行。重整反应条件为温度维持在750~920℃。由于反应过程是体积增大的过程，因此，反应压力通常为2~3MPa。同时在反应进料中采用过量的水蒸气来提高反应的速度。工业过程中的水蒸气和甲烷的摩尔比一般为2.8~3.5。

甲烷水蒸气转化制得的合成气，进入水汽变换反应器，经过两段温度的变换反应，使CO转化为二氧化碳和氢气，提高了氢气产率。高温变换温度一般在350~400℃，而中温变换操作温度则低于300~350℃。氢气提纯的方法包括物理过程的冷凝-低温吸附法、低温吸收-吸附法、变压吸附法、钯膜扩散法，提纯的原理及工艺将在下节介绍。

二、电解水制氢

电解水制氢的技术优点是工艺比较简单，完全自动化，操作简便；其氢气产品的纯度高，一般可以达到99%~99.9%，并且由于其主要杂质是水和氧气，无污染，特别适合于离子膜燃料电池中对一氧化碳要求极为严格的燃料电池使用。

在一定的条件下，给水通电则会分别在两个电极生成氢气和氧气。如果方法工艺采取适当，就可以制备成本低廉纯度极高的氢气。

纯水几乎不导电。为了提高水的电导率，减小内阻，降低电解电压，需要加入强电解质，一般为强碱或者强酸。水电解时的反应式，根据电解液的性质不同而有所不同。碱性水溶液（电解质常为KOH或NaOH）电解过程中的主要反应如下：

阴极：
$$4H_2O + 4e^- \longrightarrow 2H_2 + 4OH^- \tag{6-3}$$

阳极：
$$4OH^- \longrightarrow O_2 + 2H_2O + 4e^- \tag{6-4}$$

总反应：
$$2H_2O \longrightarrow 2H_2 + O_2 \tag{6-5}$$

酸性水溶液（电解质常为H_2SO_4）的电解过程的反应主要为

阴极：
$$4H^+ + 4e^- \longrightarrow 2H_2 \tag{6-6}$$

阳极：
$$2H_2O \longrightarrow 4H^+ + O_2 + 4e^- \tag{6-7}$$

总反应：
$$2H_2O \longrightarrow 2H_2 + O_2 \tag{6-8}$$

在一个标准大气压和25℃的标准状态下，水的理论分解电压为1.23V。但是实际上电解水所需要的分解电压却比理论值要高。这是因为一方面电路连接以及电解液中存在电阻，产生电压降；另一方面氢气和氧气在电极上面析出时产生过电位，偏离理论析出电位。电阻的存在产生电压降很容易理解。而对于电极上过电位的产生，则需要用电化学原理来解释，这里做简要的介绍。电极反应的理论电位的前提是电极具有可逆性，即正向反应和逆向反应速率相等，通过电极的电流为零或者无限小。但是在实际电解过程中，当通过电极的电流相对较大，由于电解液传递反应活性物质的最大速率不等于电极反应的最大速率，电极反应的最大速率不等于导线传输电子的最大速率，就会使得电极表面出现剩余电荷的积累偏离平衡可逆状态，产生过电位。而过电位总是使得阴极电位更负，阳极电位更正。只考虑过电位的分解电压就是实际的阳极电位减去阴极电位，所以过电位总是使得实际分解电压偏大。

电解反应实际需要的电压计算公式：

$$U = U_0 + IR + \Phi_H + \Phi_0 \tag{6-9}$$

式中 U_0——理论分解电压

IR——欧姆电压降

Φ_H——阴极析出氢气的过电位（根据定义恒为正值，Φ_O同理）

Φ_0——阳极析出氧气的过电位

从式（6-9）可以看出，在保证单位时间的产量的前提下，降低内阻R，以及电极上

的过电位 Φ_H和 Φ_0，可以有效提高电解的效率，从而降低生产成本。

电解槽主要有三种，见表6-1。

表6-1 **三种电解槽性能的比较**

类型	电解质	工作温度/℃	迁移离子	效率/%
碱性电解槽	KOH	~80	OH^-	51~62
聚合物薄膜电解槽	PEM 膜	~80	H^+	74~79
固体氧化物电解槽	氧化锆	~850	O^{2-}	90~100

（一）碱性电解槽

碱性电解槽（图6-2）效率较低，但技术成熟，价格便宜，相对于酸性电解液对电解装置的腐蚀较低，目前被广泛使用。电解液一般为工作温度（70~80℃）下具有高传导率的高浓度（质量分数为20%~30%）氢氧化钾溶液。电极采用镀镍的网状低碳钢或镍系金属等过电压较小的耐碱性材料。对于防止氢氧混合的多孔隔膜，过去采用的是具有致癌性的石棉，近年来采用替代膜，如PTFE。

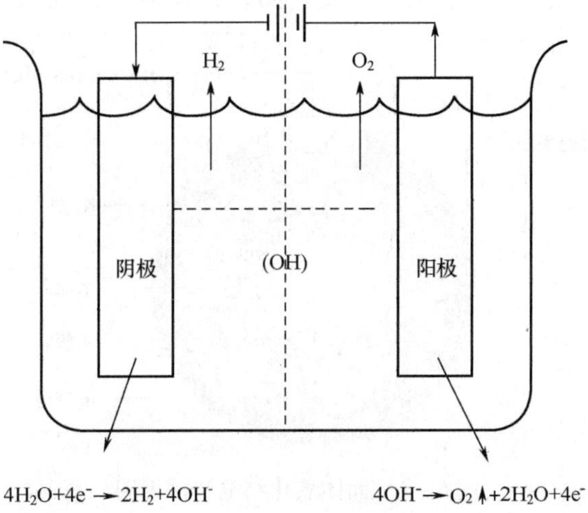

图6-2 碱性水溶液电解槽示意图

（二）聚合物薄膜电解槽

聚合物薄膜电解槽的电解效率高于碱性电解槽，是因为聚合物具有良好的化学和机械稳定性，并且电极与隔膜之间的距离为零，提高了电解效率。该电解槽主要由两个电极和聚合物薄膜组成，质子交换膜通常与电极催化剂成一体化结构，即多孔的铂材料作为催化剂结构的电极是紧贴在交换膜表面的。薄膜由仅允许氢离子通过的全氟磺酸膜组成。该电解槽不需要电解液，只需纯水，比碱性电解槽更安全可靠。由于内阻和过电位较低有利于大电流的工作。但是由于催化剂和隔膜的成本较高，难以大规模使用。目前的研究主要集中在开发稳定高效低廉的催化剂和隔膜（图6-3）。

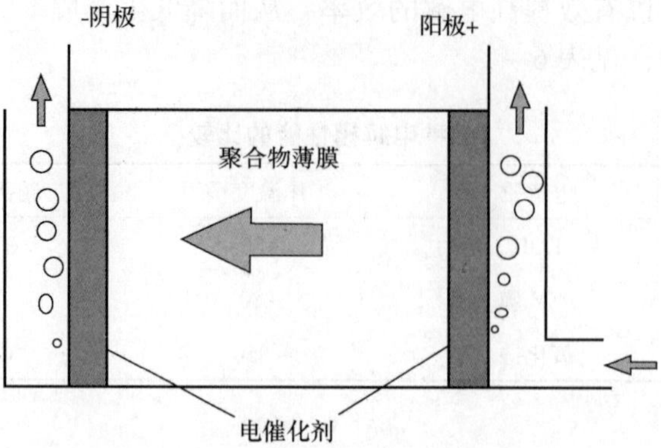

图 6-3 聚合物薄膜电解槽示意

（三）固体氧化物电解槽

高温条件下，电解过程所需能量部分将由热能提供，有利于提高电解槽的效率，其基本原理如图 6-4 所示。高温水蒸气进入电解槽后，在内部的阴极处被分解为 H^+ 和 O^{2-}，H^+ 得到电子生成 H_2，而 O^{2-} 则通过电解质 ZrO_2 到达外部的阳极，生成 O_2。它是目前三种电解槽效率最高的，但缺点是由于工作温度较高，存在对材料要求高和使用上的问题。

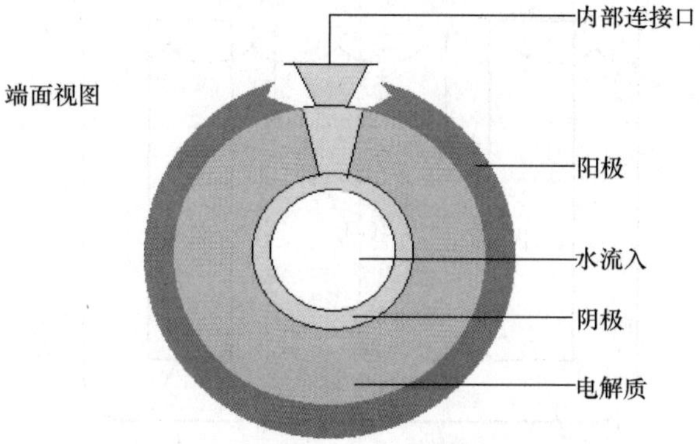

图 6-4 固体氧化物电解槽视图

（四）电解水制氢系统的效率

电解水制氢系统主要由一次能源系统和电解池系统组成，如图 6-5 所示。碱性电解池与聚合物薄膜电解池的工作温度较低，约 80℃，电解过程所需能量主要为电能，其制氢系统工作原理为：一次能源系统输出电能（ΔG）至电解池系统，在电能的作用下，将水电解而生成氢气和氧气。而固体氧化物电解池的工作温度较高（800～950℃），其电解过程与碱性电解池和聚合物薄膜电解槽不同，所需能量除电能之外，还需要高温热能。固体氧化物电解制氢系统的工作原理为：一次能源系统输出电能（ΔG）和高温热能（Q）至电解池系统，在电能和高温热能的共同作用下，将水蒸气电解而生成氢气和氧气。

电解水制氢所需的总能量（ΔH）来源由电能（ΔG）和热能（Q）构成，即

$$\Delta H(T) = \Delta G(T) + Q(T) \tag{6-10}$$

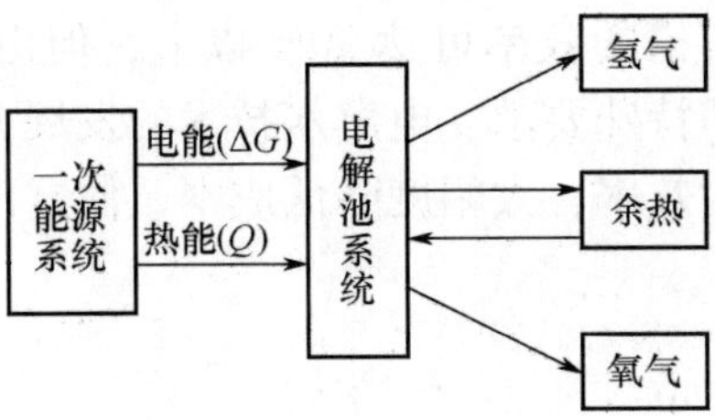

图 6-5　电解水制氢系统组成示意

由于电解制氢过程本质上是将一次能源转化为二次能源（能源载体）的过程，因此电解水制氢系统的效率定义为：在电解制氢过程中，制备所得二次能源（氢气）的能量含量与制氢过程中所消耗的一次能源含量之比。于是，电解制氢系统的总制氢效率模型建立如下。

在电解水制氢过程中，所需的总能量 Q_t（一次能源系统提供）为：

$$Q_t = Q_{th} + Q_{el} \tag{6-11}$$

式中　Q_{th}——电解池所需的热能

Q_{el}——产生电解池所需电能所消耗的热能

可得，电解水制氢系统的总制氢效率为：

$$t = \frac{\Delta H_H}{Q_{th} + Q_{el}} \tag{6-12}$$

式中　ΔH_H——氢的焓值

由于碱性电解池与聚合物薄膜电解池在电解过程中所消耗的能量均由电能提供，则其总制氢效率为：

$$\eta_t = \frac{\Delta H_H}{\Delta G(T)/(\frac{\eta_{el}}{\eta_{es}})} \tag{6-13}$$

式中　η_{el}——一次能源系统的发电效率

$$\eta_{es} = \frac{E(T)}{V_{op}(i,T)} \tag{6-14}$$

式中　η_{es}——电解池系统的电解效率

$E(T)$——在温度 T 时，水的理论分解电压

$V_{op}(i, T)$——在电流 i 和温度 T 时的实际电解电压

固体氧化物电解池在电解过程中所消耗的能量由电能和高温热能两部分组成，其总制氢效率为：

$$\eta_t = \frac{\Delta H_H}{\frac{\Delta G(T)}{\eta_{el}\ \eta_{es}} + \frac{Q_{th}(T)}{\eta_{th}} - \frac{\Delta G(T)}{\eta_{el}\ \eta_{th}}(1 - \eta_{es})} \tag{6-15}$$

式中　η_{th}——固体氧化物电解制氢系统的热效率，它包括一次能源系统与电解池系统之间和电解池系统本身的热损失，以及电解池系统的热循环利用效率

总结以上三种电解槽，以碱性电解槽技术最为成熟，成本也比较低，但效率只有 51%～62%；离子交换膜电解槽的效率提高到 74%～79%，但由于采用了较贵重的材料，成本比较高，目前只用于小规模的使用；固体氧化物电解槽目前还处于早起的发展阶段，

从目前的实验来看，这种电解槽的效率可达 90% 以上，但由于反应需在 1000℃ 左右的高温下进行，对材料等有一定的特殊要求。电解水技术的发展方向是进一步提高离子交换膜电解槽和固体氧化物电解槽的效率，大幅度降低成本，使这两种电解槽能够大规模的使用（图 6－6）。

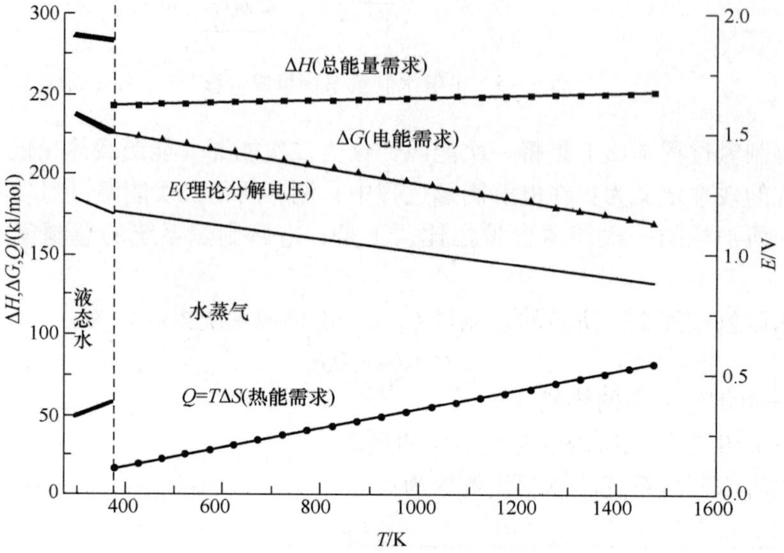

图 6－6　液态水与水蒸气电解所需能量示意

三、生物质制氢

生物质通常是指以半纤维素、纤维素、木质素以及其他有机质为主的水生植物和陆生植物等，是一种稳定的可再生能源资源。生物质能是通过绿色植物的光合作用，把太阳能转化为化学能后固定和储藏在生物体内的能量。生物质能与其他可再生能源如水能、风能、太阳能和潮汐能等相比，是唯一可直接储存和运输的可再生能源。生物质能利用的一个重要途径是生物质制氢，生物质制氢的方法主要有生物法制氢、热化学法制氢和生物乙醇制氢。

（一）生物法制氢

生物法制氢是指利用微生物将生物有机废水、废料通过生物降解得到氢气。该过程既可以充分利用资源，又可以起到污染治理的目的，因此备受重视。生物法制氢又可以分为暗厌氧发酵制氢、光合生物制氢和光合发酵复合制氢系统。

暗厌氧发酵生物质制氢是通过厌氧微生物在氮化酶或氢化酶的作用下将有机物降解而获得氢气。此过程不需要光能供应。厌氧微生物包括梭菌属、类芽孢菌属和肠杆菌属等。目前，已知的暗厌氧发酵产氢过程主要包括甲酸分解产氢、丙酮酸脱羧产氢以及还原态的烟酰胺腺嘌呤二核苷酸（NADH）/烟酰胺腺嘌呤二核苷酸（NAD）平衡调节产氢三种途径。以葡萄糖为例，其暗发酵产氢过程为：首先，葡萄糖经糖酵解途径生成丙酮酸、腺嘌呤核苷三磷酸（ATP）和还原态的 NADH；然后，丙酮酸被丙酮酸铁氧化还原蛋白酶氧化成乙酰辅酶 A、CO_2和还原性铁氧化还原蛋白（丙酮酸脱羧过程）；或者经丙酮酸甲酸裂解酶而分解成乙酰辅酶 A 和甲酸，生成的甲酸再次被氧化为二氧化碳，并使铁氧化还原蛋白

(甲酸裂解过程)；最后，还原性铁氧化还原蛋白在氢化酶和质子的作用下生成氢。

光合生物制氢包括光解水生物制氢和光发酵生物制氢技术。光解水生物制氢技术是以水为原料，以太阳光为能源，通过光合微生物（如蓝细菌和绿藻）分解水产生氢气。主要的研究集中在光合藻类分解水制氢的研究上。藻类太阳光分解水制氢是产氢酶系把水分解成氢气和氧气，此过程没有二氧化碳的产生，其产氢机理和绿色植物的光合作用机理类似。

光发酵生物制氢是在厌氧光照条件下，光发酵细菌利用小分子有机物还原态无机硫化物或氢气作供氢体，光驱动产氢，产氢过程没有氧气的释放。在这一光合系统中，具有两个独立但协调起作用的光合作用中心，接收太阳能分解水产生 H^+、电子和 O_2的光合系统Ⅱ（PSII），以及产生还原剂用来固定 CO_2的光合系统Ⅰ（PSI）。PSII 产生的电子由铁氧化还原蛋白携带，经由 PSII 和 PSI 到达产氢酶，H^+在产氢酶的催化作用下在一定的条件下形成 H_2。

光发酵生物制氢是与光合磷酸化相偶联的由固氮酶催化的放氢过程。同时由于所需 ATP 来自光合磷酸化，所以固氮放氢所需要的能量来源不受限制，可以是光能也可以是生物能。而暗发酵的能量来源只能是消耗生物质产生的生物能。这也是光发酵细菌产氢效率高于暗发酵细菌的原因。

光合发酵复合生物制氢是将前两种生物法制氢的优势互补起来，不仅减少了所需的光能，而且增加了氢气产量，同时也彻底降解了有机物，使该技术成为生物制氢技术的发展方向。非光合生物可降解大分子物质产氢，光合细菌可利用多种低分子有机物光合制氢，蓝细菌和绿藻可光裂解水产氢，非光合细菌和光合细菌也可以在不同的反应器中分别进行产氢。第一相（暗反应器，无需光照）中将有机物降解为有机酸并产生氢气，出水进入第二相（光反应器，需光照）后，光合细菌便彻底降解有机酸产生氢气。

光合-发酵复合生物制氢技术，包括暗-光发酵细菌两步法（图 6-7）和混合培养产氢（图 6-8）两种方法。暗-光发酵细菌混合培养是将不同营养类型和性能的微生物菌株共存在一个系统中，构建高效混合培养产氢体系，利用这些细菌的互补功能特性，提高氢气的生产能力及底物转化范围和转化效率。相对于混合培养产氢，两步法产氢更容易实现，两种菌在各自的环境中发挥作用。第一步是暗发酵细菌发酵产生氢气，同时产生大量的可溶性小分子有机代谢物；第二步是光发酵细菌依赖光能进一步地利用这些小分子代谢物，释放氢气。

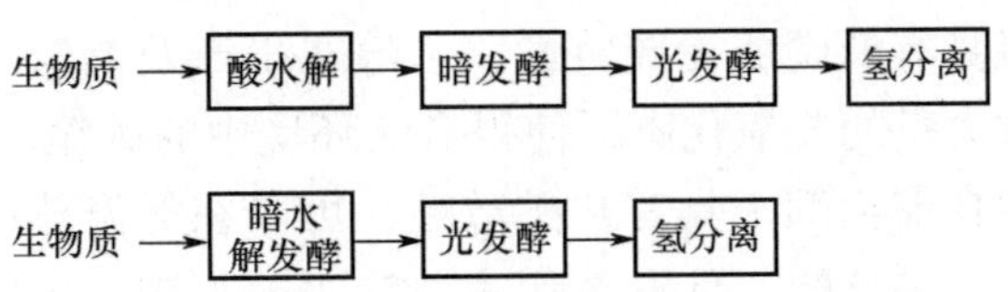

图 6-7　暗-光发酵细菌两步法示意图

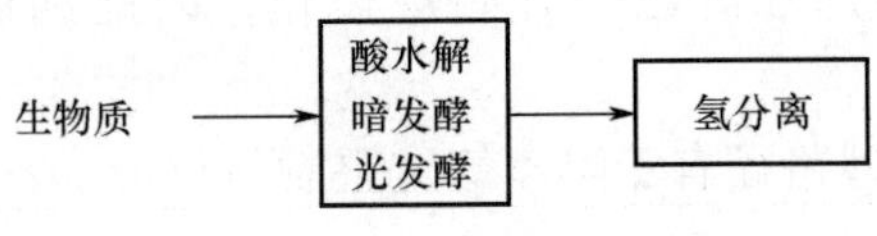

图 6-8　混合培养产氢示意图

暗厌氧微生物发酵制氢与光合生物制氢相比的优势在于产氢能力高，产氢细菌的生长速度快，无需光源，反应装置的设计、操作及管理简单方便，原料的来源广泛且成本低廉，细菌更容易保存和运输。所以，发酵法生物制氢技术较光解法生物制氢技术更容易实现规模化工业生产。

（二）热化学法制氢

热化学转化制氢是指将生物质通过热化学方法转化为富含氢的合成气，根据应用的需要可再通过水汽变换和气体分离获得氢气的办法。目前研究的制氢技术主要有生物质气化制氢、生物质热裂解制氢等路线。

生物质气化是以生物质为原料，以空气和水蒸气为气化剂，在高温条件下，一般为800～900℃，通过热化学反应将生物质转化为氢气、CO及杂质气体。这类似于煤炭气化制氢过程。总的工艺流程如图6－9所示。

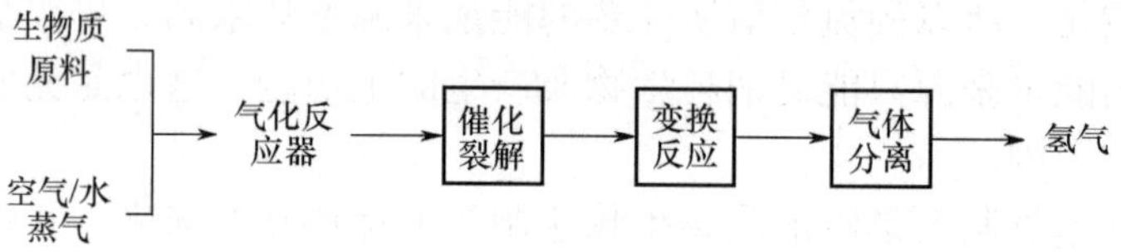

图6－9 生物质气化制氢

生物质热裂解制氢是对生物质进行间接加热，使其分解为含氢和CO的气态产物和部分焦油，然后对热解气态产物进行第二次催化裂解，使焦油继续裂解以增加气体中的氢含量，再经过变换反应，然后对气体进行分离提纯，得到产品氢气。热裂解反应类似于煤炭的干馏，由于不加入空气，得到的是中热值燃气，燃气体积较小，有利于气体分离。

生物质热解是个复杂的过程，目前尚不能精确描述整个反应过程。总的反应趋势是朝着生成简单物质的方向进行，大分子物质通过一连串的反应，逐步转化为小分子气体和炭。

（三）生物乙醇制氢

生物乙醇是指通过微生物的发酵将各种生物质转化得到的乙醇。相对于化石燃料及甲醇制氢，生物乙醇水蒸气重整制氢具有一些明显的优点：①乙醇的能量密度较高，低毒，安全性好。②乙醇制氢具有低碳或无碳特性。乙醇在生产及制氢过程中会释放二氧化碳，但生物质生长能够吸收大量的二氧化碳，使得自然环境中的碳循环过程基本平衡，达到低碳或无碳排放。③乙醇在催化剂上具有热扩散性，可以在低温范围内进行重整制氢反应。④乙醇易于储存、运输和再分配，且不含有易使燃料电池铂电极中毒的硫。⑤相对于甲醇制氢，乙醇可以从可再生能源中获得。乙醇可通过谷物的发酵和生物质降解得到。而近年来利用生物质非粮作物生产乙醇已经开始规模化，因此利用乙醇制氢具有广阔的市场前景。

从乙醇制备氢气的典型路径有乙醇蒸气重整制氢反应、乙醇部分氧化反应和乙醇部分氧化重整反应。

乙醇蒸气重整制氢反应：

$$C_2H_5OH + 3H_2O \rightleftharpoons 2CO_2 + 6H_2 \qquad \Delta H = 174.2kJ/mol \tag{6-16}$$

乙醇部分氧化反应：

$$C_2H_5OH + 1.5O_2 \rightleftharpoons 2CO_2 + 3H_2 \qquad \Delta H = 14.1kJ/mol \tag{6-17}$$

乙醇部分氧化重整反应：

$$C_2H_5OH + (3-2x)\ H_2O + xO_2 \rightleftharpoons 2CO_2 + (6-2x)\ H_2 \qquad 0<x<0.5 \tag{6-18}$$

三种反应中，虽然乙醇蒸汽重整反应是产氢率最高的反应，但是该反应是强烈的吸热反应，因此需要较高的操作温度。乙醇部分氧化反应是放热反应，因此具有较短的初始反应时间，这对于汽车燃料电池供氢是非常重要的。此外，由于部分氧化反应并不需要换热器进行换热，其所需的反应器要比重整反应器的体积更小。然而，该反应的缺点是容易出现热点以及较低的氢气产率。乙醇部分氧化重整反应综合了重整反应和氧化反应，因此可以通过控制反应物的比例使得反应放热呈“热中性”，既不吸热也不放热。

然而，乙醇制氢过程中除了上述三个反应之外，还会有其他副反应发生，生成 CH_4、CO、H_2O、C_2H_4O 等副产物，影响反应产物的组成。

反应温度对乙醇蒸汽重整反应、乙醇部分氧化反应和乙醇部分氧化重整反应产物的组成、催化剂活性有很大的影响。对于这三种反应的热力学平衡计算发现，H_2、CO、CO_2和CH_4是反应体系的主要产物。随着温度的升高，CH_4和CO_2的浓度降低，而H_2和CO组成上升。温度范围内不同产物的选择性还受催化剂本性，如载体和金属以及反应条件，如水醇比、O_2/醇以及停留时间的影响。

四、太阳能制氢

众所周知，太阳能总量丰富，可以说是取之不尽、用之不竭，而且十分清洁。所以利用太阳能制氢是一种非常有前景的制氢方法。此处介绍的太阳能是指直接利用太阳能的热能和光能。太阳能热化学分解水制氢是利用太阳能的热能，而太阳能光伏发电电解水制氢系统、太阳能光电化学过程制氢和光催化水解制氢是利用太阳能的光能制氢。

（一）太阳能热化学分解水制氢

利用太阳能将水直接在高温下加热分解产生氢气无疑是最简单的热化学制氢方法。在标准状态下［25℃，1atm（$1atm = 1.01325 \times 10^5 Pa$）］，水分解反应的热化学性质变化如下所示：

$$H_2O\ (l) \longrightarrow H_2\ (g)\ + 0.5O_2\ (g) \tag{6-19}$$

$$\Delta G = 285.84\ (kJ/mol) \tag{6-20}$$

$$\Delta H = 237.1\ (kJ/mol) \tag{6-21}$$

$$\Delta S = 69.91\ [J/(K \cdot mol)] \tag{6-22}$$

根据热力学计算式：$\Delta G = \Delta H - T\Delta S$，可以计算出，上述反应（$\Delta G < 0$）需要的反应温度要达到700K以上。但实验研究表明，在温度高于2500K时，水的热分解才比较明显，温度越高，水的分解效率越高。分解明显的温度远高于700K的主要原因是，一方面这三个热力学参量都是温度的函数，随着温度的升高而变化；另一方面，实际反应需要受到动力学因素的影响。太阳能直接热分解水制氢过程水的转化率与温度、压力的关系如图6－10所示。

图6－10中，纵轴为水的转化率，横轴为压力。在如此的高温高压下，太阳能集热高

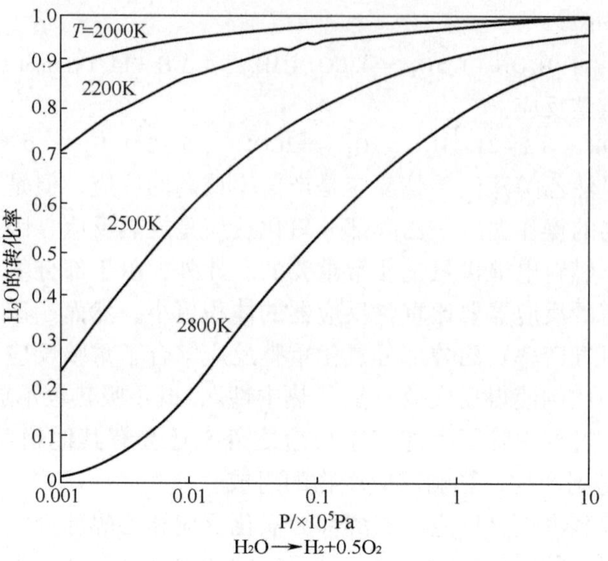

图 6-10 太阳能直接热分解水制氢过程水的转化率与温度、压力的关系

温的获取，高温反应器、高温产物分离等材料和工艺问题都很难得到解决。典型的研究内容为如何提高高温反应器的制氢效率和开发更为稳定的多孔陶瓷膜反应器。一种典型的反应器的截面图如图 6-11 所示，即水蒸气通过图中 G 处进入反应器，太阳光经过 D 处透镜集热器对水蒸气加热，产生的氢气通过氧化锆陶瓷膜渗透后排出，而氧气直接从反应器出口排出。钙反应器的温度至少要达到 2100℃ 才能维持稳定的运行。然而该技术的主要缺点是反应器的材料问题。氧化锆是制造多孔陶瓷膜的主要原料，它的烧结温度为 1700～1800℃，当反应器的温度逐渐提升时，其烧结过程仍然继续进行，从而导致多孔结构的破坏，使孔道关闭，气体的透过性降低。如何组织烧结或者把烧结过程延迟到工作温度之外成为该技术继续发展的关键。

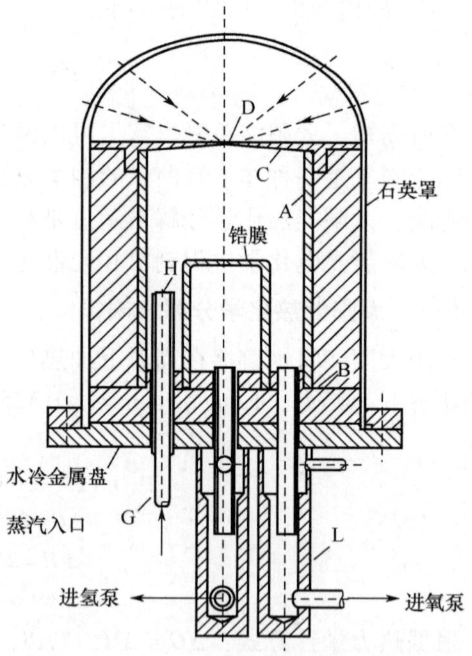

图 6-11 太阳能直接热裂解水反应器截面

（二）太阳能光伏发电电解水制氢系统

太阳能光伏发电利用的是太阳能的光能，是一种将太阳光辐射能通过光伏效应，经太阳能电池直接转化为电池的新型发电技术。太阳能光伏发电发出的直流电可直接利用，也可经能量变换、能量储存等环节，向负

载提供交流电能供人们使用。目前用于发电的光伏系统大多为小规模、分散式独立发电系统或中小规模并网式光伏发电系统。太阳能光伏发电电解水制氢就是利用光伏发电，然后电解水制取氢气。太阳能光伏发电电解水制氢原理和设备同普通电解水制氢类似。

太阳能制氢系统如图 6 – 12 所示。光伏阵列形成直流电源，为电解槽电解水制氢提供动力。由于太阳与地球有各自的运行规律，所以太阳能电池的发电量受到昼夜、季节、气候变化的影响。在一般的情况下，难以和负荷相匹配。为了适应光伏电池的伏安特性，保障电池始终正常工作，因此对太阳能的最大功率跟踪技术进行研究是一个特点。根据需要配备合适的最大能量输出跟踪器，解决输出电压与所需电压相匹配的问题，以保证光伏电池始终工作在最大能量输出点。电解水制氢的电解槽仍主要采用碱性电解槽、离子交换膜电解槽和固体氧化物电解槽。随着光伏电池效率的提高和成本的降低以及电解槽技术的成熟，利用太阳能转换的电能进行电解水制氢将成为氢能源开发的重要方面。

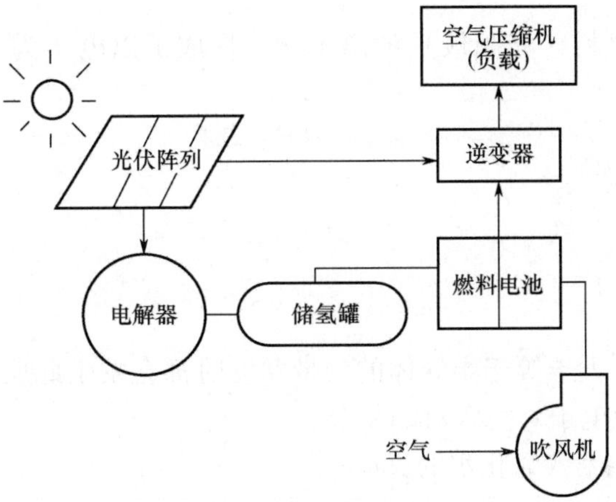

图 6 – 12　太阳能制氢系统

（三）太阳能光电化学过程制氢

太阳能光电化学过程制氢顾名思义就是利用太阳光的光能结合电化学过程制氢。

太阳能光电化学过程制氢由光化学电池实现。光化学电池由光阳极、光阴极以及电解质组成。通过光阳极吸收太阳能并将光能转化为电能。光阳极通常为光半导体材料，受光激发可以产生电子 – 空穴对。在电解质存在下光阳极吸光后在半导体带上产生的电子通过外电路流向光阴极，水中的质子从光阴极上接受电子产生氢气。理论上，光电极组成有三种情况：

（1）光阳极为 n 型半导体，阴极为金属。

（2）光阳极为 n 型半导体，阴极为 p 型半导体。

（3）光阴极为 p 型半导体，阳极为金属。

图 6 – 13 所示为太阳能光电化学电池制氢的基本结构。它包括一个光阳极（一般是金属氧化物）和阴极（一般是 Pt），在电解液中，氧化和还原反应分别在阳极和阴极发生。

光电化学分解水涉及了光电极之间以及光电极与电解液界面之间的反应过程。

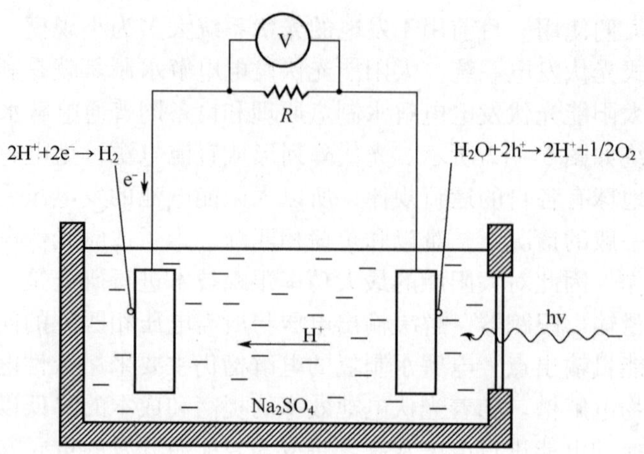

图6－13 太阳能光电池分解水示意图

（1）光致半导体材料（光阳极）的离子化，形成了以电子为主的载流子（自由电子和电子空穴对）：

$$2hv \longrightarrow 2e^- + 2h^+ \quad (6-23)$$

式中 h——普朗克常数

v——频率

e^-——电子

h^+——空穴

当光子能量（hv）大于等于半导体的禁带宽度时都会发生此反应，在电极－电解质界面需要外加电场来避免电子－空穴对的复合。

（2）光阳极上发生空穴氧化水的反应：

$$2h^+ + H_2O\ (l) \longrightarrow 0.5O_2 + 2H^+ \quad (6-24)$$

（3）H^+通过电解质从光阳极迁移至阴极，电子通过外电路从光阳极流向阴极。

（4）阳极发生 H^+的还原反应：

$$2H^+ + 2e^- \longrightarrow H_2\ (g) \quad (6-25)$$

总的反应方程式为：

$$2hv + H_2O\ (l) \longrightarrow 0.5O_2 + H_2\ (g) \quad (6-26)$$

当光阳极吸收的能量大于等于水的分解阈值时：

$$E_i = \Delta G/\ (2N_A) \quad (6-27)$$

才可能发生上述水的分解过程，其中 ΔG 是发生水分解过程中的吉布斯自由能变，为237.14kJ/mol，N_A是阿伏伽德罗常数，为6.02×10^{23}mol。于是可以得到：

$$E_i = hv = 1.23\text{eV} \quad (6-28)$$

理论上半导体的带宽大于等于1.23eV 时就能进行光解水，但是在实际的过程中由于存在过电位，半导体光电极材料的禁带宽度 E_g 必须大于2.5eV 才能使水分解。

光电化学水解制氢的效率跟电极材料有很大的关系，其电极材料不仅有一定的半导体性质，而且还需要具有光电化学性质。在光电化学电池方面考虑的材料的特性主要有以下几个方面：带宽、平带电位、肖特基势垒、电阻、亥姆赫兹电势和抗腐蚀性能。

带宽是指导带能级最下面与价带能级最上面的能量之差，只有能量大于带宽的光子才有可能被材料吸收并转化为电子－空穴对。太阳光的光谱在不同能量区域都有分布，但也不是带宽越小效率越高。因为带宽越小，能量较大的光子激发电子到导带之后，最后电子还是会回到导带底的能量较低状态，这样多出的能量就转化为热能散发。所以为了既提高光子的利用率又提高能量转化的效率，理论上用过光电极的材料最优带宽为 2eV 附近。为了提高氢气产率，一种方法是向高带宽材料中掺杂异价的金属离子形成固溶体，以在导带下再加一个带接近 2eV；另一种方法采用不同带宽的材料混合起来，不同带宽的材料可以吸收不同波长的光。

平带电位是指加在电极和电解液界面的、使电极表面能带拉平所需的外加电压。当用负平带电位（相对于氢标电位）的材料作为光电池中的阳极时，可以光电解水而不需要加上偏压。否则必须加上偏压才能促成光反应。

肖特基势垒是指在半导体内部界面，包括浓度梯度、表面状态和吸附状态形成的界面的电压降。肖特基势垒在防止光致电离的离子相互结合方面起到十分重要的作用。主要由三个原因产生：表面能的原因使得结构变形；在处理过程中引入的异价原子之间形成的偏析化学势；电极表面的电化学势差。而人们可以通过上述的三个梯度来控制材料的肖特基势垒。

光解水装置的电阻包括电极电阻、电解液电阻、外部导线电阻、测量或者控制设备引起的电阻和相互连接的地方引起的电阻。而电阻较大的相是电极电阻、电解液电阻。对于电极电阻（主要是半导体电极），可以通过使材料在高温下 H_2/Ar 混合气体氛围还原来降低；对于电解液电阻，可以通过提高电解液的离子流动性来降低。

亥姆赫兹电势是指当半导体光电极浸没到电解液中，电极表面上与电解液中离子的移动所引起的电势差。带电离子从半导体光电极转移到电解液，将引起向上的带宽弯曲形成电势差。光电池的性能在很大程度上都是由亥姆赫兹电势决定的。这方面的研究需要关注电解液和电极的性质对亥姆赫兹电势的影响，以及亥姆赫兹电势对整个光电转换的影响（图 6－14）。

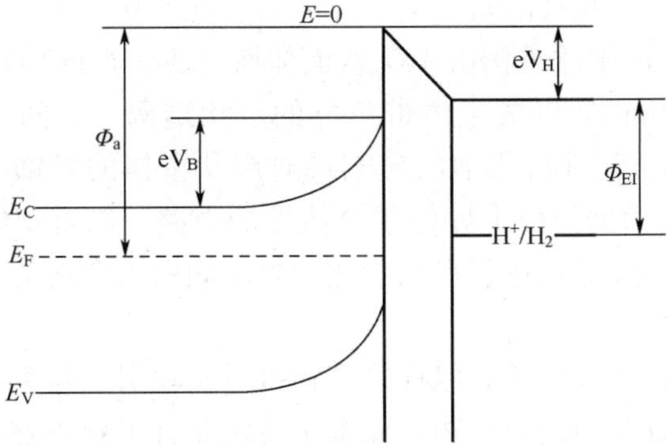

图 6－14　光电极（n 型半导体）和电解液之间固/液界面的能量示意

对光电极最基本的要求就是要对电极反应具有抗腐蚀的效果。这些反应包括电化学腐蚀反应、光腐蚀和溶解腐蚀。一些金属化合物，如 TiO_2 及其固溶体，具有很好的抗腐蚀性能，因此被作为光电极的优选材料。

（四）光催化水解制氢

光催化水解制氢利用的也是太阳光的光能。光催化水解制氢的关键是光电催化材料研究。

经过30多年的研究进展，光催化剂由最初的只能吸收紫外线的半导体TiO_2发展到可吸收可见光的多种类型的催化剂。在紫外光照射下能分解水制氢的催化剂有TiO_2、SrO_2、$Na_2Ti_6O_{13}$、$BaTi_4O_9$、$K_2La_2TiO_{10}$、$K_4Nb_6O_{17}$、ZrO_2等；在可见光照射下，电子给体在CH_4O存在时可以产生氢气，电子受体在$AgNO_3$存在时可产生氧气的催化剂有Bi_2InNbO_7、CdS、ZnS、$Bi_2W_2O_9$等。它们属于不同的体系。

1. 半导体光催化剂体系

（1）TiO_2体系　传统的半导体光催化分解水是围绕氧化物半导体，主要是以TiO_2及其表面改性粒子而展开的，由TiO_2－Pt电极对的光解水模式演变形成了固体粉末光催化剂Pt/TiO_2，并成为光催化剂的典型代表。

（2）复合半导体　现在，半导体复合已经成为提高光催化反应效率的有效手段。复合半导体必须具有合适的能级才能使电荷与空穴有效分离，从而形成更有效的光催化剂。同时，复合半导体各组分的比例对其催化性质也有很大的影响。另外，过渡金属离子掺杂作为复合半导体的特殊形式，既能组织电子－空穴再结合，又能促使电子－空穴再结合，且掺杂离子浓度通常不高。在TiO_2中掺杂W^{6+}、Ta^{5+}、Nb^{5+}等高价离子时，放氢速度加快；而当掺杂低价离子In^{3+}、Zn^{2+}、Li^{+}时，放氢速度则减慢。

从化学的观点来看，金属离子掺杂可能在半导体晶格中引起缺陷位置或者改变结晶度等，从而影响电子－空穴对的复合。如称为电子或空穴的陷阱而延长其寿命，或成为电子－空穴的复合中心而加快复合。

除了TiO_2体系和复合半导体体系外，半导体催化材料还包括Ta系列半导体光催化剂、ZnO半导体催化剂、RuS_2半导体催化剂等。

2. 无机层状化合物

无机层状化合物包括层状钛酸盐及其柱撑产物、铌酸盐、钙钛矿型以及杂多酸。

层状钛酸盐$K_2Ti_4O_9$的主体结构由TiO_6八面体所组成，4个TiO_6八面体组成一个单元，单元与单元之间通过共角相连形成主体带负电的层状结构，层间分布着反应活性较高的K^+，可利用层间纳米级空间进行化学反应实现对层状主体的修饰。最常用的是离子交换反应，替代其中的K^+。根据传统半导体复合改性的思路，结合层状化合物层间优异的反应活性，研究者发现，通过柱撑过程在层状化合物之间引入合适的第二种半导体材料可以显著地提高其光催化活性。

柱撑过程步骤较多，历程较长，但柱撑产物可以实现引入材料的层间的均匀复合，得到高比表面、平均孔径分布的复合产物，克服了传统复合半导体催化剂难以均匀复合的缺点，同时还具备普通复合半导体提高催化活性的特点。由于体系中存在两种或者两种以上的不同的半导体，因为其导带和价带能级的差异，能有效实现光生电子－空穴的分离，从而极大地提高光催化活性。例如，以通过柱撑获得的$H_2Ti_4O_9$（TiO_2，Pt）为催化剂，代替前面所提到的$K_2Ti_4O_9$，H_2的产率提高了近25倍，达到88μmol/h。

对于层状铌酸盐（$A_4Nb_6O_{17}$，其中A＝K，Rb），$K_4Nb_6O_{17}$是由NiO_6八面体单元通过

氧原子形成的二维层状结构。这种由 NiO_6 构成的层带负电荷，由于电荷平衡的需要，带正电荷的 K^+ 出现在层与层之间的空间。$K_4Nb_6O_{17}$ 结构上最特别的是交替地出现两种不同的层空间——层空间Ⅰ和层空间Ⅱ。层空间Ⅰ的 K^+ 能被 Li^+、Na^+ 等一价阳离子交换。另外一个特征是，$K_4Nb_6O_{17}$ 的层间空间能够自发地发生水合作用。这种材料在高湿度的空气和水溶液中易发生水合。这表明，反应物分子水在光催化反应中容易进入层状空间。无负载 $K_4Nb_6O_{17}$ 在紫外线照射下即能使纯水发生光解，但该反应产生的氧小于化学计量。当负载 Ni 后，其分解水的活性得到显著的提高。

层状结构氧化物与以 TiO_2 为代表的体相型光催化剂相比，其突出优点是能利用层状空间作为适合的反应点，从而有效抑制了逆反应，提高了量子产率；另一方面，由于层状化合物具有多元素、复合型结构，这为材料的进一步修饰和改进提供了更为广阔的技术空间。另外，铯负载的 $K_4Nb_6O_{17}$ 较其他贵金属有更高的放氢效率。但是其一个缺点是仅能吸收紫外线。曾试图将它的吸收光扩展到可见光范围，但是活性不高。

20 世纪 80 年代，发现层状钙钛矿氧化物如 $SrTiO_3$ 等的光催化活性比 TiO_2 高，但光量子效率仍只有 1% 左右。后来发现钙钛矿型或层状钙钛矿型氧化物具有较高的光催化活性，层状钙钛矿型氧化物 K_4NbO_{17}、$A_4Ta_xNb_{1-x}O_{17}$（A = K，Rb）等光量子效率可达 5% ~ 10%，NiO 作共催化剂的钙钛矿型氧化物光催化剂 $NaTaO_3$ 的光量子效率可到 28%，K_2LaTiO_{10} 甚至可以达到 30% 以上。一些钙钛矿型光催化剂材料的 H_2 的产出量可以达到 5mmol/h 以上，如以 Pt 作共催化剂的 $HCa_2Nb_3O_{10}$ 的产氢速率达 8. 7mmol/h。La 掺杂的 $NaTiO_3$ 以 NiO 为共催化剂，氢气产出速率平均为 5. 9mmol/h，光量子效率大于 20%，最优组成时可达氢气产出速率 14. 6mmol/h，光量子效率为 50%。

为了进一步提高其光催化特性，一般的光解水催化剂，包括前面介绍的层状钛酸盐和铌酸盐，均需要负载贵金属（Pt 或 Ru）；而钙钛矿型层状化合物则不需要，其本身即具有较高的氢生成活性中心，不需担载 Pt 等贵金属，也能将水分解为氢气和氧气，而且活性较高。文献报道，以钙钛矿型层状催化剂时，氢气生成速率分别为 2186μmol/h、1000μmol/h、235μmol/h、402μmol/h，可见其优异的光催化活性。目前实现钙钛矿型层状化合物的柱撑过程较难实现，若能柱撑成功，通过选择合适的客体定能进一步提高其光解水活性，有望成为一类优异的催化材料。

3. 杂多酸盐

杂多酸盐作为一种光敏化剂对 200 ~ 400nm 的紫外线具有活性。杂多酸盐吸收光子后被活化，活化后的杂多酸盐比其基态具有更强的氧化性，这是杂多酸盐作光敏化剂光解水的理论基础。杂多酸盐能够溶于水，是一种均相体系光敏剂，相对于其他的均相体系光敏剂，杂多酸盐作为光敏剂不需要外加电子等中继物，节省了一个中间环节，可提高量子效率约 5%。有学者研究了 ${PW_{12}O_{40}}^{3-}$、${SiW_{12}O_{10}}^{4-}$、${FeW_{12}O_{40}}^{5-}$、${CoW_{12}O_{40}}^{6-}$、${H_2W_{12}O_{40}}^{6-}$ 作光敏剂光解水制氢的情况，提出了 $SiW_{12}O_{40}^{4-}$ 作光敏剂的反应机理：

$$ {SiW_{12}O_{40}}^{4-} \ *{SiW_{12}O_{40}}^{4-} \tag{6-29}$$

$$ *{SiW_{12}O_{40}}^{4-} {SiW_{12}O_{40}}^{4-} \tag{6-30}$$

$$ *{SiW_{12}O_{40}}^{4-} + CH_3OH{SiW_{12}O_{40}}^{5-} + CH_2OH + H^+ \tag{6-31}$$

$$ {SiW_{12}O_{40}}^{4-} + CH_2OH \longrightarrow {SiW_{12}O_{40}}^{5-} + CH_2O + H^+ \tag{6-32}$$

$$ 2{SiW_{12}O_{40}}^{5-} + 2H^+ + Pt \longrightarrow H_2 + 2{SiW_{12}O_{40}}^{4-} + Pt \tag{6-33}$$

该机理是根据在水－甲醇体系中，以 $SiW_{12}O_{40}^{4-}$ 作光敏剂，以胶体 Pt 为催化剂光解水制取氢气的一些实验现象归纳总结出来的，对研究其他 Keggin 结构的杂多酸盐光解水具有一定的指导意义。Keggin 结构杂多酸盐作为光解水催化剂具有产氢效率高的特点。

五、其他制氢方法及评述

实际上，除了上述几种制氢方法外，还有许多种制氢方法。例如，煤制氢、甲醇制氢、氨分解制氢等，这些制氢方法从名称上就很好理解其原料，其原理也和上述内容很类似。当然也有将上述章节叙述的制氢技术加以整合取长补短联合制氢，以提高产率。由于篇幅有限，这里不加详述。

目前来看甲烷重整制氢是成本最低（实际上国内由于煤的储量丰富，煤价较低，煤制氢的成本比甲烷重整制氢还低）、技术最成熟的制氢方法。但是，毕竟甲烷不是可再生的原料，所以它只是目前一种比较好的过渡方法。最终比较理想的制氢方法应该是另外三种。其中，生物质制氢具有生物质耐储存、易输运、可再生的特点。而另外两种方法，可以加以结合推广一下。太阳能是一种可再生能源，它和一些其他可再生能源如风能、潮汐能一样，其能量功率随时间具有一定的不可预期的变化。如果直接将其转化为电能并入电网，很可能对电网造成巨大冲击而瘫痪。另外，电能是品质最高的能量形式，如果用来进行电解水制氢，显得有点“浪费”。所以，如果把这两个方面结合起来，用这些不够稳定的可再生能源发的电能进行电解水制氢，然后将电解得到的氢气储存起来，这样利用储存起来的氢气就变得可以控制了，另外一方面也避免了用电网传输的电能进行电解水制氢的浪费。而且制成的氢气不仅可以用来发电，还可以供氢燃料电池汽车以及化工使用。

第三节　提纯

由上述方法制得的氢气肯定含有很多杂质，如甲烷水蒸气重整制氢就有 CO、CO_2 和 H_2O 等杂质，所以很有必要对得到的气体进行提纯。目前主要的提纯方法有深冷分离法、变压吸附法和膜分离法。

一、深冷分离法

使用较多的氢气分离和提纯的工艺就是深冷分离法。其原理是利用在低温条件下原料气中各组分的相对挥发度之差（沸点差），使部分气体冷凝，从而达到分离的目的。氢气的标准沸点为 -252.75℃，而氮、氩、甲烷的沸点分别为 -195.62℃、-185.71℃、-161.3℃，与氢的沸点相差较大。因此，采用冷凝的办法可将氢气从这些混合气体中分离出来。此外，氢气的相对挥发度比烃类物质高，因此深冷法也可以实现氢气与烃类物质的分离。深冷法的特点是适用于含氢量低于 30% 的原料气，得到的氢气纯度高，可以达到 95% 以上，而且氢回收率高，达 92% ~97%。

二、变压吸附法

变压吸附工艺是近几十年来发展最快的一种气体分离技术。其原理是利用吸附剂对吸附质在不同分压下各组分有选择吸附的特性以及有不同的吸附容量来提纯氢气。杂质在高压下被吸附剂吸附，使得吸附量极小的氢气得以提纯，然后杂质在低压下脱附，使吸附剂得到再生。变压吸附工艺为循环操作，用多个吸附器来达到原料、产品和尾气流量的恒定。每个吸附器都要经过吸附、降压、脱附、升压、再吸附的工艺过程。一般选用的吸附剂有活性氧化铝、硅胶、分子筛、活性炭等。

变压吸附最早在氢气的分离和提纯中应用，现在已用于十几种气体，甚至几十种气源的分离和提纯。该法对原料气中杂质的要求不苛刻，一般不需要进行预处理；原料气中氢含量一般为50%～90%，且当氢含量比较低时，变压吸附具有更突出的优越性。同时，变压吸附法可分离出高纯度的氢气，纯度最高可达99.9999%。该法装置和工艺简单，设备能耗低，投资较少，适合于大、中、小各种生产提纯规模，但缺点是氢的回收率低，只有60%～80%。

变压吸附的基本原理是吸附。吸附是指用多孔性的固体吸附剂处理流体混合物，使其中所含的一种或者数种组分被吸附在固体表面以达到分离的操作。具有吸附作用的、密度相对较大的多孔固体被称为吸附剂；被吸附的、密度相对较小的气体或液体被称为吸附质。吸附按性质不同可分为两大类：化学吸附和物理吸附。变压吸附主要为物理吸附。物理吸附是指依靠吸附剂与吸附质分子间的分子力，包括范德华力和电磁力，进行的吸附，其特点是：吸附过程中没有化学反应，吸附过程进行得极快，参与吸附的各项物质间的动态平衡在瞬时即可完成，并且这种吸附是完全可逆的。

物理吸附的吸附量可用吸附等温式来表示。吸附等温式有多种，以BET公式为例介绍物理吸附过程吸附量的计算方法。由Brunauer、Emmett和Teller三人提出的多分子层吸附等温式，简称BET公式，如式（6－34）所示：

$$\frac{p}{V(p_0-p)}=\frac{1}{V_m c}+\frac{c-1}{V_m c}\frac{p}{p_0} \tag{6-34}$$

式中　V——吸附量，mL

p——吸附时的平衡压力，Pa

p_0——吸附气体在给定温度下的饱和蒸汽压，Pa

V_m——样品表面形成单分子层所需要的气体体积，mL

c——与吸附热有关的常数。

当吸附剂给定以后，气体组分的吸附量是温度和压力的函数。图6－15给出了A、B两种气体在同一温度下的吸附等温线。由图6－15可知，当A和B的混合气体通过填充吸附剂的吸附床时，在相对高压下，由于组分A的平衡吸附量$Q_{A.H}$远高于组分B的平衡吸附量$Q_{B.H}$，故被优先吸附，组分B则在流出气体中富集。为了使吸附剂再生，可将床层的压力降低，在达到新吸附平衡的过程中，脱附的量分别为$Q_{A.H}-Q_{A.L}$和$Q_{B.H}-Q_{B.L}$。这样周期性地变化床层压力，即可达到将A、B的混合气进行吸附分离的目的。

单一的固定吸附床操作，无论是变温吸附还是变压吸附，由于吸附剂需要再生，吸附时间歇式的，因此，工业上都是采用两个或更多的吸附床，使吸附床的吸附再生交替或依次循环进行。当一个塔处于吸附过程中，其他塔就处于再生过程的不同阶段，当该塔结束吸附步骤开始再生过程时，另一个塔又接着进行吸附过程。这样就能保证原料气不断输入，产品气不断产出，保证整个吸附过程的连续。

吸附剂是吸附工艺的基础和核心。在对原料气进行分离提纯之前首先要选择合适的吸

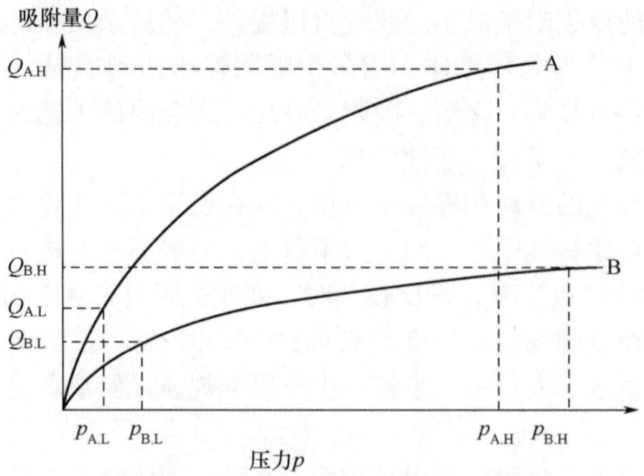

图 6－15　变压吸附的基本原理

附剂。吸附法制氢所用的吸附剂必须满足以下三个条件：①吸附容量大，即单位体积或单位质量的吸附剂应能吸附尽可能多的吸附质。一般来说比表面积越大，吸附剂的体积吸附量也越大。②吸附选择性要高，即吸附剂应该具有对含氢原料气中一种或几种杂质成分进行选择性吸附而对其他组分不吸附或者吸附量很小的性能。吸附剂的孔隙大小分布、比表面积和表面性质都对选择性产生影响。③吸附剂容易再生，具有良好的机械强度和热稳定性。

变压吸附常用的吸附剂有活性氧化铝类、硅胶类、活性炭类和分子筛类等。

活性氧化铝类属于对水有强亲和力的固体，一般采用三合水铝或三水铝矿的热脱水或热活化法制备，主要用于气体干燥。

硅胶类吸附剂属于一种合成的无定形二氧化硅，它是胶态球形粒子的刚性连续网络，是由硅酸钠溶液和无机酸经胶凝、洗涤、干燥及烘焙而成。硅胶不仅对水有强的亲和力，而且对烃类和二氧化碳组分也有较强的吸附能力。

活性炭类吸附剂的特点是：其表面所具有的氧化物基团和无机物杂质使表面性质表现为弱极性或无极性，加上活性炭所具有的特别大的内表面积，使得活性炭成为一种能大量吸附多种弱极性和非极性有机分子的广谱耐水型吸附剂。

沸石分子筛类吸附剂是一种含碱土元素的结晶态偏硅铝酸盐，属于强极性吸附剂，有着非常一致的孔径结构和极强的吸附选择性。

对于组成复杂的气源，在实际应用中常常需要多种吸附剂，按吸附性能依次分层装填，组成复合吸附床，才能达到分离所需产品组分的目的。

三、膜分离法

膜分离技术是近十几年来发展起来的气体分离方法。膜分离法是利用膜对特定气体组分具有选择性渗透和扩散的特性来实现气体分离和纯化的目的。不同的组分有不同的渗透率。典型组分的相对渗透率从高到低的趋势如下：

$$H_2O > H_2 > He > H_2S/CO_2 > Ar > CO > N_2 > CH_4$$

多孔介质中气体传输原理大致分为以下 5 类。

（1）努森扩散　当孔径远小于分子自由程时，分子在膜中的扩散以努森扩散为主。努森扩散是基于分子质量不同而进行的扩散，其分离系数同分子质量的二次方根成反比，即：

$$\alpha_{AB} = (M_B/M_A)^{1/2} \tag{6-35}$$

(2) 表面扩散 混合气体的一种或几种较好地吸附在膜孔表面，这种组分比不吸附组分扩散快，因此使混合气体分离，分离效应主要由混合气体组分吸附的选择性决定。因为吸附气体的表面扩散可以很快，同时，被吸附分子会阻碍不吸附分子以努森扩散通过膜孔，增加了总的分离选择性，所以，混合气体以表面扩散分离时，可以同时具有高选择性和高渗透性。

(3) 毛细管凝结 混合气体中的一种或几种气体具有选择性地冷凝在膜孔中，冷凝的气体通过扩散穿过膜孔，由于此组分在孔内凝聚，阻碍了其他组分的通过，这样发生凝聚的组分同没有发生凝聚的组分得以分离。这种原理要求的膜孔为中等孔，此分离原理主要适用于有易凝聚组分的气体分离。

(4) 分子筛分（活化扩散） 它要求膜孔径为分子尺寸。分子筛分的基本原理就是直径小的分子通过膜，而直径大的分子则被截流。

(5) 溶解扩散 基于金属的氢固溶度和移动性的差别实现分离。氢气从气相主体扩散到致密金属膜表面解离成氢原子溶解，氢原子吸附在金属基体，然后扩散穿过金属膜，最后氢原子在金属膜另一侧表面重新结合成氢分子脱附进入气相主体。

气体组分透过膜的推动力是膜两侧的压力差。根据各组分渗透率的差异，具有较高渗透率的气体，如氢气，富集在膜的渗透侧，而具有较低渗透性的气体则富集在未渗透侧，从而达到分离混合气体的目的。随着有较多的气体渗透过膜，较低渗透性的组分相对较多，因此要求的氢纯度较高时回收率就降低，相反，氢纯度较低时的回收率就较高。按照膜的结构可以将固体膜分为多孔膜和致密膜。其中，多孔膜是通过对粒径、形状、电荷的辨别实现控制分离的，而致密膜则依靠吸附和扩散实现分离。多孔膜的渗透机理主要为微孔扩散机理，即混合气体分子经过膜的微孔时呈分子流穿过膜，当膜的微孔直径等于或小于气体分子平均自由程时，才能达到分离的目的。而致密膜的渗透机理为溶解-扩散机理，即气体分子在压力的作用下，首先在膜的高压侧接触，然后吸附、溶解、扩散、脱溶、逸出，从而实现某种特定气体的分离。

膜分离法的优点包括投资少，能耗较低，装置及操作简单，可在温和条件下实现分离，实现连续分离，易于和其他分离过程结合等。但是膜分离法仍然存在一定的问题，如致密膜虽可获得很高的选择渗透性，但渗透通量较低。渗透通量指的是膜分离过程中单位时间内单位膜面积上的物质透过量 [mol/($m^2 \cdot s$)]。其可由下式计算得到：

$$\text{渗透通量} = \text{渗透系数} \times \text{推动力} \tag{6-36}$$

式（6-36）的渗透系数为单位时间内单位膜面积上在单位推动力作用下的物质透过量。

多孔膜克服了渗透通量低的缺点，但渗透选择性较低。就材料性质差异而言，一般用于氢分离的膜材料有高分子聚合物、无机材料和金属材料三大类。

上述三种氢气提纯和回收方法的工艺特点见表6-2。

通常原料气中氢含量在60%~90%（体积分数）时，采用变压吸附或膜分离工艺，而原料气中氢含量在30%~60%（体积分数）时，则采用深冷分离法或膜法或两者优化组合。当然有些杂质如 CO_2 等，可以直接采用试剂进行吸收去除。

表 6-2 三种氢提纯工艺的主要技术特点

项目	深冷分离	变压吸附	膜分离
规模（标准状态）/（m^3/h）	5000~100000	100~10000	100~10000
氢纯度/%（体积分数）	90~99	>99.99	80~99
氢回收率/%	达到98	达到95	达到98
操作压力/MPa	1.0~8.0	1.0~3.0	3.0~15.0或更高
原料气中最小氢含量/%（体积分数）	15	40~50	30
原料气的预处理	有	无	有
副产品	有	无	有

第四节 氢能的储存

氢的储存是一个至关重要的技术，已经成为氢能利用走向规模化的瓶颈。储氢问题涉及氢生产、运输、最终应用等所有环节，储氢问题不解决，氢能的应用则难以推广。氢是气体，它的输送和储存比固体煤、液体石油更困难。一般而论，氢气可以气体、液体、化合物等形态储存。目前，氢的储存方式主要有高压气态储氢、低温液态储氢和储氢材料储氢等。

一、高压气态储氢

高压气态储氢是最常用的氢气储存方式，也是最成熟的储氢技术，氢气被压缩后在钢瓶里以气体形式储存。目前应用较广泛的是灌装压力为15.2MPa的储氢钢瓶，它是一种应用广泛、简便易行的储氢方式，成本低，充放气速度快，且在常温下就可以进行。但是，它最大的弱点是单位质量的储氢密度只有1%（质量分数）左右，无法满足更高应用的要求。因此，需在满足安全性的前提下，通过材料和结构的改进来提高容器的储氢压力以增大储氢密度，同时降低储氢的成本，满足商业应用。

氢气的压缩方式有两种：一种方法是直接用压缩机将氢气压缩至储氢容器所需的压力，存储在体积较大的储氢容器中；另一种方法是，先将氢气压缩至较低的压力（如25MPa）存储起来，加注时，先将部分气体充压，然后启动增压压缩机，使储氢容器达到所需的压力。

氢气的加注与天然气加注系统的原理是一样的，但其操作压力更高，安全性要求很高。加注系统通常由高压管路、阀门、加气枪、计量系统、计价系统等部件组成。加气枪上要安装压力传感器、温度传感器，同时还应该具有过电压保护、环境温度补偿、软管拉断裂保护及优先顺序加气控制系统等功能。当一台加氢机为两种不同储氢压力的燃料电池汽车加氢时，还必须使用不可互换的喷嘴。

高压储氢容器技术的发展主要经历了金属储氢容器、金属内衬环向缠绕储氢容器、金属内衬环向+纵向缠绕储氢容器、螺旋缠绕容器以及全复合塑料储氢容器等阶段。金属储氢容器由对氢气具有一定抗腐蚀能力的金属构成，它的优点是制造较为容易，价格较为便宜，但由于金属强度有限以及金属密度较大，传统金属容器的单位质量储氢密度较低。而如果增加容器厚度不仅会增加容器的制造难度，造成加工缺陷，单位质量储氢密度也进一步较低。

金属内衬纤维缠绕结构储氢容器可有效提高容器的承载能力以及单位质量储氢密度。该类容器中金属内衬并不承担压力载荷作用，仅仅起密封氢气的作用，内衬材料通常是铝、钛等轻金属。压力载荷由外层缠绕的纤维承担，纤维缠绕的工艺经历了单一环向缠绕、环向 + 纵向缠绕以及多角度复合缠绕的发展历程。随着纤维质量的提高和缠结工艺的不断改进，金属内衬纤维缠绕结构容器的承载能力进一步提高，单位质量储氢密度也随之提高。

采用工程热塑料材料替换金属材料作为内衬材料，同时采用金属涂覆层以提高氢气的阻隔效果，可进一步降低储氢容器的质量。这种结构的优点是质量轻、耐腐蚀、耐冲击、易于加工，但是其耐温性能不如金属，抗外部冲击能力也比较弱，随着温度和压力的增大，氢气的渗透量增大。全复合纤维缠绕结构是轻质高压储氢容器的一个重要发展方向。

国外很多研究机构以及一些大公司一直以来都致力于高压轻质储氢容器的研制，其优点不言而喻。轻质高压储氢结构类似于多层压力容器。图 6 – 16 所示为轻质高压储氢容器的结构。由内向外分别为内衬、过渡层、增强层、外层保护层、缓冲层，容器整体还包括阀座和接嘴。其中内衬是起密封氢气的作用，使高压氢气不能大量渗透出容器；过渡层可以减少内衬和增强层之间的高压剪切作用，使得增强层缠绕过程中不会脱落，并将压力载荷从内衬层传递到增强层；增强层作为容器的主体部分承受大部分的压力载荷，其中增强层缠绕的线形分为三种：环向缠绕、纵向缠绕和螺旋缠绕，见表 6 – 3；外层保护层不仅保护脆性的纤维，而且在已有的载荷能力上增强一定的额外强度；缓冲层用来缓解在搬运和安装固定储氢容器过程中受到的冲击；阀座和接嘴是氢气输入和输出的通道。

表 6 – 3　　增强层缠绕的线形

基本线形	图示	注释
环向缠绕	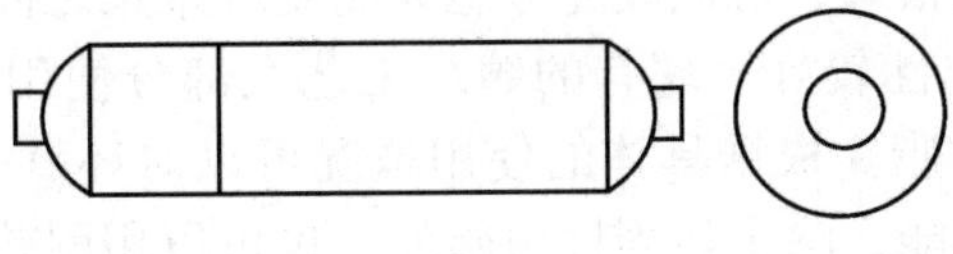	缠绕角度（与容器轴线）为 90°，不能上封头，缠绕工艺简单
纵向缠绕	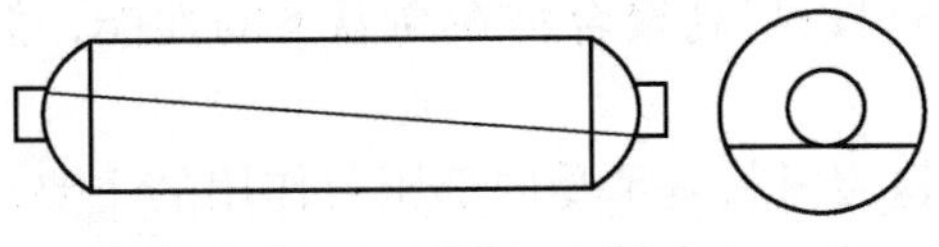	可以上封头，缠绕角度较小，多用于粗短容器
螺旋缠绕	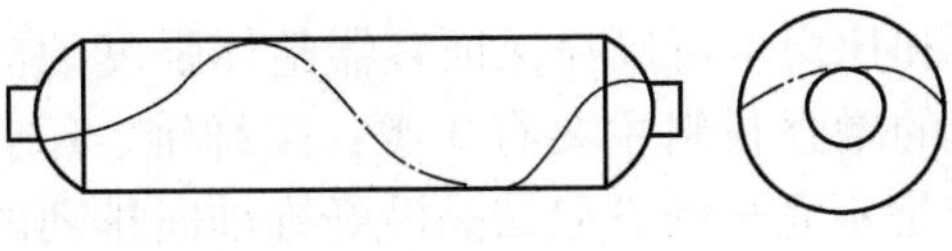	可以上封头，原则上要求等级孔，缠绕工艺复杂

压力容器的设计首先要选择合适的材料，轻质高压储氢容器的分层由于承担的功能不

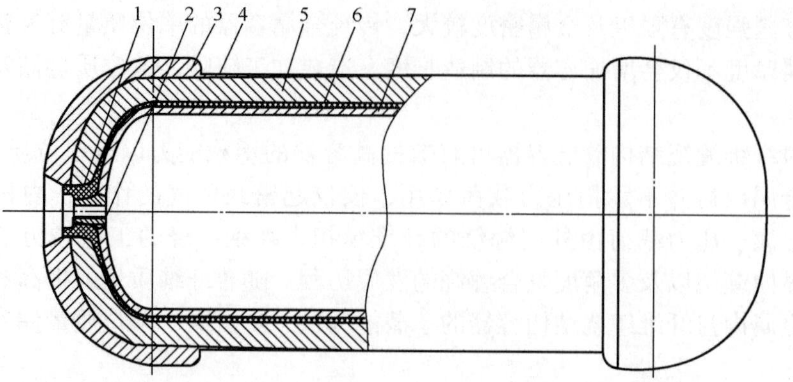

图 6－16　轻质高压储氢容器的结构

1—阀座　2—接嘴　3—缓冲层　4—外层保护层　5—增强层　6—过渡层　7—内衬

同，需要不同的材料。氢气由于分子体积较小且具有很强的渗透性能，尤其在高压条件下更是容易溢出，因此内衬材料首先要有很好的阻隔氢气溢出的作用；同时为了降低储氢容器的质量，内衬材料必须密度较轻。目前金属内衬纤维缠绕储氢容器的内衬材料多为铝、钛等轻质金属；全复合储氢容器的内衬材料多采用高密度聚乙烯等高分子材料，但目前很难找到一种塑料完全满足内衬的阻隔性要求，通常采用多层复合结构，通过各种不同塑料层的合理匹配，实现各层塑料性能的有效互补，从而克服单层塑料的某些固有不足，在确保内衬使用性能的前提下节约昂贵塑料层的使用，降低成本。此外，为降低氢气在高压下的渗透，还可采用化学等离子沉积（PVD）技术和等离子体化学表面涂覆（PECVD）技术在内衬层里面沉积厚度为几十微米的 SiO_x 或类金刚石碳来阻隔氢气的溢出。也可以在容器内表面镀上一层薄薄的金属层，金属所特有的分子结构及其分子的规则排列阻隔了气体或液体分子的渗透，可以大大提高塑料的阻隔性能和装饰性。金属化薄膜的渗透性与所镀膜的完整性有很大关系，完全连续的镀层对气体几乎能完全阻隔。

过渡层的材料需要较好的黏合功能和抗剪切功能。这层材料多用环氧树脂，其属于热固性聚合物，在加工初始阶段流动性很好，可以较充分地充满到纤维束之间，经过固化处理后，在一定的温度范围内尺寸稳定性较好。现有的缠绕工艺大部分使用双酚 A 环氧树脂、多功能团环氧树脂和酚醛环氧树脂。根据具体的使用情况可以对环氧树脂进行改性，添加相应的成分，提高或改善某些性能，除了热固性树脂外，也可以用耐热的热塑性聚合物作基体，如聚醚醚酮（PEEK）物质可以提高聚合物在高温下的性能，但其热固性会较大地影响整体结构的工作状况。

增强层中的材料多为纤维材料，这层材料是承受内部压力作用的主要载体。由于这层材料主要承受内部压力以及这一部分占整个轻质储氢容器的质量比例较大，因此材料的比强度、比模量十分重要。提高比强度和比模量可以在保证容器整体强度的前提下，使容器壁厚下降，质量降低。复合材料所用的增强材料主要有 3 类：碳纤维、Kevlar 纤维（也称芳纶纤维）和玻璃纤维。其中碳纤维是不完全的石墨结晶沿纤维轴向排列的物质，属于无机纤维。具有低密度、高强度、高模量、耐高温、抗化学腐蚀等优异性能，其柔曲性和可编性也较好，非常适合缠绕工艺。此外，碳纤维材料的价格较低，力学性能也较好。

外层保护层材料在受到冲击时要吸收大部分的能量，由于玻璃纤维的抗冲击性能较好，目前这层材料多使用玻璃纤维进行缠绕。因为采用了高比强度的碳纤维进行承载，其壁厚大大降低，容器的刚度也随之降低，所以外层保护层还需要具有一定的刚度补充作用。玻璃纤维因使容器的壁厚增大而质量增加较少，同样可以满足这个要求。

缓冲层材料需要具有很好的抗冲击能力。当容器意外发生坠落时，触地点受到巨大的外部冲击载荷作用，很容易对容器造成直接破坏，因此需要设置缓冲层，吸收冲击的能量，将最大冲击载荷转移，重新分布在整个区域，起到保护容器的作用。通常选取轻质、绝热性及热稳定性好的可压缩性材料作为缓冲材料。常见的有发泡聚苯乙烯、聚氨酯泡沫、高密度聚乙烯以及近年来兴起的聚丙烯等。

图 6－17　丰田储氢罐概念图

丰田在 2015 年 5 月举行的日本汽车技术协会春季大会上展示的为燃料电池车“MIRAI”配备的高压储氢罐，采用三层结构，内层是密封氢气的树脂衬里，中层是确保耐压强度的碳纤维强化树脂（CFRP）层，表层是保护表面的玻璃纤维强化树脂层。中层采用的是对含浸了树脂的碳纤维施加张力使之卷起层叠的纤维缠绕（filament winding）工艺。缠绕方法有强化筒部的环向缠绕、强化边缘的高角度螺旋缠绕和强化底部的低角度螺旋缠绕三种，三种方式均减少了缠绕圈数。环向缠绕通过使高应力区集中在内层来确保强度，减少了缠绕的总圈数。高角度螺旋缠绕通过改变塑料衬里的形状，减少了向筒部缠绕的圈数，在筒部辅以环向缠绕。低角度螺旋缠绕通过减小管底的开口部，减小了表面压力，从而降低了用量。通过削减这三种方式的缠绕圈数，使 CFRP 的用量比原来减少了 40%。高压储氢罐的储存性能用储氢质量除以罐体质量得到的质量效率来衡量，通过将 CFRP 用量减少 40%，使质量效率比原来提高了 20%，达到了全球最高水平的 5.7%（质量分数）（图 6－17）。

二、低温液态储氢

在 101kPa 下，氢气冷冻到 －253℃ 以下即变为液态氢。液化氢气具有存储效率高、能量密度大（12～34MJ/kg）、成本高的特点。氢的液化需要消耗大量的能源。理论上，氢的液化消耗 28.9kJ/mol 能量，实际过程消耗的能量大约是理论值的 2.5 倍，每千克液态氢耗能在 11.8MJ 以上。因为液化温度与室温之间有 200℃ 以上的温差，加之液态氢的蒸发潜热较小，所以不能忽略从容器渗进来的侵入热量引起的液态氢的气化。罐的表面积与半径的二次方成正比，而液态氢的体积则与半径的三次方成正比，所以由渗透热量引起的大型罐的液态氢气化比例要比小型罐的小。因此，液态储氢的适用条件是存储时间长、气体量大、电价低廉。

正氢、仲氢的转化是氢气液化的一个特点。氢分子是由两个原子核构成的。由于两个原子核存在自旋，所以有旋转方向一致和相反的两种氢分子，即异性体，前者被称为正氢，后者被称为仲氢，如图 6－18 所示。在平衡状态下正氢、仲氢之比只是温度的函数，如图6－19所示。在常温下达到平衡状态时，正氢占75%，仲氢占25%，称此时的氢为正常氢。在液氮（77.4K）温度下，处于平衡态时，正氢占52%，在液态氢的沸点温度（101kPa）下，仲氢占99.8%。

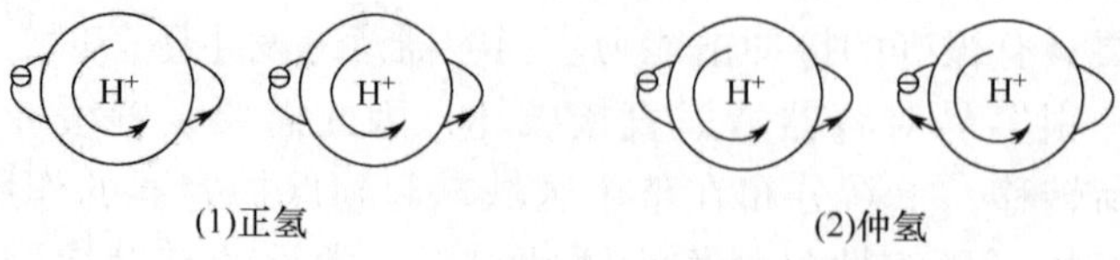

图6－18　正氢和仲氢的分子结构示意图

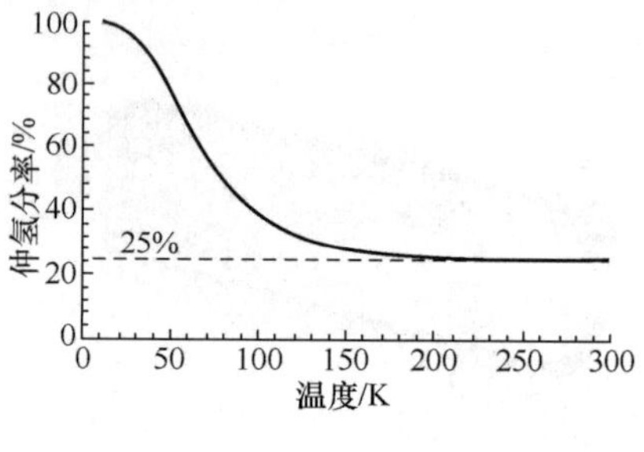

图6－19　仲氢分率与温度的关系

当温度低于氢气的沸点时，正氢会自发地转化为仲氢。但若没有催化剂存在的情况下，该过程会发生得十分缓慢；此外，该过程进行的速度还和温度密切相关，如在氢的沸点则转化时间超过一年，若温度为923K、压力为0.0067MPa，则转化时间可缩短为10min。正氢向仲氢转化的过程属于放热过程，该过程放出的热量（527kJ/kg）大于沸点温度下两者的蒸发潜热，在液态氢的储存容器中若存在未转化的正氢，就会在缓慢的转化过程中释放热量，造成液态氢的蒸发，即挥发损失（10天损失50%）。因此在液氢的转化过程中，应使用催化剂（如磁性元素、稀土金属等）加速上述的转化过程。

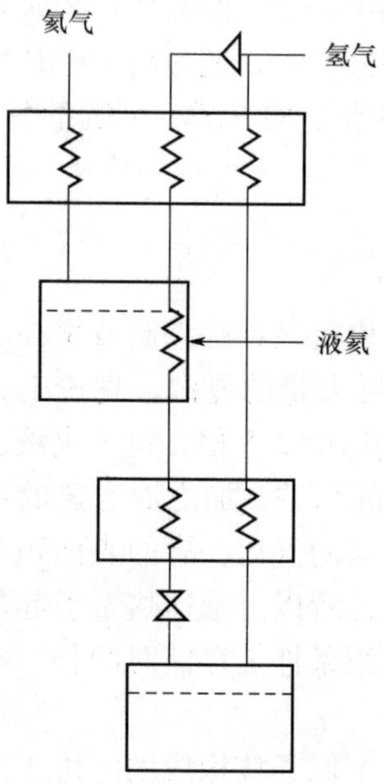

图6－20　简易林德法

氢气液化过程中主要包括加压器、热交换器、涡轮膨胀机和节流阀。氢的液化工艺可分为利用Joule－Thompson效应的简易林德（Linde）法和在此基础上再加上绝热膨胀的方法。在利用绝热膨胀的方法中，还可以分为利用氦气的绝热膨胀产生的低温来液化氢气的氦气布雷顿法，以及让氢气本身绝热膨胀的氢气克劳德法。下面主要介绍一下林德法。

最简单的气体液化流程为林德流程，如图6－20所示，也称节流循环，是工业上最早采用的气体液化循环。因为这种循环的装置简单，运行可靠，在小型气体液化循环装置中被广泛采用。在该流程中，气体首先在常压下被压缩，而后在热交换器中制冷，进入节流阀进行等焓的Joule－Thompson膨胀过程以制备液体；制冷后的气体返回热交换器。对于其他气体（如氮气）来说，室温下发生Joule－Thompson膨胀过程时会导致气体变冷；而氢气则恰恰相反，必须将其温度降到80K以下，才能保证在膨胀过程中气体变冷。因此在现代的液氢生产中，通常加入预冷过程。

实际上，只有压力高达 10~15MPa，温度降至 50~70K 时进行节流，才能以较理想的液化率（24%~25%）获得液氢。在该流程中，使用液氮作为预冷剂，可发生膨胀过程前将氢气冷却至 78K。

液氢设备用绝热材料可分为两类，一类是可承重材料，如 Al/聚酯薄膜/泡沫复合层、酚醛泡沫、玻璃板等，此类材料的热泄漏比多层绝热材料要严重，优点是内部容器可“坐”在绝热层上，易于安装；另一类是不可承重的、多层材料，如 SI-62、Al/聚酯薄膜、Cu/石英等，常使用薄铝板或在薄塑料板上通过气相沉积覆盖一层金属层（Al、Au 等）以实现对热辐射的屏蔽，缺点是储罐中必须安装支撑棒或支撑带。绝热方式有多种，如常规外绝热、真空粉末绝热、真空多层绝热和低温冷屏绝热。几乎所有的大型低温容器都采用真空粉末绝热。在这种绝热的真空夹层中充填有粉末状或颗粒状的绝热材料，并抽真空到 10^{-5}Pa 以下。珠光砂是一种常用的真空粉末绝热材料。

由于单位容器体积的蒸发损失量与容器表面积和容积的比值（S/V）成正比，因此最佳的储罐形状为球形，而且球形储罐还有另一个优点，即应力分布均匀，因此可以达到很高的机械强度。唯一的缺点是加工困难，造价昂贵。目前经常使用的为圆柱形容器。由于储罐各个部位的温度不同，液氢储罐会出现“层化”现象，即由于对流作用，温度高的液氢集中于储罐上部，温度低的沉到下部。这样，储罐上部的蒸气压增大，下部几乎没有变化，导致罐体所承受的压力不均，因此在存储的过程中必须把这一部分氢气排出，以保证安全。解决“层化”等液氢内部热量上下分布不均的办法之一是在储罐内部垂直安装一个导热良好的板材，以尽快消除储罐上、下部的温差；另一种方法是将热量导出罐体，使液体处于过冷或饱和状态，如磁力冷冻装置。

减小容器重量的同时不降低容器的强度有益于容器的轻量化以及提高储氢的重量效率，这也是液氢储罐设计的基本原则。另外减小内层的热容量对于减小灌氢时的液体蒸发和损失很有帮助。为了实现容器的轻量化，传统的金属材料逐渐被低密度、高强度的聚合物材料所取代。最典型的复合材料是玻璃强化材料（GFRP）和碳纤维强化材料（CFRP）。表 6-4 是这两种复合材料与不锈钢及铝合金材料的性能比较。表 6-4 中的性能都是室温下有代表性的值，随着成分的不同也会有所变化，尤其是复合材料，随着纤维的含量、编织的方式不同，性能有很大的变化。复合材料的低密度、高强度、低导热系数、低比热容等性质都能很好地满足容器的轻量化以及减小灌氢时的液体损失，但是复合材料的气密性以及均匀性没有金属材料的好，容易造成空气或氢气透过复合材料进入真空绝热层，另外纤维和塑料的热膨胀系数相差较大，冷却时有可能产生宏观的裂纹。正因为如此，现在正在开发低温环境下阻止气体穿透的材料。

表 6-4　复合材料与金属材料的性能比较

材料	密度 ρ/（g/cm³）	强度 σ/MPa	导热系数 λ/［W/（m·K）］	比热容/［J/（kg·k）］	性能比（$\sigma/\rho\lambda$）
GFRP	1.9	1000	1	1（epoxy）	526
CFRP	1.6	1200	10	1（epoxy）	288
不锈钢	7.9	600	12	400	5.8
铝合金	2.7	300	120	900	0.86

三、固态金属氢化物储氢

固态金属氢化物储氢就是用储氢合金与氢气反应生成可逆金属氢化物来储存氢气。金属氢化物中的氢以原子状态储存于合金中，经扩散、相变、化合等过程重新被释放出来，这些过程受热效应与压力的制约，因此金属氢化物储氢比高压储氢安全，并且有很高的储氢容量。通俗地说，就是利用金属氢化物的特性，调节温度和压力，分解并释放出氢气后，其本身又还原到原来金属或者合金状态的原理。金属是固体，密度较大，在一定的温度和压力下，表面能对氢起催化作用，促使氢元素由分子态转变为原子态而能够“钻进”金属的内部，而金属就像海绵吸水那样能吸收大量的氢。需要使用氢的时候，氢被从金属中“挤”出来。利用金属氢化物的形式储存氢气，比压缩氢气和液化氢气两种方法方便得多。需要用氢时，加热金属氢化物即可放出氢。

在一定的温度和氢气压力条件下，储氢金属或合金与氢反应生成金属氢化物，并释放出热量，当提高温度或降低氢气压力时，氢化物释放出氢气，可以用下式表示：

$$\frac{2}{x}\mathrm{M}\ (\mathrm{s})\ +\mathrm{H_2}\ (\mathrm{g})\ \rightleftharpoons \frac{2}{x}\mathrm{MH}_x\ (\mathrm{s})\ +\Delta H \tag{6-37}$$

式中 M——金属和合金

ΔH——反应热

正向反应为吸氢，逆向反应为放氢，这样便可以通过控制和调节体系的温度和氢气压力来使得金属和合金－氢体系吸收和放出氢，这便是储氢金属和合金吸放氢的基本原理。这样的反应可以直观地通过储氢合金与氢反应的平衡压力－组分－等温（PCT）曲线图来显示。图 6－21 所示为一典型的吸氢过程 PCT 曲线图，横轴表示的为合金中的氢含量，通常以氢原子与金属原子的比值表示，纵轴表示的为氢的平衡压力，一般以对数形式显示。

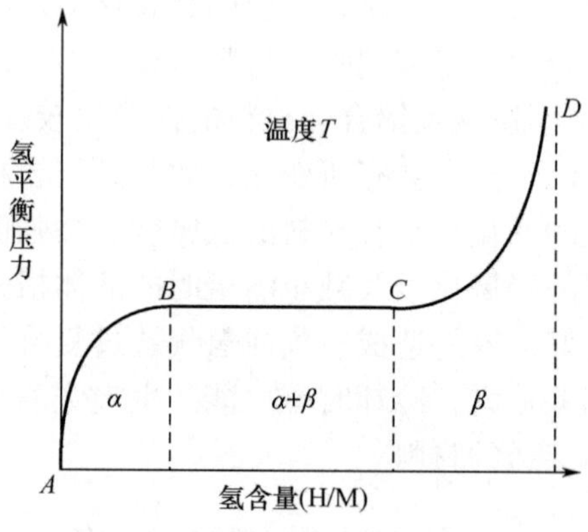

图 6－21 吸氢过程的压力－组分－等温（PCT）曲线图

从图 6－21 中 A 点开始，氢气分子在金属表面离解为氢原子，氢原子从金属表面扩散进金属内部，进入金属晶格的间隙，形成氢－金属固溶体，从 A 点走向 B 点，这时的金属称为 α 相（即 AB 段）。从 B 点开始，此时氢开始与金属反应，生成氢化物，从 B 点走向 C 点，这时生成氢化物 β 相，因此，BC 段为 α 相和 β 相共存相。根据吉布斯相率 $F=C-P+2$（F 是自由度，C 是独立组分数，P 是存在的平衡相数），在 BC 段，C 只有金属和氢，P 为 α 相、β 相和氢气，所以 $F=2-3+2=1$，组分发生改变时，平衡压力不改变，所以 BC 段理想状态时为平的台阶。C 点以后，α 相消失，此时的压力再升高时，氢化物中的氢含量有少量增加，直至到达 D 点，最终氢化反应结束。

中子衍射已经证实，传统的储氢合金与氢反应形成间隙型氢化物时，氢进入合金中晶格间的位置里，一般填充在金属晶格的四面体或八面体的间隙位置上。典型的金属晶格有面心立方（FCC）、体心立方（BCC）以及六方密堆积（HCP）。图 6－22 显示的为氢原子占据金属晶格中的四面体或八面体的间隙位置。

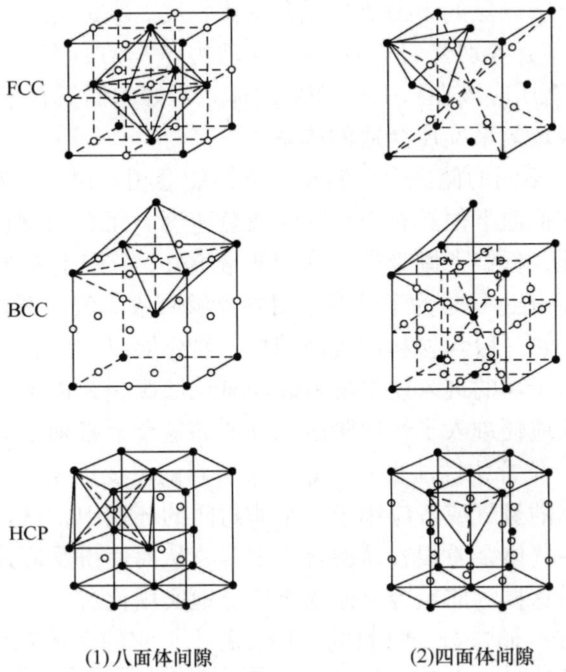

图6－22　氢原子占据金属晶格中的四面体或八面体的间隙位置

◦氢原子　•金属原子

当氢占据不同晶格的不同间隙位置时，每个金属原子可以被占据的氢原子数分别为：FCC 晶体中，八面体位置 1 个，四面体位置 2 个；BCC 晶体中，八面体和四面体间隙的位置分别为 3 个和 6 个；而 HCP 中对应的分别为 1 个和 2 个（表6－5）。人们可以看到 BCC 结构金属相对于 FCC 和 HCP 结构，单位金属原子可被占据的间隙位置大大高于其他金属，这表明 BCC 结构在储氢材料领域可能具备独特的性能应用。比如 BCC 金属 V 或者 BCC 结构 Ti－V 基合金等，如果氢能够占据所有的四面体和八面体间隙，其储氢容量将可以达到 15% 左右（对于 VH_9），不过由于一般氢原子在金属态氢化物中相互距离要大于 0.21nm 等规则以及电子化学结构等方面的限制，使得氢在金属与合金中往往只部分占据某种间隙。

评价一种储氢合金的综合性能有很多指标，包括 PCT 特性、活化性能、动力学、抗毒化性能、循环稳定寿命、安全性能以及材料价格等。因为储氢材料的应用，特别是氢动力汽车的应用，需要面对多方面苛刻的要求。具体而言，一个储氢材料的大规模实用化，需要满足以下几个方面的要求。

表 6-5 不同结构金属的氢原子可能排布

项目	FCC	HCP	BCC
金属填充密度/%	74.05	74.05	68.02
八面体位置/金属原子	1	1	3
四面体位置/金属原子	2	2	6

（1）PCT 特性　从合金的 PCT 曲线，人们可以得到储氢合金材料的最大吸氢量、有效吸氢量、不同温度下吸放氢的平衡压、平台的倾斜度、吸放氢平台的滞后等信息。今后所要重点开发的储氢合金特别是可以应用于氢动力汽车方面的合金材料，应该是 15～100℃之间，其放氢平衡压应该在 0.1～1MPa 的体系。好的储氢合金应该是吸放氢容量大、滞后小、特定温度下吸放氢平衡压合适的体系。

（2）动力学性能　不同的储氢合金其动力学性能会相差很大，有的合金材料具有非常优良的动力学性能，在低温下便具有很高的吸放氢速度。而有的材料在高温下具有比较好的吸放氢的动力学性能，低温下则吸放氢性能非常不好，镁基材料便是如此。

（3）活化性能　活化过程是为了让合金材料能够吸收氢气，并能够达到最大吸氢量以及吸放氢速度的步骤。它一般与材料的表面结构、氧化层以及颗粒度等因素有关。一般而言，材料活化以后，由于氢的进入使得材料表面氧化层撕裂，内部破碎，于是会出现新的表面层，这样与氢的反应便进入了快速阶段。好的储氢合金必须是活化容易或无须活化。

（4）抗毒化性能　抗毒化性能也是衡量一个材料的重要因素。很多场合下，储氢材料会接触到含有杂质气体的氢气或者应用于一个非封闭的环境中，这样就很容易接触到其他气体等杂质。如果这些气体杂质很容易使合金中毒，从而使得反应速度或吸放氢量大大降低并且很难恢复的话，这样的储氢合金便很难广泛地实用化。

（5）循环稳定性能　储氢合金材料的应用过程中，它的循环寿命直接决定着其使用过程的价格成本。优良的储氢合金应该具有好的循环性能，反复吸放氢以后，合金吸放氢量衰减应该很小。

（6）安全性能　这是考查一种合金能否实用的关键因素。好的储氢合金应该是对周围环境无毒害作用，不污染环境。

（7）价格因素　广泛实用化的储氢合金材料应该价格低廉，可以大范围开发和使用。

储氢合金的分类方式有很多种。按储氢合金材料的主要金属元素区分，大致分为 4 类：稀土镧镍，钛铁合金，镁系合金，钒、铌、锆等多元素系合金；按组成储氢合金金属成分的数目区分，可分为二元、三元和多元系；如果把构成储氢合金的金属分为吸氢类用 A 表示，不吸氢类用 B 表示，可将储氢合金分为 AB_5 型、AB_2 型、AB 型、A_2B 型。合金的性能与 A 和 B 的组合关系有关。表 6-6 所示为典型金属氢化物及其主要储氢特性。

表 6-6 典型金属氢化物及其主要储氢特性

类别	金属	氢化物	结构	储氢质量比/%	$p_{eq}/\times10^5$Pa，T/K
元素	Pd	$PdH_{0.6}$	Fm3m	0.56	0.02，298
AB_5	$LaNi_5$	$LaNi_5H_6$	P6/mmm	1.37	2，298

续表

类别	金属	氢化物	结构	储氢质量比/%	$p_{eq}/\times10^5$Pa，T/K
AB_2	ZrV_2	$ZrV_2H_{5.5}$	Fd3m	3.01	0.01，323
AB	FeTi	$FeTiH_2$	Pm3m	1.89	5，303
A_2B	Mg_2Ni	Mg_2NiH_4	P6222	3.59	1，555
b. c. c	TiV_2	TiV_2H_4	b. c. c	2.6	10，313

稀土类（AB_5）储氢合金材料储氢反应速度快、储氢能力强、寿命长、吸放氢速度快、滞后效应和反应热效应小，平台压力低而平直，活化容易，可以实现迅速安全的储存，是具有良好开发前景的储氢金属材料。该体系以 $LaNi_5$、$CeCo_5$ 等为代表。$LaNi_5$ 是较早开发的稀土储氢合金，在25℃和0.2MPa 压力下，储氢量约为1.4%（质量分数），具有活化容易、分解氢压适中、吸放氢平衡压差小、动力学性能优良、不易中毒的优点，但存在吸放氢后发生晶格膨胀、合金易粉碎等缺点。为了改善合金的储氢性能、降低成本，采用混合稀土 Mm（La、Ce、Nd、Pr 等）取代 $LaNi_5$ 中的 La 或者用其他金属全部或部分置换 Ni，可降低稀土合金的成本，提高储氢能力。

镁系（A_2B）储氢合金材料成本低，而吸氢量是储氢合金中最大的一种，以 Mg_2Ni、Mg－Ca、$La_2Mg_{1.7}$ 为代表的镁系（A_2B）储氢合金是较弱的盐型化合物，兼有离子键和金属键的特征，在不太高的温度下氢可以脱出，可逆吸放氢量高达7.6%，是一种很有前途的储氢合金。但是该体系的吸氢动力学性能较差，氢气化学吸附与氢原子向体内扩散的速度较低，还不能达到实用化程度。通常合金化可改善镁氢化物的热力学和动力学特性。

锆系（AB_2 型）储氢合金的代表通式是 $ZrMn_{1-x}Fe_{1-y}$，其中较为实用的有：$ZrMn_{1.22}Fe_{1.11}$、$ZrMn_{1.53}Fe_{1.27}$ 和 $ZrMn_{1.11}Fe_{1.22}$。该合金体系具有动力学速度快、易于活化、吸放氢量大、热效应小（为 $LaNi_5$ 及其他材料的1/3～1/2）等特点，室温下氢压力为0.1～0.2MPa。在锆系合金中，如果用 Ti 代替部分 Zr，用 Fe、Co、Ni 等代替部分 V、Cr、Mn 等制成多元锆系合金，性能更优，这些材料可在稍高于室温下进行活化。当温度大于等于100℃时，氢几乎可以全部脱出。

钛系（AB 型）储氢合金最大的优点是放氢温度低（可在－30℃时放氢），缺点是不易活化、易中毒、滞后现象比较严重。该体系以 TiFe 为代表。为了提高钛铁合金的活化性能，实现钛铁合金的常温活化而具备更高的实用价值，用镍等金属部分取代铁形成三元合金，则可以降低滞后效应和达到平台压力要求，且储氢量可达1.8%～3.4%。当氢纯度在99.5%以上时，其循环使用寿命可达26000次以上。如果用锌置换钛铁合金中的部分钛，用 Cr、Ba、Co、Ni 等置换部分 Fe，能得到多种滞后现象小、储氢性能优良的钛铁系多元合金。

四、其他方式

除了上述三种主要的储氢方式外，还有许多种储氢方式，如吸附储氢、无机物储氢、水合物储氢、有机液体氢化物储氢、空心玻璃微球高压储氢、地下岩洞储氢等。吸附储氢是指通过氢气分子与吸附表面之间的范德华力等相互作用吸附在具有较高比表面积的多孔材料中，常见吸附材料有活性炭、碳纤维和碳纳米管微孔高分子材料；无机物储氢是指用一些无机物通过类似于金属氢化物储氢的机理进行储氢，常见储氢材料有配位铝氢化物、金属氮氢化物和金属硼氢化物；水合物储氢是指氢气在一定的温度和压力下与水作用生成一种非固定计量的笼形晶体化合物储氢，在氢气水合物中，水分子通过氢键作用形成一种空间点阵结构，氢分子（客体分子）则填充在点阵间的晶穴中，氢气与水之间没有固定的化学计量关系，两者之间的作用力为范德华力；有机液体氢化物储氢是指通过如环己烷等储氢剂在催化剂作用下进行加氢反应生成苯，需要使用氢时，再在脱氢催化剂作用下生成氢气，该方法的最大优点是氢载体常温常压呈液体，易于储存和运输；空心玻璃微球高压储氢是指微球充氢和放氢都是利用氢气的浓差扩散实现的，空心玻璃微球外径毫米或者亚毫米量级，壁厚几微米到几十微米，外界氢气分压较大，氢气向球内渗透，反之向球外渗透；地下岩洞储氢是将氢气通入到地下封闭的岩洞进行储存，不过该方法受地质条件影响较大。

第五节　氢能的运输

氢能的运输主要包括压缩氢气的运输、液态氢的运输、利用储氢介质输送、利用管道输送和制造原料的输送。

压缩氢气的运输是把氢气压缩成高压气体后进行的输送，适用于往离站制氢型加氢站输送的场合。该方法的特点是在输送、储存、消费过程中不发生相变，能量损失小，但一次输送的量也比较少，因此适合距离较近、输送量少的场合。如果是实验室用等小规模场合，一般可采用氢气瓶来输送压缩氢气，而加氢站的场合则需要大规模的输送方法，为此开发出了转载大型高压容器的牵引车。对牵引车输送来说，重要的是一次可输送的量。但是行驶在普通道路上的牵引车的大小要受到道路交通法的限制，尤其是对质量和大小的管制。由于钢制容器过重，无法提高装载量，目前正努力实现轻型化及高压化，从而提高氢气装载量。

液态氢输送的原理和压缩氢气差不多，主要区别是储存罐装的是液态氢，对保温性能要求更高。因为液态氢制造时的液化效率低，因此会导致整体输送的能量效率降低。另外，将液态氢从液氢罐转移到加氢站储氢罐里时，不能忽略把配管冷却到液态氢温度时的蒸发损失。此外，防止水蒸气、氮气、氧气等可能聚集于液氢罐内的物质的混入也是很重要的。可以看出，当运输的规模较大时，有利于提高能量效率，降低运输成本。

利用储氢介质输送是利用储氢技术把氢吸收于载体进行输送的方法。但是上述的几种储氢载体的储氢质量百分比较低，意味着，运输相同质量的氢，该种方法总质量更大。可知，运输过程中为了降低运输成本，质量的重要性要高于体积，所以这是该方法的主要缺点。以有机氢化物为例介绍该种方法。通过一定的条件将氢气与环己烷进行反应生成液态的苯，之后将苯储存在油罐中，然后利用油罐车将苯运送到目的地，再通过一定的化学反应将苯进行脱氢分离得到氢气。

管道输送无论在成本上还是在能量消耗上都将是非常有利的方法。在大型工业联合企业，氢气的管道输送已被实用化。人们正在研究发挥管道特色的新组合。例如，利用现有的城市煤气管道输送天然气和氢气的混合物，在加氢站里根据需要抽取提纯氢气的设想正在探讨之中。如果把管道本身的压力提高，则在加氢站里不需要压缩机。

由于氢气的储存输送有着或多或少技术问题或者经济问题，所以可以直接把制氢原料运送到加氢站，然后制备氢气直接进行使用或储存。常见原料有各种烃类物质、甲醇等，这些原料的运输技术成熟，成本较低。但是要求加氢站的规模较大，才有较好的效益。

第六节 加氢站

目前氢能最大的利用方向是用在燃料电池汽车上，所以功能类似于加气站或加油站的加氢站在氢能系统中就起着很重要的作用。目前美国、日本、加拿大、欧盟等世界各国已建设各类加氢站 200 多座，所有能被考虑到的类型的加氢站都已经建设完成，并进行实用性实证实验。加氢站在我国还处于起步阶段，上海在 2007 年底建成了第一座固定式加氢站，并在此后数年内陆续建设多座加氢站以满足燃料电池汽车的发展需要。考虑到今后作为商业用加氢站的普及以及高性能化，有关长期可靠性、经济性以及安全性等很多问题还需要改进加强。此外，为使氢能汽车能够普及，加氢站网的建设非常重要，在美国、加拿大、欧洲有关构筑氢能高速公路的计划等工作正在如火如荼地进行。

自 1999 年 5 月，德国人在慕尼黑国际机场建成了世界上第一座用于氢能汽车的加氢站起，在过去的十几年里，世界上已有的或者正在建设的加氢站有 200 多座。这些加氢站的工作方式、加氢能力虽然各有差异，但是大体上都包含氢气制造系统、氢气压缩系统、氢气储藏系统、氢气加注系统等。一个典型的加氢站就是由这些基本系统组成的，其工作原理如图 6－23 所示。

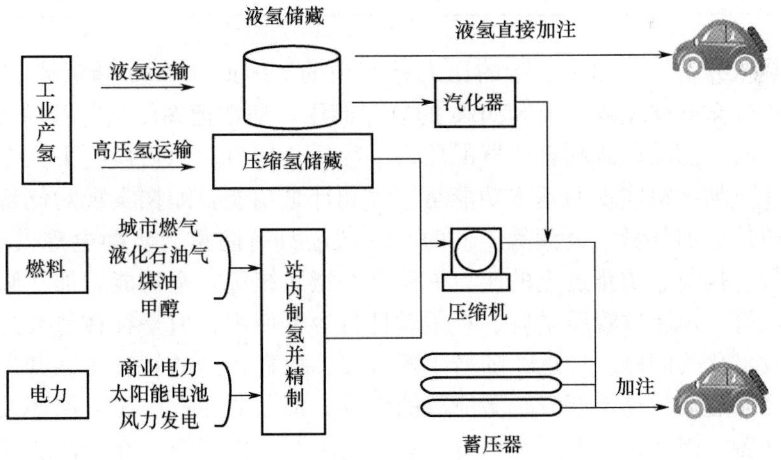

图 6－23 加氢站基本系统

氢气单位质量的能量密度虽然比其他燃料大，但是氢气单位体积的能量密度却比其他燃料低。如果与常温下为气态的其他燃料相比，氢气所具有的体积能量密度约为天然气的 1/3；若与液体燃料汽油相比，则体积能量密度约是汽油的 1/3000。为了使汽车加氢与加油有相同的行驶里程，氢气必须要压缩到35～70MPa。氢气压缩系统的核心部件是氢气压缩机。压缩机根据结构、原理、性能和技术的不同，可分为多种类型，一般有涡轮式和容积式两大类。

氢气的存储方法很多，目前用于加氢站的主要有3种：高压气态储氢、液氢存储和金属化合物存储。部分加氢站还采用多种方式联合存储氢气，如同时存储液氢和气氢，这多见于同时加注液氢和气态氢气的加氢站。高压氢气存储期限不受限制，不存在氢气蒸发现象，是加氢站内氢气存储的主要方式。采用金属氢化物存储的加氢站主要位于日本，这些加氢站同时也采用高压氢气存储为辅助。此外，对于拥有特殊地质构造的地区，地下储氢也是可能的。天然气的地下储藏十分常见，比氢气扩散还要快的氦也在美国田纳西州实现了地下储藏。对于地下储藏，需要大的洞穴，并且洞穴四周不存在渗透层，一些废弃的天然气井和矿井可以储氢。地下储氢设备投资少，储量巨大，可达几千万立方米，但目前还没有地方用这种方式储藏氢气。表6－7所示为各种储氢方式的方法和特点。

表6－7　常见的氢储藏方法及其特点

储氢方式	单位质量储氢密度/%（质量分数）	单位体积的储氢密度/（kg/m^3）	优点	缺点
高压气态储氢	>5.7	~40（70MPa）	技术简单、设备机构简单、成本低	压力高，有潜在的危险
液氢存储	>5.1	~71	接近实用化目标要求	液氢制取成本高，储藏设备结构复杂，有热漏
金属氢化物存储	1.0～2.6	25～40	单位体积储氢密度高、安全性好、可长期储藏	不能有效快速释放氢气、有待研究

氢加注是依靠蓄压器和储氢罐的压力差实现的，因此35MPa储氢罐需要40MPa的氢储藏压，70MPa车载储氢罐需要85MPa的氢存储压。通常把高压氢分开储藏在两、三个存储罐中，加注时，当储氢罐和蓄压器的压力平衡后，就自动地切换到下一个高压存储罐继续进行加注。氢加气机实现的基本功能是加气和计量功能，即在实现对储罐加注介质的同时，要显示单价、加气量、金额等。同时，一般还具有防雷、防静电等安全保护的功能，最重要的是紧急拉断、防止过充的压力－温度补偿系统等安全功能。加注管分为树脂软管和金属弹性软管。树脂软管质量轻、有柔软性且容器使用，但是存在氢渗透、从连接部分轻微泄漏以及劣化等问题。最近，随着不断改良，可靠性高的软管正在开发中。金属弹性软管不存在氢渗透及从连接部分轻微泄漏的情况，但需要注意由压力循环及反复弯曲应力引起的金属疲劳，因此，一般每6个月左右需要进行一次更换。在加注氢的时候，由于绝热压缩使车辆的储氢罐温度上升，因此为把急速加注引起的温度上升控制在轻质复合材料容器耐热允许温度85℃以下，需要控制加注速度。温度上升与加注时间有较大关系，但是通常在5～6min的加注时间内，温度上升仅为50℃左右。

按照氢制造系统是否在加氢站内以及制造原料的差异，可把加氢站分为以下几类：燃料重整型加氢站、水电解型加氢站、液氢储藏型加氢站、压缩氢储藏型加氢站、移动加氢站，其特点见表6－8。但是很多加氢站并非采用单一氢气来源，如北京加氢站，采用站外压缩氢、水电解和天然气重整并行供氢。

表 6-8 加氢站分类及特点

类型	氢源	特点
燃料重整型	天然气、液化石油气、甲醇、石油类燃料的水蒸气重整和精制	利用城市燃气、液化石油气供给设施，氢成本比较低，高温运行下需要数小时启动，不宜频繁开启，伴有 CO_2 的生成
水电解型	强碱水电解法 质子交换膜水电解法 固体氧化物水电解法	可利用可再生能源制氢，清洁环保； 可利用夜间电力，有利于电力负荷均衡化； 可短时间启动，操作性良好； 电价高的地方不利
液氢储藏型	精制副产氢等，液化并通过油罐车运输，加氢站储藏	可同时供给压缩氢和液体氢，可大量储藏汽化产生尾气，需要回收
压缩氢储藏型	精制副产氢等，液化并通过油罐车运输，加氢站储藏	设备便宜，系统简单，运行管理容易； 适合汽车数量少的情况； 运输距离长的场合成本较高
移动加氢型	大型卡车随车携带高压副产氢或自带制氢系统	方便灵活，加注能力较弱； 适用于初期展示宣传作用

在氢气/燃料电池网站第七份年度评估报告中显示，2014 年全球范围内共新建加氢站 17 座。截至 2015 年 3 月，全球尚处于运营状态的加氢站数量总共达 184 座。由于许多国家均计划在未来扩建加氢站设施，因此未来全球公共加氢站的数量还将持续增加。

2014 年新增的加氢站中，有 2 座位于北美地区，3 座位于亚洲，其余 12 座全部位于欧洲地区。加上 2014 年新增的 3 座加氢站，德国的加氢站总量上升至 29 座。报告显示，欧洲目前加氢站总量为 82 座，北美有 63 座，南美有 1 座，还有 38 座加氢站位于亚洲。全球范围内，对外开放的公共加氢站共 74 座，其中 17 座位于德国。

许多曾经因为项目需要而建设的加氢站由于项目接近尾声而在 2014 年停止运营。除了德国之外，美国加州和日本均公布了扩张加氢站建设的宏伟计划。作为其中的一部分，一些目前已经关闭的加氢站将在技术升级后重新开启，这就导致 129 座选址已定的加氢站将重新加入运营队伍（其中北美 55 座，南美 2 座，澳大利亚 1 座，亚洲 18 座，欧洲 53 座，而欧洲的 53 座加氢站中有 34 座位于德国）。

2013 年 3 月，韩国现代成为首个启动燃料电池汽车批量生产生产线的公司。而随后，现代又推出了 IX5 燃料电池汽车，据说是现代 2015 年将量产的样车。而另一方面，韩国也发布了配套加氢站建设的蓝图。韩国加氢站蓝图分三个阶段。第一阶段是在 2012 年之前建成 13 座加氢站，目前已经实现；第二阶段是从 2012 ~ 2015 年之间建成 43 座加氢站，支持部分重点地区开始试运行燃料电池汽车；第三阶段是在 2030 年之前建成 500 座加氢站，基本形成成熟的加氢站网络。第三阶段的初期目标是在 2020 年之前建设 168 座加氢站。现在处于第二阶段。从 2013 年 7 月至 2016 年 6 月，在世宗市和光州市共投资 164 亿韩元进行加氢站建设及燃料电池汽车的示范。

美国由于国内各种政治力量和集团利益间的博弈，所以政府在氢能发展计划上表现得摇摆不定。2003 年，布什政府投资 17 亿美元，启动自有车氢燃料开发计划，该计划提出了氢能工业化生产技术、氢能存储技术、氢能应用等重点开发项目。而 2010 年奥巴马政府大规模消减了美国能源部中关于燃料电池和氢能的计划开支，其 2011 年预算资助仅为 1.37 亿美金，比 2010 年下降 21%。但美国企业界一直热衷于氢能源的发展，在 2010 美国氢协会氢能会议展览会报告上光能系统公司董事长 TomSullivan 宣布，计划到 2012 年，将建成缅因州和迈阿密州之间的氢能高速公路。

日本是一个资源匮乏的国家，所以在研究氢能方面比较早，目前燃料电池是日本氢能的主要发展研究方向。日本政府为推动氢燃料电池汽车的发展，启动实施了一系列政府专项计划和补贴政策予以支持，如 WE - NET 计划、燃料电池示范项目（JHFCProject）等。2010 年日本经济产业省的预算大约是 140000 亿日元（1000 亿英镑）。日本的目标是到 2015 年，要使 2000 辆燃料电池汽车跑在公路上并建设 15 个加氢站台；到 2025 年达到 200 万辆燃料电池汽车和 1000 个加氢站。迄今，日本燃料电池的技术开发以及氢的制造、运输、储藏技术已基本成熟。

欧盟在 2002 年便对氢能源的开发和利用进行了研究。在 2002—2006 年欧盟第六个框架研究计划中，对氢能和燃料电池研究的投资为 2500 万～3000 万欧元。北欧五国最近又成立了“北欧能源研究机构”，通过生物制氢系统分析，提高生产生物氢的能力。

中国对氢能的研究与发展可以追溯到 20 世纪 60 年代初，中国科学家为发展本国的航天事业，对作为火箭燃料的液氢的生产、氢氧燃料电池的研制与开发进行了大量而有效的工作。将氢作为能源载体和新的能源系统进行开发，则是 70 年代的事。2003 年 11 月我国加入了“氢能经济国际合作伙伴”（IPHE），成为其首批成员国之一。在我国新公布的《国家中长期科学和技术发展规划纲要（2006—2020 年）》和《国家“十一五”科学技术发展规划》中都列入了发展氢能和燃料电池的相关内容。从 2010 年，我国氢气年产量已逾千万吨规模，位居世界第一大产氢国。2007 年，中国第一座加氢站建成于上海安亭，由上海舜华新能源系统有限公司研发并建设，该加氢站已于 2007 年 7 月 15 日正式开业（图 6－24）。上海舜华新能源系统有限公司与同济大学合作，自 2004 年以来，为满足不同用途需要，已先后开发 3 代移动加氢站。2004 年开发的第一代移动加氢站，采用了非电驱动的氢气增压方式，填补了国内外在该领域的空白。具有机动性好、取气率高、加注能力强

图 6－24　安亭加气站

等特点，特别适合少量燃料电池汽车野外路试的氢燃料加注。公司为世博会建立了一座加氢站和两辆移动加氢站，世博加氢站将被移至上海嘉定汽车城，分成两座新站，可提供70MPa和35MPa的加氢需求。目前，中国有4座固定加氢站和5辆移动加氢车，使用的氢气主要来自于工业副产氢。在上海，副产氢气足够10000辆FCEV的使用需求量。而北京的氢气来源比较广泛：管道氢气、现场天然气湿重整和电解水制氢。

第七节　氢能系统的安全性

一、氢气的性质

氢气是无色、无味、无毒的，在常温下基本无腐蚀性，只有在较高温度（大于260℃）状态下，将侵蚀碳钢一类的金属，与这些金属中的碳起作用，使金属材料变脆，称为“氢脆”现象。氢气高压存储以及液态存储具有高压和低温的危险；氢气是高能量可燃性气体，与空气和氧气混合在很大范围易燃易爆，而且是低自燃温度，爆炸范围广，无气味（不像汽油），难以察觉，容易扩散泄漏，容易在高空处富集。对于氢能的未来广泛使用的一个重要挑战就是氢能系统的安全问题，如燃烧、压力、氢脆、高温或低温、身体健康等方面的危害。氢作为一种能源载体，其广泛使用会使人们广泛接触，在社会能一致接受氢能源之前必须解决氢气的安全问题。这些问题伴随着氢气制造、操作、运输、存储和使用的每个环节，必须在技术上保证万无一失，也包括完善标准、经营规章、安全设施等要求。氢气使用的成本中也需要包括安全对策以及使用寿命，需要综合考虑性能、成本、安全性和循环使用的特性。

氢气的密度在常温下是甲烷的1/8，是丙烷的1/22，非常轻，所以在室内泄漏后很容易在房间顶部富集，需要很好的排气系统。液态氢气蒸发后在25K以下的低温气体比空气重，所以大量的液氢泄漏后，在地面也会有富集的现象，需要注意。量子比下的氢气－空气混合（F/A 比：0.418vol，0.029wt，29.5GHZ，vol%）燃烧热为734kcal/m^3，1m^3氢气燃烧所需要的空气量为2.382m^3，1kg氢气燃烧所需要的空气量为34.226kg。如表6－9所示，单位质量氢气的燃烧热约比其他燃料大150%，然而，由于氢气的密度小，氢气单位体积的燃烧热量只相当于甲烷的1/3，丙烷的1/8。为了提高氢能燃料汽车的行驶距离，必须提高压力或利用液态即固态储氢。因为氢单位质量的发热量是甲烷和丙烷的3倍，所以在宇航中，液态的氢作燃料最合适。

表6－9　　氢气与甲烷、丙烷以及汽油基本特性的比较

物性	氢气	甲烷（天然气的主要成分）	丙烷	汽油
化学式	H_2	CH_4	C_3H_8	C_8H_{18}
相对分子质量	2.0158	16.043	44.096	224.839
相对密度（空气＝1）	0.0695	0.55	1.52	液态
气体密度（常压、20℃）/（kg/m^3）	0.0838	0.651	1.87	液态

续表

物性	氢气	甲烷（天然气的主要成分）	丙烷	汽油
液体密度（常压、沸点）/（kg/m^3）	70.8	422.4	582	—
沸点/K	20.28	111.67	231.0	—
空气中的扩散系数/（cm^2/s）	0.61	0.16	0.10	0.05
浮力（与空气密度比）	0.07	0.55	1.52	3.4~4.0
热传导率（常压、20℃）/（W/mK）	0.182	0.34	0.021	—
高发热量（HHV）/（MJ/m^3）/（MJ/kg）	12.8/142	40.0/55.9	101.9/51.8	—
低发热量（LHV）/（MJ/m^3）/（MJ/kg）	10.8/120.0	35.9/50.1	93.6/47.6	—
着火点温度（空气中）/℃	572	580	460	228~470
可燃区域（空气中）/%，体积分数	4.0~75.0	5.3~17	1.7~19	1~7.8
爆轰区域（空气中）/%，体积分数	18.3~59	6.5~12	2.6~7.4	1.1~1.3
燃烧速度（空气中最大值）/（m/s）	2.70	0.4	0.43	3.0

氢是最轻的元素，比液体燃料和其他气体燃料更容易从小孔中泄漏。如果发生泄漏，氢气就会迅速地扩散。与汽油、丙烷和天然气相比，氢气具有更大的浮力（快速上升）和更大的扩散性（横向移动）。由表6-9可知，氢的密度仅为空气的7%，而天然气的密度是空气的55%。所以即使在没有风或者不通风的情况下，它们也会向上升，而且氢气会上升得更快一些。而丙烷和汽油都比空气重，所以它们会停留在地面，扩散得很慢。氢的扩散系数是天然气的3.8倍、丙烷的6.1倍、汽油气的12倍。这么高的扩散系数表明，在发生泄漏的情况下，氢在空气中可以向各个方向快速扩散，迅速降低浓度。

在室外，氢的快速扩散对安全是有利的，虽然氢的燃烧范围很宽，但由于氢气很轻，扩散很快，氢气的泄漏很少会出现非常严重的麻烦。在室内，氢的扩散可能有利也可能有害。如果泄漏很小，氢气会快速与空气混合，保证在着火下限之下；如果泄漏很大，快速扩散会使得混合气很容易到达着火点，不利于安全。

氢气分子非常小，扩散速度快，很容易穿透很小的缝隙和薄膜，而且因为无味无色，不易被人察觉。根据美国的事故统计，在工厂里都是起因于氢气的泄漏或人为失误放氢，如氨合成工厂的事故多半是由于垫片或阀门密封圈损坏造成的氢气泄漏引起的。

氢气引起火灾的另一个重要原因是点火所需要的能量非常小。在常压空气中，氢气的最小点火能量是甲烷和丙烷的十分之一左右，相比之下氢的着火性要强得多，非常微弱的精电火花也可以点燃氢气，而且有强的穿透能力。氢气的另一个危险因素是燃烧范围宽，常温、常压干燥空气中，氢气燃烧的下限浓度为4%，和其他可燃性气体没什么大的差别，但是上限浓度为75%，与甲烷的15%以及丙烷的10.5%相比要大得多。如果在氧气中，其范围是4.1%~94%，几乎任何比例的混合都可以燃烧。燃烧范围也随压力、温度、混合气体的种类、点火能量的大小不同而不同，如低压下可燃范围变窄，但如果用很强的点火塞点火的话，即便在燃烧范围以下的浓度也可以燃烧。也就是说，如果提供容易燃烧的条件，燃烧范围会进一步加宽。氢气的燃烧下限浓度虽然是4%，但这并不意味着4%浓度以下就绝对安全，因为即便平均为4%，但是局部或瞬间会高于4%，也会有危险的隐患。氢气的着火上限很高，在有些情况下是有害的。例如，在车库中发生氢气泄漏，超过了着火下限而又没有点燃的话，这时落在着火范围之内的空气的体积就很大，车库中任何地方的着火源都可以点燃氢气，因此危险性就要大得多。氢气燃烧时的火焰几乎看不见，如液体氢内燃机推动的火箭的火焰几乎看不到燃烧的火焰，看到的是大量的水蒸气冷却后长长的白色云雾。而碳水化合物气体在燃烧的时候，观察到的是橘黄色或青蓝色的火焰。这是因为氢气燃烧的火焰中仅含有氢、氧、水以及不稳定的OH类中间产物，不会出现微小的固态碳化物颗粒，不会形成黑体辐射或被电磁波捕获，同时燃烧温度高，不会出现红色或橘黄色颜色。另外氢气火焰的温度又不会引起氢或氧的电子激发，从而产生可见光。这就是为什么氢气燃烧的火焰不易看见的原因，因此接近氢气火焰的人可能不知道火焰的存在，这就增加了危险性。但这也有有利的一面。由于氢火焰的辐射能力较低，所以附近的物体（包括人）不容易通过辐射热传递而被点燃。相反，汽油火焰的蔓延一部分通过液体汽油的流动，一方面通过汽油火焰的辐射，因此，汽油比氢气更容易发生二次着火。另外，汽油燃烧产生的烟和灰会增加对人的伤害，而氢燃烧只产生水，如果空气中二氧化碳等不可燃气体混入的话，氢气的燃烧浓度区间会减小。氢气在空气中的燃烧有两种方式。通常的燃烧为爆燃，火焰以亚音速沿混合气体传播，届时气体受热而迅速膨胀，并产生冲击波，其压力可能足以破坏附近的建筑物；另一种燃烧为爆轰，火焰传播加速使爆燃发展到爆轰时，火焰传播和由此产生的冲击波合为一体，以超音速沿混合气体传播，温度、压力都会大幅度增加，由此产生的危害也要大得多。在户外，氢气的燃烧速度很低，爆炸的可能性很小，除非有闪电、化学爆炸等这样大的量才可能引爆氢气雾。但是在密闭的空间里，燃烧速度可能会快速增加，发生爆炸。

二、高压氢气的危险性

高压储氢是目前较为广泛使用的一种氢气存储方式，氢气设施的安全性与氢气压力和温度等因素密切相关，不同国家的管理方法不一样。对于压力在$10kgf/cm^2$（$1kgf/cm^2 = 9.8 \times 10^4 Pa$）以上的氢气，装入容器中的液态氢气和大气压下的低温氢气气体温度达到35℃的都被视为是高压气体，操作人员需要培训取得高压气体操作执照才能进行操作。同时根据需要对适用场所有所改造，安装相应的标示和设施，排气和控温、禁火禁引火电器。传统钢制压力容器设计制造技术成熟、成本低、灌装速度快、能耗也较低，但是单位质量储氢量较小，已经不能满足技术需求。轻质高压储氢容器技术是伴随着复合材料压力容器技术发展的新兴技术。高性能的复合材料具有高比强度、高比模量的优点，可以在保证容器承压能力的前提下，大幅度降低容器的质量。车载高压供氢系统包含的铝合金内胆碳纤维缠绕气瓶，这种轻质高压储氢容器的设计，首先要解决材料问题。轻质高压储氢容器的不同分层要求使用相应的功能材料，完成多功能的复合作用。内衬材料要具有很好的阻隔性能。储氢容器进行充气的周期可能比较长，而氢气在高压下又具有很强的渗透能力，所以氢气储罐必须具有良好的阻隔能力，保证大部分的气体能够存储在容器中。过渡层的材料需要有较好的黏合作用以及抗剪切作用。容器缠绕过程中的剪切作用有限，所以使用高剪切模量的黏结剂作为过渡层，也可以满足要求。外层保护层在受到冲击时要吸收大部分的能量，可以选择特定的玻璃纤维材料进行缠绕。缓冲层材料要具有很好的抗点冲击的能力，一般采用泡沫类的材料，如聚氨酯和聚丙烯等材料。

在储氢容器制备中，除了设计优化外，还必须对储氢容器进行形式实验研究，保证在可能出现事故的情况下，储氢容器仍能保证一定的安全性。实验项目包括：容器外观检查、制造纤维的性能测验、水压试验、爆破试验、循环试验、渗透性检测试验、冲击试验、枪击试验、焚烧试验等。

在高压状态，氢气的泄漏也会不同。常压下的氢气泄漏到开放空间，由于氢气的浮力会使得氢气很快扩散到远离地面的空间。但是氢气往往储存在高压容器中，从高压容器中泄漏的氢气浓度与距离泄漏处的距离成反比，受空气浮力影响很小，在泄漏口附近容易达到氢气爆炸的下限浓度，更需要对氢气泄漏进行监控。另外高压容器内部压力快速上升时，为了防止容器爆炸，需要能够自动释放氢气，降低容器的压力。为了保险，一般在容器上装有爆破板（一定压力以上会自动破裂的薄板）或装有弹簧的安全阀门。不过需要防止微粉堵塞阀门。

从高压处的氢气泄漏可以是瞬间的（如压缩机、加氢设备），也可以是连续的（如管道裂缝），瞬间泄漏的氢气燃烧可以产生一个火团，连续泄漏导致的危害取决于燃烧的时间、火焰的方向。如果氢气泄漏发生在一个封闭的空间或者有很多的管道裂缝时，爆炸就有可能发生。滞后燃烧导致的爆炸概率为40%，火花燃烧导致的爆炸概率是60%。

由氢气爆炸产生的压力波的振幅与氢气在空气中的扩散以及氢气浓度分布有关。压力波会随着氢气总量的增加而增加，爆炸的效果随着火焰传播速度的增加而增强。如果涉及大量的储氢的基础设施，需要在储氢设施之间或者与其他设施之间设置相当的距离，称之为安全距离，避免二次危害。也需要设置远离热源的距离，把远离热源为 $9.8kW/m^2$ 的距离称为有效距离。

三、液态氢气的危险性

（1）冻伤危险　液氢溅到皮肤上或裸露皮肤或身穿较薄的衣服与装有液氢的输送管道、阀门接触时，都会发生严重的冻伤。需要指出的是，液氢的低温蒸气同样会冻伤操作人员的皮肤。在实际使用中，凡操作液氢设备的人员，均必须穿戴棉质的防护衣物，尽可能减少皮肤的裸露部分。一旦被液氢冻伤，可用40℃左右的温水浸泡，然后就医，切勿揉擦。

（2）材料低温脆性和零件操作困难　低温对各种材料的性质有很大的影响。在液氢温度下，各种软钢会或多或少地失去原有的延性，有的甚至变脆。温度的突然改变也会使得各种金属材料产生应力集中。此外，液氢的低温也会使得管道系统中某些接头丧失其原有的灵活性，从而将增加这些接头泄漏氢气的危险。

（3）大量氢气气化的危害　液氢沸点低，液氢气化后体积膨胀780多倍，易气化会引起超压危险。需要防范大量氢气气化产生的冲击波、人员冻伤和窒息。为了避免氢气的气化压力引起的氢气溢出，液氢储箱的填充系数为0.9。由于液氢的温度很低，所以外界物质对于液氢而言都是热源，在转注或储存过程中，凡液氢可能到达（泄漏或意外情况）的“盲区”，如管道、夹层、阀腔等部位，若绝热不当或未采用有效的绝热措施，都可能使液氢气化，随之造成系统的压力升高，严重时会发生爆炸。在设计和使用设备时，应严格注意“盲区”的安全；必要时，可在这些装置中增设安全阀或爆破薄膜装置。

（4）固态氧和空气　液氢中的固态气体杂质会破坏有关设备的正常工作（如阀门卡住、管道堵塞）。空气或杂质混入液氢中，会产生固态氧或固态空气，形成类似于炸药的易爆混合物，因此，要求液氢储存容器每年至少要升温（正常温度）一次，把固态氧或固态空气排出。

（5）液氢有较低的相对分子质量和黏度（比水的黏度小两个数量级），而泄漏速度又与黏度成反比，故液氢很容易泄漏。若只考虑黏度对泄漏的影响，其泄漏速度比烃类燃料大100倍，比水大50倍，比液氮大10倍。漏出的液氢很容易气化形成易燃易爆的混合物。与此同时这种易燃易爆的混合物消散得也很快，例如，溢出500加仑液氢，1min后就扩散为不可燃的混合物。

少量液氢的泄漏虽有但不常见，因为液氢的沸点很低，临界温度与沸点温度区间也很窄。因此，小量液氢在系统中溢出之前就发生了液－气两相转化，由系统中溢出时，可能已经气化了。但是，当设备破裂或加、排液管的阀件等部位损坏时，大量的液氢就会泄漏出来。这种情况多属于突然发生，流出液体的一部分会很快地蒸发，而另一部分则会在地面上形成一个“液氢塘”，在其周围空气（可视为一个重要的热源）的作用下，“液氢塘”将以30～170mm/min（“液氢塘”的深度）的速率蒸发而趋于干涸。

当液氢泄漏出并着火时，主要的危险是燃烧释放出来的热量使有关设备随之被破坏。如果液氢储槽或管道破裂，则整个装置都有可能毁坏。在宇航动力系统中，液氢从储箱向仪器舱以及动力系统试验现场的泄漏，严重地威胁着宇航动力系统在研制实验阶段以及发射初期的安全。因而，氢气的检漏、检测是亟待解决的问题，它关系到氢气的生产、使用以及人身、设备的安全，所以往往会安装多路氢气浓度检测与自动报警系统。

四、氢脆引起的设备安全问题

通常情况下，氢气没有腐蚀性，也不与典型的容器材料发生反应。在特定的温度和压力条件下，它可以扩散到钢铁和其他金属中，导致人们所知的使高强钢的强度降低或脆化。为了避免这个问题，必须选择适当的材料来制备储氢的容器或钢瓶，保证灌氢后100年都不会发生泄漏或劣化。

五、储氢合金的安全问题

储氢合金在使用过程中也需要注意安全问题，主要有如下几个方面。

（1）金属氢化物的着火和燃烧　目前实际使用的储氢材料都是金属氢化物。但是金属氢化物的活性比较大，而且往往是以粉体形式使用，容易着火和燃烧。表6－10为$LaNi_5$和TiFe氢化物的着火性和燃烧特性，并和反应性强的Ce进行了比较。金属氢化物在比较低的温度下可以着火，燃烧性比较大，但是不及Ce。$LaNi_5$系列的氢化物可以和氧进行缓慢的反应，而TiFe与氧反应会在表面覆盖一层氧化膜，不会着火。

（2）粉尘爆炸的危险性　储氢合金反复吸、放氢会微粉化，这样的微粉暴露到大气中时有粉尘爆炸的危险性。根据粉体爆炸的实验也可以测得储氢合金及其氢化物的临界浓度和爆炸压力。实验表明，粉体粒径越小爆炸的趋势越强，爆炸压力越大。不过与碳粉相比，要安全得多。

表 6－10　　金属氢化物在不同气氛中的燃烧特点

气氛	金属或合金	相对燃烧能量/（10^3 ×area/kg）	着火温度/℃
O_2	Ce	90	149
O_2	La	13	376
O_2	Ni	—	—
O_2	$LaNi_5$	28	323
O_2	$LaNi_5$氢化物	38	228
空气	$LaNi_5$	4	360
空气	$LaNi_5$氢化物	17	192
O_2	Fe	<5	—
O_2	Ti	49.5	628
O_2	TiFe	<5	—
O_2	TiFe 氢化物	45	199
空气	TiFe	<5	—
空气	TiFe 氢化物	17	188

（3）高温引起的热稳定性　储氢合金加热到一定的温度（大体在400℃），储藏在储氢合金中的氢气会被释放出来，使容器的压力增大，导致高压的危险性。

六、一般的安全对策

根据美国航空航天管理局（NASA）的资料，氢气事故引发燃烧和爆炸的原因可分为三大类：高热源（吸烟、火、焊接、内燃机排气）；机械因素（容器或钢瓶等的破坏产生的冲击波、容器等的破碎片、摩擦、机械振动或流体系统的共鸣振动）；电气因素（电气回路的短路、粉体或二相流中的静电、雷电）。为了避免这些危害，在氢气的制备、运输、存储、使用环节中必须遵守“防漏、通风、消除火源”用氢安全三原则。表6－11给出了氢气安全使用的一些最基本的措施。

表 6－11　　氢气安全使用的一般措施

措施	具体实施细则
防漏	建立氢气安全系统的主要焦点是使泄漏降低到最小程度，需要定期进行载氢系统的气密性检测，对管路进行定期的保压特性实验； 氢气制造，分离和提纯装置内的管道和反应容器使用前需要进行强制性的换气，防止空气混入； 因为氢气比空气轻得多，扩散速度快，所以容易通过氢气检测器检测到，是防止氢气泄漏的一个有效途径； 氢气制造、分离、提纯和存储装置的温度、压力的监控，机械运动或地震等引起的振动监测系统

续表

措施	具体实施细则
通风	氢作业区尽可能设在空旷区域为宜，加强通风，不使氢气积聚，液氢储存场地尽量建在开阔场地，避免在封闭空间内储存或排放液氢，并且远离居民区； 在室内操作时，屋顶尽可能采用轻型或活动屋顶，操作时屋顶打开或升起； 安装足够量的通风系统； 在大量排放氢气时，采用高管（高出建筑物5～8m）排放，排放速度要小； 防止氢气爆炸和氢的窒息作用
防高热源	禁止吸烟、灯笼、加热明火、焊接、内燃机排气； 金属物体碰撞发生的火花； 氢作业区地面采用不易燃材料制成，如水泥地面、铝板铺设等； 给氢气加氢时需要让车子熄火，拔出钥匙
静电	氢作业区的容器、车辆、设备和相关系统必须接地，防止静电的产生和积聚，电器开关产生的电火花； 液氢和气氢的操作人员必须穿棉布或防静电工作服，防静电工作鞋，禁止穿呢子、皮毛、尼龙、腈纶等工作服； 严禁穿脱衣服、梳头发，严禁携带皮毛动物进入； 操作场所及库房必须设有避雷设施，并且要避免在高压线下排放氢气； 雷雨天气禁止加氢
灭火措施	为防万一，氢作业区需要备有足够的消防器材，如安全栓、灭火器等。氢气使用场所可装设干粉灭火器、氮气灭火系统、局部水消防系统，存储场所可装设水喷淋消防系统，一旦失火，用干粉、水和氮气进行消防，效果良好。大型储氢站或燃料电池车试车台应备有充足的水源，一般可建一个100～200m^3 水池，专供消防之用
自动保护系统	报警和紧急停止系统的安装； 加氢设施的连锁系统； 火警、安全阀、紧急停止开关的安装
安全距离	高压储氢设施之间、液体储氢设施之间保持一定的距离； 防爆墙的设置
安全培训	对操作人员进行安全培训教育，对使用高压或液氢的操作人员进行业务培训，熟知高压或液氢的性质与特点、急救与自救的基本知识，以及操作安全细则，掌握事故处理措施，熟悉设备的安全和使用技术、各种安全装置的使用方法，经过考核合格后，才能独立上岗工作

第八节　用氢

氢的用途有很多种：可以作为化工原料合成氨、生产化学品；也可以利用氢的同位素进行核聚变。但是如果特指利用的化学能，则主要有三个方面的应用：内燃机/涡轮机、镍氢电池和燃料电池。由于燃料电池是氢能最重要的应用，其将放在本章下半部分讲解。

一、内燃机和涡轮机

用氢作燃料的内燃机的研究开始得很早，在1820年英国剑桥大学研学会的论文集里就刊登了有关的研究论文。之后，随着汽车尾气造成的大气污染越来越严重，国外从20世纪60年代后半叶就开始了正式的开发研究。20世纪70年代，美国、德国还试制了氢内燃机轿车和卡车。现在，BMW轿车、福特的小型公共汽车等已经部分实现了氢内燃机的实用化。但与燃料电池相比，其能量效率依然较低（不超过50%）。氢内燃机的工作原理是活塞在做往复运动时供给氢气和氧气，将两者燃烧产生的热能转化为机械能以提供动力。对于汽车发动机，按氢和空气混合的方式分为在吸气管内预混合的吸气管喷射方式（外部混合）和向发动机气缸内喷射氢的缸内喷射方式。表6－12为两种方式的比较。

表6－12　外部混合方式和内部混合方式的比较

项目	外部混合方式	内部混合方式	
		压缩前期喷射	压缩后期喷射
压缩比	由燃料性状决定	由发动机的要求决定	由发动机的要求决定
冷却损失（相同平均混合比）	大	中	小
热效率（相同输出功率）	小	中	大
同行程容积下的输出功率	小	大	大
稀薄燃烧运行的 NO_x	小	小	大
NO_x 减排装置	不需要	不需要	需要
回火装置	需要	不需要	不需要
是否需要车载液体氢泵	不需要	需要	需要
是否适用于大型发动机	不适用	不适用	良好
系统的繁杂性	简单	复杂	复杂

利用化石燃料作为燃气轮机的燃料进行工作，是比较成熟经济的发电供能方式，但是这会产生造成温室效应的二氧化碳以及污染环境的有害气体。因此，利用氢气作为燃气轮机的燃料是一种比较清洁的发电方式。氢燃气轮机主要分为使用空气作为氧化剂的氢/空气燃气轮机和使用纯氧的氢/氧燃气轮机。

以天然气和氢等气体作为燃料的燃气轮机，通过离心式或者轴流式压缩机压缩燃烧用空气，并与燃料同时吹入燃烧器中燃烧。生成的高温燃烧气体使燃气轮机旋转，驱动发电机，并向直接连接的压缩机提供电力。由于排气轮机处于高温，因此与排气锅炉组合可以产生蒸汽，并驱动高压、中压、低压的蒸汽轮机，提高综合的热效率。

氢/氧燃气轮机中，由于氢和氧反应直接生产水蒸气，因此不需要锅炉。因不通过锅炉的传热生成蒸汽，除没有传热损失外，也没有锅炉排气损失，仅有冷凝器的损失，因此可以达到较高的效率。另外，利用高温轮机排气与蒸汽轮机构成联合循环，可进行高效率发电等，具有很多优点。

二、镍氢电池

在锂离子电池出现之前，镍氢电池算是综合性能最好的电池。镍氢电池是一种碱性电池，负极由储氢材料作活性物质的氢化物构成，正极为羟基氧化镍，电解质为氢氧化钾溶液。镍氢电池的电池表达式为

$$(-)\ M/MH \mid KOH \mid Ni(OH)_2/NiOOH\ (+) \tag{6-38}$$

式中 M——储氢合金

MH——金属氢化物

充电过程中，$Ni(OH)_2$ 被氧化为 NiOOH，负极水被还原，使合金表面吸附氢，生成氢化物。放电过程则是充电过程的逆反应，即正极 NiOOH 还原为 $Ni(OH)_2$，负极储氢合金脱氢。镍氢电池在正常的充放电过程中，所发生的电极和电池反应如下。

正极：
$$NiOOH + H_2O + e^- \longrightarrow Ni(OH)_2 + OH^- \tag{6-39}$$

负极：
$$MH_n + nOH^- \longrightarrow M + nH_2O + ne^- \tag{6-40}$$

电池总反应：
$$MH_n + nNiOOH \longrightarrow M + nNi(OH)_2 \tag{6-41}$$

从以上各式可以发现，镍氢电池在充放电过程中，正、负极所发生的反应都属于固相转变机制，在反应过程中，没有金属离子进入溶液中。虽然碱性电解质中的水分子参与到了充放电过程的电极反应中，但是总的来看，在反应过程中，体系中水分子的量是保持恒定的，并不存在电解质组成的改变。因此镍氢电池可以实现完全密封，充放电过程可以看成质子在电池内部从一个电极转移到另一个电极的往复过程。充电过程中，正极活性物质反应形成的质子在正极/溶液界面与电解质中的 OH^- 反应生成水；溶液中的质子在负极/溶液界面被还原为氢原子，并进一步扩散到储氢合金中得到金属氢化物。而放电过程中，整个反应过程与充电过程恰好相反。

第九节 燃料电池的概念、历史及原理

一、燃料电池的概念与特点

燃料电池（fuel cell）是一种能量转换装置，通过它可以将燃料中储存的化学能转换为电能输出。它与传统电池（battery）类似，都是基于电化学手段进行工作，但两者在具体的工作方式上有所区别：传统电池中，电活性物质通常作为电极材料的一部分储存在电池中，并随着电池的放电逐渐被消耗，因此传统电池在一次放电过程中只能输出有限的电量；而燃料电池中的电极并非储能物质，它只提供电化学反应所需的场所，实际上发生反应的物质是从外部输送进燃料电池中的燃料与氧化剂。因此，从原理上来讲，只要能够源源不断地提供反应物质，燃料电池就可以持续地提供电能。

燃料电池不断从外部获得燃料并输出电能的工作方式与汽油或柴油发电机比较类似，但两者的发电过程实际上有质的不同。热机（heat engine）发电涉及多个能量转换过程，首先是通过燃烧将燃料中的化学能转变为热能，再通过内燃机或蒸汽机将热能转换为机械能，最终再通过发电机将机械能转换为电能。燃料电池则没有多重的能量转换过程，其工

作过程只包含化学能到电能的转换，能量损失相对较小。

作为一类特殊的能量转换装置，燃料电池具有以下这些突出的优点。

（1）能量转换效率高　燃料电池的整体理论转换效率超过80%。由于电极上各种极化过程的限制，目前燃料电池的实际能量转换效率可达60%～70%，比除了核能发电之外的大部分发电装置要高。以热机发电为例，这一发电装置在其多重转换过程中均伴随着大量的能量损失，且由于热机效率收到卡诺循环的限制，其总的能量转换效率仅为35%～45%。太阳能电池的转换效率则更低一些，在20%～30%。日后，随着燃料电池技术的发展与进步，其能量转换效率还有希望进一步的提高。

（2）环境友好　氢氧燃料电池的放电产物只有水，可以做到真正的“零污染”。其使用的燃料氢气虽然不是自然界中直接存在的物质，但可以利用化石燃料来制取，如将天然气经过水气转换反应获得富氢气体，这种制氢过程所排放的二氧化碳量也比化石燃料直接燃烧发电所排放的二氧化碳量要减少40%以上。并且燃料电池的燃料是按照电化学原理发电，不经过燃烧过程，其工作时排放的氮氧化物、硫氧化物以及粉尘都非常少。表6－13给出了燃料电池与火力发电的污染物排放量，比较之下不难发现，相对于火力发电厂，燃料电池的污染基本可以忽略。

表6－13　　燃料电池与火力发电的污染物排放量对比　单位：kg/（10^6kW·h）

发电装置	SO_2	NO_x	烃类	粉尘
火力发电厂（天然气）	2.5～230	1800	20～1270	0～90
火力发电厂（石油）	4550～10900	3200	135～5000	45～320
火力发电厂（煤）	8200～14500	3200	30～10000	365～580
燃料电池	0～0.12	63～107	14～102	0～0.014

（3）噪声小　现有的其他发电技术（如核电、火电、风电、水电等）均涉及涡轮机的旋转及传动，这一过程中高速的机械运动会产生巨大的噪声污染。而燃料电池发电过程不存在机械运动与传动过程，工作时较为安静，满足了潜艇等使用环境对噪声的严格要求。

（4）负载响应快速　燃料电池具有很快的负载响应速度，小型燃料电池在微秒范围内就可以达到所要求的输出功率，而兆瓦级的电站也可以在数秒内完成对负载变化的响应，这一点相比于常规发电机具有很大的优势，便于应对较大的负载冲击。

（5）易于建设及维护　燃料电池发电系统采用单电池作为最小发电单元。由于单电池可以规范化生产，使得燃料电池体系的安装非常方便，并且可以根据需要调节装机容量。燃料电池也没有较大的机械运动部件，系统运行的可靠性较高，有良好的维护性。

尽管燃料电池有上述优点，其大规模使用上仍然存在一些技术难点，主要表现在目前燃料电池运行成本过高，商业推广困难；高温工作时电池寿命短，稳定性欠缺；缺少完善的燃料供应体系（如加氢站的建设）等。但由于燃料电池的众多优点和良好的应用前景，世界范围内的物理化学家正通过不断的研究工作解决上述难点。

二、燃料电池的发展史

燃料电池在大规模产业化之前已经有很长的发展历史。1839年，W. R. Grove把封有铂电极的玻璃管浸在稀硫酸中，先对其电解产生氢和氧，接着连接外部负载，这样氢和氧就发生电池反应产生电流。他将多个这样的装置串联起来，点亮了照明灯泡，并将其称为“气体电池”（图6－25），这一装置被公认为是世界上第一个燃料电池。Grove清楚地认识到燃料电池的工作行为只能发生在反应气体、电解液以及导电电极催化剂铂箔相互接触的三相反应区，并指出强化气体、电解液与电极三者之间的相互作用是提高电池性能的关键。这一极为本质的认识直到今天仍然是燃料电池研究中的主要课题。

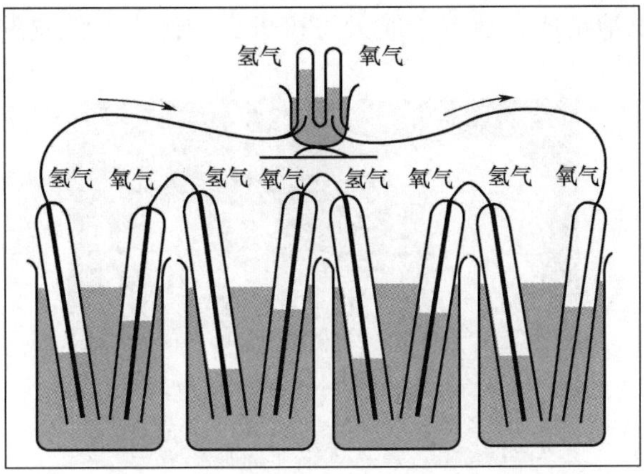

图6－25 Grove发明的气体电池示意

“燃料电池（fuel cell）”这一名词则是由英国化学家L. Mond及其助手C. Langer在1889年提出的。他们以氢气为燃料，氧气为氧化剂，采用铂黑作为电极，并以浸渍电解质溶液的多孔绝缘材料作为隔膜，成功组装出氢氧燃料电池，获得了0.37V的工作电压和3.5mA/cm^{2}的工作电流。现在看来，当年他们的设计思路其实已经十分接近现代燃料电池的结构与设计。

此后，作为现代物理化学奠基人之一的德国化学家W. Ostwald建立了燃料电池工作原理的基本理论，并于1984年从理论上论证了燃料电池的直接发电效率可达50%～80%，比受到卡诺循环限制的热机效率（<50%）高出很多。

19世纪末期，由于内燃机技术的迅速崛起，与其配套的化石燃料的开发与使用占用了大量的研究资源，并获得了极大的发展，以氢气为燃料的燃料电池则失去了研发需求，其发展陷入了停滞。这一段时期中相对重大的发明出现在1896年，W. W. Jacques成功研制了第一个数百瓦的煤燃料电池（DCFD）。由于可以直接使用煤作为燃料，他的想法引起了公众的极大关注。但由于无法解决炭对电解质的污染，DCFD没有取得满意的效果，最终被放弃。

1959年，英国剑桥大学的F. T. Bacon制造出可以实际工作的碱性燃料电池，这一电池的电极使用了廉价的多孔镍替代贵金属铂，并采用KOH碱性电解质溶液代替硫酸电解质以减缓对镍的腐蚀，最终获得了5kW的输出功率，可以驱动一部电焊机工作。

进入20世纪60年代后，燃料电池迎来了新一轮的发展蓬勃期。由于这一时期航空航天事业高速发展，寻找适合太空飞船使用的电源成为了重要议题。因为燃料电池具有高能量密度和高功率密度的特性，美国航空航天管理局（NASA）开始资助燃料电池的研究。

美国 GE 公司和 NASA 合作，于 1962 年首次将燃料电池应用于太空任务，他们开发出聚合物电解质燃料电池，并将其应用于双子星座飞船的探测任务。但由于几次测试中，这种燃料电池的性能表现不稳定，并且出现了电池内部污染等技术问题，于是 NASA 转向 P&W（Pratt& Whitney）公司进行合作，在 1959 年 Bacon 发明的碱性燃料电池的基础上成功开发出寿命更长且更加稳定的燃料电池，并应用于阿波罗登月飞船的主电源系统。此后多艘航天飞机的多次太空飞行也都使用了碱性燃料电池，可以说燃料电池在航天事业的发展中起到了不可忽略的作用。图 6－26 展示了“亚特兰蒂斯”号航天飞机使用的燃料电池系统。这一系统由三组燃料电池组成，放置于航天飞机机身中部靠前位置的荷载舱下。

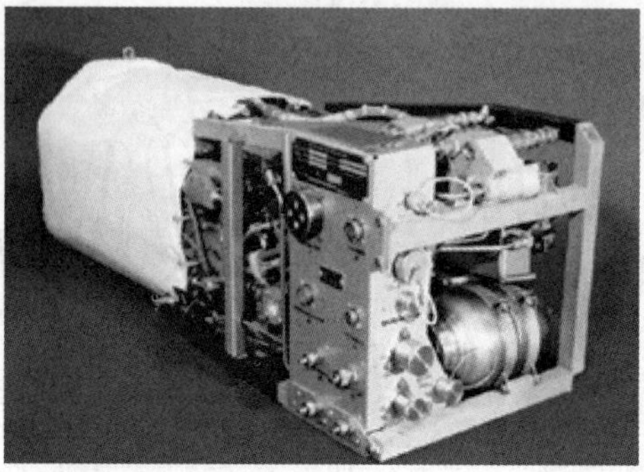

图 6－26 “亚特兰蒂斯”号航天飞机使用的燃料电池系统

冷战期间由于太空竞赛及军备竞赛，燃料电池的高速发展仍局限在航天事业以及潜艇开发中。在 20 世纪 70 年代能源危机爆发后，能源多样化成为各个国家的共识，燃料电池的研究开始逐渐进入民用领域。这一时期，各种不同类型的燃料电池被发明出来，新的材料与制备工艺也不断出现。

1972 年杜邦公司开发出全氟磺酸质子交换膜 Nafion®，这至今仍然是燃料电池唯一可用的质子膜；1979 年美国纽约完成了 4.5MW 磷酸燃料电池电厂的测试工作；1986 年美国洛斯阿莫斯国家实验室（LANL）开创了电极立体化设计模式，大幅降低了铂催化剂用量，同时研发成功第一辆磷酸燃料电池公共汽车；1993 年加拿大巴拉德电力系统公司（Ballard Power System）成功开发出世界上第一辆质子交换膜燃料电池公共汽车，此时燃料电池正式开始进入汽车领域；2002 年德国建成了第一艘质子交换膜燃料电池 U212A 级潜艇，并于 2005 年开始服役。现如今，在北美及欧洲的一些城市已将燃料电池电动汽车作为示范项目开始运行，汽车制造商如本田（Honda）、丰田（Toyota）等也将更多目光投向电动车市场，不断发布他们的燃料电池原型车。

除了发电站与动力源之外，燃料电池作为便携式电源的研究也已开始进行。东芝集团（Toshiba）于 2004 年发布了燃料电池笔记本电脑（图 6－27），在能量密度及连续使用时间上都比锂离子电池笔记本电脑有大幅提升。2008 年摩托罗拉公司（Motorola）宣布与燃料电池制造商 Angstrom Power 合作开发出全球第一台燃料电池手机的原型机。预计今后便携式电子设备对电源续航能力的要求也将会成为燃料电池研究与发展的巨大动力。

而随着燃料电池与燃料电池堆栈（Stacks）技术的迅速发展，世界各国开始有意识地对其生产及测试进行规范。2013 年 8 月，欧盟联合研究中心（JRC）与美国能源部阿尔贡

图 6－27 东芝集团研发的燃料电池笔记本电脑

国家实验室（ANL）签署聚合物电解质燃料电池（PEMFC）测试程序协议，标志着双方迈出了燃料电池技术标准国际化的第一步。协议的签署有利于双方在燃料电池测试技术与测试方法上的相互协调与标准化，扩大双方间燃料电池技术的信息交流与数据交换。今后此类协议的签署在一定程度上也会加速燃料电池技术的商业化应用进程，为燃料电池的开发与应用提供更多推动力。

三、燃料电池的结构与工作原理

燃料电池的核心结构是电化学反应系统，它与常规的电池（battery）较为相似，由阴极、阳极、两极间的电解质及其他辅助部件（如隔膜、集电体等）构成。其中阴阳极材料需要是良好的电子导体，电极材料中包含着电催化剂；电解质则需要是良好的离子导体。电池工作时，由两极通入燃料与氧化剂，通过电化学反应将储存其中的化学能转变为电能并输出。正如发明人 W. R. Grove 爵士指出的那样，强化气体、电解液与电极三者之间的相互作用是提高电池性能的关键。

在核心结构之外，实际进行工作的燃料电池还需要一定的辅助系统，如燃料存储与供给系统、压力调节系统、排热系统、排水系统、电性能控制系统及安全装置等，这些辅助系统是燃料电池正常工作必不可少的部分。燃料储存和供给系统保证了燃料的安全储存与平稳输送，一般来说电池设计者会将燃料净化（如脱硫）过程也包含其中；压力调节系统控制各个部分的压力，关系到物质的正常传输与反应的正常进行；排热系统负责燃料与氧化剂进入电化学反应体系前的预热以及电池废热的排出工作等。这部分辅助结构的原理与电化学本质相对关联不大，在本书中不予赘述，读者可以参阅本章末给出的参考书籍进行更加深入的学习。

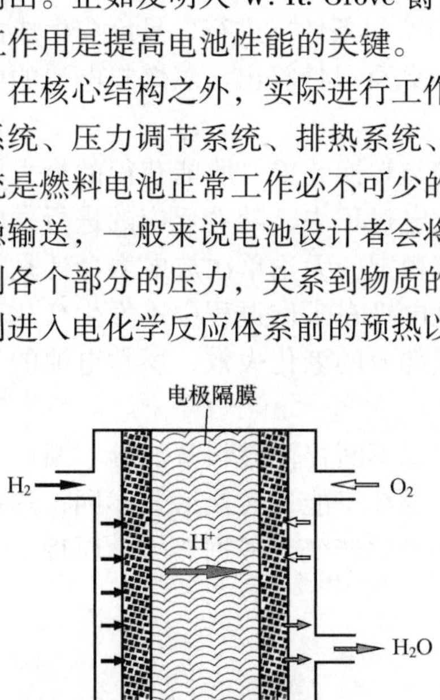

图 6－28 氢氧燃料电池示意

在燃料电池进行工作时，阳极（负极）发生燃料的氧化反应，阴极（正极）发生氧化剂的还原反应。下面以最简单的氢氧燃料电池（采用酸性电解质）为例说明燃料电池的工作原理。如图 6－28 所示，在其工作过程中，向阳极供应 H_2，向阴极供应 O_2，在电催化剂的作用下，阳极的 H_2 发生氧化反应生产氢离子和电子，氢离子在电场驱动下通过电解质迁移到阴极，电子则通过外电路定向移动做功并达到阴极构成回路。同时阴极的氧气得电子发生还原反应，与氢离子生成水，整个过程会放出热量。

阳极（负极）： $$H_2 \longrightarrow 2H^+ + 2e^- \tag{6-42}$$

阴极（正极）： $$\frac{1}{2}O_2 + 2H^+ + 2e^- \longrightarrow H_2O \tag{6-43}$$

若使用碱性电解质，则对应的电化学反应可以表示如下。

阳极（负极）： $$H_2 + 2OH^- \longrightarrow 2H_2O + 2e^- \tag{6-44}$$

阴极（正极）： $$\frac{1}{2}O_2 + H_2O + 2e^- \longrightarrow 2OH^- \tag{6-45}$$

当然，无论采用酸性电解质还是碱性电解质，氢氧燃料电池的总反应均可以表示为：

$$H_2 + \frac{1}{2}O_2 \longrightarrow H_2O \tag{6-46}$$

这个反应是电解水的逆过程，该反应的自由能变化用来对外做电功，将储存在氢气与氧气中的化学能转换为电能。原则上只要不断提供氢气与氧气，氢氧燃料电池就可以源源不断地进行电化学反应向外部输电。假设氢气与氧气均为理想气体，其压力分别为 p_{H_2} 与 p_{O_2}，水的活度为 α_{H_2O}，对于总反应有：

$$\Delta G = \Delta G^0 + RT\ln\frac{\alpha_{H_2O}}{p_{H_2}p_{O_2}^{1/2}} \tag{6-47}$$

其中， $$\Delta G^0 = -nFE^0 \tag{6-48}$$

则电池的电动势 E 可以表示为：

$$E = E^0 - \ln\frac{\alpha_{H_2O}}{p_{H_2}p_{O_2}^{1/2}} \tag{6-49}$$

根据式（6-49）可知，氢氧燃料电池的电动势决定于电化学反应池中氢气和氧气的压力、产物水的活度以及工作温度。当反应在 1atm、25℃的条件下进行，且反应生成的水为液态时，该反应的 Gibbs 自由能变化为 -228.6kJ，由此可以计算出氢氧燃料电池的电动势为 1.229V。

与燃料电池相比，传统电池实际上是一种能量存储与转换装置，所能获得的最大能量取决于电池本身所含的电活性物质量。在传统电池的放电过程中，随着反应的进行，电极中的活性物质不断消耗变化，电极和电池性能无法保持稳定，无论单次放电寿命还是循环放电寿命都很有限。而燃料电池只是能量转换装置，且电极在工作过程中不发生变化，原则上其寿命是无限的。当然实际工作中，由于电池组成部分的老化失效，燃料电池的使用寿命也有一定限制。

热机也常用来与燃料电池进行比较。常规的热机只要不断提供燃料就能够不断产生电能，它与燃料电池的工作方式比较类似。两者的区别主要在于能量转换形式不同，热机是一种机械装置，需要经过化学能到热能到机械能再到电能的转变，根据热力学原理，热机的最大效率 η 为：

$$\eta = 1 - \frac{T_L}{T_H} \tag{6-50}$$

式中，T_L 和 T_H 分别为热机的两个工作温度，温差越大热机效率越高。

而燃料电池直接将化学能转化为电能，中间未经过燃烧过程，能量转换效率高。理想状态下燃料电池的能量转换效率是反应所产生的电能（$-\Delta G$）与化学反应释放的全部能量（$-\Delta H$）之比。

$$\eta = \frac{-\Delta G}{-\Delta H} \tag{6-51}$$

根据式（6－51），在1atm、25℃的条件下，氢氧燃料电池的理论效率为83%。

第十节　燃料电池的分类

一、燃料电池的分类方法

到目前为止，人类已开发出多种类型的燃料电池，其分类方式也非常多样，主要可以根据电池的工作温度、燃料种类、电解质类型等进行分类。

按工作温度，燃料电池可以分为低温、中温、高温和超高温燃料电池，它们所对应的工作温度范围分别为25～100℃、100～500℃、500～1000℃以及高于1000℃。

按燃料种类，燃料电池可以分为直接型、间接型和再生型燃料电池。直接型燃料电池使用的燃料不需经过转化步骤，可以直接参加燃料电池的电极反应，如氢氧燃料电池；间接型燃料电池使用的燃料需要经过重整等手段进行转化，再将转化后的产物供给燃料电池发电，如甲醇重整后的富氢混合气作为燃料的燃料电池；再生型燃料电池则是指将燃料电池反应生成的水经过某种方式（如热和光等）分解成氢气和氧气，再将它们重新输入电池中进行发电的燃料电池。

更常用的分类方法则是按电解质类型对燃料电池进行分类，按这种方式可将燃料电池分为五大类。碱性燃料电池（AFC）一般以氢氧化钾溶液为电解质；磷酸燃料电池（PAFC）以浓磷酸为电解质；熔融碳酸盐燃料电池（MCFC）以熔融的锂－钾碳酸盐或锂－钠碳酸盐为电解质；固体氧化物燃料电池（SOFC）以氧离子导体固体氧化物为电解质；质子交换膜燃料电池（PEMFC）以全氟磺酸质子交换膜为电解质。几种燃料电池的综合比较见表6－14。

表6－14　　五种燃料电池的综合比较

项目	碱性燃料电池（AFC）	磷酸燃料电池（PAFC）	熔融碳酸盐燃料电池（MCFC）	固体氧化物燃料电池（SOFC）	质子交换膜燃料电池（PEMFC）
电解质类型	KOH溶液	H_3PO_4溶液	熔融$Li_2CO_3-K_2CO_3$	$ZrO_2-Y_2O_3$固体	全氟磺酸膜
导电离子	OH^-	H^+	CO_3^{2-}	O^{2-}	H^+
阴极（正极）	Pt/Ni	Pt/C	Li/NiO	Ni/YSZ	Pt/C
阳极（负极）	Pt/Ag	Pt/C	Ni－Al、Ni－Cr	$Sr/LaMnO_3$	Pt/C
燃料气	氢气	氢气、重整气	天然气、煤气、重整气	天然气、煤气	氢气、甲醇、重整气
氧化剂	氧气	空气	空气	空气	氧气、空气
工作温度	50～200℃	180～200℃	600～700℃	800～1000℃	室温～100℃

续表

项目	碱性燃料电池（AFC）	磷酸燃料电池（PAFC）	熔融碳酸盐燃料电池（MCFC）	固体氧化物燃料电池（SOFC）	质子交换膜燃料电池（PEMFC）
工作压力	<0.5MPa	<0.8MPa	<1MPa	常压	<0.5MPa
发电效率	60%～90%	40%	>50%	>50%	50%
优点	启动迅速；低腐蚀性	对二氧化碳不敏感；成本相对较低	可用空气作氧化剂；废热可利用；不受CO影响	可在常压下工作；废气可利用；不受CO影响	室温工作；功率密度高，体积小质量轻；使用固体电解质
缺点	需用纯氧作氧化剂；成本高	进气中CO会导致催化剂性能降低；启动慢	工作温度较高	工作温度过高	对CO非常敏感；反应物需加湿
应用领域	航天和特殊地面应用	分布式电站、热电联产系统	分布式电站、热电联产系统	分布式电站、交通工具电源、便携式电源	分布式电站、交通工具电源、便携式电源

以上五大类燃料电池基本还是以氢气为燃料。但是自然界中并不存在氢气这种燃料，因此这些燃料电池技术的应用还依赖于制氢问题的解决。目前除了制氢之外，氢气的储存与运输也有一定的困难，特别是对于作为移动式电源和交通工具动力源的燃料电池来说，与制氢、储氢、运氢有关的难题成为其未来发展与推广的难题。因此，寻找替代燃料成为燃料电池发展中的一个重要方向。目前也出现了一些不依赖氢气的燃料电池，主要包括以醇类直接作为燃料的直接醇燃料电池（DAFC），以甲酸为燃料的直接甲酸燃料电池（DFAFC），以固体碳（如煤）为燃料的直接碳燃料电池（DCFC），以硼氢化物为燃料的直接硼氢化物燃料电池（DBFC），以生物质和微生物为燃料的生物燃料电池（BFC）和微生物燃料电池（MFC），还有以金属为燃料的金属半燃料电池（MSFC），在本节的最后一部分也将对这些电池做一些简要的介绍。

二、碱性燃料电池

（一）碱性燃料电池的工作原理

碱性燃料电池（AFC）是第一个被大力发展起来的燃料电池技术，它最初由美国航空航天局（NASA）的太空计划资助，使用在航天器上生产电力与水。其商业应用比较有限，更多的还是应用于航天飞机等太空探索事业。碱性燃料电池采用浓度为30%～45%（质量分数）的KOH或NaOH水溶液作为电解质，如图6-29所示。

通常碱性燃料电池的阴阳两极用浸渍了KOH水溶液的石棉膜隔开，OH^-与K^+离子在膜中运动。在阳极，氢气与电解液中的OH^-在电催化剂的作用下发生氧化反应生成水，并从外电路将电子传递到阴极。

阳极（负极）： $H_2 + 2OH^- \longrightarrow 2H_2O + 2e^-$ $\varphi_a = -0.828V$ (6-52)

阴极的氧气则在电催化剂的作用下接受传递来的电子，发生还原反应生成OH^-，

OH^-通过电解质溶液移动到阳极。

阴极（正极）：　$\frac{1}{2}O_2 + H_2O + 2e^- \longrightarrow 2OH^-$　　$\varphi_c = 0.401V$　　（6-53）

电池总反应为：　$H_2 + \frac{1}{2}O_2 \longrightarrow H_2O$　　$E = 1.229V$　　（6-54）

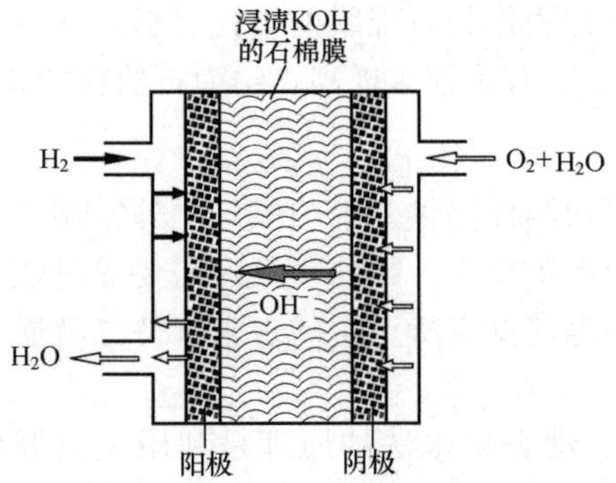

图6-29　碱性燃料电池示意图

随着电池反应的进行，阳极区OH^-浓度降低，而阴极区反应产生OH^-，浓度升高，两极间因此出现OH^-的浓度梯度，OH^-在浸渍了KOH的石棉膜中从阴极区向阳极区扩散。

由电池总反应可以计算出碱性燃料电池的理论电动势为1.229V，但实际输出电压只有0.6~1.0V。实际使用中常将多个单电池串联起来形成电池堆以获得更高的输出电压。

（二）碱性燃料电池的组成部件

（1）电极与电极催化剂　良好的碱性燃料电池催化剂需要对氢气的电化学氧化反应、氧气的电化学还原反应具有优越的催化性能，并且能够在KOH强碱溶液中保持良好的稳定性。工作温度较低的碱性燃料电池通常采用贵金属以及贵金属合金作为电极催化剂，常见的种类包括Pt、Au、Ag、Pt-Pd、Pt-Ni、Pt-Ni-Co合金等。需要高温（相对高温）工作的碱性燃料电池则采用过渡金属及其合金作为电催化剂以降低成本，常见的催化剂有Co、Ni、Mn以及Mn-Ni合金等。此外还有一些金属氧化物和过渡金属大环化合物也可以作为碱性燃料电池的催化剂。

电极结构对燃料电池的性能也有不可忽略的影响。当采用Pt等贵金属作为电极催化剂时，由于希望获得大量的高度发达的气、液、固三相反应界面，一般会将催化剂制备成粒径很小的颗粒，将其分散至具有高比表面积与良好导电性的基底上构成电极。

（2）电解质　碱性燃料电池的常用电解质是30%~45%（质量分数）的KOH水溶液，它的主要问题是会与阴极鼓入的空气中的CO_2发生反应生成K_2CO_3，导致电解液中的OH^-浓度下降，继而影响燃料电池的寿命。因此，碱性燃料电池在鼓入空气前需要通过净化装置除去CO_2。

碱性燃料电池中的电解质有两种储存方式，流动式与固定式。流动式是用泵将KOH溶液压进电池中并进行循环。这种方式通过KOH溶液的不断流动保证使得阴极区OH^-浓度不至于过高，并且可以将反应产生的水通过电解质溶液带出电池内部，以蒸发的方式进行消耗，保持反应区内OH^-浓度均匀，此外这种设计也便于电解液的更换。但由于KOH溶液的强腐蚀性，流动式管理需要液体循环泵和管道有较高的耐腐蚀性能，使得电池的运行成本增高。固定式储存则是将KOH浸渍在多孔隔膜中保存，这种方法相对成本较低，且电池体系比较简单。由于多孔隔膜层的厚度可以做得很薄，这样电解质产生的欧姆极化将会大大降低，因此采用固定式电解质的碱性燃料电池具有更高的性能和能量转换效率。但在这种设计下，电解质溶液的更换十分困难，对CO_2敏感的问题也将会更加突出。目前通过隔膜固定储存电解质的碱性燃料电池是研究的主流方向。

（3）电极隔膜　碱性燃料电池的电极隔膜是电解质溶液的载体。良好的电极隔膜应该具有多孔性、绝缘性、良好的气体阻隔性、良好的离子导电性以及耐强碱腐蚀性等特征。常使用的电极隔膜是石棉膜，通常由石棉纤维按造纸方法制备。

由于石棉对人体有害，且在浓碱中会缓慢地发生腐蚀，因此开发其他的电极隔膜也是一项有较高关注度的研究议题。目前已开发出钛酸钾膜作为石棉膜的替代材料。钛酸钾不溶于 KOH 溶液，耐氧化能力强，故寿命相比于石棉膜有了很大提高，约为石棉膜的 5 倍。

（三）碱性燃料电池的排水系统

为了保证碱性燃料电池的正常工作，除了需要向两极提供氢气与氧气之外，还需要完善的水管理系统。反应进行中阴极区消耗水而阳极区生成水，因此阴极区需要通过随氧气一同鼓入水蒸气以补充水，而阳极区需要不断排出电池反应所产生的水来维持电解质溶液的稳定。

常用的排水系统有静态排水和动态排水两种。动态排水法的原理是利用风机循环氢气，在阳极生成的水蒸发至氢气中并带入外部的冷凝器，含水氢气经过冷凝分离后得到干燥氢气再鼓入阳极参与反应。静态排水法是在燃料电池的阳极侧增加一个水蒸气腔与一片排水膜。排水膜是一张饱吸高浓度 KOH 溶液的微孔膜，氢气腔与水蒸气被分隔在排水膜两侧。阳极反应产生的水蒸发至氢气腔，在排水膜表面凝结，然后通过浓差扩散通过排水膜到达水蒸气腔，再通过保持水蒸气腔负压的方法可以使液态水减压蒸发并依靠压差迁移到电池外部进行冷凝分离。相比于动态排水法，静态排水法的优点是没有运动部件，不易产生噪声及其他能耗；缺点是结构略微复杂，且水蒸气腔与排水膜的引入将会增加电池的质量与体积，降低其比能量以及能量密度。

三、磷酸燃料电池

（一）磷酸燃料电池的工作原理

为了避免 CO_2 与碱性电解质溶液发生反应，碱性燃料电池（AFC）中使用的氢气或重整富氢气体需要通过净化装置去除其中的 CO_2，导致电池系统比较复杂，成本高，难于推广。因此，从 20 世纪 60 年代开始，酸性电解质燃料电池开始受到重视，磷酸燃料电池（PAFC）的发明正是基于此，它具有构造简单、稳定、电解质挥发度低等优点，目前已成为商业化发展得最快的一种燃料电池，已有许多发电能力为 0.2～20 MW 的工作装置被安装在世界各地，为医院、学校和小型电站提供动力。

磷酸燃料电池使用接近 100%（质量分数）的磷酸作为电解质，其单电池工作原理如图 6－30 所示。电池的阴阳两极用浸渍了磷酸的电极隔膜隔开，阳极通入氢气，发生氧化反应。

阳极（负极）：
$$H_2 \longrightarrow 2H^+ + 2e^- \qquad \varphi_a = 0V \tag{6-55}$$

阴极通入氧气，发生还原反应。

阴极（正极）：
$$\frac{1}{2}O_2 + 2H^+ + 2e^- \longrightarrow H_2O \qquad \varphi_c = 1.229V \tag{6-56}$$

电池总反应：
$$H_2 + \frac{1}{2}O_2 \longrightarrow H_2O \qquad E = 1.229V \tag{6-57}$$

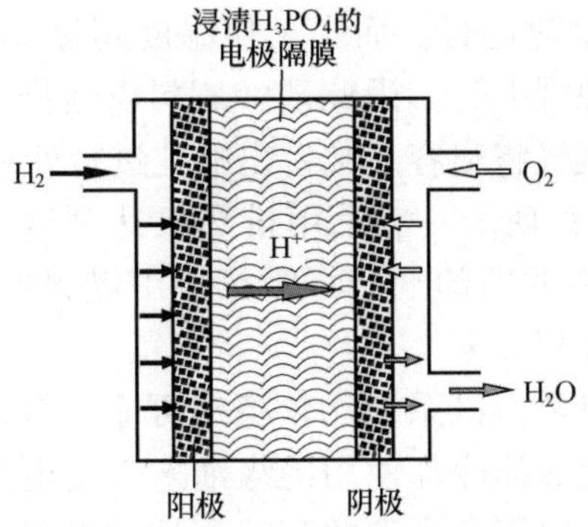

图 6－30　磷酸燃料电池示意

虽然磷酸燃料电池与碱性燃料电池的总反应一致，但两者的电解质溶液中的导电离子不同。磷酸在水溶液中易解离出氢离子，因此磷酸燃料电池中在电解质内部进行传递的离子是 H^+，而碱性燃料电池的电解质中进行传递的是 OH^-。此外，磷酸燃料电池的水产生在阴极，而碱性燃料电池的水产生在阳极，这是由于电极反应的不同导致的。

（二）磷酸燃料电池的组成部件

（1）电极与电极催化剂　目前常用的磷酸燃料电池催化剂是贵金属铂。降低其用量可以节省电池的成本，因此通常要将铂或铂合金做成高分散的晶粒并担载于载体上。一般铂晶粒的尺寸小，其比表面积大，可获得较高的催化剂活性。当然，铂晶粒尺寸过小时其催化活性也会下降。目前一般制备 2nm 左右的碳载铂催化剂及其铂晶粒，比表面积大约为 $100m^2/g$。

碳载铂催化剂具有良好的催化活性，但在磷酸燃料电池中，由于磷酸电解质和反应气体中的杂质会在铂晶粒表面吸附，再加上铂的溶解沉积以及在体表面上铂晶粒的迁移等因素的影响，铂晶粒的表面积会逐渐减小，导致电池性能下降。

（2）电解质　磷酸在室温下并非良好的离子导体，但当温度高于 150℃后，磷酸可以表现出良好的离子导电性，因此磷酸燃料电池一般在 180～200℃的温度下工作。高温下磷酸的蒸气压较低，电解质损失较慢，可以延长燃料电池的维护周期。

磷酸电解质的浓度对磷酸燃料电池有重要影响。100%（质量分数）的磷酸电解质中含有大约 72.43% 的 P_2O_5，在 20℃时其密度约为 1.863g/mL。当磷酸浓度过高时，电解质离子传导率降低，会增加磷酸燃料电池的欧姆内阻；当磷酸浓度过低［<95%（质量分数）］时，则会导致电解液对电池材料的腐蚀性急剧增加。因此磷酸燃料电池中磷酸电解质的浓度一般维持在 98%（质量分数）左右。

（3）电极隔膜　磷酸燃料电池的电解质溶液也是浸渍在电极隔膜中保存的，因此磷酸燃料电池的隔膜需要具备的性质与碱性燃料电池类似，即多孔性、绝缘性、气体阻隔性等，不同之处在于磷酸燃料电池中的隔膜需要耐强酸腐蚀。SiC 在磷酸条件下具有很好的化学稳定性，因此目前用以保持磷酸电解质的多孔电极隔膜通常使用 SiC 与少量 PTFE 粘结制成，磷酸电解液在毛细作用下保持在隔膜中。为降低燃料电池的内阻，需要尽可能降低隔膜的厚度，目前使用的常规厚度为 0.1～0.2mm。SiC 材料的不足之处在于机械强度偏低，目前的 SiC 隔膜材料约能承受 1×10^4Pa 的压力变化，而磷酸燃料电池的阴阳极工作压力差可以达到数万帕，此时 SiC 隔膜会无法满足电池的工作需要。

（三）磷酸燃料电池的排水与排热系统

在反应过程中，磷酸燃料电池会产生大量的水和热量，因此高效迅速地排水与排热系统是磷酸燃料电池稳定工作的保障。

排水系统相对简单，这是因为磷酸燃料电池在高温下工作，此时水基本以水蒸气的形式存在，很容易被气流带走。但当工作温度低于180℃时，一部分的产物水会溶解在电解质中造成体积膨胀，带来电极多孔材料的堵塞，影响反应进行。而当工作温度超过210℃且进行长时间工作后，磷酸电解质可能发生分解，腐蚀性上升。因此磷酸燃料电池排水的关键在于控制电池的工作温度，在合适的温度下，水蒸气将很容易被带出电池进行处理。

磷酸燃料电池的反应废热需要通过排热冷却系统实现，一般采用排热板达到这一目的。通常每隔几个单体燃料电池放置一块排热板，其中的冷却剂会将废热带出燃料电池。常用的冷却方式有三种：空气冷却、绝缘油冷却和水冷却。

空气冷却是利用空气的强制对流转移电池产生的热量，该系统比较稳定可靠，但排热效率低，比较适用于小型的磷酸燃料电池发电体系。绝缘油冷却使用绝缘油来带走电池内部的热量，冷却性能优于空气冷却，但低于水冷却，一般用在小型的车载电站或者现场型电站上。水冷却是最为常用的冷却方式，根据冷却原理还可以细分为低压水蒸发冷却与高压水冷却，其中低压水蒸发冷却是通过水汽化过程的相变潜热带走燃料电池的热量，高压水冷却是利用液态水的热容起到排出热量的作用。水冷却适合在大型电站及热电联产系统使用，冷却效果也好于其他两种方式。

四、熔融碳酸盐燃料电池

（一）熔融碳酸盐燃料电池的工作原理

熔融碳酸盐燃料电池（MCFC）是磷酸燃料电池之后第二种商品化的燃料电池，它是一种高温电池（600～700℃），具有能量转换效率高（高于40%）、噪声低、无污染、燃料多样化（氢气、煤气、天然气和生物燃料等）、余热利用价值高和电池构造材料价廉等诸多优点，是21世纪的绿色电站。

熔融碳酸盐燃料电池是以熔融的碳酸钾和碳酸锂为电解质的燃料电池，工作温度约为650℃，其工作原理如图6－31所示。向阳极通入燃料气，向阴极通入空气与CO_2的混合气体，燃料电池工作时，阴极的CO_3^{2-}通过电解质迁移到阳极，与阳极的H_2发生反应生成CO_2和H_2O；阴极的O_2与CO_2则与外电路输送的电子生成CO_3^{2-}。熔融碳酸盐燃料电池的反应方程如下。

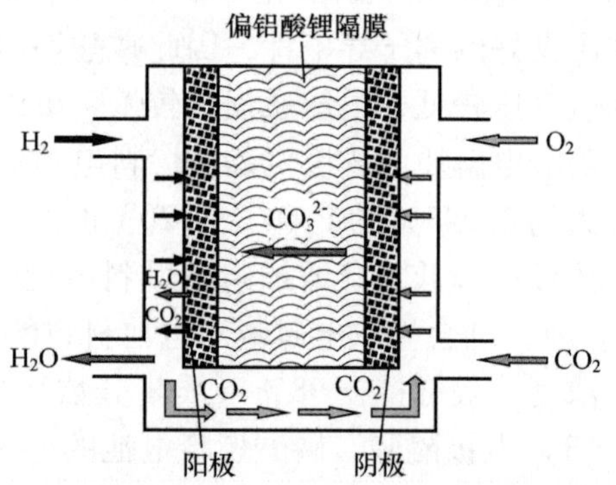

图6－31　熔融碳酸盐燃料电池示意图

阳极（负极）：
$$H_2 + CO_3^{2-} \longrightarrow H_2O + CO_2 + 2e^- \quad (6-58)$$

阴极（正极）：
$$CO_2 + \frac{1}{2}O_2 + 2e^- \longrightarrow CO_3^{2-} \quad (6-59)$$

电池总反应：
$$H_2 + \frac{1}{2}O_2 + CO_2\text{（阴极）} \longrightarrow H_2O + CO_2\text{（阳极）} \quad (6-60)$$

实际上，碳酸盐燃料电池工作中使用的燃料不只氢气，还有CO、天然气等高级燃料。利用电池反应释放出的热量即可在高温下将CO、天然气等燃料通过相关的氧化反应转变为氢气，之后再作为燃料进一步参与电化学反应：

$$CO + H_2O \longrightarrow CO_2 + H_2 \tag{6-61}$$

$$CH_4 + H_2O \longrightarrow CO + 3H_2 \tag{6-62}$$

熔融碳酸盐燃料电池阳极产生的水有助于CO的水气转换反应以及天然气的甲烷化反应进行，从而产生了更多的氢气，由于燃料气的重整过程在电池体系内完成，就可以极大地降低电池的运行成本，并有效地利用了电极反应释放的热量。

式（6-61）与式（6-62）的两个反应中均涉及大量的CO，实际上电池最终使用的燃料气体也一定含有CO，这些气体在中低温时对铂基催化剂有较强的毒性，因此在磷酸燃料电池中禁止通入CO；但在高温工作的熔融碳酸盐燃料电池中，电极催化剂不存在CO中毒问题，因此天然气及其他的烃类化合物都可以直接作为其燃料使用。除了避开CO中毒问题外，电池高温工作还有一些其他的好处，如高温工作时电极催化活性较高，因此基本可以采用以过渡金属Ni为主的镍基催化剂代替铂基催化剂，有利于降低电池成本；且电极工作温度高时，电极反应的余热还可以作用于气体对其进行一定的加压，以提高电池的性能。

值得注意的是，熔融碳酸盐燃料电池除了需要离子回路与电子回路之外，还需要再设计一个CO_2循环回路，这一点与其他燃料电池都不同。这是因为电池工作时阴极区的CO_2是反应物而阳极区的CO_2是产物，为了确保电池内部能够平稳工作，必须将阳极尾气中的CO_2循环至阴极用作反应气体。CO_2循环可通过两种方式实现：一是用过量空气燃烧阳极尾气去除其中的氢气和CO后，进行水蒸气分离，然后将所得气体与阴极进气口通入的气体进行混合；二是采用分离装置从阳极尾气中分离出CO_2，再将其送回阴极。由于第二种循环方式避免了N_2的影响，因此可以保证更高的燃料电池工作电压，但分离装置的设计也较为复杂，不可避免地会带来电池成本的升高。

（二）熔融碳酸盐燃料电池的组成部件

（1）电极与电极催化剂　高温下熔融碳酸盐是腐蚀性非常强的液体，且阴极气氛有较强的氧化性，因此选用半导体氧化物作为阴极材料，目前主要使用的是Li/NiO材料，它是由多孔镍电极经过氧化与嵌锂过程制备，具有导电性好、结构强度高的优点。

但在长期的运行过程中，氧化镍会在熔融碳酸盐电解质中发生溶解，并在电解质隔膜附近重新沉积并形成枝晶，这一过程会导致电池性能的下降，并极有可能破坏隔膜，造成熔融碳酸盐燃料电池寿命的下降。

为解决NiO的溶解问题，通常采用以下几种措施：一是对阴极材料和结构进行改性，如向阴极材料中加入稀土氧化物（CoO等），或是选用$LiCoO_2$、$LiFeO_2$、CeO_2等作为新型阴极材料；二是改善电解质的性质，如向电解质中添加碱土金属氧化物或碳酸盐以增加电解质的碱性，降低NiO溶解度，但此类方法又易引起电解质隔膜$LiAlO_2$的溶解，也会造成电池性能衰减；三是控制电极工作条件，如采用降低气体压力、增加电极基体厚度等方法来抑制NiO的溶解。

熔融碳酸盐燃料电池的阳极工作在还原性气氛中，通常选用Ni电极作为阳极，兼具催化作用与导电作用。通常将金属镍制成多孔网状结构，增加其比表面积以提高催化活性。纯金属镍在高温高压下易发生烧结或蠕变，为解决这类问题，可采用镍基合金作为替代，如Ni-Cr、Ni-Al等。

（2）电解质　熔融碳酸盐燃料电池使用Li_2CO_3与K_2CO_3按一定比例混合后的混合物作

为电解质，另外还可能存在少量的 Na_2CO_3 与碱土金属碳酸盐。电解质组分的不同对其性能有很大影响，Li_2CO_3 具有较小的欧姆极化，但反应气体 H_2、O_2、H_2O 等在 Li_2CO_3 中的溶解度与扩散系数较小，会带来浓差极化，不利于提高电池性能；并且熔融 Li_2CO_3 的腐蚀性也比较高，因此向其中混合 K_2CO_3 制备合适的电解质。综合考虑各种因素，一般使用的混合物电解质中含有 60% 的 Li_2CO_3 与 40% 的 K_2CO_3，熔点在 500℃左右。

熔融碳酸盐燃料电池的电解质在运行过程中会由于电池组成材料的腐蚀以及电解质自身的迁移与蒸发而不断损失，这种损失会导致燃料电池欧姆极化的增强，带来电池性能的下降。可以通过在阳极和电解质隔膜间增加由细小微孔构成的致密气体阻隔层等方式来防止阴阳极渗透，并强化电解质隔膜的强度。

（3）电极隔膜　熔融碳酸盐燃料电池对电极隔膜的要求主要是绝缘性、耐高温、耐腐蚀、高机械强度以及高孔隙率。目前常用的电极隔膜是偏铝酸锂隔膜，主要制法是将偏铝酸锂粉体与黏结剂及其他填料混合并分散于醇中，球磨后铺膜并快速烘干，将得到的多层偏铝酸锂膜热压成电极隔膜。这样得到的偏铝酸锂隔膜具有多孔结构，能够容纳大量的熔融碳酸盐电解质液体，且具有较高的机械强度，适应性比较好。

五、固体氧化物燃料电池

（一）固体氧化物燃料电池的工作原理

固体氧化物燃料电池（SOFC）是一种在中高温下直接将储存在燃料和氧化剂中的化学能高效、环境友好地转化成电能的全固态化学发电装置。在所有的燃料电池中，它的工作温度最高，属于高温燃料电池。近些年来，分布式电站由于其成本低、可维护性高等优点已经渐渐成为世界能源供应的重要组成部分。由于其发电的排气有很高的温度，具有较高的利用价值，可以提供天然气重整所需热量，也可以用来生产蒸汽，更可以和燃气轮机组成联合循环，非常适用于分布式发电。燃料电池和燃气轮机、蒸汽轮机等组成的联合发电系统不但具有较高的发电效率，同时也具有低污染的环境效益。

固体氧化物燃料电池的示意如图 6－32 所示。在阳极一侧持续通入燃料气如 H_2、CH_4、城市煤气等，具有催化作用的阳极表面吸附燃料气体，并通过阳极的多孔结构扩散到阳极与电解质的界面。在阴极一侧持续通入 O_2 或空气，具有多孔结构的阴极表面吸附氧，由于阴极本身的催化作用，使得 O_2 得到电子变为 O^{2-}，在化学势的作用下，O^{2-} 进入起电解质作用的固体氧离子导体，由于浓度梯度引起扩散，最终到达固体电解质与阳极的界面，与燃料气体发生反应，失去的电子通过外电路回到阴极。当燃料采用氢气时，其电池反应如下。

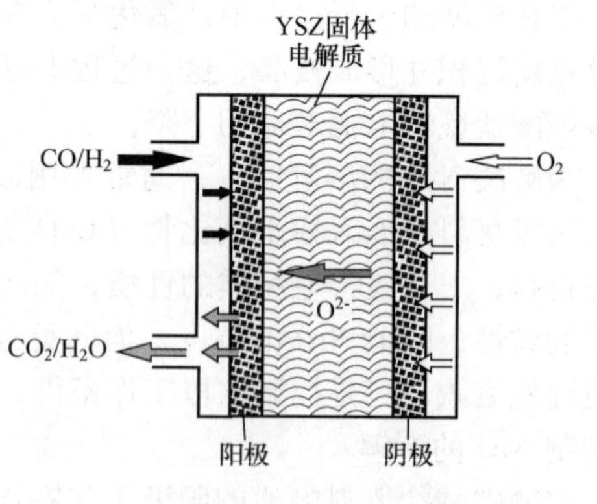

图 6－32　固体氧化物燃料电池示意

阳极（负极）：$$2H_2 + 2O^{2-} \longrightarrow 2H_2O + 4e^- \quad (6-63)$$

阴极（正极）：　$O_2 + 4e^- \longrightarrow 2O^{2-}$　(6-64)

电池总反应：　$2H_2 + O_2 \longrightarrow 2H_2O$　(6-65)

当使用其他气体作为燃料时，阳极反应与电池总反应也会发生变化，使用煤气时的反应如下。

阳极（负极）：　$CO + O^{2-} \longrightarrow CO_2 + 2e^-$　(6-66)

阴极（正极）：　$O_2 + 4e^- \longrightarrow 2O^{2-}$　(6-67)

电池总反应：　$CO + O_2 \longrightarrow CO_2$　(6-68)

使用天然气时电池反应如下。

阳极（负极）：　$CH_4 + 4O^{2-} \longrightarrow CO_2 + 2H_2O + 8e^-$　(6-69)

阴极（正极）：　$O_2 + 4e^- \longrightarrow 2O^{2-}$　(6-70)

电池总反应：　$CH_4 + 2O_2 \longrightarrow CO_2 + 2H_2O$　(6-71)

固体氧化物电池具有全固态结构，对燃料的适应性强，能在多种燃料包括碳基燃料的情况下运行；不需要使用贵金属催化剂；使用全固态组件，不存在对漏液、腐蚀的管理问题；积木性强，规模和安装地点灵活等。这些特点使总的燃料发电效率在单循环时有潜力超过60%，而总的来说体系效率可高达85%，固体氧化物燃料电池的功率密度达到1MW/m^3，对块状设计来说有可能高达3MW/m^3。但由于该电池的温度系数为负值，因此工作温度越高其电动势越低。一般来说固体氧化物燃料电池的开路电压比熔融碳酸盐燃料电池略低，发电效率也稍低于磷酸燃料电池，因此，该领域的一大研究方向即为开发中温固体氧化物燃料电池，获得更高的开路电压与能量转换效率。实际应用中也可将若干个单电池以各种方式（串联、并联、混联）组装成电池组以提高工作效率。其电池组的结构主要有管状（tubular）、平板型（planar）和整体型（unique）三种，其中平板型因功率密度高和制作成本低而成为SOFC固体氧化物燃料电池的发展趋势。

（二）固体氧化物燃料电池的组成部件

（1）电极与电极催化剂　高温下许多过渡金属及其合金均对H_2及CO的氧化反应有较好的催化作用。金属镍导电性良好，价格低廉，在高温气氛中具有稳定性，还可以兼具燃气重整反应的催化剂，因此被广泛地使用在固体氧化物燃料电池中作为阳极催化剂材料。通常将Ni与氧化物电解质材料YSZ骨架制成复合阳极，这种复合阳极不仅保持了Ni的良好导电性，同时吸收了YSZ黏着能力强、热膨胀性能较为匹配的优点。此外，复合阳极中的YSZ可以抑制高温下Ni粒子的烧结，保持阳极具有较高孔隙率的稳定结构。一般阳极中YSZ含量不超过质量的50%，否则会影响电极的电子电导率。

早期的固体氧化物燃料电池使用贵金属铂作为阴极催化剂，Pt具有良好的导电性和催化能力，可以兼作催化剂与集流体，热膨胀系数也与电解质YSZ较为接近，但由于其价格昂贵，并且在高温下会挥发，现在已不再使用。目前主要采用钙钛矿型的稀土氧化物材料作为阴极催化剂，如$LaMnO_3$。$LaMnO_3$在高温下导电性好，催化活性、稳定性、热膨胀性能匹配度均符合要求。通常以掺杂Sr的$LaMnO_3$（LSM）作为固体氧化物燃料电池的阴极催化剂，并向其中掺入一定量的YSZ制成LSM-YSZ复合阴极使用。

（2）电解质　固体氧化物燃料电池常用的电解质材料是氧化锆。但纯氧化锆禁带宽度大，其电子导电率较低，氧离子导电性也很差，一般采用掺杂的办法来改善这一问题，掺杂使用的材料主要有 CaO、MgO、Y_2O_3 和某些稀土氧化物。目前最常用的电解质是掺杂 Y_2O_3 稳定的 ZrO_2（yttria - stabilized zirconia，YSZ），此时晶体中部分 Zr^{4+} 被 Y^{2+} 取代，在此类点缺陷周围会产生大量的氧空位，在高温下，O^{2-} 在不同氧空位间进行移动，使 YSZ 获得了较高的氧离子电导率。YSZ 电解质在实际应用时需要制成电解质薄膜，具有有良好的气密性，可以起到既传导氧离子又分离空气、燃料的作用。

此外钙钛矿构型的固体氧化物电解质也受到一定重视，如锶掺杂的镓酸镧（LSGM）等，此类电解质的离子电导率较高，还原性气氛中的稳定性也较高，是比较理想的固体氧化物燃料电池电解质。

（3）双极板　双极板的主要作用是连接相邻单体电池的阳极和阴极，同时将氧化剂和燃料分隔开。固体氧化物燃料电池的双极板主要需要满足以下要求：电导率高、热膨胀性能匹配良好、机械强度高、耐高温与腐蚀、价格低廉。一般采用钙或锶掺杂的钙钛矿材料作为双极板，这类物质抗高温氧化，导电性能良好，在工作温度范围内与电池的其他组件也具有相似的热膨胀特性。

六、质子交换膜燃料电池

（一）质子交换膜燃料电池的工作原理

质子交换膜燃料电池（PEMFC）使用质子交换膜作为电解质，具有工作温度低、启动快、比功率高、结构简单、操作方便等优点，被公认为电动汽车、固定发电站等的首选能源。质子交换膜燃料电池最早由美国国家航空航天局（NASA）资助通用电气公司（General Electric Company）进行开发，当时使用聚苯乙烯磺酸膜作为电解质，但这种膜在工作过程中有较为严重的降解问题，被 NASA 弃用。直到 20 世纪 80 年代全氟磺酸膜的使用使得质子交换膜燃料电池重新成为研究热点，全氟磺酸膜的优越性能使得电池表现得到大幅提升，而成本得到大幅下降。

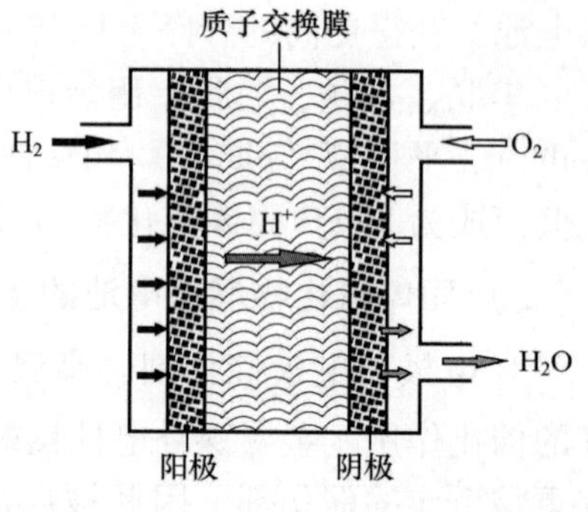

图 6 - 33　质子交换膜燃料电池示意

质子交换膜燃料电池如图 6 - 33 所示，它在原理上也相当于水电解的“逆”装置。其单电池由阳极、阴极和质子交换膜组成，阳极通入氢气或富含氢气的净化重整气燃料，发生氧化反应；阴极以氧气或空气为氧化剂，发生还原反应。两极都含有电极催化剂。值得注意的是，质子交换膜作为传递 H^+ 的离子导体介质，只允许 H^+ 通过。

阳极（负极）：$$H_2 \longrightarrow 2H^+ + 2e^- \qquad \varphi_a = 0V \tag{6-72}$$

阴极（正极）：$$\frac{1}{2}O_2 + 2H^+ + 2e^- \longrightarrow H_2O \qquad \varphi_c = 1.229V \tag{6-73}$$

电池总反应：$$H_2 + \frac{1}{2}O_2 \longrightarrow H_2O \qquad E = 1.229V \tag{6-74}$$

质子交换膜燃料电池的工作温度升高时，电极催化剂活性上升，且质子交换膜中的氢离子迁移速率增加，导电性增强，因此提高温度利于电池性能的提升。但温度升高也使得质子交换膜中的水蒸发变快，水的流失会导致其电导率的下降，从而影响电池工作。因此，通常保证质子交换膜燃料电池在80℃左右工作。

实际工作中通常将质子交换膜燃料电池电堆、氢气和氧气处理系统、水热管理系统及相应的控制系统进行机电一体化集成作为发电机使用。集成后的质子交换膜燃料电池发电机可根据不同负载和环境条件进行配置，与氢气和氧气存储系统、余热处理系统和电力变换系统最终形成质子交换膜燃料电池发电站。

（二）质子交换膜燃料电池的组成部件

（1）电极与电极催化剂　目前一般使用贵金属铂及其合金催化质子交换膜燃料电池中的氢气氧化与氧气还原反应，一般是将其做成高分散度的纳米颗粒担载于碳载体上制成碳载铂催化剂。此种催化剂可以提高铂的利用率，降低电极成本，并且满足耐腐蚀、工作寿命长等多项要求。目前在保持催化剂活性的基础上，铂的担载量已从早期的 $10mg/cm^2$ 降低至 $0.1mg/cm^2$，大大降低了质子交换膜燃料电池的成本。

电池所使用的燃料富氢重整气中含有一定浓度的CO，可能导致碳载铂催化剂发生中毒反应，损害电池性能。为解决这个问题，可以使用含铂的二元或三元合金作为电极催化剂，如Pt－Ru合金催化剂就有比较好的CO耐受性，但此类催化剂仍有成本过高的问题，目前还没有被大量使用。为了进一步降低电极造价，科研工作者还开发了一些非铂催化剂，如金属氧化物或过渡金属的大环化合物等。

质子交换膜燃料电池的电极则是典型的气体扩散电极，一般由催化层与气体扩散层构成。催化层由碳载铂催化剂与PTFE、铂黑混合制成；气体扩散层主要对催化层起支撑作用，一般以多孔炭纸为基体，通过涂覆PTFE与炭黑制得。

（2）电解质　质子交换膜燃料电池的电解质为固态的质子交换膜，它只能为质子的迁移和输送提供通道，使得质子经过膜从阳极到达阴极，与外电路的电子转移构成回路。质子交换膜主要有聚苯乙烯磺酸膜、全氟磺酸膜、非氟聚合物质子交换膜、新型复合质子交换膜等。

目前最主要采用的是美国杜邦公司（DuPont）生产的全氟磺酸质子交换膜Nafion®，它具有非常优越的化学稳定性与热稳定性，其质子电导率、气体渗透率以及机械强度也非常高。根据厚度的不同，Nafion®膜又分为几种不同的型号，见表6－15。

表6－15　　杜邦Nafion®膜的厚度与质量（23℃，RH50％）

型号	厚度/μm	单位面积质量/（g/m^2）
Nafion－111	25.4	50
Nafion－112	51	100
Nafion－1135、Nafion－1035	89	190
Nafion－115	127	250
Nafion－117	183	360

全氟磺酸质子交换膜是由聚四氟乙烯骨架主链、全氟乙烯基醚侧链以及侧链顶端的磺酸基团构成的。该聚合物膜中的主链与侧链碳原子全部通过C—F键达到饱和，磺酸基团

则为质子的传递提供了有效的通道，这是因为在水分子饱和的全氟磺酸膜中磺酸根 SO_3^{2-} 是极好的亲水性阳离子交换基团，水合氢离子可以非常容易地从一个磺酸基团上移动到另一个磺酸基团上，而 SO_3^{2-} 本身则被高分子的侧链固定住，不会轻易移动。在电极反应时，阴极区附近的氢离子与氧气反应生成水，造成氢离子空位，而临近磺酸基团上的水合氢离子随即移动到该空位进行补充，这种移动过程可以由阴极区一直进行到阳极区，而阳极区的氢气氧化生成氢离子，进入质子交换膜中真正补充了阴极区消耗的氢离子。

（三）质子交换膜燃料电池的水管理系统

质子交换膜燃料电池的水管理系统主要有两项功能：产物水的及时排出以及质子交换膜的增湿。其中，排出产物水是为了避免多余的水阻塞反应气体的传输通道，导致气体传输率降低，最终带来电池性能的下降；而需要对质子交换膜增湿是因为膜中水的饱和度会影响其质子电导率，保证膜中较高的含水量会利于电池稳定工作。

产物水的及时排出比较容易进行，通常采用优化流场结构以及增加反应气体流速的方法，可以有效改善产物水滞留的问题。对质子交换膜的增湿则可采用自增湿与外增湿两种方法，其中自增湿是指利用燃料电池内部电化学反应产生的水对质子交换膜进行增湿，通过向膜中掺入少量的铂微粒来催化透过膜的氢气与氧气反应，利用这部分生成的水即可维持质子交换膜的水含量；外增湿法则通过将燃料电池外部的水引入到电池内部提高反应气体的湿度以提高膜的含水量，但这种方法需要额外增加外增湿系统，带来成本的上升与电池系统的复杂性。

七、其他燃料电池

（1）直接醇燃料电池　直接醇燃料电池（direct alcohol fuel cell，DAFC）是以醇（包括甲醇、乙醇、丙醇和丁醇等）为燃料，将燃料的化学能直接转化为电能的一种电化学反应装置。它具有结构简单、能量转化效率高、理论比能量高、燃料易于运输和存储、环保、使用安全等优点，它在作为便携式电源和电动车电源上有广阔的应用前景。

以前的研究工作大多是针对直接甲醇燃料电池（DMFC）的，其工作原理如下。

阳极（负极）： $$CH_3OH + H_2O \longrightarrow CO_2 + 6H^+ + 6e^- \tag{6-75}$$

阴极（正极）： $$3/2O_2 + 6H^+ + 6e^- \longrightarrow 3H_2O \tag{6-76}$$

电池总反应： $$CH_3OH + 3/2O_2 \longrightarrow CO_2 + 2H_2O \tag{6-77}$$

甲醇作燃料虽然有氧化性能好、比能量高、来源丰富和价格低廉等优点，但甲醇有毒，易挥发，易透过 Nafion 膜，氧化的中间产物会毒化催化剂，因此必须用其他燃料来代替。目前已研究过的甲醇替代燃料有乙醇、乙二醇、丙醇、2－丙醇、丁醇、异丁醇、叔丁醇、二甲醚等。其中最可能有希望作甲醇替代燃料的是甲酸和乙醇。

直接乙醇燃料电池（direct ethanol fuel cell，DEFC）的工作原理如下。

阳极（负极）： $$CH_3CH_2OH + 3H_2O \longrightarrow 2CO_2 + 12H^+ + 12e^- \tag{6-78}$$

阴极（正极）： $$3O_2 + 12H^+ + 12e^- \longrightarrow 6H_2O \tag{6-79}$$

电池总反应： $$CH_3CH_2OH + 3O_2 \longrightarrow 2CO_2 + 3H_2O \tag{6-80}$$

乙醇的比能量密度高，且无毒，来源丰富，可以通过含糖有机物的发酵进行大规模生产，是一种可再生的环境友好的燃料。因此，乙醇对直接燃料电池的研究不仅有理论上的意义，而且一旦研制成功，实际应用潜力十分广阔。

（2）直接甲酸燃料电池（DFAFC）　近年来，直接甲酸燃料电池（direct formic acid fuel cell，DFAFC）的研发取得了很大的进展，已有报道用 Pd 作阳极催化剂的 DFAFC 的最大能量密度为 0.25W/cm^2，很接近于以氢为燃料的质子交换膜燃料电池（PEMFC），表明 DFAFC 有很好的发展前景。

甲酸无毒，不易燃，运输和存储更安全；由于质子交换膜中的磺酸基团与甲酸阴离子间有排斥作用，甲酸对 Nafion 膜的渗透率比甲醇小一个数量级；甲酸的电化学氧化性能也比甲醇要好，DFAFC 比 DMFC 有更高的电动势；虽然甲酸的能量密度是甲醇的 1/3，但由于甲酸可使用浓度比甲醇高 5 倍，所以 DFCFC 的能量密度反而比 DMFC 高 3 倍；甲酸是一种电解质，有利于增加阳极室内溶液的质子电导率；DFAFC 还可以在低温下工作。

直接甲酸燃料电池的工作原理如以下方程式所示。

阳极（负极）：　$$HCOOH \longrightarrow CO_2 + 2H^+ + 2e^- \quad (6-81)$$

阴极（正极）：　$$1/2O_2 + 2H^+ + 2e^- \longrightarrow H_2O \quad (6-82)$$

电池总反应：　$$HCOOH + 1/2O_2 \longrightarrow CO_2 + H_2O \quad (6-83)$$

目前，DFAFC 存在的主要问题是甲酸能被 Pd 催化分解和 Pd 催化剂对甲酸氧化的电催化稳定性不好，因此，在以后的研究中应主要着重解决这两个问题。其中最好的办法是研究特殊的 Pd 基复合催化剂或在电解液中加入某种化合物，一方面降低 Pd 使甲酸分解的速率，同时又能提高 Pd 催化剂对甲酸氧化的电催化稳定性。如能解决这两个重大的问题，DFAFC 基本上就能开始商业化。

（3）直接碳燃料电池（DCFC）　直接碳燃料电池（direct carbon fuel cell，DCFC）是将碳燃料（包括煤、焦炭、焦油、气体碳和生物碳等）的化学能通过碳的电化学氧化过程直接转换为电能的装置，无需气化过程，是一种高效、清洁的燃料电池。这种技术的效率比目前的煤电厂高两倍，效率可达 80%，燃料的理论利用率可达 100%，是解决能源危机和化石类燃料环境污染最有效的技术之一。

首先固体碳在电池内部进行内重整：

$$C + H_2O \longrightarrow CO + H_2 \quad (6-84)$$

重整后生成的 CO 和 H_2 在阳极发生电极反应，其电极反应原理如下。

阴极（正极）：　$$O_2 + 4e^- \longrightarrow 2O^{2-} \quad (6-85)$$

阳极（负极）：　$$CO + \frac{1}{2}O^{2-} \longrightarrow CO_2 + 2e^- \quad (6-86)$$

$$H_2 + O^{2-} \longrightarrow H_2O + 2e^- \quad (6-87)$$

电池总反应：　$$C + O_2 \longrightarrow CO_2 \quad (6-88)$$

DCFC 要达到一个高的能量效率需要一个高的操作温度，一般在 700℃左右。

在现阶段 DCFC 离工业化还有一段距离。在廉价而活性、导电性能良好的阳极碳材料的制备、电池材料的防腐问题、灰分的祛除问题和电池结构的优化和放大等方面，仍需要做大量的工作。

（4）直接硼氢化物燃料电池（DBFC）　直接硼氢化物燃料电池（direct borohydride fuel cell，DBFC）使用碱金属硼氢化物（MBH_4）溶液为燃料，具有储氢能量密度高、储存携带方便、安全性高等特点，有望在空间电源、水下电源和高能量高功率密度的便携式电源中得到应用，是一种有发展潜力的移动电源。

DBFC 所用的碱金属硼氢化物（MBH_4）是一种含氢负离子 H－（protide）的类甲烷四面体阴离子化合物，广泛用作还原剂，同时还是一种理想的储氢材料。

阳极（负极）：$$BH_4^- + 8OH^- \longrightarrow BO_2^- + 6H_2O + 8e^- \quad (6-89)$$

阴极（正极）：$$4H_2O_2 + 8H^+ + 8e^- \longrightarrow 8H_2O \quad (6-90)$$

电池总反应：$$BH_4^- + 4H_2O_2 \longrightarrow BO_2^- + 6H_2O \quad (6-91)$$

然而在实际放电过程中，总会不同程度地伴随着不释放电子而释放氢气的 BH_4^- 水解反应：

$$BH_4^- + 2H_2O \longrightarrow BO_2^- + 4H_2 \quad (6-92)$$

释放氢气的水解反应不仅降低了法拉第效率，且由于氢气泡会阻碍离子的迁移而降低电池的性能，还给电池的操作带来一定的安全隐患。所以，寻找性能良好的阳极催化剂，成为 DBFC 走向实用化所面临的重要问题。

目前 DBFC 阳极使用的电催化材料，主要有贵金属 Pt、Pd、Au 和 Ag，非贵金属 Ni、Cu 及一些储氢材料及合金等。

（5）生物燃料电池（BFC）　生物燃料电池是按燃料电池的原理，利用酶或者微生物组织作为催化剂，将燃料的化学能转化为电能的发电装置。其特点是：原料来源广泛；操作条件温和；生物相容性好；生物燃料电池结构比较简单。

生物燃料电池又可分为间接型燃料电池和直接型燃料电池。在间接型燃料电池中，由水的厌氧酵解或光解作用产生氢等电活性成分，然后在通常的氢－氧燃料电池的阳极上被氧化；而在直接型燃料电池中，有一种氧化还原蛋白质作为电子由基质直接转移到电极的中间物。如利用 N，N，N'，N'－四甲基－P－苯氨基二胺作为介质，由甲醇脱氢酶和甲酸脱氢酶所催化的甲醇的完全氧化作用，可用来产生电流。

生物燃料电池尚处于试验阶段，已可提供稳定的电流，但工业化应用尚未成熟。

（6）微生物燃料电池（MFC）　微生物燃料电池是利用整个微生物细胞作催化剂，将有机物中的化学能直接转化成电能的装置。

其基本工作原理是：在阳极室厌氧环境下，有机物在微生物作用下分解并释放出电子和质子，电子依靠合适的电子传递介体在生物组分和阳极之间进行有效传递，并通过外电路传递到阴极形成电流，而质子通过质子交换膜传递到阴极，氧化剂（一般为氧气）在阴极得到电子被还原与质子结合成水。

微生物燃料电池在废水处理和新能源开发领域具有广阔的应用前景。

（7）金属半燃料电池（MSFC）　金属半燃料电池（metal semi－fuel cell，MSFC）以金属（镁、铝等）为燃料，以过氧化氢或海水中的溶解氧为氧化剂，是近年来开发的一种新型水下化学电源，其具有比能量高、放电电压稳定、存储寿命长、使用安全、无生态污染以及机械充电时间短等突出优点，已用作水下无人运载器（unmanned under water vehicle）、水下导航、通讯和数据采集等电子仪器以及油气开采设备的电源。

作为水下动力电源的金属半燃料电池，可简单地分为两大类：一类是金属－过氧化氢半燃料电池，另一类是金属－海水溶解氧半燃料电池。

其中金属－过氧化氢半燃料电池主要有 $Al-H_2O_2$ 与 $Mg-H_2O_2$ 两种。

①$Al-H_2O_2$ 半燃料电池

阳极（负极）： $2Al(s) + 8OH^- = 2Al(OH)_4^- + 6e^-$ （6-93）

阴极（正极）： $3H_2O_2 + 6e^- = 6OH^-$ （6-94）

电池总反应： $2Al(s) + 3H_2O_2 + 2OH^- = 2Al(OH)_4^-$ （6-95）

采用高浓度 KOH 电解质可防止 $Al(OH)_3$沉淀的生成，从而简化了电池的结构，但同时降低了电池的比能量。

②$Mg-H_2O_2$半燃料电池

阳极（负极）： $Mg_{(s)} \longrightarrow Mg^{2+} + 2e^-$ （6-96）

阴极（正极）： $H_2O_2 + 2H^+ + 2e^- \longrightarrow 2H_2O$ （6-97）

电池总反应： $Mg_{(s)} + H_2O_2 + 2H^+ \longrightarrow Mg^{2+} + 2H_2O$ （6-98）

和 $Al-H_2O_2$半燃料电池相比，$Mg-H_2O_2$半燃料电池的优点体现在如下几个方面：标准电池电动势高；比能量高，不采用 KOH 或 NaOH 等碱性溶液为电解质，而是直接用海水为电解质，成本低。

金属-海水溶解氧半燃料电池类似于金属-空气电池，是以铝、镁或两者的合金为阳极，炭素材料为阴极，直接利用海水作电解质及海水中溶解的氧气为氧化剂的化学电源。这种半燃料电池的特点是，在工作时，需要海水连续流过电池的两极，以便为阴极不断地提供氧气和带走阳极生成的沉淀物，因此电池的结构是开放式的。由于电解质和氧气直接取自于电池周围的海水，唯一消耗的材料就是金属阳极，因此这种半燃料电池具有极高的比能量，而且其结构十分简单，造价低廉，安全可靠，干存的时间无限长。但由于受海水中溶解氧气浓度的限制，其输出功率较小。因此特别适用于为长期在海下工作的小功率电子仪器及电器装置提供动力，比如水声通讯设备、海下导航仪、航标灯等。其极高的比能量使其具有极长的使用寿命，比如可以在完全无需维护的条件下持续工作 2 年以上。

第十一节 燃料电池的应用

一、燃料电池的应用现状及政策支持

燃料电池系统的基本单元是单电池，即两个电极夹着一层电解质。单电池进行组装即构成电池组，电池组的集合则可以实现燃料电池发电装置。由于基本单元数目可控，因此燃料电池发电系统非常机动灵活。目前燃料电池可以从 1W 级做到兆瓦级，其功率范围之宽使得这一发电系统的应用非常广泛。燃料电池按照发电量分为 7 级，分别有不同的应用领域，见表 6-16。

表 6-16 不同级别燃料电池的应用领域

发电容量级别	应用领域
1W 级	笔记本电脑电源、手机电源
10W 级	军事备用电源
100W 级	电动自行车动力源，小型服务器电源
1kW 级	家庭电源，野外作业设备电源

续表

发电容量级别	应用领域
10kW 级	电动汽车动力源，中型通信站后备电源
100kW 级	潜艇动力源，公共汽车动力源，小型电站
1MW 以上级	区域分散电站，集中式并网电站，大型舰船潜艇动力源

总的来说，燃料电池是各国政府和公司投资开发的热点，正处在产业化前沿。本节中将从交通工具动力源、电站及热电联产系统、便携式设备电源三个方面深入介绍燃料电池在投入市场的过程中取得的成果以及阻碍其进一步商业化的因素。需要注意的是，在已开发出的多种燃料电池应用方式中，目前对传统行业最具影响力与竞争力的当数燃料电池车（FCV）无疑，各国的制造公司在燃料电池车上的投入比例也极为巨大；但如果以总的装机容量来看，发电站及热电联产装置所占比例才是最高的；便携式设备电源则是三类应用中增速最快的一个部分。图 6－34 选自美国能源部（DOE）可再生能源数据报告（Renewable Energy Data Report），可以较为直观地看出燃料电池三种主要应用方式的发展现状。

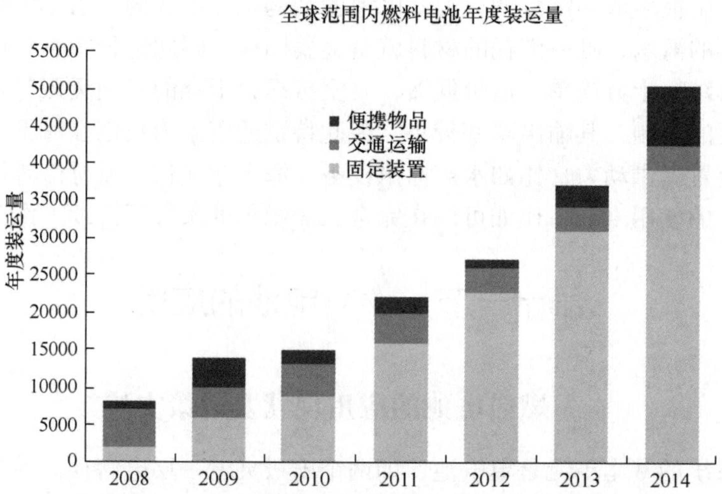

图 6－34　三种应用方式中燃料电池系统装运量的比较

20 世纪末期以来，人类逐渐开始关注人类经济活动对自然与环境的影响，降低碳排放以及对清洁能源进行研究与发展成为全球的共识。由于燃料电池在未来能源消费结构中的重要发展前景，各个国家均对其发展有一定的扶持与资助政策。这些扶持政策主要包括燃料电池技术研发补贴、燃料电池示范项目、燃料电池设备投资安装补贴等。目前燃料电池扶持政策主要集中在日本、美国、韩国、欧盟这些发达国家。

日本政府从 2005 年开始对家用燃料电池 CHP 示范项目进行补贴，在此政策支持下，松下、东芝等制造商从 2009 年以来纷纷开始进行向市场推广家用燃料电池系统，截至 2014 年 7 月，超过 72000 套家用燃料电池系统被安装与使用。一套燃料电池系统的成本也由 2009 年刚开始商业化时的 300 万～350 万日元（未扣除当时 140 万日元的政府补贴）下降到目前不到200万日元，扣除政府补贴后，每套家用燃料电池系统用户目前只需承担100万日元（图6－35）。

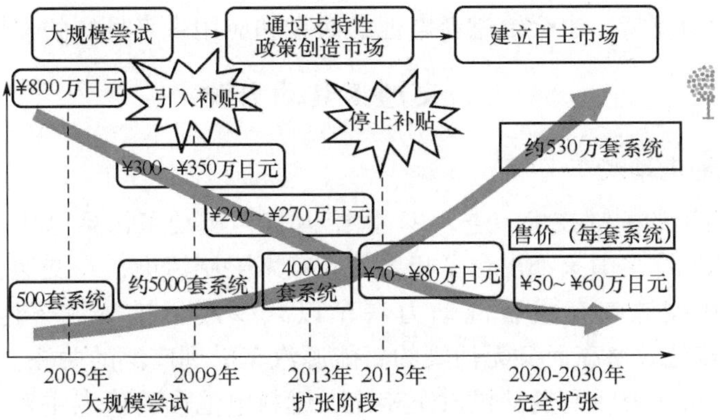

图6－35　日本政府对推广家用燃料电池项目的规划

欧盟的燃料电池和氢能源技术也处于世界上比较领先的地位。为在2020年前实现其减排目标，欧盟在2008年夏天即开始斥资10亿欧元用于燃料电池和氢能源的研究和发展，此举旨在把燃料电池和氢能源技术发展成为能源领域的一项战略高新技术，力争在2020年前建立一个燃料电池和氢能源的庞大市场。可以说，欧盟研发高新技术、发展新能源产业以及推动建立新型能源市场，其最终目的都是为了更好地应对能源短缺与气候变化带来的挑战。

美国对燃料电池研究的资助与扶持相对来说也很大手笔。2012年美国政府投资63亿美元用于燃料电池等清洁能源的研究、开发、示范和部署等活动。在继续为燃料电池公司为代表的新能源公司提供资金支持的同时，奥巴马还承诺在可再生能源项目上进行一系列的能源营业税改革。美国国会在新一期的能源修订会议上也的确重新修订了氢燃料电池政策方案，对燃料电池和任何氢能基础设施实施30%～50%的税收抵免。这一举措直接为美国燃料电池产业发展带来了新的春天。

韩国政府为了应对全球能源短缺、环境污染和气候变暖等问题，决定从能耗大的制造经济向服务型经济进行转变，积极推进新能源产业成为其实现可持续发展的重要举措。韩国在2008年开始实施“低碳绿色增长战略”，其中对燃料电池研发项目投资金额达到16亿3800万元。2010年又实施“百万绿色家庭”项目，推广家用燃料电池系统，计划在2020年前安装10万套1kW的燃料电池系统，安装补贴在2010～2011年之前达到80%。2012年，韩国政府还投入建设了总额达185亿韩元的氢城市示范项目。

除了上述国家有针对燃料电池的专项资助外，印度实施有“第十二期RD&D计划”，主要支持质子交换膜燃料电池和固体氧化物燃料电池开发项目，支持氢燃料汽车的示范项目。德国政府则与戴姆勒公司、林德集团等主要汽车及能源公司启动了“H_2 Mobility Initiative”计划，研究在德国建立一个全国性的氢燃料补给网络系统。

我国在推进燃料电池行业上也有相应的作为。国家能源局于2010年出台了规划期为2011—2020年的新兴能源产业发展规划，表示将对新兴能源产业累计增加直接投资5万亿元。该规划对先进核能、风能、太阳能、生物质能、地热能、非常规天然气等新能源和可再生能源的开发利用，洁净煤、智能电网、分布式能源、车用新能源等能源新技术产业化应用的具体实施路径、发展规模以及重大政策举措做了明确部署。这一国家政策对新能源产业发展提供了大力支持，也会给燃料电池的研究和应用带来良好的契机。

二、交通工具动力源

（一）燃料电池电动汽车

（1）燃料电池车的关键技术　进入21世纪以来，机动车污染已成为我国大气污染的主要来源之一。世界许多国家都出台了相关的政策来限制污染，在交通方面也纷纷提倡使用绿色无污染的新能源汽车或者混动力汽车以减少或不排放汽车尾气。燃料电池车（FCV）作为一种转化效率高而又无污染的新能源汽车受到广泛的关注。

与传统的内燃机或者活塞发动机汽车相比，燃料电池车的优点主要表现在：温室气体零排放、不使用石油等化石燃料、能量转换效率高、运行平稳以及无振动噪声。理论上来说，燃料电池车可作为改善全球能源短缺和环境污染问题的理想方案。

燃料电池汽车与传统的内燃机驱动汽车在构造及动力传输等方面均有很大不同，汽车的设计与生产要求也完全不一样。最基本的，传统汽车使用的发动机、变速器等装置在燃料电池汽车中不复存在，取而代之的则是燃料电池反应堆、蓄电池、氢气罐、电动机、DC /DC 转化器等设备。除了动力源部分，汽车的水热管理系统与电子控制系统也有相应的变化。图6－36以Honda燃料电池车为例，给出了燃料电池车的内部结构及主要部件的示意图。

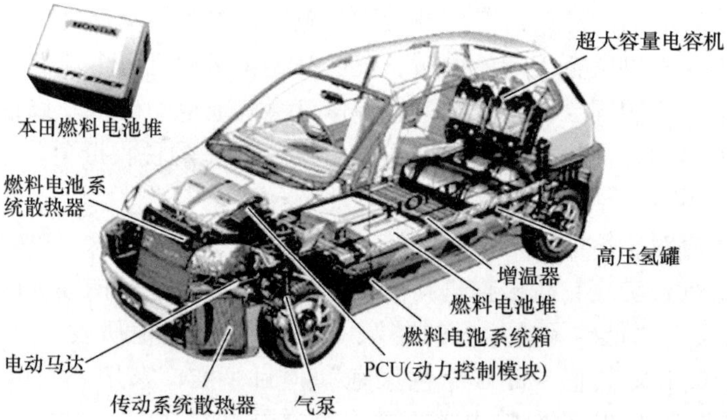

图6－36　Honda燃料电池车内部结构与主要部件示意图

目前，燃料电池车的关键技术主要分为五个部分：电池技术、电机技术、车身与底盘设计技术、控制器技术、测试技术。

①电池技术：燃料电池是燃料电池车的核心部件，也是一直制约其发展的关键因素。电动汽车中使用的电池的主要性能指标是比能量（specific energy，单位质量所含能量）、能量密度（energy density，单位体积所含能量）、比功率、循环寿命以及成本。要使燃料

电池车能与燃油汽车及以锂离子电动汽车为代表的其他电动汽车相竞争，关键就是要开发出比能量高、比功率大、使用寿命长的高效燃料电池。目前燃料电池车中使用的都是质子交换膜燃料电池（PEMFC），为了满足一定的输出功率和输出电压的需求，通常将燃料电池单体按照一定的方式组合在一起构成燃料电池堆，并配置相应的辅助设备（BOP），构成燃料电池系统。燃料电池堆是这一系统的核心，辅助设备的作用则是维持电池堆持续稳定安全地运行。燃料电池发动机所使用的辅助系统主要包括空气压缩机、氢气循环泵、加湿器、压力调节器和系统控制单元，这些系统保证了燃料电池车中电池部分的稳定工作。

表 6－17 列出了几种电动汽车中所用电池的性能指标，可以看出相比于铅酸蓄电池、镍氢电池以及锂离子电池，燃料电池在比能量、能量密度以及比功率上都有较大的优势。但由于燃料电池本身发展还不完善，且含铂催化剂的使用以及多个辅助系统的设计都会带来其成本的上升，目前燃料电池车与锂离子电池车属于齐头并进的趋势，未来这两种电动汽车的走向依然取决于两车使用的电池核心技术的进展。

表 6－17　几种电动汽车所用电池的比较

项目	铅酸蓄电池	镍氢电池	锂离子电池	燃料电池
比能量/（W·h/kg）	30～50	30～110	100～250	750～1000
能量密度/（W·h/L）	60～75	40～190	250～360	1200～2700
比功率/（W/kg）	90～200	250～1200	250～340	450～2000
循环次数	500～800	500～1500	400～2000	500～2000
成本	低	较低	较高	高
电动汽车用途	短途观光车	混合动力公交车	纯电动公交车、纯电动轿车	纯电动公交车、纯电动轿车

②电机技术：电动汽车驱动电机是电动汽车的重要组成部件。目前在燃料电池车中使用较多的有直流有刷、永磁无刷、交流感应和开关磁阻 4 种电机。

直流有刷电机结构简单，技术成熟，直到 20 世纪 80 年代中期，仍是国内外电动汽车用电机的主要研发对象。它具有交流电机所不可比拟的优良电磁转矩控制特性，应用非常广泛。但直流电机存在价格高、体积和质量大的问题，因此在电动汽车上的应用受到了一定限制。

永磁无刷电机可以分为由方波驱动的无刷直流电机系统（BLD－CM）和由正弦波驱动的无刷直流电机系统（PMSM），它们都具有较高的功率密度，其控制方式与感应电机基本相同，但是效率比交流感应电机高。永磁无刷电机还具有体积小、惯性低、响应快等优点，非常适用于电动汽车的驱动系统，因此在燃料电池车领域有着良好的应用前景。目前，由日本研制的电动汽车就主要使用这种电机进行工作。此类电机的缺点是价格贵，且永磁材料耐热性较低，这两个问题对其发展造成了限制。

交流感应电机也是较早用于电动汽车驱动的一种电机，它的调速控制技术比较成熟，具有结构简单、体积与质量小、成本低、噪声低、运行可靠、转速极限高和不用位置传感器等优点，但因转速控制范围小、转矩特性不理想，因此不适合频繁启动、频繁加减速的电动汽车。美国以及欧洲研制的部分电动汽车采用这种电机工作。

开关磁阻电机简单可靠，可在较宽转速和转矩范围内高效运行，响应迅速、控制灵活、成本较低。但在实际测试与应用中发现，这种电机存在着转矩波动大、运行噪声大、需要位置检测器等缺点，所以它的应用也受到了一定限制。

四种电机各有优缺点，但是对于电动汽车而言，由于电能是由各类电池提供的，价格相对昂贵，所以使用相对效率最高的电机是第一诉求。在这样的考虑下，永磁无刷电机是较为合理的燃料电池车电机，它已被广泛应用于功率小于100kW 的现代电动汽车上。

③车身与底盘设计技术：燃料电池车底盘主要需要设计容纳四个系统：动力传动系统、转向系统、制动系统以及悬架系统。

动力传动系统主要包括燃料电池堆、动力蓄电池、空气辅助系统、储氢罐及氢气供气系统等。一般来说，将储氢罐放置于后排座椅的下方空间（也即传统内燃机轿车的油箱位置），将空气辅助系统放置于前舱，燃料电池堆与蓄电池放置于汽车中部。

转向系统上，燃料电池车基本沿用了燃油汽车的布置方式，甚至可以使用燃油汽车的部分零部件；但是相对于传统汽车来说，燃料电池车在轴荷分布、轮胎、质心位置等方面有较大的变化，因此需要对转向器特性进行改装与匹配。一般采用与燃料电池动力转向泵匹配的电机或采用电动液压转向泵进行工作。

制动系统的核心部件是制动器。传统燃油汽车采用的制动器为前盘后鼓，机械式驻车制动器作用于后轮。对于燃料电池车来说，制动器的制动方式不变，但因前后轴荷及轴荷分配有变化，故需要对前后制动力进行调整，并对制动助力器以及制动管路也重新进行相应的匹配和校核。

悬架系统方面，燃料电池车与传统汽车前后悬架改变不大。一般前悬架使用麦弗逊式独立悬架，后悬架使用复合式纵摆臂悬架。

总的来说，燃料电池车的车身与底盘布置应把绝大多数的负载均匀分配在底盘的前后端，以降低车辆的总体重心，便于操控车辆，提高安全性。由于燃料电池车具有通过电线传递动力、动力生成装置结构变化多样和各总成部件布置不受机械装置限制等特点，其车身和底盘设计具有更大的自主发挥空间，但减小整车的行驶阻力系数，提高行驶时的安全性能，提供舒适的乘坐空间是其不变的追求。

④控制器技术：燃料电池车的变速和方向变换是靠电动机调速控制装置来完成的，其原理是通过控制电动机的电压和电流来实现电动机的驱动转矩和旋转方向的控制。目前电动汽车上应用较广泛的是晶闸管斩波调速，通过均匀改变电机的端电压，控制电机的电流，来实现电机的无级调速。在电子电力技术的不断发展中，它也逐渐被其他电力晶体管（如 GTO、MOSFET、BTR 及 IGBT 等）斩波调速装置所取代。从技术的发展来看，伴随着新型驱动电机的应用，电动汽车的调速控制转变为直流逆变技术的应用将成为必然的趋势。

在驱动电机的旋向变换控制中，直流电机依靠接触器改变电枢或磁场的电流方向，实现电机的旋向变换，这使得控制电路复杂、可靠性降低。当采用交流异步电机驱动时，电机转向的改变只需变换磁场三相电流的相序即可，可使控制电路简化。此外，采用交流电机及其变频调速控制技术，使电动汽车的制动能量回收控制更加方便，控制电路更加简单。21 世纪以来，由感应电动机驱动的电动汽车几乎都采用矢量控制和直接转矩控制。

图 6－37 给出了电控系统的主要结构。

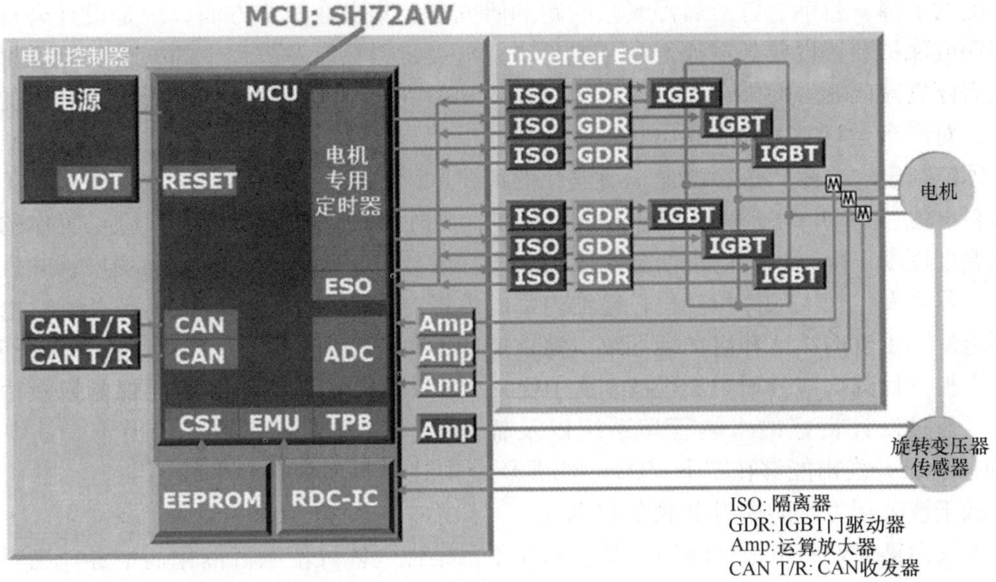

图 6－37　燃料电池车电控部分示意图

随着电机及驱动系统的发展，控制系统趋于智能化和数字化。变结构控制、模糊控制、神经网络、自适应控制、专家系统、遗传算法等非线性智能控制技术，都将各自或结合应用于电动汽车的电机控制系统。它们的应用将使系统结构简单，响应迅速，抗干扰能力强，参数变化具有鲁棒性，可大大提高整个系统的综合性能。

⑤测试技术：在燃料电池发动机测试系统中，需要采集的测量参数包括电压、电流、压力、湿度、温度、转速和扭矩等。由于测量数据量较大且测试条件变化幅度较大，需要设计较为完善的测试系统。

燃料电池发动机测试系统主要包括加载装置和数据采集处理系统两部分。加载装置要按照一定的测试规范要求给燃料电池发动机加载，使发动机在各种给定的工况下进行工作，同时该装置还应该为发动机提供一定的保护措施，避免在测试中出现大量的发动机报废情况。为了使测试工况及发动机负载与真实情况相符，加载装置应该与实际动力系统相近，目前一般采用的 DC/ DC 变换器－电机－测功机作为燃料电池发动机的加载装置是比较合理的。数据处理系统需要对采集得到的数据进行精准的分析及归纳整理，一般采用面向对象的程序设计方法，按照测试时的思维习惯建立问题模型，设计软件对数据进行分析与处理。

（2）燃料电池车的现存问题　尽管发展势头良好，但是燃料电池车也有一些亟待解决的问题，如启停衰减、冰冻损害、大气污染影响电池性能、汽车振动影响电池性能等。

启停衰减是指燃料电池车实际运行中频繁的启动或变速带来燃料电池性能的下降与寿命的衰减。由于燃料电池车的动力源即为燃料电池，与传统的使用内燃机的汽车不同，燃料电池车的启动与变速过程牵涉到燃料极和空气极的流量变更，而在实际的交通行驶中，频繁的启动或变速都是几乎无法避免的，而立即启动或加速行驶时都需要迅速增大进气流量以获得更高的电池输出功率，此种变动会造成对电极催化剂等关键材料的损伤，带来电池性能的下降。目前，针对启停衰减问题的研究主要集中在两个方面，一是设计合理的启停程序或保护装置以延长电池寿命，二是研究电极材料在启停过程中的损伤机理以尽可能避免启停衰减问题。此外，也可以采用合理的动力混合方式，并设计一套较为高效的控制系统，对汽车运行时的动力输出状态进行即时反馈与调整。

冰冻损害也是阻碍燃料电池车商业化的重要原因之一。车用燃料电池主要是质子交换膜燃料电池（PEMFC），其内部有大量水存在，当外部气温低于零度时，停止工作的燃料电池温度逐渐下降，内部的水便会凝固结成冰，导致气道受阻，汽车启动变慢，并且水结冰的过程会发生较大的体积变化，电池内部的冰极有可能产生大量应力，破坏燃料电池的内部组件。重复的结冰和启动会导致电池性能的不可逆性衰减，许多汽车公司对此问题都十分重视，目前这些公司的工程技术人员已对燃料电池车开展大量的低温试验以及冷启动研究，通过设计良好的水热管理系统以及辅热系统来改善冰冻带来的损害。其中本田（Honda）已开发出能够在零下 20℃的低温环境中让燃料电池启动的发电装置，并将其成功搭载于该公司生产的燃料电池车 FCX 上。

大气污染对燃料电池性能的主要影响在于污染性气体致使电极催化剂中毒。燃料电池使用的贵金属铂对大气中的 NO_x、SO_x、CO、H_2S 等气体均非常敏感，特别是目前道路上的主流汽车仍然使用内燃机工作，这些汽车排放的尾气更加加重了污染性气体对燃料电池车催化剂的影响。除了开发非铂催化剂外，目前主流的做法是加装燃料电池过滤器。它与汽车中的空滤效果类似，目的是对空气中的污染物质进行过滤与分离，避免燃料电池性能的迅速衰减。考虑到 Pt 贵金属的成本较高且产量有限，研究开发新型燃料电池催化剂以替代金属 Pt 也是未来燃料电池发展中的一个重要方向。

汽车振动对燃料电池性能也有一定损伤。燃料电池车普通燃料电池的不同之处在于其工作环境，为了能够向汽车提供较大的输出功率，一般将单电池连接组成燃料电池堆，而汽车运行中对燃料电池常有各种机械干扰力，因而燃料电池堆的抗振动冲击能力对其可靠性及实际寿命有很大影响。目前，各汽车制造企业主要通过改进车身结构、设计减震系统来改善这一问题。

除了燃料电池车自身体系带来的问题之外，氢燃料的供给问题也是影响其市场化的一大阻碍。目前燃料电池电动汽车中燃料的储存及供给方法主要有两种：直接储存氢气与碳化氢系液态燃料改性。

碳化氢系液态燃料改性指的是在汽车上加装改性器，其燃料补充及补给设施的建立是较容易的，而且具有持续行驶里程长的特点。但是，改性器的存在带来较多技术问题，如增加了车辆的体积和质量，还有响应性能、启动性能方面的问题。

直接储存氢气的方式则较为简单，其主要思路即将氢气直接作为燃料补充给电动汽车，虽然车上无需加装改性器系统，汽车系统较简单，但必须在城市中另外建立补充氢气的设施（如加氢站）。氢气扩散速度快且易燃易爆，当氢气在空气中的浓度达到 4% 时，就有可能引起爆炸，如果加氢站发生氢气泄漏则后果不堪设想。在燃料电池车发展初期，可能会由于燃料电池车加氢站数量不充足而导致其加氢的难度提升，从而有可能在一定时期内促成燃料电池车保有量的减少，这一结果又反过来影响加氢站的需求量，造成加氢站

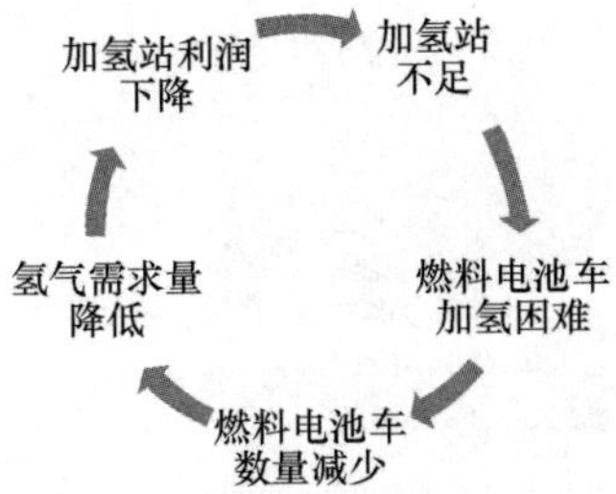

图 6-38　加氢站建设难与燃料电池车发展慢之间的恶性循环

利润的下降，而利润下降则会进一步使原先进入或准备进入加氢站行业的从业者退出，从而带来恶性循环，图 6-38 简要的示意了这一过程。正因为如此，加氢站的建设不仅涉及城市建设与规划的考量，还需要政府给予相当数目的投资与扶持，此外，研究更加高效安全的储氢方法也会在一定程度上降低加氢站的建设难度，为燃料电池车的发展提供便利。

（3）燃料电池车的商业化进程　其实早在 1966 年，通用汽车（GM）就开发了世界上第一辆燃料电池公路车 Chevrolet Electrovan。该车大约可以行驶 120mile（1mile = 1609.344m），最高速度达 70mile/h。由于成本过于高昂，该车只生产了一辆。

20 世纪末至 21 世纪初，能源短缺及环境问题日益严重，可再生能源技术的开发与研究成为世界主流。这一阶段，不仅科研界对燃料电池的关注与日俱增，全球多家汽车制造商也都开始将目光瞄准燃料电池汽车。随着世界各国政府和企业纷纷投入巨资开发车用燃料电池关键技术，燃料电池汽车逐渐在世界范围内呈现研发浪潮，主要汽车制造厂商普遍期待 2010 年左右就实现其产业化，也纷纷推出了不少样车。

然而，2008 年突如其来的金融危机席卷世界，使大量企业濒临破产边缘，迫使各国政府和企业不得不在锂离子电动汽车和燃料电池汽车这两种既有竞争性又有互补性的技术路线之间做出取舍。由于当时锂离子电池技术已能够做到大规模的产业化，而燃料电池汽车技术成熟度尚低，再加上加氢站基础设施建设难度很大，人们普遍认为锂离子电动汽车的商业化过程会更加简单，持续近 10 年之久的燃料电池汽车产业化浪潮冲高回落。

在燃料电池汽车产业化降温之际，日本丰田汽车（Toyota）及德国戴姆勒（Daimler AG）等全球 8 家大型汽车公司于 2009 年 9 月 9 日发表联合声明，称将于 2015 年正式开始普及燃料电池汽车。此后几年，燃料电池车开始了稳定发展期。

丰田首先在 2009 年发布了燃料电池混合动力车 FCHV - adv 概念车［图 6-39（1）］，在燃油效率提高了 25% 的同时，还将一次充氢后的续航里程成功延长了 2 倍，达到了约 830km 的距离。本田（Honda）同年发布了 FCX Clarity 演示车［图 6-39（2）］，该车使用了垂直系统单元结构的燃料电池堆，在保证良好性能的同时实现了车身的轻量化和小型化，与上一代 FCX（2004 款）相比，功率由 86kW 提高至 100kW，并成功实现 -30℃ 冷起动。该车的续航距离也提高了 30%，达到 620km。梅赛德斯 - 奔驰则于 2011 年发布首款小规模量产燃料电池车新款 B 级 F - CELL［图 6-39（3）］，相比 2004 款梅赛德斯 - 奔驰 A 级燃料电池车的驱动系统，该车体积缩小约 40%，燃料消耗降低 30%，但输出功率却增加了 30%，续航里程达到了 400km，而每次充满燃料仅需 3min，非常适合日常使用。日产（NISSAN）于 2012 年推出燃料电池概念车 Terra FCV SUV［图 6-39（4）］，也是使用氢燃料电池进行工作。

2013 年年初，世界七大汽车公司开始采取商业行动，相继形成 3 个燃料电池汽车研发的跨国联盟（丰田 - BMW、日产 - 戴姆勒 - 福特、本田 - 通用），并均提出 2015—2017

图 6－39　2008—2012 年各公司发布的燃料电池车

年燃料电池汽车产业化的目标；在东京车展和德国车展上，新型专用设计的燃料电池车原型车纷纷亮相；丰田与现代（Hyundai）甚至已经开始筹备正式发布大批量生产的商用燃料电池车。这一阶段，日、美、欧各国政府对燃料电池车产业化支持的重点也开始移向加氢站的建设。

现代汽车首先于 2013 年发布了全球第一款量产燃料电池车 ix35 FCEV（图 6－40），该车搭载的燃料电池系统输出功率为 100kW，续航里程达 594km，最大功率 98kW，最大扭矩 221Nm，最高时速 160km/h，并且这款燃料电池车也做到在－20℃的环境中依然能够正常点火行驶，就日常使用而言，ix35 FCEV 已经完全达标。2014 年，ix35 FCEV 在美国加利福尼亚州举行上市仪式，首批汽车将通过租赁的方式使用，这意味着量产氢燃料电池车正式在美国开始进入商业发布阶段。现代汽车集团还与英国政府有合作计划，准备从 2015 年开始正式向公共机关和个人出租氢燃料电池车辆。

图 6－40　现代汽车集团 ix35 FCEV 氢燃料电池车

2014 年 11 月，丰田公司在洛杉矶车展公开发布了燃料电池车 Mirai（图 6－41），引起业界轰动。Mirai 使用的全新燃料电池组最大输出功率为 114kW，功率输出密度 3.1kW/L，比丰田的上一代燃料电池车 FCHV－adv 要高 2.2 倍。同时，该车最大扭矩达 335 Nm，10s 内可以完成百公里加速。此外，加湿器的使用以及高效的内部水循环系统也是其亮点。从 2014 年 12 月开始，日本政府及日本企业客户已经可以购买丰田 Mirai；美国地区则在 2015 年秋季开放，首先在加利福尼亚州进行销售，随后在 2016 年上半年扩散到东北部的五个州。丰田 2015 年的销售计划中共包括 700 辆 Mirai 用于支持其全球销售，其中 400 辆用于日本国内销售，200 辆在美国，50～100 辆在欧洲。

图 6－41　丰田 Mirai 氢燃料电池车

丰田公司还于 2015 年宣布将无偿提供 5680 项燃料电池相关专利（包括正在申请中的专利）的使用权，其中包括了燃料电池单电池及电池堆技术、储氢罐及氢气供气系统、电池控制系统等多个方面的技术专利，甚至 Mirai 的关键技术专利也在这次专利开放中一并被公开。专利开放并非毫无先例，2014 年 6 月电动汽车顶尖厂商特斯拉就曾经开放了其锂离子电动汽车相关的多项专利使用权，旨在推动电动汽车发展，希望其有朝一日能与传统汽车工业抗衡。由于丰田本身的品牌效应及技术积累远强于特斯拉，加上相对而言燃料电池车的技术更具含金量，此举很有可能会为燃料电池车产业带来强有力的推动与长足的进步。

目前，三大燃料电池车跨国联盟（丰田－BMW、日产－戴姆勒－福特、本田－通用）均有燃料电池车推出。当然，除了现代的 ix35 FCEV 与丰田的 Mirai，其他汽车还只是原型车或演示车，没有进入市场推广环节。表 6－18 列出了目前比较主流的几种燃料电池车的性能指标，可以发现不同型号的车之间差别不是非常明显。这也正是丰田开放专利的考虑，希冀促进整个燃料电池行业的发展。

我国的燃料电池车领域也有一定发展，2008 年北京奥运会和 2010 年上海世博会都有燃料电池示范车进入使用。但目前我国燃料电池车技术上仍然与世界一流车企存在较大差距，主要表现在电池堆功率密度过低，零下温度启动技术有待发展（目前为－10℃），电池寿命短，成本高等方面。此外，我国在加氢站建设上也与西方国家有一定差距。面对呼之欲出的新一轮燃料电池汽车产业化浪潮，我国还需要投入更多精力在其研究与发展上。

表 6－18　　燃料电池车性能指标

性能指标	丰田 Mirai	戴姆勒 B Class F－Cell	本田 FCX Clarity	通用 Provoq	现代 ix35 FCEV
整车装备质量/t	1.8	1.7	1.6	2.0	1.9
百公里加速时间/s	9	10	11	8.5	12.5
最高车速/（km/h）	175	170	160	160	160
续航里程/km	644	600	570	483	594
发动机最大功率/kW	114	80	100	88	100
储氢系统压力/MPa	70	70	70	70	70
冷启动温度	－30℃	－25℃	－30℃	－25℃	－20℃
最大扭矩/Nm	335	290	260	260	221

（二）燃料电池潜艇

燃料电池潜艇的研究最早由德国国防部展开，20 世纪 70 年代他们就提出了相关的构想，认为燃料电池实际上是潜艇能够使用的最高效的技术，这是因为它满足了以下五个优点：高于 70% 的高效能量转换效率（氢氧动力）、运行时完全安静、运行过程完全独立、具有很好的操作和控制功能、可以通过储存水轻松平衡质量。此外，衡量常规潜艇的优良与否必须要提到 AIP（ air independent propulsion）系统，它是指潜艇在水下运行时，可以不依赖与利用大气中的氧，而是使用潜艇自带氧化剂和燃料，利用发动机或电化学反应产生电能，成为潜艇在水下航行的电力推进装置。燃料电池的特性使得它在潜艇 AIP 系统中具有得天独厚的应用条件。

2002 年，德国霍瓦兹公司、基尔造船厂和蒂森北海造船厂联合研制的世界上第一艘质子交换膜燃料电池潜艇在基尔岗下水测试，使用 PEMFC 的原因是其具有稳定、工作运行温度低、启动相应时间短、尺寸和动力上灵活协调等优点（图 6－42）。这艘 U212A 级潜艇中的燃料电池系统包括：燃料电池（由西门子公司的 9 个 PEMFC 单元组成）；氢源（由德国 HDW 公司制造的含 Fe－Ta 储氢合金的 38 个储氢钢瓶组成，其性能与 209 级潜艇相同）；氧源（是 2 个液氧储槽，它的直径与 209 级潜艇所用的相同，但长度有所增加）。

加装氢氧燃料电池 AIP 系统分段的 U212A 级潜艇排水量为 1350t，长度 53.5m，宽度为 6.8m。在海下试航试验过程中，用燃料电池单独为推进电机供电，潜艇航速可达 8 节，航程约 900 海里；用燃料电池与蓄电池并联为推进电机供电，潜艇航速可达 8 节。用混合推进系统在 4.5 节常规速度情况下，一次可潜航 2000 海里。

在 U212A 级燃料电池潜艇测试成功后，德国两大军工巨头一直用这艘“招牌潜艇”为自己做宣传，向希腊、以色列等国出售燃料电池潜艇。但在 2014 年夏，一艘此类潜艇航行过程中燃料电池出现故障，导致航行意外。由于一名技工在安装一个除氧设备时忘了将其设定为启动状态，致使潜艇在公海航行时，气体在十分敏感的燃料电池质子交换膜上

图 6－42　德国 U212A 级燃料电池潜艇

聚集，强大的气压撕开了一个针孔大小的洞。燃料电池因此停转，并导致整艘潜艇失去动力。这次事故的发生使得德国霍瓦兹公司受到一定影响，但燃料电池潜艇的发展是否受到冲击还需要予以观察。

此外，日本海陆科学与技术中心（JAMSTEC）于 2003 年测试了世界上第一艘以燃料电池与锂离子电池共同作为动力源的长航程无缆自治式潜航器 Urashima 号，它的外表像一支大雪茄，与一般的潜水器相比，巡航速度更快，巡航距离更长，更适合于较大范围内海底的观察摄像和采样。Urashima 号长 10m，宽 2.5m，高 2.4m，重 7t，最大下潜深度 3500m，巡航速度为 3 节，最大巡航速度可达 4 节。在 2005 年的测试中，它达到了潜航 317km 的破纪录性航程。Urashima 号配有自动海水取样器，可以在一定距离内每隔一段时间自动进行海水取样；并且其超长航程与极深的下潜深度使得其可以到达海底火山、冰川附近等区域以进行多方面的观测（图 6－43）。

（三）燃料电池无人机

无人机的发明可追溯到 20 世纪 20 年代，当时它是作为训练用的靶机使用。而随着电子技术的进步，无人机开始逐渐承担起战场侦察和监视、定位校射、毁伤评估、电子战等任务，特别是 20 世纪 90 年代海湾战争后，无人机开始飞速发展和广泛运用。此时民用领域无人机也开始大幅发展，其功能涉及城市管理、农业、地质、气象、电力、抢险救灾、视频拍摄等多个行业，用途十分广泛。

无人机最早采用较为常规的油动力系统，近年来则不断发展出包括锂离子电池无人机、太阳能电池无人机以及燃料电池无人机等其他多个种类。其中燃料电池无人机的优点在于绿色环保、工作温度低、噪声小、易于维护，非常适合用于环境监测、战场侦察等领域；其相关技术还可以用于指导燃料电池轻型飞机等新能源飞行器型号，以及大型民机燃

图 6 - 43　日本 Urashima 号长航程无缆自治式潜航器

料电池辅助动力系统的设计。

燃料电池无人机最早出现在军用领域。2006 年 Protonex 公司在美国海军研究实验室和美国空军研究实验室的资助下开发了 Procore 无人机燃料电池推进系统。这一系统主要服务于为执行监视、生化战剂监控、边境巡逻和其他特定任务而设计的无人机。2007 年，德国航空航天中心由氢燃料电池推进的 Hyfish 无人机首次试飞成功；同年，美国 AeroVironment 公司采用燃料电池的无人机持续飞行时间首次达到 5h；2012 年，我国首架纯燃料电池无人机“飞跃一号”试飞成功（图 6 - 44，图 6 - 45）。

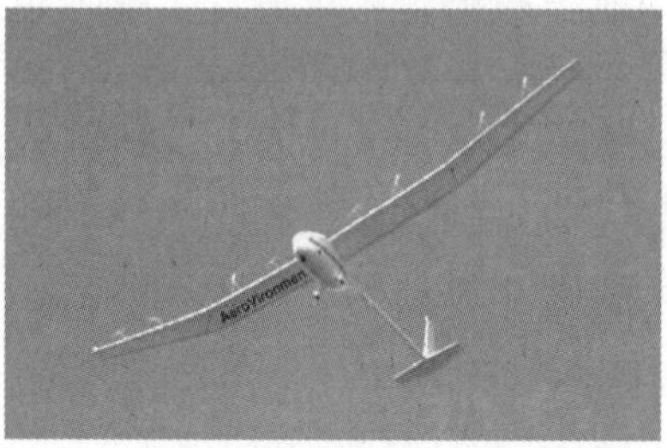

图 6 - 44　AeroVironment 公司的燃料电池无人机

图 6 - 45　中国首架燃料电池无人机“飞跃一号”

第一款民用方向的燃料电池无人机“徘徊者 B”则由以色列蓝鸟公司在 2014 年发布，该公司是世界领先的小型无人机系统制造商，该款无人机的燃料电池系统由新加坡 Horizon 能源系统公司（HES）研发，在新加坡 - 以色列工业研究与发展基金会的支持下，集成到了蓝鸟公司的无人机中。而 2015 年 HES 旗下的 Horizon Unmanned Systems 公司也宣布即将推出采用氢燃料电池驱动的四翼无人机 Hycopter，这款民用无人机的主要突破点在于实现了超长的飞行续航时间，自重 5kg 的无人机可以携带 1kg 的飞行载荷实现 2. 5h 的飞行时间。目前其原型机已准备就绪，该公司也已开始对外接受预订（图 6 - 46）。

图 6 - 46　HES 公司的氢燃料电池无人机 Hycopter

三、热电联产装置及发电站

（一）燃料电池微型热电联产系统

微型热电联产技术的众多优点使得世界各主要国家投入了很多的资金和科研人员研究该技术。目前，德国、美国、英国、日本、荷兰等国均在其开发与市场化过程中有一定进展。日本始终走在微型热电联产系统研发、投资和市场化的前列。到目前为止，日本已经开发出三种微型热电联产系统，并且已经将它们市场化。这三种分别是基于内燃机（internal combustion engine）、质子交换膜燃料电池（PEMFC）和固体氧化物燃料电池（SOFC）的微型热电联产系统。

其中，基于质子交换膜燃料电池的微型天然气热电联产系统市场发展前景较为良好。这种系统将千瓦级天然气制氢、燃料电池发电及余热利用有机地结合在一起，可以将天然气的一部分高品质的化学能通过氢气这个中间介质转化为电能，其余的低品位的能量用于采暖及生活热水供应，可有效提高系统的可用能利用程度，实现天然气这种清洁能源的“品位对应、温度对口、梯级利用”。随着经济的发展，国家的能源消耗结构中民用能源消耗所占的比例越来越大，而民用能源有着很大的节能降耗空间。如果能以网电为补充，这种热电联产系统可以广泛地应用于城市居民及小型商业用户，具有很大的经济效益与社会效益。

质子交换膜燃料电池微型热电联产系统拥有如下几个特点：①高效节能，可为用户节省电费及燃气费支出 20%，带来经济效益；②清洁环保，几乎零排放 NO_x、SO_x、CO、PM 等污染物；③工作安静，噪声低于 40dB，无振动；④安装方便，此种系统体积较小，千瓦级别的家庭热电联产系统可以和空调室外机一样，置于阳台；⑤电热比接近 1，与家庭及服务业的电热需求结构相吻合；⑥使用灵活，可随时起动/停止，城市夏季天然气是用气低谷，而用电则是高峰，此时微型热电联产系统也可作为用电用气的补充方式，对天然气及电力都起到削峰填谷的作用。

从 2000 年开始，日本政府和企业已经开始了 Ene - Farm 品牌微型燃料电池热电联产系统的研发和论证项目。Ene - Farm 是一款基于质子交换膜燃料电池（PEMFC）的微型热电联产系统。它是由一套质子交换膜燃料电池组件、制氢反应器、热回收装置、热水储罐和一个辅助热水器组成的。在2005年，这个项目已经进行到现场测试阶段。它是世界上第一个大规模市场化的微型燃料电池热电联产系统。2005—2008年，该系统已经被售出超过3000台；在2012年，该系统大约售出了20000台；截至2015年已售出5.2万台。从2015年4月后，开始发行新版Ene - Farm，其销量稳步上升。2007—2010年，基于固体氧化物燃料电池（SOFC）的微型燃料电池热电联产系统"Ene - Farm Type S"进入到论证阶段。在2012年4月，该系统已经开始在日本市场出售（图6 - 47）。

图6 - 47　日本松下Ene - Farm家用燃料电池热电联产一体机

韩国政府也认识到了微型热电联产系统在节能和环保方面的潜力。在过去几年中，为了促进在微型热电联产领域的发展，韩国政府实施了一系列的措施以推动该项技术的发展。从2010年开始，微型热电联产论证项目——"住宅发电机"由韩国政府实施，超过1000台微型热电联产系统被安装于普通家庭，政府为每台热电联产系统补助系统售价的80%。

在德国，联邦政府同样为安装了微型热电联产系统的终端用户提供补贴。The Initiative Brennstoffzelle（IBZ）始终致力于微型热电联产系统的市场化。Baxi、Vaillant和Hexis公司联合实施了家庭型微型燃料电池热电联产论证项目。在第一阶段，260台系统已经被安装于测试家庭，在未来三年会去持续评估系统的性能。

表6 - 19列出了目前市场上较为主流的燃料电池微型热电联产系统的性能。

表6 - 19　燃料电池微型热电联产系统的性能指标

型号	燃料电池类型	电功率/kW	热功率/kW	电效率/%	总效率/%	燃料	保养周期/1kh
Baxi Innotech Gamma1.0	PEMFC	1	1.7 ~ 2.0	32	85	天然气、沼气	—
Morphic Orion5	PEMFC	4.8	7	30	70	液化石油气	—
Ebara - Ballard FCgen - 1030V3	PEMFC	1	1.3	28	75	天然气	—
Toshiba & Eneos ENE - FARM	PEMFC	0.25 ~ 0.7	0.25 ~ 0.9	35	80	天然气	17
Nuvera Avanti	PEMFC	2.3 ~ 4.6	6.9	33	84	天然气	0.5
Osaka Gas CP5VB	PEMFC	5	10	29	85	天然气	10
Osaka Gas CP - 10VB1	PEMFC	9.9	17	31	85	天然气	10
Panasonic Household fuel cell	PEMFC	0.3 ~ 1	4.7	38	93	天然气	4
Plug Power GenSys	HT - PEMFC	0.5 ~ 5	7 ~ 25	30	85	天然气	—
Vaillant FCU4600	HT - PEMFC	4.6	9	35	80	天然气	—

中国虽然始终支持新的能源转换技术的发展，但是在微型热电联产技术上，中国要远远落后于某些发达国家，如日本、德国、韩国和美国等。

（二）燃料电池发电站

分布式热电联产系统是一种建立在能量梯级利用理念基础上的多联供总能系统。分布式热电联产系统起源于用户应急发电机并网发电，以保障供电安全。经过 30 余年的发展，围绕其本质内涵已引申出诸多外延，实现了安全节能、降耗减排等综合功效，是包括发达国家和发展中国家在内的全世界各国推进节能减排、建设生态文明的重要途径之一。

与上一节中的微型热电联产系统相比，中型及大型燃料电池发电站与其在容量与用途上有明显差别。微型热电联产系统主要加装在用户家中，或是应用于饮食店中，平均容量约在 10kW；而中型分布式燃料电池发电站主要建在用户附近，对整个小区进行直接的供电与供热，或是建在大型建筑如商场、宾馆、医院中，负责整座建筑的供热供电，平均容量在 50～500kW；大型集中式燃料电池发电站甚至可以并网发电，其容量最高可达兆瓦级别，虽然无法取代目前原有的大型发电厂，但燃料电池发电站能够帮助缓解电力供应的紧张局面，提高供电质量和可靠性，因此成为传统发电技术的重要补充。

就发电站建造而言，传统发电方式如火力发电厂，其建造成本约在 1300 美元/kW 发电能力。燃料电池发电站（以北美固定式燃料电池价格为例），则已有明显的下降，目前均处于 1500～2000 美元/kW，相对传统发电方式而言已不存在太大差异。

五大类燃料电池中，除了碱性燃料电池（AFC）外，其他几类都可以用作燃料电池发电站。以下按电池分类对其进行介绍。

（1）磷酸燃料电池发电站　日本富士电机公司的 PAFC 热电联产装置作为现场用设备已有 50kW、100kW 及 500kW 总计 88 种设备投入使用。该公司也是目前日本最大的磷酸燃料电池（PAFC）电池堆供应商。东芝与美国国际燃料电池公司（IFC，International Fuel Cell Co.）从 1985 年开始合作，完成了 11MW PAFC 发电厂的主体设计以及主要配件和子系统的开发。1986 年，TEP－CO、东芝和 IFC 合作筹建五井 11MW 发电厂。东芝是主签约方，负责全厂设备的制造、组装和安装，IFC 提供 18 个集成电池堆，每个电池堆功率 670kW。发电厂的现场建设从 1989 年 1 月开始，1990 年 2 月竣工。该电厂 1991 年 7 月中旬开始正式运营发电。

1990 年东芝和 IFC 公司为使现场用燃料电池商业化，合作新成立了 ONSI 公司，以后开始向全世界销售现场型 200kW 设备“PC25”系列。PC25C 燃料电池电站（图 6－48）使用城市煤气作为燃料，重 27.3t，发电效率达 40%，排热利用率达 42%。

1992 年，由日本关西电力株式会社和通产省新能源产业技术开发署（NEDO）各出资 50% 的 5MW PAFC 试验电厂建成。由于电厂建在市区，安装周期应尽可能短。该电厂的基本安装构想与市区现有设施结合，由于它的位置是原来的变电所，面积和空间有限，电厂的建设必须十分紧凑。燃料电池电厂排放的大气污染物极少，噪声和外观问题显得较为突出，因而采用室内结构。设计额定发电能力是 5MW，负荷范围 30%～100%，净效率 42.2%。整个电厂的操作及控制系统运行稳定，还配备了一台汽轮机回收尾气能量。

（2）质子交换膜燃料电池（PEMFC）发电站　加拿大巴拉德公司（Ballard）在 PEMFC 技术上处于全球领先地位，其子公司 Ballard Generation System 的主要工作是开发、生

图 6-48　ONSI 公司 PC25C 型燃料电池电站

产和市场化零排放质子交换膜燃料电池。该公司与 GPU International Inc. 、Alstom SA 和 EBARA 公司共同组建了 Ballard Generation System，共同开发千瓦级以下的燃料电池发电厂。经过 5 年的开发，第一座 250kW 发电厂于 1997 年 8 月成功发电，1999 年 9 月送至美国印第安纳州进行安装；经过周密的测试与评估，Ballard Generation System 在印第安纳州的燃料电池发电站的基础上设计了同样具有 250kW 容量但成本更低的第二座电厂，并将它安装在柏林，这也是燃料电池发电站在欧洲的第一次测试；该公司第三座 250kW 电站在 2000 年 9 月安装在瑞士进行现场测试；第四座燃料电池电厂则于同年 10 月安装在日本的 NTT 公司，开拓了亚洲市场。该公司在不同地区进行的测试大大促进了燃料电池电站的商业化。图 6-49 与图 6-50 分别是安装在印第安纳州与柏林的两座 250kW 质子交换膜燃料电池发电站。

图 6-49　印第安纳州 PEMFC 发电站

图 6-50　柏林 PEMFC 发电站

（3）熔融碳酸盐燃料电池（MCFC）发电站　美国的熔融碳酸盐燃料电池技术开发一直主要由两大公司承担，即 ERC（Energy Research Corporation，现为 Fuel Cell Energy Inc.）和 M-C Power 公司。早在 1996 年，ERC 已试建了一套设于加州圣克拉拉的 2MW 的 MCFC 电站，电站使用的电池内部无需进行燃气的改质，因此不需要单独设置的改质器。截至 2015 年 2 月，Fuel Cell Energy Inc. 的总燃料电池发电量已经达到 33.1×10^8kW · h。M-C Power 公司则在加州圣迭戈的海军航空站进行了 250kW 燃料电池电站的试验，也已于2002年开始投产。

日本对熔融碳酸盐燃料电池的研究，自1981年“月光计划”时开始，1991年后转为重点，每年在燃料电池上的费用为12～15亿美元。1994年，分别由日立和石川岛播磨重工独立建造完成了两个100kW的熔融碳酸盐燃料电池发电站。此后，石川岛播磨重工还建造了一系列的MCFC实验堆，总的试验寿命已达13000h。另外，中部电力公司制造了功率为1MW的外重整MCFC，正于川越火力发电厂安装，建成后预计以天然气为燃料时，热电效率大于45%，运行寿命大于5000h。

韩国浦项制铁能源有限公司POSCO Energy于2014年在韩国京畿道省平泽市建设了一座360MW的燃料电池发电站，电站占地$14 \times 10^4 m^2$，为世界上最大规模的一个燃料电池发电项目。该燃料电池发电站总投资约2万亿韩元（约合19亿美元），预计于2018年投产，投产后将为平泽旅游园区和浦升工业园区实现大规模供电供热。

欧洲对熔融碳酸盐燃料电池进行开发的主要有荷兰、意大利、德国、丹麦和西班牙。这几个国家都建有50～280kW不等的熔融碳酸盐燃料电池发电站，详细的建成时间及发电容量就不一一赘述了。

（4）固体氧化物燃料电池（SOFC）发电站　1995年，西门子－西屋电气公司（Siemens Westinghouse）采用空气电极作支撑管，取代了原先CaO稳定的ZrO_2支撑管，简化了SOFC的结构，使电池的功率密度提高了近3倍。在此基础上，该公司为荷兰Utilies公司建造了100kW管式SOFC系统，并安装成功110kW固体氧化物燃料电池示范电厂（图6－51），除了可以提供110kW的电力外，该电厂还可以提供64kW的热功率，发电效率达到46%，运行时间已超过14000h。

图6－51　西门子－西屋公司在荷兰建造的SOFC发电站

世界上第一台固体氧化物燃料电池和燃气轮机混合发电站也由西门子－西屋公司开发建造，它于2000年5月安装在美国加州大学，发电功率220kW，发电效率58%。

在日本，固体氧化物燃料电池的研究也是“月光计划”的一部分。东京电力公司与三菱重工从1986年12月开始研制圆管式SOFC装置，获得了输出功率为35W的单电池。1987年7月，电源开发公司与这两家公司合作，开发出1kW圆管式SOFC电池堆，并连续试运行达1000h，最大输出功率为1.3kW。从1989年起，日本企业开始着手开发大面积平板式SOFC装置，现富士电机公司（Fuji）与三洋公司（Sanyo）开发的平板式SOFC功率已达到千瓦级。

我国则于2014年自主研制出了5kW级固体氧化物燃料电池独立发电系统，标志着我国SOFC系统独立发电技术获得新的突破，基本具备了进入工程化和产品化阶段的条件。

四、便携式电源

便携式设备上通常配备便携式电源，它统指体积小、方便携带的电源。狭义的便携式电源一般指便携式移动电源，也就是人们平常使用的“充电宝”，它配备多种电源转换接头，通常具有容量大、用途多、体积小、寿命长和安全可靠等特点，是可随时随地为手机、数码相机、MP3、MP4、PDA、掌上电脑、掌上游戏机等多种数码产品供电或待机充电的功能产品。而广义的便携式电源包括了后备电源、应急电源等多个种类，其质量与体积也不局限于“充电宝”的数量级，当然，高的能量密度仍然是其追求的特点。

目前作为便携式电源核心部件的主要是锂离子电池，但在野外、海上等不方便充电的环境下，其局限性便有所暴露。而燃料电池的能量密度可能数倍于锂离子电池，并且可以采取燃料加注的方式完成“充电”功能，“充电”时间也大大缩短，因此在军事领域，燃料电池便携式电源便具有其独特的优点。而对于便携式电子设备如笔记本电脑、手机、手持GPS等，燃料电池的高续航能力也为其带来了一席之地。

（一）军事备用电源

大量在野外进行使用的便携式电子设备是现代军事的特征之一。高能量密度的燃料电池便携式电源可以减轻士兵负重，提高部队前进效率，并且加注燃料的方式使其可进行工作的时间大大延长，这些特点使得燃料电池便携式电源在军用领域受到青睐。

德国SFC公司开发的JENNY600S是应用于徒步士兵系统的直接甲醇燃料电池（图6－52）。这款电池十分小巧，工作安静，士兵可以直接将其背在身上，其输出功率为25W，而质量只有1.3kg，相比于锂离子电池，可大幅降低士兵负重达80%，并将士兵执行任务的时间延长若干天。

图6－52 SFC公司开发的JENNY600S燃料电池

同为SFC公司开发的EMILY燃料电池则专门设计用于军用车辆，可为车上各种设备电池自动充电，相当于现场发电机。除了车上之外，EMILY燃料电池也可以用于帐篷、草屋、各种掩体等多种环境，为各种设备独立供电，包括无线电和其他通信设备、夜视设备、导航设备、电脑等（图6－53）。

美国Ultracell公司则专门为美国陆军设计了一种25W的便携式重整甲醇燃料电池（RMFC）。2009年12月，这种燃料电池加入加利福尼亚州本宁堡机动作战实验室“陆军远征武士试验”。该电池可满足军队在偏远地区使用的移动电子设备的用电需求，如微型通信终端、远程系统、电池充电、计算机和无线电接收装置，最长可提供长达25天的不间断电源。该公司还在25W重整甲醇燃料电池的基础上改进设计了额定功率为55W、峰值功率为85W的重整甲醇燃料电池。改进后的燃料电池由高纯度、生物降解的甲醇驱动，

图 6－53 SFC 公司开发的 EMILY 燃料电池

工作时无噪声，无污染物排放，可驱动无线电、卫星通信、远程或移动监察系统、膝上型电池和为电池充电，在目前的军用便携式电源中较为出色。

（二）便携式电子产品电源

笔记本电脑、平板电脑、手机、手持 GPS、数码摄像机等电子产品带来的电子社会已成为 21 世纪的一大特征。续航能力是评判此类电子产品性能优劣的一个重要标准。目前锂离子电池是各类电子产品中使用的电源，其能量密度的提升空间不是很大，在这样的考虑下，各大电子产品制造商开始资助燃料电池电源的研究与开发。松下、东芝、索尼、三星等行业巨头都已推出过燃料电池笔记本电脑、燃料电池手机等新一代产品。

2003 年东芝开发用于笔记本电脑的燃料电池，预计于 2004 年开始正式投入生产。这种燃料电池可以通过笔记本电脑的后部接口直接进行连接供电，并且与传统的锂离子电池的接口通用，因此可以进行彼此的互换使用，其体积约为 275mm × 75mm × 40mm，质量大约 900g，输出功率平均 12W，最大 20W，电压为 11V。其甲醇灌注盒分 50mL 和 100mL 两种，各自体积为：50mL，33mm × 65mm × 35mm，100mL，50mm × 65mm × 35mm。在使用 50mL 甲醇时，电池的连续驱动时间大约为 5h，超过锂电池 2 倍以上（图 6－54）。

同年卡西欧开发面向便携电子产品的超小型燃料电池，据称搭载了该燃料电池的卡西欧 FIVA 笔记本电脑可以实现大约 20h 的连续供电驱动。相对于锂电池，则可以实现 1/2 的重量和大约 4 倍的电池寿命（图 6－55）。

2008 年摩托罗拉公司（Motorola）宣布与燃料电池制造商 Angstrom Power 合作开发出全球第一台燃料电池手机的原型机，此后索尼、三星等也相继有燃料电池手机展出。但该领域一直没有突破性的进展，因而离市场化道路还很远。但苹果公司（Apple）于 2015 年向美国专利商标局申请了一项名为“向便携式计算设备供电的燃料电池系统”的专利。这一专利就是指利用包括氢气、甲醇在内的各种燃料，通过燃料电池向移动设备供电的系统。这样，电子产品续航时间可以达到几天或者几星期。鉴于苹果在智能手机领域的地位，可能有望加速燃料电池手机的发展。不过苹果公司也在专利文件中指出，要发明一个成本低、效率高的燃料电池系统，将充满技术挑战。这种技术何时能够商用，更是不得而知（图 6－56）。

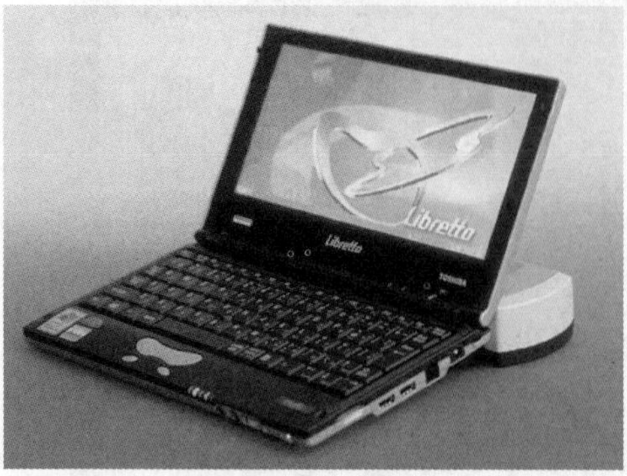

图6－54　东芝开发的燃料电池笔记本电脑

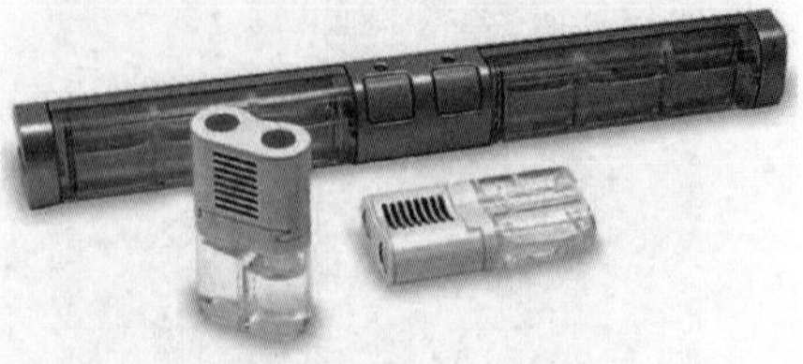

图6－55　卡西欧超小型燃料电池

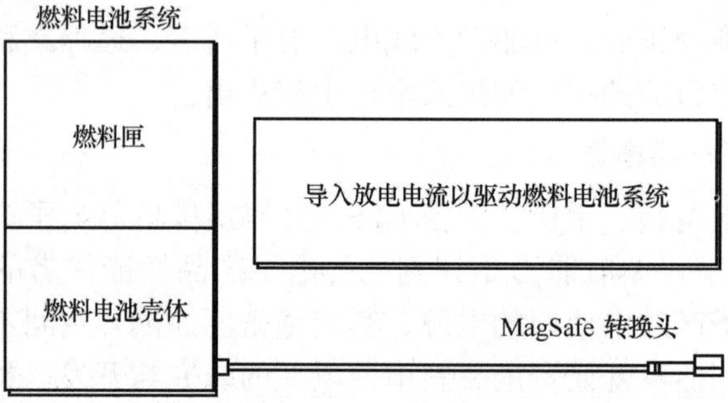

图6－56　苹果燃料电池系统可能的工作模式

在这种专利中有一种可能的实施方案，苹果的燃料电池，可以作为一个独立的供电模块，通过 MagSafe 连接线缆和苹果笔记本电脑。不过苹果也表示，这种供电设备可以采用市面上的其他线缆，除了供电之外，线缆还可以作为电子设备和燃料电池之间的通信管道。这意味着苹果研发的燃料电池系统，其用途并不仅限于苹果自家的电子设备，可能开放给同行业。此外，依靠燃料电池供电的电子设备，反过来也能够对燃料电池进行操控和查询，比如了解电池的实时温度、剩下的燃料数量，以及电压情况。双方的数据通信可以依靠供电线缆完成。

✲ 扩展阅读

日本国际氢能与燃料电池展（FC EXPO）

该展自 2005 年开始举办，是日本国际太阳能展览会的 7 个子展之一。同期举办的还有国际光伏发电展（PV EXPO）、光伏系统展（PV SYSTEM EXPO）、太阳能电池展（BATTERY JAPAN）、加工技术展（Processing Technology EXPO）、绿能建筑展（Eco House Expo）及智慧生活展（Smart Grid Expo）等 6 个子展。

氢能与燃料电池展的展品范围主要包括各类燃料电池汽车/摩托车、可携式燃料电池元件、燃料电池电厂/住宅、其他燃料电池、电解质交换器、冲压研磨设备、精密加工工艺、氢气生产设备、氢气储存供给设备及技术、燃料电池相关组件及产品、各种热处理设备等。

该系列展借助展会主办方的全球资源和日本太阳能技术的研发优势，已成为开拓日本这个世界第二大太阳能市场以及不断成长的亚洲太阳能市场的最佳平台。展会同期将举办多个专业论坛、研讨会及特别讲座，展示最先进的太阳能技术，预测行业发展趋势。

随着国际环保、再生能源、节能减碳等议题成为全球关注的焦点及潮流，世界各国政府无不全力推动能源政策，使得再生能源市场商机快速成长。日本富士经济预测，日本家用燃料电池市场规模将于2020年达到3075亿日元。2004年，日本在《新产业创新战略》中将燃料电池列为国家重点推进的七大新兴战略产业之首。据了解，近5年来，日本产业经济省平均每年投入约2.7亿美元用于燃料电池相关项目研究。目前，日本正通过开展燃料电池汽车的标准、规范、法规、认证制订工作，扎实推进其产业化。

思考题

1. 简要介绍几种制氢方式。

2. 试设想未来的氢能系统，讲一讲自己的想法。

3. 燃料电池车与锂电池车是电动汽车未来发展的两大主要方向，试分析目前这两种技术的瓶颈在何处？并预测哪一种技术更能迎合市场需求。

4. 深入核算氢燃料电池汽车的加氢成本（考虑金钱、人力、时间等多个方面），并与加油、充电基所需的成本进行对比，说明普及加氢站的难点与解决措施。

参考文献

1. 赵永志，蒙波等．氢能源的利用现状分析．化学进展，2015，34（09）：3248～3255.

2. 丁福臣，易玉峰．制氢储氢技术．北京：化学工业出版社，2006.

3. 吴素芳．氢能与制氢技术．杭州：浙江大学出版社，2014.

4. （日）氢能协会．氢能技术．北京：科学出版社，2009.

5. 王淑娟．可再生能源及其利用技术．北京：清华大学出版社，2012.

6. 李荻．电化学原理（第3版）．北京：北京航空航天大学出版社，2008.

7. 史济春，曹湘洪．生物燃料与可持续发展．北京：中国石化出版社，2007.

8. 李磊．加氢站高压氢系统工艺参数研究．杭州：浙江大学出版社，2007.

9. 宋永臣，宁亚东，等．氢能技术．北京：科学出版社，2009.

10. 衣宝廉．燃料电池——原理·技术·应用．北京：化学工业出版社，2003.

11. 小原伸哉．燃料电池微电网应用．北京：机械工业出版社，2013.

12. 赵天寿．微型燃料电池原理与应用．北京：科学出版社，2011.

13. 程新群．化学电源．北京：化学工业出版社，2008.

14. 张剑波，葛昊，等．从文献统计看世界车用燃料电池研发的生态与演变：主要国家研发布局对比与启示. 科学通报, 2014, 27: 2743~2759.

15. 任洪波, 吴琼, 等. 日本分布式热电联产系统的应用现状及未来展望. 节能, 2015, 2: 8~11.

16. Zhang F, Tang Q, et al. Preparation of a mesoporous sorption complex catalyst and its evaluation in reactive sorption enhanced reforming. J Zhejiang Univ Sci (A), 2013, 14 (2): 915~922.

17. Kerres J, Eigenberger G, et al. Advanced alkaline alectrolysis with porous polymeric diaphragms. Int J Hydrogen Energ, 1997, 22 (6): 621~623.

18. Xu J F, Ren N Q, et al. Cell growth and hydrogen production on the mixture of xylose and glucose using a novel strain of *Clostridium* sp. HR-1 isolated from cow dung compost. Int J Hydrogen Energy, 2010, 35 (24): 13467~13474.

19. Fujishima A, Honda K. Electrochemical photolysis of water at a semiconductor electrode. Nature, 1972, 238: 37~38.

20. Melis A, Happe T. Hydrogen production. Green algae as a source of energy. Plant Phys, 2001, 127 (3): 740~748.

21. Andreas. Z. Exceptional H_2 saturation uptake in microporous metal-organic frameworks. Material Today. 2003, 6: 24~33.

22. Iwasaki W. Int. J. Market challenges of fuel cell commercialization. Hydrogen Energy. 2003, 28: 683.

23. Libowitz G G, Hayes H F, et al. The system zirconium-nickel and hydrogen. J Phys Chem-Us, 1958, 62: 76~79.

24. Jurczyk M, Smardz L, et al. The synthesis and properties of nanocrystalline electrode materials by mechanical alloying. J Phys Chem Solids. 2004, 65: 545~548.

25. Zhang Y H, Li B W, et al. Enhanced hydrogen storage kinetics of nanocrystalline and amorphous Mg_2N-type alloy by substitutingNi with Co. J Alloy Compd, 2009, 191: 377~383.

26. Li L Q, Saita I, et al. Intermediate products during the hydriding combustion synthesis of Mg_2NiH_4. J Alloy Compd., 2004, 384: 157~164.

27. P. Forsberg. On optimal investment strategies for a hydrogen refueling station International. Journal of Hydrogen Energy. 2007, 32: 647.

28. M. Kuby L, Lines R, et al. Optimal location strategy for hydrogen refueling stations in FloridaInternational. Journal of Hydrogen Energy. 2009, 34: 6045.

29. Martin L P, Pham A Q, et al. Electrochemical hydrogen sensor for safety monitoring. Solid State Ionics., 2004, 175: 527~530.

30. Lu G, Miura N, et al. High-temperature hydrogen sensor based on stabilized zirconia and a metal oxide electrode. Sensors and Actuators B., 1996, 35: 130~135.

31. Smith M. Batteries versus biomass as a transport solution. Nature, 2009, 457 (7231): 785.

32. Lukic S M, Cao J, et al. Energy storage systems for automotive applications. IEEE Transactions on Industrial Electronics, 2008, 55 (6): 2258~2267.

33. Kari A, Arto S. Sustainable small - scale CHP technologies for buildings: the basis for multiperspective decision making. Renewable and Sustainable Energy Reviews, 2004, 8 (5): 401 ~431.

34. Halabi M H, Croon M H J M, et al. Modeling andanalysis of autothermal reforming of methane to hydrogen in a fixed bed reformer. Chemical Engineering Journal, 2008, 137 (3): 568 ~578.

35. Winter M, Brodd R J. What are batteries, fuel cells, and supercapacitors. Chem Rev, 2004, 104: 4245 ~4269.

第七章　地热能利用

第一节　概述

一、地球及地热资源

地球是一个巨大的实心椭球体，赤道半径约为6378km，极半径为6357km，平均半径约为6371km，分为地壳、地幔和地核。位于地球最外面的称作地壳，它的厚度各处不一，从几千米到70km不等，平均厚度约为17km。地壳可以分为大陆地壳和海底地壳。其中，大陆壳较厚，平均为30～40km，海洋壳较薄，仅有6～11km。如图7－1所示，地球内部的温度和压力随深度增加而增加。

地壳以下、位于地球中间层的被称作地幔，其厚度约为2900km，是地球内部体积最大、质量最大的一层。多数科学家将地幔分为上地幔和下地幔。上地幔顶部是固态岩石圈，往下存在一个地震传播速度减慢的层，一般称为软流层，推测是由于放射性元素大量集中，蜕变放热，使岩石高温软化，并局部熔融造成的，可能是岩浆的发源地。下地幔温度、压力和密度均增大，物质呈可塑性固态。

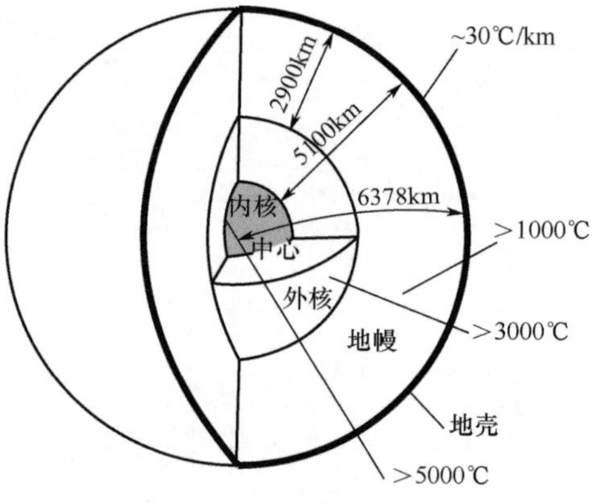

图7－1　地球内部构造及温度分布

位于地球最里侧的核心称作地核，地核的平均厚度约为3400km。外核为液态、可流动；一般认为内核是固态的，主要由铁、镍等金属元素构成。中心温度最高可达5000℃左右。

二、地热的产生及特点

地热能是来自地球深处的热能，它源于地球的熔融岩浆和放射性物质的衰变。地下水深处的循环和来自极深处的岩浆侵入到地壳后，把热量从地下深处带到近地表层。有些地区，热能随蒸汽和水到达地面。地热能不但是一种清洁能源，而且如果热量提取速度合理，那么还是可再生的。

地球内部是一个高温、高压的环境，是一个巨大的热库。其热含量大约是1.25×10^{31}J，在地壳表层10km厚的这一层，热含量约为1.25×10^{25}J。仅仅在地壳表面3km以内，可利用的热能就约为8.37×10^{20}J。

地壳上部的温度分布，主要取决于两个方面的热能影响，太阳的辐射热和地球内部的热能。地球内部的热能主要来自长寿命的放射性元素铀、钍、钾（^{238}U、^{232}Th、^{40}K）衰变而放出的热能，见表7－1。

表7－1　长寿命放射性同位素及其热产率

同位素	半衰期/×10^9年	在元素中所占的比例/%	热产率/［cal/（g·年）］
^{238}U	4.5	99.27	0.7
^{232}Th	13.9	100	0.20
^{40}K	1.31	0.012	0.22

注：1cal＝4.184J。

地球的热能主要通过地球表面散失、火山喷发、温泉地热带、地震活动等对外释放。在地壳中，地热的分布可分为可变温度带（也叫变温带）、常温带和增温带。变温带是指地球地表最外层的部分，这一部分主要受太阳辐射热源的影响，其温度随着日夜变化、季节变换、年份的变化，甚至世纪的变化而周期性变化，其厚度一般为15～20m；常温带是指变温带以下，增温带以上的部分，它的温度变化幅度几乎等于零，深度一般为20～30m；地壳最里层为增温带，主要是受地球内部热能影响，其温度随深度增加而升高，以每百米垂直深度上增加的摄氏度数表示。平均深度每增加100m，温度就升高3℃ 。一般用地热增温率来表示，也称为低温梯度。增温率的大小与各地的地质构造条件、岩石的导热性、火山与岩浆活动情况以及水文地质环境等因素有关。地温梯度到达一定的深度后，地热增温率由上而下逐渐变小。

三、地热资源的特点及分类

地热资源是指在当前技术经济和地质环境条件下，地壳内能够科学、合理地开发出来的岩石中的热能量和地热流体中的热能量及其伴生的有用组分。在当前条件下，有经济开发利用价值的、地热较富集的地区一般称为地热田。

地热资源的现代含义包括：地热过程的全部产物，主要指天然蒸汽、热水和热卤水以及热储岩石中的热能；由人工钻取到的地热热储中的水、汽或其他流体所产生的二次蒸汽和其他气体、热水和热卤水等；以及由上述产物带出的副产品，副产品是指和地热流体相伴生，并能够为流体所带出的开发利用价值又比较高的矿物质。

地热资源存在于一定的地质构造部位，具有矿产资源和水资源特点的双利用矿产资源。地热资源具有如下特点。

（1）地热资源是一种清洁能源，分布广，储量丰富　地热资源是相对其他能源对环境污染较小的一种能源，特别是由于地热开发利用技术的提高，用高温地热田发电所产生的二氧化碳的排放量，较常规化石能源发电要小得多。地热资源储量丰富，据估计，仅利用现有技术开发利用的地热资源就是目前化石能源储量的30倍以上。

（2）地热资源的利用不受其他因素的影响，稳定可靠　地热资源藏于地下，不易受外部气候、季节等自然环境因素的影响，易于实现可控制的持续开采，可提供稳定持续的能源供应。对于装机容量相同的新能源发电站来讲，地热电站的年发电量，要高于风能发电场、光伏电站等，且地热发电不需要风能、太阳能必备的缓冲和调控装置，可以直接用于大规模能源网络。

(3) 地热资源开发技术相对成熟　近年来开发利用地热资源的关键技术取得不断突破，钻探成本明显降低，无论是地热能建筑供暖、温室农业、温泉、旅游等直接利用，还是蒸汽、热水、干热岩型地热能发电应用都得到较快发展。

(4) 地热资源是一种可再生、可持续使用的能源　地热资源是一种清洁能源，只要热量提取速度不超过补充的速度，还可以被定义为可再生能源。地热能大部分来自地球的熔融岩浆和放射性物质的衰变。仅岩浆的地热活动的典型寿命就可达 0.5 ~ 100 万年以上，这么长的寿命使地热能成为一种再生能源。

国际上通常把地热资源分为 3 个等级：理论蕴藏量，即总资源量，指地表以下 5km 以内蕴藏的理论可开采的热量；技术可开发资源量，在 40 ~ 50 年内有开采价值的储量；经济可采资源量，在 10 ~ 20 年内具有经济价值的储量。

1. 按温度高低分类

按温度的高低地热资源可以划分为高中低三种类型，见表 7 – 2。

表 7 – 2　地热资源按温度分类

温度分类		温度范围/℃	主要用途
高温地热资源		$T \geqslant 150$	发电、烘干
中温地热资源		$90 \leqslant T < 150$	发电、干燥、工业利用、制冷
低温地热资源	热水	$60 \leqslant T < 90$	采暖、工艺流程
	温热水	$40 \leqslant T < 60$	医疗、洗浴、温室
	温水	$25 \leqslant T < 40$	农业灌溉、养殖、土壤加温

2. 按传热方式分类

地热资源按传热方式可分为传导型和对流型地热资源。

3. 按规模分类

地热资源按照规模可分为大型、中型和小型地热资源，具体见表 7 – 3。

表 7 – 3　地热资源按规模分类

规模	高温地热田		中、低温地热田	
	电能/MW	利用年限（计算年限）	电能/MW	利用年限（计算年限）
大型	>50	30	>50	100
中型	10 ~ 50	30	10 ~ 50	100
小型	<10	30	<10	100

4. 按其储存形式分类

地热资源按照其在地下储存中存在的不同形式，可以分为蒸汽型、热水型、地压型、干热岩型和熔岩型五类。也有将蒸汽型和热水型地热资源统称为水热型地热资源；干热岩型和熔岩型也被称为热火成岩系统。前两类是现在开发利用的主要地热资源，后两类属于大量开发利用时可以考虑的潜在地热资源，第三类地压型地热资源虽然生产条件不太普遍，但其能量潜力巨大，而且除地热能之外，往往还伴有甲烷之类的化学能及高压所致的机械能。

（1）蒸汽型 蒸汽型是指以温度较高的饱和蒸汽或过热蒸汽形式存在的地热资源。

蒸汽储存在天然状态下，它具有特殊的地质构造，即地下的储热流体温度非常高，使表面沸腾而形成蒸汽，蒸汽又被不透水的岩层封闭包围。这种蒸汽可直接送入汽轮机组发电，腐蚀性较轻。但它的储量很少，仅占已探明地热资源的0.5%，而且地区局限性大。意大利的拉德瑞罗、美国尔斯盖瑟、印度尼西亚的卡瓦卡马江、我国的西藏羊八井、云南热海等都属于这种类型。蒸汽型地热资源的形成一般都与火山或岩浆活动有关，有强大的热源补给，而地下水补给也适中。

（2）热水型 热水型是指以热水形式存在的地热资源，通常包括温度低于当地气压下饱和温度的热水和温度高于沸点的有压力的热水，还包括湿蒸汽。这类地热资源分布较广，储量丰富，温度范围大，主要分布于火山活动地区和沉积盆地。如美国加利福尼亚州的希伯地热田、新西兰的怀拉基和布罗德兰兹、墨西哥的赛罗普列托、冰岛首都雷克雅未克地热田等。我国的地热田大都属于这一类。

地热水中常含有二氧化碳、硫化氢等气体，以及氯化钠、碳酸钠、硫酸钠、碳酸钙等盐分，不同地区的地热水中盐分的含量不同，一般为0.1%～40%。在利用这一类时，必须要考虑不凝性气体、盐分等对热利用设备的影响。地热水的开采方法主要是钻井，然后通过自然对流或水泵将地热水抽出加以利用。

（3）地压型 它是目前尚未被人们充分认识的一种地热资源。它以高压高盐分热水的形式储存于地表以下2～3km的深部沉积盆地中，往往被不透水的页岩所封闭，可以形成长上千千米、宽几百千米的巨大热水体。地压水除了高压（可达几十兆帕）、高温（温度在150～260℃范围内）外，还溶有大量的甲烷等碳氢化合物（每立方米地压水中含有气量可达1.5～6m^3）。因此，地压型地热资源中的能量实际上是由机械能（高压）、热能（高温）和化学能（天然气）三部分组成的。其储量较大，约占已探明的地热资源的20%。地压型地热资源常与油气资源同时开发，但需要评估长期开采对周围环境和地质条件产生的潜在影响。

（4）干热岩型 干热岩是指地层深处广泛存在的不含水分（或含有少量蒸汽）的热岩石，温度为150～650℃，其储量比蒸汽型、热水型、地压型都要巨大的一种地热资源。

目前很多国家把它作为地热开发的重点研究对象。现阶段，干热岩型地热资源主要是指埋深较浅、温度较高的有开发经济价值的热岩。提取干热岩中的热量需要有特殊的办法，技术难度大。基本的技术路线是开凿深井通到温度高、渗透性低的岩层中，然后利用液压和爆破碎裂法形成一个大的渗透通道，成为一个人工的封闭的热交换系统，通过将地面的冷水注入该热岩系统中，与热岩进行热交换，从而将热量带出加以利用。干热岩型的特点是不会污染地下水，也不会排出对环境有害的气体和固体尘埃。美国墨西哥湾沿岸的地热区、英国西南康沃尔郡地热井都是这种类型。

（5）熔岩型 是指蕴藏在地层深处的一种熔融状或半熔融状岩浆中的巨大能量，它的温度高达600～1500℃。在一些多火山地区，这类资源可以在地表以下较浅的地层中找到，但多数埋藏在 3 ~ 10km 的地层中。由于缺乏耐高温（1000℃）、耐高压（400MPa）、耐强腐蚀性的材料，以及人类对高温高压熔岩的运动规律缺乏足够的了解，对这类地热资源目前还只是理论研究阶段，尚未得到实际开发利用。

以上的五类地热资源中，目前广为人类开发利用的，主要是蒸汽型和热水型；地压型和干热岩型处于试验阶段，开发利用的较少；熔岩型还处于课题研究阶段。不过，仅仅是蒸汽型和热水型地热资源的储量就极为可观。有科学家对目前可供开采的地下 3km 范围内的地热资源进行统计，得出结论，这部分资源相当于 2.9×10^{12} t 煤炭燃烧所发出的热量。有理由相信，随着科学技术的不断发展，地热资源的开发深度还会逐步增加，为人类提供的热量将会更大。

四、地热资源的分布

地热资源的储量和品质与地质构造、地层、地下水资源等条件相关，有一定的分布规律。就全球来说，地热资源的分布是不平衡的。

（一）世界地热带分布

随着在大陆漂移、海底扩张和地幔对流等假说基础上发展起来的板块构造学说，将造山运动、岩浆活动、变质作用和成矿作用结合起来，构成了一个统一的全球地质构造模型。根据这一理论，地球表面（包括海底）被分成了若干个板块，在这些板块之间不断发生相对的、规模不等的位移和错位。这些相互作用的地区，发生着火山喷发、造山运动等现象，在这些活动中产生的热物质岩浆侵入到地壳中加热岩石或地下水形成了地热资源。

在各大板块的交接处形成的有丰富地热资源的地热带，称为板间地热带。板间地热带的地热源温度高，多是由火山或岩浆所造成。明显的地温梯度大于 3℃ 的地热异常区，主要分布在板块生长、开裂的大洋扩张脊和板块碰撞、衰亡的消减带部位。

除了在板块边界部位形成地壳高热流区而出现高温地热资源外，在板块内部靠近板块边界部位，在一定地质条件下，也可以形成相对的高热流区，其热流值大于大陆平均热流值，这种在板块内部地壳隆起区或沉降区内发育的中低温地热带和少量特殊形成的高温地热带，称为板内地热带。例如，中国华北平原、东南沿海、四川盆地都属于此类。

地热资源在全球的分布是不平衡的，明显的地温梯度每千米深度大于 30℃ 的地热异常区主要分布在板块生长、开裂的大洋扩张脊和板块碰撞、衰亡的消减带部位。全球主要有以下 5 个地热带。

1. 环太平洋地热带

这一地热带位于世界上最大的太平洋板块与美洲、欧亚、印度板块的碰撞边界。这一地热带分布有许多世界著名的地热田，例如，美国的盖瑟尔斯、长谷、罗斯福，墨西哥的赛罗普列托，新西兰的怀拉，菲律宾的蒂威、汤加纳，中国台湾的马槽、大屯，日本的松川、大岳等均在这一带。

2. 地中海 - 喜马拉雅地热带

它位于欧亚板块与非洲、印度板块的碰撞边界。世界第一座地热发电站意大利的拉德瑞罗地热田就位于这个地热带中；中国西藏羊八井以及云南腾冲地热田也在这个地热带中。

3. 大西洋中脊地热带

它位于大西洋海洋板块开裂部位，大部分在洋底，露出海洋面的部分主要是冰岛。冰岛的克拉弗拉、纳马菲亚尔、亚速尔群岛等一些地热田位于这个地热带。其中最著名的是冰岛首都的雷克雅未克地热田。

4. 红海－亚丁湾—东非裂谷地热带

它位于阿拉伯板块与非洲板块的碰撞边界，北起红海和亚丁湾地堑，往南经过埃塞俄比亚与非洲裂谷系连接，包括吉布提、埃塞俄比亚、肯尼亚等国的地热田，其中著名的如肯尼亚阿尔卡利亚高温地热田等。

5. 中亚地热带

它位于欧亚交接和中亚细亚的地热带，包括俄罗斯、哈萨克、乌兹别克斯坦和中国新疆等地区的地热田。

除了在板块边界部位形成地壳高热流区而出现高温地热田外，在板块内部靠近板块边界部位，在一定地质条件下也可形成相对的高热流区，如我国东部的胶东半岛、辽东半岛、华北平原及东南沿海等地。

（二）我国地热带分布

我国拥有丰富的地热资源。世界上四大板块地热带中，两个经过我国版图的就有太平洋地热带和地中海－喜马拉雅地热带。我国地热分布广泛，高温地热资源主要分布在西藏自治区南部、云南西部、四川西部和台湾省，中、低温资源遍布全国。

据现有资料，我国的地热资源根据分布特点、成因和控制等因素，其分布可划分为7个地热带。

1. 藏滇地热带（又称喜马拉雅地热带）

藏滇地热带地处欧亚和印度两大板块的边界，属于地中海－喜马拉雅地热带，主要包括喜马拉雅山脉以北，冈底斯山、唐古拉山以南，西起西藏阿里地区，向东至怒江和澜沧江，呈弧形向南转入云南腾冲火山区，特别是雅鲁藏布江流域。这一带水热活动剧烈，地热显示集中。这是中国大陆地热活动最强烈的地带，也是地热资源潜力最大的一带。这里建有国内规模最大的地热电站——羊八井电站。

2. 台湾地热带

台湾地热带位于太平洋板块和欧亚板块的碰撞边界，是环太平洋地热带西部弧形地热亚带的一部分。这里是中国地震最强烈、最频繁的地带，地热资源非常丰富，主要集中在东、西两条强震集中发生区。岛上水热活动有100多处，包括著名的大屯地热田。

3. 东南沿海地热带

包括福建、广东、海南、浙江以及江西和湖南的一部分。这一带已有大量的地热水被发现，其分布受东北向断裂构造的控制，一般为中低温地热水。

4. 鲁皖鄂断裂地热带

鲁皖鄂断裂地热带包括自山东招远向西南延伸，贯穿安徽、湖北边境，直达汉江盆地，包括湖北英山和应城。这条地壳断裂带很深，至今没有活动，也是一条地震带。这里主要是低温地热资源，一般均为50～70℃。断裂的深部有较高温度的地热水存在。

5. 川滇青新地热带

主要分布在昆明到康定一线的南北向狭长地带，延伸入青海和新疆，扩大到准噶尔盆地、柴达木盆地、吐鲁番盆地、塔里木盆地。以低温热水型资源为主。

6. 祁吕弧形地热带

包括热河山地、吕梁山、汾渭谷地、秦岭及祁连山等地。近代地震活动带，主要地热资源为低温热水。

7. 松辽及其他地热带

松辽盆地跨越吉林、黑龙江大部分地区和辽河流域。整个东北大平原属新生代沉积盆地，沉积厚度不大，一般不超过1000m，主要为中生代白垩纪碎屑岩热储，盆地基底多为花岗岩，有裂隙地热形成，温度为40～80℃。

此外，还有一些像广西南宁盆地那样的孤立地热区。

第二节　地热资源的利用

地热利用已有数千年的历史，古代人类将低温地热用于洗浴、蒸煮、供暖等。随着钻井技术的提高，从20世纪70年代开始对地热能进行规模化开发利用。与常规能源煤、石油、天热气等相比，地热能以资源覆盖面广、对生态环境污染小、运营成本低等优势而受到人们的青睐。

从世界范围来看，地热能主要用于发电和直接利用。地热能的发电利用主要适合于地热井出口参数较高的地热田，特别是蒸汽田。对于中、低温的地热资源，以直接利用为主要的利用方式。不同温度的地热流体可能的利用方式，见表7－4。

表7－4　不同温度的地热流体可能的利用方式

温度/℃	利用方式
200～400	发电及综合利用
150～200	发电、制冷、工业干燥、热加工
100～150	发电、供暖、制冷、工业干燥、脱水加工、回收盐类、罐头食品
50～100	供暖、温室、家庭用热水、工业干燥
20～50	沐浴、水产养殖、温室、供暖、土壤加温、脱水加工

一、地热直接利用

地热直接利用要求的热水温度较低，从15～180℃温度范围内的中低温地热资源都可以加以利用。但是，地热能的直接利用也有其局限性，由于受地热输送距离的影响，地热不宜距离热利用的地点过远，否则会造成投资过大、损耗大、经济性差等情况。

为提高地热利用的效率，目前，多采用梯级开发和综合利用的办法，如热电联产联供、热电冷三联供、先供暖后养殖等。

地热能的直接利用，技术要求较低，设备要求也较低，应用领域比较广泛，综合分析可见地热直接利用具有如下特点。

（1）替代常规燃料，节约资源，减少二氧化碳的排放。

（2）梯级利用，热能利用率高，达50%～70%。

（3）开发周期短，投资少。

（4）高温、中低温地热资源都可以直接利用。

（5）不能长距离输送，受限于地热资源的分布。

（6）中低温地热资源量多面广，可因地制宜地直接利用地热资源。

（一）地热供暖

地热供暖是指以地下热水作为热源的城市集中供热方式。因其方式简单、经济性好、节能、无污染，是比较理想的供暖能源，是目前地热能最广泛的利用形式之一，备受各国重视，尤其是位于高寒地区的国家。

地热供暖系统有回灌和不回灌两种：回灌系统设置开采井和回灌井，开采井抽出的地下热水在放出热量、降低温度后通过回灌井打入地下，开采井和回灌井保持一定距离，以免相互干扰；不回灌系统没有回灌井，抽出的热水经利用后被废弃。

按利用方式地热供暖可分为直接供暖和间接供暖，一般根据当地地热水的温度和水质而定。

直接供暖是将开采井抽上来的热水直接输送到供热系统中，通过暖气、地板采暖、风机盘管等形式对外供暖。它的优点是不需要换热器、供水管网简单、热损失小、造价低等。但因地热水矿化度高，水中含有硫酸根、氯离子等，对金属具有很强的腐蚀性，必须采取防腐措施保护好管道、阀门、散热器、水泵等。所以，只有少数矿化度较低的地热采用直接供暖形式。

间接供暖是将开采井抽上来的热水通过热交换器与供热系统内的二次水进行热交换，然后将温度降低后的地下热水再回灌到地下。这种方式最大的特点是地下热水不与供热系统内部直接接触，避免了地下水对供热系统管路、阀门、水泵、散热器等的腐蚀，系统使用寿命长。由于增加了换热器（一般由耐腐蚀的金属钛板制成），提高了工程成本，也增加了热量的损失（大约为5%）。

世界上开展地热供暖的国家主要有冰岛、法国、匈牙利、意大利、罗马尼亚、俄罗斯、日本等。其中，冰岛地处寒带，一年有300天以上室内需要供暖，国内又缺乏可供利用的矿物燃料资源，却有得天独厚的地热资源。因此，早在1928年就在首都雷克雅未克建成了世界上第一个地热供暖系统。每小时可以从地下抽取7740t 80℃的热水，供11万居民使用。2007年，冰岛87%供暖靠地热，每年可节约1亿美元，热能直接开发利用人均世界第一。

法国巴黎盆地东南约50km的默伦地区利用石油废井提取70℃的热水，为3300套住房供暖，取得良好的效果。随着不断地推广，有40～50万套住房也已经用上了地热供暖。新西兰北岛的罗托鲁阿市被誉为地热城，这个城镇不大，但却有700多口地热井，井深一般在60～120m，最高温度达194℃。这里的7座政府大楼、1万多平方米的建筑群采用组合式联合供暖系统，由一个中心供热房的热交换器提供热源。美国克拉马思福尔斯，有400口地热井，水温40～110℃。俄勒冈工学院的宿舍有3口600m深井，生产89℃的热水，为 $4.7\times10^4m^2$ 的校舍供热。

在我国，地热供暖和供热水也发展迅速。2014 年全国地热供暖总面积达 $6032\times10^4m^2$，其中天津市 $1900\times10^4m^2$，河北省 $1380\times10^4m^2$，其余超过 $150\times10^4m^2$ 的有山东、陕西、北京、河南等省市。这些地热供暖的总设备能力为 2946MWt，年利用热能 33710TJ，已成为我国地热直接利用除地源热泵之外的最大部分（占 48.4%）。

（二）地热农业

在农业方面，地热能的应用也很广泛。可以用在温室育苗、栽培作物、养殖禽畜、水产养殖等领域。各个国家对利用地热能发展农牧副渔业、培育优良品种、优化产品质量、提高产品数量等都十分重视。

地处高纬度的冰岛从只能种植土豆，利用地热温室后，种植蔬菜、水果、花卉，近年来还栽培了咖啡、橡胶等热带经济作物以及地热水产养殖；美国利用地热加温土壤，使谷物饲料、西红柿、大豆、菜豆等产量增加；匈牙利也在大力发展温室种植；日本北海道和鹿儿岛利用地热养殖鳗鱼，日本南部伊豆町热河香蕉园利用地热水饲养短鼻鳄鱼，日本还用地热水孵化小鸡、饲养家畜；新西兰利用地热水栽种蘑菇，利用温室培育树苗。

我国北方利用地热温室种植蔬菜、瓜果、花卉。西藏羊八井海拔 4300m，年平均温度 2.5℃，也利用地热温室种植西红柿、青椒、黄瓜、茄子等 20 多种蔬菜、瓜果。福建、广东、湖北等地，利用温水养鱼场培育和饲养罗非鱼、鳗鱼等鱼种。

（三）地热医疗

由于地热水本身除温度较高外，还含有多种化学成分、少量的生物活性离子和放射性物质，如碳酸盐、偏硅酸、偏硼酸、硫化氢、硫磺、钾、钙、钠、镭、氡、氟等，对人体可起到保健、抗衰老作用，对风湿病、关节炎、高血压、胃及十二指肠溃疡、心血管病、神经系统疾病、支气管炎、皮肤病及妇科病等具有良好的治疗效果，具有很高的医疗价值。如含碳酸的矿泉水供饮用可以调节胃酸、平衡人体酸碱度；含铁矿泉水可以治疗缺铁性贫血症。温泉水温高于皮肤温度时，可以兴奋交感神经，使皮肤血管扩张，脉搏加速，缓解肌肉痉挛，促进新陈代谢。温泉还有明显的降血脂作用，使血管输液功能增强，提高机体的内分泌功能，调节神经系统功能，防止血管硬化。

利用温泉治疗疾病，很多年前就被人们所认识。近年来，温泉养生、温泉文化，更是将传统的温泉医疗进一步提升，受到消费者的青睐。因此，发挥地热的医疗作用、发展温泉疗养行业潜力巨大。

（四）地热旅游

地热旅游主要集中在地热温泉、火山、泉华沉积方面。往往伴随有地热医疗项目。温泉、泉华沉积、火山喷发都是地热显示。温泉因其水中含有多种对人体有益的矿物质，具有治疗、饮用和洗浴的功能；泉华总是和温泉相互伴生，泉华是温泉泉水带到地面的一种矿物盐沉积物，自然界中常见的泉华有硫华、硅华、钙华和盐华四大类，泉华体色彩斑斓、美丽多姿；火山体及喷发后形成独特的火山地貌，这都成为奇特的旅游资源。

世界上许多温泉出露的地区都建立了各种疗养院、休闲度假区、旅游观光区。日本位于环太平洋火山活动带上，有着丰富的地热资源，他们据此建起温泉保健所几百家，温泉宾馆 10000 多所。俄罗斯高加索矿水区、索契的马彻斯特、勘察加的帕拉东、阿尔泰的别洛库里哈，意大利的亚平宁山系西缘等也都是著名的矿泉疗养、旅游地。匈牙利虽然人口不多，但是地热开发利用却很发达，建有地热疗养院200多家，从而吸引着众多的国内外游客或病人。

我国最年轻的火山群黑龙江省五大连池火山区，分布有14座火山、5个堰塞湖、大面积熔岩流形成的火山地貌，是国内外著名的旅游胜地。北京的小汤山、黑龙江的林甸、广东的丛化、辽宁兴城、云南腾冲、重庆南温泉等也都是著名的温泉旅游地。

（五）工业利用

地热在工业方面的应用广泛，可用于烘干、蒸馏、工艺供热、制冷、各种采矿和原材料处理工业的加温等。

（1）造纸和木材加工　造纸工艺中需要进行纸浆蒸煮与烘干，木材工业中需要对木材干燥，这些都可以利用地热提供热源。新西兰塔斯曼公司的木材加工厂、纸浆和纸张加工厂就是充分利用地热能的典型案例。它除装有10MW的地热电站外，还通过两条主管线输送大约90720kg/h的地热蒸汽用于烘干原木、生产纸浆和纸张等工艺流程，满足了该厂26%的工艺用蒸汽需求和4%的电力需求。

（2）纺织、印染、缫丝的应用　在我国天津、北京、湖北一些纺织、印染、缫丝等轻纺企业中，利用当地地热资源进行生产或满足某些特殊工艺所需热水的供应。利用地热水后提高了产品的质量，增加了产品色调的鲜艳程度，提高了着色率，节省了燃料，降低了成本。

（3）从地热流体中提取元素和矿物　地热流体中含有多种重要的稀有元素和放射性元素，以及稀有气体和化合物等，如钾、硼、锂、铯、碘、锶、氡、重水、钾盐等。

另外，利用地热给工厂供热，可以作为干燥谷物和食品、酿酒、制糖等生产过程的热源，用地热为工业锅炉给水和送风提供预热，从地热水中提取锌、硫等。

（六）地源热泵

在世界地热直接热利用中，地源热泵是一种新兴地热利用技术，开发利用浅层地热资源获得地下巨大的可再生能量（蕴藏于地球浅部岩土、地下水或河流、湖波中的低温能源），提供高效率的供热和制冷。它逐渐被认为是替代化石燃料的一种选择，在许多国家和地区被认为是节能减排的有效途径之一。因此，地源热泵给水成为近年来各国地热利用的一大热点。

地源热泵系统具有以下的特点。

（1）地源热泵技术属可再生能源利用技术　地源热泵是利用了地球表面浅层地热资源（通常小于400m深）作为冷热源进行能量转换的供暖空调系统。它不受地域、资源等限制，真正是量大面广、无处不在，是一种可再生的能源。

（2）地源热泵属经济有效的节能技术　地源热泵的能效比（COP）值一般都在4以上，也就是说消耗1kW·h的能量，可以得到4kW·h以上的热量或冷量。供暖的同时，还可以提供生活热水。

（3）地源热泵生态环境效益显著，节省空间　没有锅炉，运行时没有燃烧，没有排烟，也没有废弃物，不用远距离输送热量；没有冷却塔，换热器安装在地下或是江河湖泊的水下，不占用地表面积，节省了空间。

（4）一机多用，应用范围广，使用寿命长　地源热泵系统可供暖、空调，还可供生活热水，一机多用，一套系统可以替换原来的锅炉加空调的两套装置或系统；可应用于宾馆、商场、办公楼、学校、别墅及普通住宅等建筑；运行寿命一般在20年以上。

（5）地源热泵系统维护费用低　地源热泵的机械运动部件少，机组紧凑，自动控制程度高，可无人值守，因而大大减少了维护费用。

1. 地源热泵原理

地源热泵是一种利用地下浅层地热资源既能供热又能制冷的高效节能环保型空调系统。地源热泵利用地下常温土壤或地下水温度相对稳定的特性，通过输入少量高品味电能，运用埋藏于建筑物周围的管路系统或地下水与建筑物内部进行热交换，实现低品位热能向高品味热能转移的冷热两用的空调系统。它由水循环系统、热交换器、地源热泵机组和控制系统组合而成。热泵机组装置主要由压缩机、冷凝器、蒸发器和膨胀阀四部分组成。地源热泵有制冷和供热两种工作模式，两种模式具体工作过程如下。

（1）供热模式　在供暖状态下，压缩机对冷媒做功，并通过换向阀将冷媒流动方向进行换向。由地下的水路循环吸收地表水、地下水或土壤里的热量，通过冷凝器内冷媒的蒸发，将水路循环中的热量吸收至冷媒中，在冷媒循环的同时再通过蒸发器内冷媒的冷凝，由空气循环将冷媒所携带的热量吸收。在地下的热量不断转移至室内的过程中，以室内采暖空调末端系统向室内供暖。地源热泵供热系统原理示意如图7－2所示。

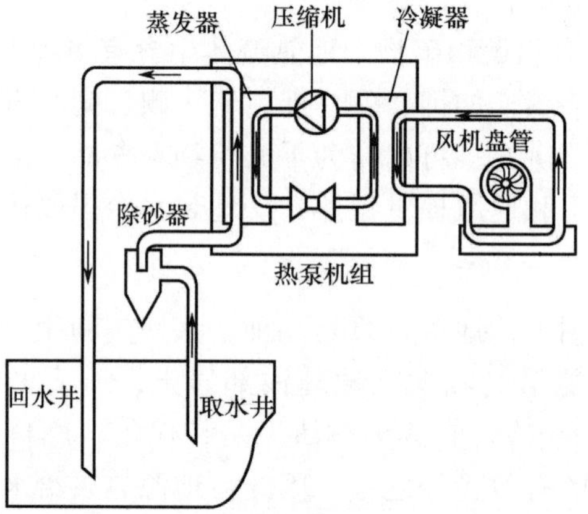

图7－2　地源热泵供热系统原理示意图

（2）制冷模式　在制冷状态下，地源热泵机组内的压缩机对冷媒做功，使其进行汽－液转化的循环。通过蒸发器内冷媒的蒸发将由室内空气循环所携带的热量吸收至冷媒中，在冷媒循环的同时再通过冷凝器内冷媒的冷凝，由水路循环将冷媒所携带的热量吸收，最终由水路循环转移至地表水、地下水或土壤里。在室内热量不断转移至地下的过程中，通过冷媒－空气热交换器（风机盘管），以13℃以下冷风的形式为房间供冷。

2. 地源热泵类型

根据地热交换形式的不同，可将地源热泵分为地下水地源热泵系统、地表水地源热泵系统和地埋管地源热泵系统（也叫土壤源地源热泵）。

（1）地下水地源热泵系统　分为开式系统和闭式系统。开式系统是将地下水直接泵入到每台热泵机组中，利用水源进行热量传递，循环后再回灌到地下。这种方式的缺点是地下水中的物质可能导致管路腐蚀、阻塞，因此，需配备防砂堵、防结垢、水质净化等装置，在实际应用中很少被采用。

闭式系统是通过热交换器对地下水和建筑内循环水进行能量交换。闭式系统不受地下水位、水质等因素影响。

（2）地表水地源热泵系统　地表水地源热泵系统的热源是池塘、湖泊、河流的地表水，通过在水面以下的、多重并联的换热器进行能量交换。缺点是，地表水地源热泵系统受自然条件的限制，当环境温度越低，热泵的供热量越小，热泵的性能系数也会降低，对水体的生态环境有一定的影响。

（3）地埋管地源热泵系统　地埋管地源热泵系统包括一个土壤耦合地热交换器，它可以是水平地安装在地沟中，也可以是U形管状垂直安装在竖井之中。它通过循环液（水或以水为主要成分的防冻液）在封闭地下埋管中的流动，实现热泵系统与岩土体之间的传热。

地埋管地源热泵系统的优点是不受地下水量的影响，对地下水没有破坏或污染作用，系统运行可靠性和稳定性高。缺点是：由于管壁传热温差的存在，机组冬季运行条件相对较差，降低了运行效率；埋地换热器受土壤性质影响较大；连续运行时，性能受土壤温度变化的影响而发生波动；埋地换热器的面积较大；土壤热平衡控制不好时，不但影响系统效果，对周边土壤环境也有较大影响等。

（七）地热直接利用现状

根据有关资料统计，近年来地热资源开发利用明显呈现上升趋势。随着人们生活质量的提高，世界各国地热旅游（洗浴、游泳、医疗保健）发展很快，今后全球的地热旅游产业仍有较大的发展空间。

据2015年世界地热大会组委会统计，截止到2014年年底全球开展地热资源利用的国家已达82个，全球地热直接利用的总装机容量70329MWt，比2010年的数据增加了45%，年平均增长率7.7%。热能利用总量是587786TJ/y（163287GW·h/y），比2010年的数据增长约38.7%，年增长率为6.8%。全球地热利用的类型主要包括：地源热泵占55.3%，洗浴、游泳和医疗占20.3%，区域供热占15%（其中89%是直接供暖），温室和土壤供热占4.5%，水产养殖和赛道加热占2%，工业用热占1.8%，融雪和冷却占0.4%，农产品干燥占0.4%，其他用途占0.3%。节约能源总量相当于350×10^6桶（52.5×10^6t）石油，减少二氧化碳排放148×10^6t。前五位国家是中国、美国、瑞典、土耳其、德国。

截止到2014年年末，中国地热利用的总装机容量和年利用总热量分别为17870MWt和174352TJ/y，是5年前的2倍多。总体来说，中国的常规地热利用以供暖发展最迅速，全国地热供暖总面积6032×10^4 m^2，比2009年增长99.7%，其平均年累进增长率约为15%，现已成为除地源热泵外地热直接利用的主体；发展速度最快、并保持蓬勃增长趋势的地源热泵，近5年内增长3.3倍，平均年累进增长率27%，至2014年末达33000×10^4 m^2，总装机容量11781MWt，占地热直接利用能力的66%；年利用能量100311TJ，占全部地热直接利用热能的58%。

二、地热发电

地热发电是20世纪新兴的能源工业，它是在地质学、地球物理、地球化学、钻探技术、材料科学以及发电工程等现代科学技术取得进步的基础上迅速发展起来的。

地热发电实际上就是把地下的热能转变成机械能，然后再将机械能转变为电能的能量转换过程。地热发电是地热资源利用的重要形式，技术要求相对也高。地热电站的装机容量和经济性主要取决于地热资源的类型和品位。

地热发电的原理与一般的火力发电并无本质的区别，不同之处在于地热发电站不需要庞大的锅炉，更不用像火电站那样燃烧煤炭、石油、天然气等化石燃料。发电用流体性质也有所不同，火力发电所用流体是纯水蒸气，地热发电是用含有硫化氢等杂质的地热蒸汽，或是用低沸点的液体工质（异丁烷、氟利昂等）经地热加热后所形成的蒸汽。

地热发电具有资源丰富、安全可靠、可持续发展的特点，而且建造成本低，低于火电、核电、水电；发电设备的利用时间长；地热能发电干净，不排放大量的 CO_2，不污染环境；发电后，废弃物可以梯级利用，如取暖、洗浴、医疗、化工等；地热发电的温度和压力比火电站的温度和压力要低得多。

（一）地热发电技术

根据地热资源的特点以及采用技术方案的不同，地热发电可划分为多种方式。但是目前地热发电的主要利用方式有：蒸汽型地热发电系统、热水型地热发电系统、联合循环地热发电系统、干热岩发电系统、岩浆发电系统。

1. 蒸汽型地热发电系统

蒸汽型地热发电是指把地热干蒸汽直接引入到汽轮机发电机组进行发电的一种发电模式。蒸汽型地热发电系统技术成熟、运行安全可靠，是地热发电的主要形式之一。意大利的拉德瑞罗、美国的盖尔瑟斯、我国西藏羊八井地热电站就是采用这种形式。

蒸汽型地热发电系统分为两种形式，一种是背压式汽轮机发电系统，另一种是凝汽式汽轮机发电系统。后者因可以提高蒸汽型地热电站的机组发电效率，所以比较常见。

（1）背压式汽轮机发电系统　对于热流体在井口状态是以饱和蒸汽为主的汽水混合体时，最简单的热力发电系统是使用背压式汽轮机地热蒸汽发电系统。其工作原理是，先将干蒸汽从地下引出，进入分离器，加以净化，分离出固体杂质，再将水蒸气通入汽轮机推动叶片做功，驱动发电机发电。做功后的蒸汽，可直接排向大气，也可以用于梯级利用，为工业生产提供热源，或是供暖等，如图7－3所示。这种发电方式投资低，但机组容量较小。这种系统大多用于地热蒸汽中所含不凝性气体较多的场合。

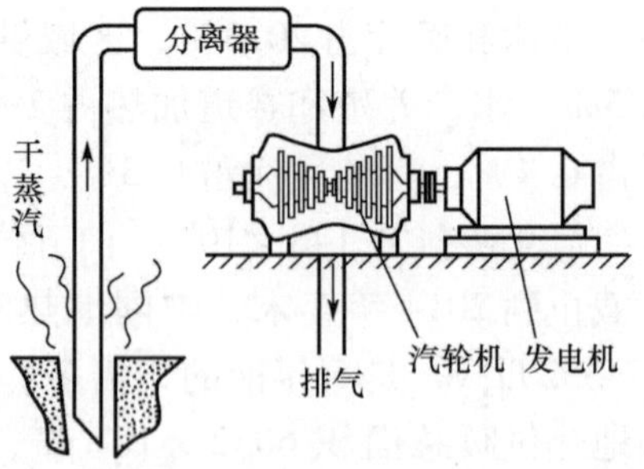

图7－3　背压式地热蒸汽发电系统示意图

（2）凝汽式汽轮机发电系统　为提高地热电站的机组出力和发电效率，通常采用凝汽式汽轮机地热蒸汽发电系统。在该系统中，由于蒸汽在汽轮机中能膨胀到很低的压力，因而能做出更多的功。做功后的蒸汽排入混合式凝汽器，并在其中被循环水泵打入的冷却水所冷却而凝结成水，然后排出凝汽器，为保持很低的冷凝压力，一般用抽气器来抽气以保持凝汽器内的真空度，并把由地热蒸汽带来的各种不凝结气体和外界漏入系统中的空气从凝汽器中抽走。凝汽式汽轮机发电系统如图 7－4 所示。

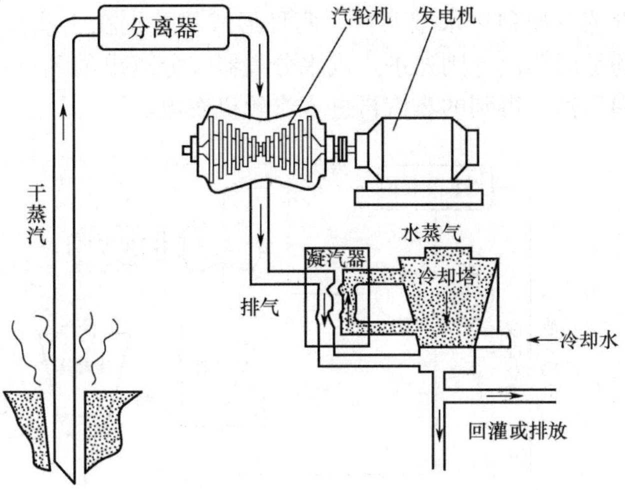

图 7－4 凝汽式汽轮机发电系统示意图

2. 热水型地热发电系统

热水型地热发电是目前地热发电的主要形式。这里所说的“热水型”，包括热水和以水为主的汽水混合物混合的情况（即湿蒸汽）。适用于分布最为广泛的中低温地热资源。

低温热水层产生的热水或湿蒸汽是不能直接送入汽轮机去发电的，必须把热水变成蒸汽或者利用其热量产生蒸汽，才能输入到汽轮机做功发电。所以，热水型发电系统有三种方式：闪蒸地热发电系统、双循环地热发电系统和联合循环地热发电系统。

（1）闪蒸地热发电系统 水的沸点和气压有关，当气压为 1atm 即 101. 325kPa 时，水的沸点是 100℃。如果气压降低，则水的沸点也相应地降低。在气压为 3. 04kPa 时，水的沸腾温度是 24℃。根据水的沸点和压力之间的这种关系，可以把 100℃以下的地下热水送入一个密封的容器中进行抽气降压，使温度不太高的地下热水因气压降低而沸腾，变成蒸汽。由于热水降压蒸发的过程进行得很迅速，是一种闪急蒸发过程，因此这个容器被称为闪蒸器。同时当热水蒸发产生蒸汽时，它的体积要迅速扩大，所以也被称作扩容器。用这种方法来产生蒸汽的发电系统，称为闪蒸地热发电系统，也称为减压扩容地热发电系统。采用闪蒸法生成的蒸汽是饱和蒸汽，生成的蒸汽量与闪蒸器内的压力有关。闪蒸器的压力越高，生成的蒸汽量越少。

这种地热发电方法设备简单，易于制造，可以采用混合式热交换器，并且运行过程比较安全。缺点是低压蒸汽的比容很大，设备尺寸大，使汽轮机的单机容量受到很大的限制，同时受地下热水的影响，设备容易腐蚀结垢，热效率较低。

闪蒸后剩下的热水和汽轮机中的凝结水可以供给其他热水用户利用。利用后的热水再回灌到地层内。适合于地热水质较好且不凝气体含量较少的地热资源。

如果将闪蒸后的高压蒸汽送入汽轮机的高压缸做功，低压蒸汽送入低压缸做功，这种方式被称作双闪蒸地热发电系统。

闪蒸地热发电又可以分为单级闪蒸地热发电系统、两级闪蒸地热发电系统和全流法地热发电系统等几种。

①单级闪蒸地热发电系统：如图 7－5 所示。根据地热资源的不同，单级闪蒸地热发电系统又可以分为湿蒸汽型和热水型两种。两种形式的差别在于蒸汽的来源或形成方式。如果从地热井提取的是湿蒸汽，则先进入汽水分离器，分离出的蒸汽送往汽轮机做功，分离下来的水被引入闪蒸器，得到的蒸汽再进入汽轮机发电。

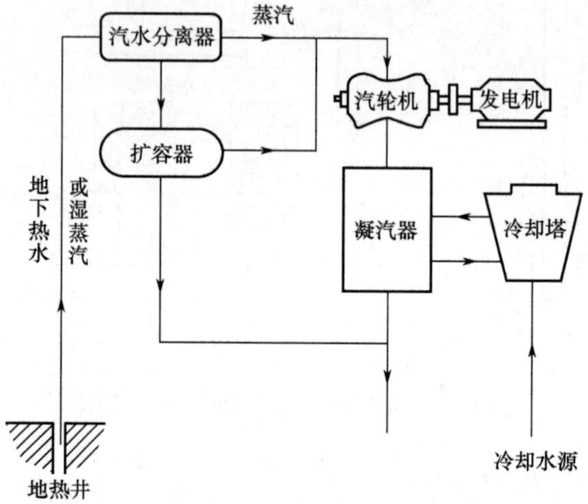

图 7－5　单级闪蒸地热发电系统

②两级闪蒸地热发电系统：两级闪蒸地热发电系统如图 7－6 所示。在该系统中，如果第一次闪蒸器中剩下来汽化的热水温度、压力还比较高，可以进行二次闪蒸，产生压力更低的蒸汽，再进入汽轮机做功。它的发电量可比单级闪蒸地热发电系统增加 20% 左右。但因蒸汽增加的同时，系统功耗也有较大的增加，因而实际上两级扩容后净发电量的增加低于 20%。

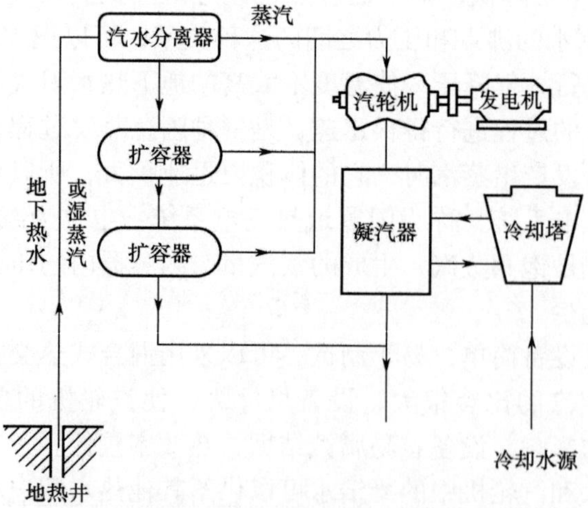

图 7－6　两级闪蒸地热发电系统

③全流法地热发电系统：全流法地热发电系统作为闪蒸发电系统的一种，比单级闪蒸法和两级闪蒸法地热发电系统的单位净输出功率可分别提高 60% 和 30% 左右。从现有的地热资源开发来看，人们对地热水温度 150～300℃的地热发电最有兴趣，而水中总溶解固态物的范围为 0.15%～25%。尽管这种资源蕴藏着巨大的能量，但是其发展速度却受到化学成分范围和经济性两个方面的限制。全流法发电系统作为一种新的能源转换系统，增加了利用这类难以利用的流体的机会，并改善了利用的经济性。

全流法发电系统根据热力学原理，把地热井口的蒸汽、热水、不凝气体及化学物质等全部流体，不经处理直接送进全流动力机械中膨胀做功，膨胀结束后，气、水混合流体进入冷凝器（凝汽器）冷凝成水，再由水泵将其抽出冷凝器而完成整个热力循环，如图 7－7 所示，该系统由膨胀器、汽轮发电机组和冷凝器等部分组成。此种形式可以充分地利用地热流体的全部能量。为了适应不同化学成分的地热水，特别是高温高盐的地热水，系统部件需要满足耐腐蚀、耐磨、造价低等条件。膨胀器一般分为容积式和旋转叶轮式（或转盘式）两大类。容积式膨胀器可分为螺旋转子式、柱塞式和活塞式。旋转叶轮式膨胀器又分为冲动－反动式和冲动式。容积式膨胀器的优点是结构简单，运动部件少；缺点是容积式膨胀器中工质的膨胀率小，限制了地热流体的能量转换为可用功的程度。

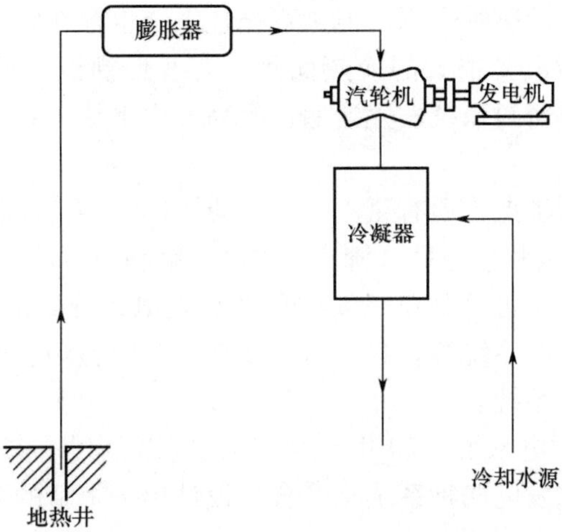

图 7－7　全流法地热发电系统

为了获得全流系统的优越性能，膨胀机的效率必须达到 70% 以上，但是目前的实验机组还没有达到这一指标。因此，虽然从全流系统概念的提出到现在，全流地热发电系统仍未进入商业化应用阶段。

（2）双循环地热发电系统　双循环发电系统也称作有机工质朗肯循环发电系统，或低沸点工质法，或中间介质法，或中间工质法，或双工质循环，是从 20 世纪 60 年代兴起的一种地热发电技术。

它是以低沸点有机物作为工质，地下热水通过热交换器加热低沸点工质，使其迅速气化，转变为蒸气，利用产生的蒸气驱动汽轮机做功，带动发电机发电，做功后的工质从汽轮机排入凝汽器，在凝汽器中凝结成液态后，用泵将低沸点工质重新打回到热交换器中，再循环使用，如图7-8所示。这种系统特别适合于含盐量高、腐蚀性强和不凝结气体含量高的地热资源。发展双循环系统的关键是开发高效的热交换器。

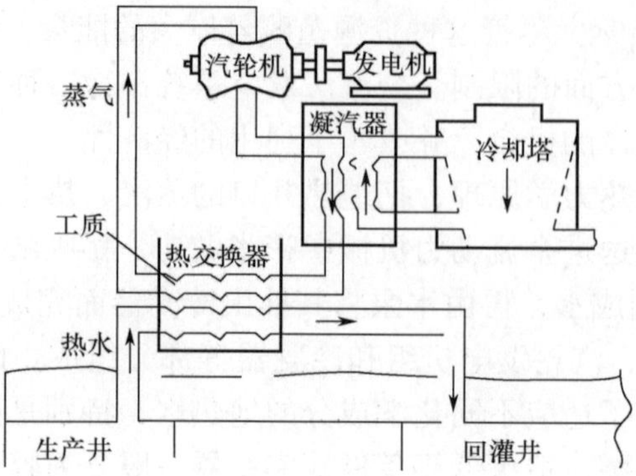

图7-8 双循环发电系统

双循环系统的优点是：利用低温热能的热效率高；设备紧凑，汽轮机尺寸小；地热水不与发电系统直接接触，对化学成分复杂的地下热水适应性强，可以在一定程度上避免汽轮机、凝汽器等主要部件的腐蚀问题。但是双循环系统也存在缺点：大部分低沸点工质传热性能比水差，热交换器需要很大的换热面积；有些低沸点工质价格高，具有易燃、易爆、有毒、腐蚀性，一旦密封系统发生泄漏，容易发生事故；系统技术要求高，建设成本显著增加。

双循环系统常用的低沸点工质有氯乙烷（沸点12.4℃）、正丁烷（沸点-0.5℃）、异丁烷（沸点-11.7℃）、氟利昂-11（沸点24℃）、氟利昂-12（沸点-29.8℃）等。

双循环地热发电系统又可分为单级双循环地热发电系统、两级双循环地热发电系统、闪蒸与双循环两级串联发电系统等。我国河北怀来、江西温汤、西藏那曲等地的地热电站都是采用双循环地热发电系统。

（3）联合循环地热发电系统　20世纪90年代，以色列一家奥玛特公司（Ormat）把地热蒸汽发电和地下热水发电两种系统相结合，设计出一个新的命名为联合循环地热发电系统。联合循环系统的特点如下。

①整个过程是在全封闭系统内运行。

②即使矿化度高的热卤水也可以照常用来发电。

③环保型地热电站，不存在对生态环境的污染，电厂不会散发刺鼻的气味，也不会存在白色气雾等现象。

④节约型电站，大于150℃的高温地热流体经过一次发电后，在温度不低于120℃的工况下，再进入双工质发电系统进行二次做功，充分利用了地热流体的热能，既提高了发电的效率，又能将以往经过一次发电后的排放尾水进行再利用，从而大大地节约了资源。

⑤可持续型电站，发电后的流体全部回灌到热储层，起到了节约资源、延长地热资源使用寿命的作用，做到了可持续利用的目的。

新西兰罗托卡瓦电站，装机容量27MW，采用的就是联合循环地热发电系统，经济效益和环境效益都非常好。

3. 干热岩发电系统

干热岩是一种没有水或蒸汽的热岩体，主要是各种变质岩或结晶岩类岩体。干热岩埋藏于地下 2 ~ 6km 的深处，温度为 150 ~ 650℃。干热岩蕴藏的热能十分丰富，比煤炭、石油、天然气的总能量还要大。地下热岩的能量被自然地下水带出的概率仅为 1%，其余 99% 的干热岩都没有与水接触。因此，干热岩发电潜力巨大。

干热岩发电是从地表往干热岩注入温度较低的水，注入的水沿着裂隙运动并与周边的岩石发生热交换，产生高温高压超临界水或水汽混合物，然后从生产井中提取高温蒸汽，用于地热发电和综合利用。具体做法是：在不渗透的高温岩石中打两口深井，一口为注水井，一口为生产井；用水压破碎法将岩石破碎，在井底形成渗透性很好的裂带；将冷水从注水井注入高温岩石缝隙中加热；利用冷热水形成自然循环，再从生产井抽出热水；被抽出的热水通过热交换器把热量传给发电机发电；热交换后的低温水再注入注水井，形成循环。如图 7 - 9 所示为干热岩发电系统示意图。

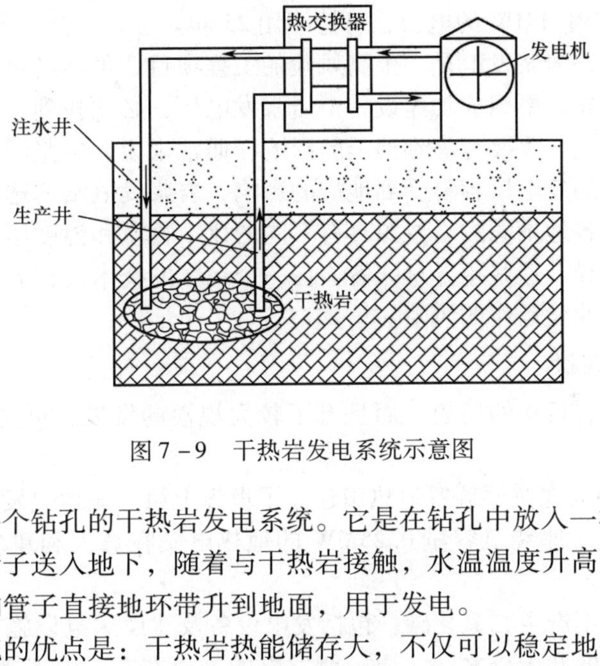

图 7 - 9　干热岩发电系统示意图

还有一种只有一个钻孔的干热岩发电系统。它是在钻孔中放入一根比钻孔直径小的管子，将冷水通过该管子送入地下，随着与干热岩接触，水温温度升高，冷水发生汽化，汽化的蒸汽沿着钻孔和管子直接地环带升到地面，用于发电。

干热岩发电系统的优点是：干热岩热能储存大，不仅可以稳定地提供热量，而且使用寿命也长；从地面注入的水，由于在地下停留时间短，来不及溶解岩层中的矿物质，所以比一般热水的杂质少；不受地热资源分布限制，开发过程不产生废水和废气。

干热岩发电涉及斜井深钻、深层岩石破碎、耐高温高压的新材料、传热计算、自动控制和计算机模拟等多种高新技术，开发难度大、成本高，目前仅处在试验阶段。同时，过程中破坏岩石，可能会引发地震。

1970 年美国洛斯 - 阿拉斯国立研究所的莫顿和史密斯提出利用地下干热岩体发电的设想。1972 年，他们在新墨西哥州北部打了两口约 4000m 的深斜井，从一口井中将冷水注入到干热岩体，从另一口井取出被岩体加热产生的蒸汽，功率效率达到 2300kW。1978 年，日本在岐阜县上郡肘折地区也进行了高温干热岩发电试验。进行干热岩发电研究的还有英国、法国、德国、俄罗斯，但迄今尚无大规模应用。

4. 岩浆发电系统

无论是地震还是火山爆发，都是地下能量的释放过程。地球内部的总热能量约为地球上全部煤炭储量的1.7亿倍，具有经济价值的潜在地热能大约相当于现在全球能源消耗总量的45万倍，比水力发电的潜力还大100倍。如何利用地下的高温岩浆发电，是能源科学研究的一大课题。

岩浆发电就是把井钻到岩浆处，直接获取岩浆的热量，这种发电方式还在探讨阶段。美国的科学家首先提出了利用高温岩浆发电的建议，并设计了实施方案。现在，美国、日本、英国都在建造岩浆发电的实验工厂。例如，美国在加利福尼亚州的隆巴列伊地区打了一口6000m的深井，然后利用水泵把水压入井孔，直达高温岩体，水遇到高温岩体变成蒸汽。单从一口井中得到的蒸汽，就可推动一个5MW的发电机组。日本是多火山的国家，地下岩浆丰富，日本新能源开发部在岐阜县烧岳地区和山形大藏村先后建造了两家高温岩浆发电实验厂。英国的鲁斯诺斯地区有一个废弃的花岗岩矿，花岗岩层下面就是炽热的高温岩层，在2000m深处，岩体温度约为100℃；在6000m深处，热岩体可把水加热到200℃，一口井就能产生1MW的电力，可持续用25年。

从技术角度来看，岩浆发电是一个高风险的工程项目，虽然经过了很多试验，但是依然面临众多挑战。首先，要想成功建设一个岩浆发电厂，必须找到一个岩浆源地，而且是能够循环的岩浆。其次，需要考虑到地震的影响。通常来说，岩浆活动强烈的地方，也是地震频发区域，这样的发电厂容易受到地震的影响，岩浆发电站的选址必须充分考虑地震的影响。最后，世界各地不同的岩浆源具有不同的化学物质和温度压力条件，即不同岩浆源之间具有一定的差异，这些差异意味着，在一个地区的技术工作方案，将不适用于其他地方，从而加大了商业化运作的风险。

（二）地热发电现状

地热发电至今已有百年的历史，而且有了较大规模的发展，可见地热发电能够可靠、安全且可持续性运行。

1904年，意大利人在拉德瑞罗地热田建立了世界上第一座地热发电站，开创了地热利用先河。1913年，第一座装机容量0.25MW的地热电站在意大利建成并运行，标志着地热商业化发电的开端。

地热发电基本上不产生二氧化碳，包括发电设备及建设送电设施在内，二氧化碳排放量仅相当于火力发电的几十分之一，原子能发电的一半左右。由于燃料不依赖国外供应，不存在汇率和燃料价格变动的风险，出于未来国际政治和经济发展长远战略，世界各国将再度兴起地热发电热潮。

据2015年世界地热大会的统计，截至2014年年底全世界有36个国家开发了地热能发电，地热发电总装机量达到12.64GW，生产电能73549GW·h，比2010年增加了16%。装机容量在1000MW以上的国家有美国、菲律宾、印度尼西亚、墨西哥和新西兰。发电装机容量增幅超过30%的5个国家是土耳其（330%）、德国（280%）、肯尼亚（194%）、尼加拉瓜（82%）、新西兰（32%）。中国地热发电总装机量为27.78MW，世界排名第19位。

第三节　地热开发利用面临的问题及发展前景

一、世界地热开发利用过程中存在的普遍问题

1. 开发不当容易造成环境破坏和污染

地热虽然属于较清洁的可再生能源，但是地热水具有较强的不可再生性，如果开发不合理将过度消耗地热资源，同时也可能导致环境破坏和污染。

（1）地面沉降　随着近年地热资源的开采量逐渐增加，抽取地下热水引起水位下降，导致地层进一步地压密，加剧了地面沉降的发生。

（2）热污染　所谓热污染是指温度较高的地热尾水在排放过程中，会向周围环境释放一定的热量，使周围的空气或水体的温度升高，改变生态环境，从而影响环境和生物生长。目前在缺乏梯级利用的情况下，尾水的温度较高，如果没有采取地热回灌或是相应的处理措施，会促使局部空气和水体的温度升高，改变生态平衡，影响附近生物的生长，使水中缺氧，影响水生生物的正常生活、发育、繁殖等，加快水汽循环，不利于缺水地区的生态环境。

（3）大气污染　在抽取地下热水的过程中，随着接近地表时压力的降低，热水中含有的一些气体和悬浮物就会排放到大气中，从而影响周围的环境。化学污染主要包括盐类污染和有害元素的污染。

（4）诱发地震　地热区多处于现代火山、近代岩浆活动地区或近代地壳构造运动活跃地区。这意味着地热资源开发一般发生在自然断裂通道和活断层上，即地热资源开发大部分在区域地震活动性强的地区内进行。

（5）地温变化　地温随深度的增加会逐渐升高，但在浅层地表范围内，地下水对地温起到控制作用，尤其在近地表土壤层内更是如此。过度开采可使地温升高，破坏土壤生态平衡。

2. 地热资源开发利用水平低，造成资源浪费

地热资源开发利用规模化、产业化水平不高，企业生产布局、产品结构和利用方式不合理，普遍存在重开发轻管理现象，影响了地热开发整体经济效益的提高。部分地热企业生产工艺落后，技术力量弱，粗放经营，无序竞争，盲目追求高利润，不按规定开采地热资源，不采取综合利用措施，资源利用率低，浪费了有限的资源。例如，采取直供、直排供暖方式的地热井，其热能利用率仅为20%～30%，严重浪费了地热资源。

3. 地热开发利用对常规能源和经济形势等因素比较敏感

作为一种新型能源形式，地热资源的开发利用容易受到来自常规能源、世界经济形势、国家能源战略的影响。常规能源如石油价格的波动限制了包括地热资源在内的其他能源的开发利用进程；波动的世界经济周期增加了地热发展的不稳定的外部环境；同时受到可预测地热资源量不确定性的影响，许多国家地热发展的方向不明确。

4. 地热开发利用需要国家推动和国际合作

地热的开发利用对于技术和装备要求都比较高，尤其在地热发电方面尤为突出。投资大、周期长、风险高，意味着必须通过国家规划、技术引进、项目示范、政策优惠等方式

推动地热资源的开发利用。同时许多发展中国家拥有丰富的地热资源，却由于缺乏先进的技术和管理经验而造成资源低水平利用和浪费，必须加强国际技术、资金和资源的交流合作。

二、我国地热资源开发中存在的主要问题

世界地热开发的普遍问题，在我国也同样普遍存在。我国部分地区盲目地开发利用已经造成一定的环境破坏和资源浪费问题。同时，作为一个地热资源相对丰富的发展中国家，我国地热开发利用还存在一些特有的问题。

1. 地热资源勘查开发缺乏统一规划，勘查评价程度低

我国对地热资源的开发尚未形成统一系统的规划，致使一些地区对地热资源的开发利用缺乏合理、系统的规划。部分已有规划落实不足，造成无序勘察和开发利用盲目且滞后，地热资源综合利用程度和经济效益低下的现象。

全国地热资源勘察评价程度低。目前，大部分地区尚未开展大比例的地热资源勘察。我国对地热资源的开发仅限于对已发现资源的开发，没有形成系统的勘察评价机构，致使地热资源开发利用的社会效益、经济效益达不到预期目标。

2. 对地热产业和地热资源缺乏科学的认识，环境保护意识薄弱

目前，有些地区对地热资源的综合利用价值和产业化开发利用的意义认识不足，将地热混同于一般的矿产资源或水资源；另一方面，一些开发单位对地热资源的特点认识不足，造成地热资源得不到合理开发和有效保护。地热资源是在特定的地质、构造、水文地质条件和水文地球化学环境条件下形成的。由于埋藏深，补给途径长，再生能力弱，其资源量并非无限量。所以，要保持其资源的长期连续稳定开采，要有计划地合理开发利用，防止盲目无序肆意开采造成资源浪费和环境地质问题的发生。

虽然地热资源被称为清洁能源，但是它在一定程度上仍然会引起一定程度的环境污染，表现在热污染、土壤污染和地面沉降问题上，尤其以地面沉降问题最为严重。此外，热流体的有害物质也会被排入空气中，对人体造成伤害。同时，被排出的地热水在流入土层后，对农作物具有破坏作用。所以，对地热的利用也必须做到开发与防治兼顾。

3. 政策因素

任何一种新能源的开发利用首先都需要国家政策的大力支持，地热资源开发也离不开国家政策支持。目前地热系统的技术规程、规范和技术标准尚不健全和完善，众多投资公司处于观望中。由于我国地热大规模开发起步较晚，没有建立起完善的法律体系，行政部门职能交叉重复，造成地热资源开发利用受到不同性质部门的重复管理，严重影响地热资源勘查与开发的正常发展。

4. 技术创新不足，综合开发利用效率低

地热的开发离不开技术的支持，但是由于在观念上没有重视地热资源，造成地热资源开发投资过低，技术创新缺乏资金支持，不能适应地热资源深度开发的需要。

由于相关公益性勘察和政策法律体系的缺位，梯级利用没有广泛应用，目前我国对地热资源的开发利用和管理处于自发分散的粗放阶段，资源浪费现象极其严重，综合效益不够显著。

5. 经济效益

我国地热资源分布不均衡，主要分布在西藏、云南和四川南部高原地区，由于交通不便利，经济较为落后，客观上造成开发难度加大，不利于地热资源的开发。

三、地热开发利用的前景

在全球气候变化、节能减排的大背景下，世界范围的地热勘察研究和开发利用势头强劲，地热资源利用将迎来新的高峰。随着世界经济的发展，对能源的需求日益增加，而为了应对全球变暖，必须不断加大对清洁能源的使用。我国的《可再生能源法》和《能源法》都强调必须大力提倡使用清洁能源，进一步促进我国地热资源的利用，进一步推动地热能在我国的发展普及。

1、发展地热资源循环经济，实现地热资源可持续发展

可持续发展是世界发展趋势，地热资源可持续发展的意义在于，它是保证当前及未来经济建设与社会发展的需要；同时，地热的开发要尽量控制，减少甚至不破坏自然环境。必须以循环经济理论为指导，采取有效的管理体制、先进的技术和完善的制度、法规来实现可持续发展。所以地热资源开发利用应该吸收世界其他国家的先进经验，加快推广清洁生产技术，用清洁生产的基本形式实现循环经济的发展。

2. 地热的直接利用和梯级利用成为主要发展趋势

与地热发电相比，直接利用地热具有高达50%～70%的利用效率，而地热发电只有5%～20%。我国中西部的大部分地区地热资源丰富，类型齐全，分布广泛，且为中低温地热资源；高温地热资源仅分布在藏南、滇西和川西地区。按照因地制宜、物尽其用的原则，发挥资源优势，减少浪费，提高地热利用率。因此，积极对地热资源进行直接利用比较适合我国国情。

梯级利用是按照终端用户需要的供热水温，从高到低排序，高能高用，温度适用，分配得当。通过梯级利用，可有效提高地热资源的利用率。

3. 地热水在农、林、牧、副、渔业方面有更广泛的利用

在农业上主要用于地热温室，培育良种，种植蔬菜、花卉，鱼苗越冬、孵化等方面。我国地热温室很普遍，并且有显著的经济效益。

4. 地热在旅游业和房产产业的开发利用

扩大地热需求市场和发展空间，开发温泉住宅区、温泉度假村、温泉康乐中心等，使地热房产产业和地热旅游业得到合理的开发利用。

地热能的大规模开发，涉及地壳深处复杂的环境和困难的地下作业，技术和经济上都有难度。但是，随着人类科技的进步和各国经济实力的提高，地热能将会成为人类向自然获取能源的一个重要组成部分。

思考题

1. 什么是地热能？开发地热能具有什么重要意义？
2. 地热能具有什么特点？
3. 地热能可分为哪些种类？

4. 全球主要地热带如何分布？
5. 简述地热能的利用。
6. 地热发电技术有哪些种类？它们有何运行特点？
7. 世界地热能开发利用过程中存在的普遍问题有哪些？

参考文献

1. 杨启岳，赵敏，等．热泵与太阳能利用技术．浙江：浙江大学出版社，2014.

2. 葛红花，张大全，等．可再生能源工程材料失效与预防．北京：化学工业出版社，2014.

3. 邢运民，陶永红，等．现代能源与发电技术．西安：西安电子科技大学出版社，2015.

4. 莫松平，陈颖．新能源技术现状与应用前景．广州：广东经济出版社，2015.

5. 翟秀静，刘奎仁，等．新能源技术．北京：化学工业出版社，2010.

6. 李文翠，胡浩权，等．能源化学工程概论．北京：化学工业出版社，2015.

7. 刘泉．新能源技术与应用．北京：化学工业出版社，2015.

8. 国网能源研究院．世界能源与电力发展状况分析报告．北京：中国电力出版社，2015.

9. 王潇，付林，等．城市热网与浅层地热能复合型集中供热系统性能分析．暖通空调，2014，(44)：93～99.

10. 韩再生，冉伟彦，等．浅层地热能勘查评价．中国地质，2007，34（6）：1115～1121.

11. 陈俊．浅述浅层地热能的应用和发展前景．中国水运，2013，13（2）：196～198.

12. 庞忠和，胡圣标，等．中国地热能发展路线图．科技导报，2012，30（32）：18～24.

13. Bobo Zheng，Jiuping Xu，et al. Geothermal energy utilization trends from a technological paradigm perspective. Renewable Energy，2015（77）：430～441.

14. Ruth Shortall，Brynhildur Davidsdottir，et al. Development of a sustainability assessment framework for geothermal energy projects. Energy for Sustainable Development，2015（27）：28～45.

15. Ruth Shortall，Brynhildur Davidsdottir，et al. Geothermal energy for sustainable development：A review of sustainability impacts and assessment frameworks. Renewable and Sustainable Energy Reviews，2015（44）：391～406.

16. David Cook，Brynhildur Davidsdottir，et al. Accounting for the utilization of geothermal energy resources within the genuine progress indicator —A methodological review. Renewable and Sustainable Energy Reviews，2015（49）：211～220.

17. Mihaela Coroiu. Geothermal energy for residential co－generation. Procedia － Social and Behavioral Sciences，2015（195）：2501～2510.

18. Roland Horne，Kewen Li. A special issue on geothermal energy. Math Geosci，2015，

(47)：1～2.

19. Alena Bleicherl，Matthias Gross. User motivation，energy prosumers，and regional diversity：sociological notes on using shallow geothermal energy. Bleicher and Gross Geothermal Energy，2015（3）：12.

第八章　海洋能利用

第一节　概述

海洋面积 $3.61\times10^{8}km^{2}$，占地球表面积的70.78%。海洋的平均深度为3800m，海洋的体积约为 $1.37\times10^{9}km^{3}$，海水的总质量为 $13\times10^{8}t$。海水占地球上水量的97.2%，淡水只占地球上所有水量的0.63%。

浩瀚的海洋蕴藏着巨大的能量。广义上的海洋能源包括：第一类是海水以上的海洋风能；第二类是海洋表面的太阳能；第三类是海底或海床下储存的矿物能，如石油、天然气、天然气水合物（可燃冰）；第四类是溶于海水中的铀、锂、重水、氚等化学能；第五类是海洋生物质能；第六类是依附于海水作用和蕴藏在海水中的能量，包括潮汐能、波浪能、温差能、海流能、潮流能、盐差能等。我国海洋行业标准《海洋能源术语》中的定义是“依附于海水水体的可再生自然能源。如潮汐能和潮流能、海流能、波浪能、盐差能等”。海洋能开发潜力巨大，并且可以再生，主要用于发电。

海洋能具有以下特点：

（1）可再生，由于海洋能主要来自太阳的辐射，以及太阳和月球的引力，因此是可再生的永续能源。

（2）能量密度低。潮汐能的潮差不过几米、十几米；波浪能的年平均波高较大的为3~5m，年平均能量只有300~500MW·h/m；温差能的表层、深层海水温差较大值为24℃；盐差能的渗透压一般为2.51MPa，相当于 $256000mmH_2O$（$1mmH_2O=9.80665Pa$）。

（3）分布不均。

（4）既有相对稳定的，也有有规律但不稳定的，还有既不稳定也无规律的。

（5）开发利用的投资大。

（6）清洁，对环境影响小。

第二节　潮汐能

一、潮汐现象

（一）潮汐

潮汐是海水受太阳、月球和地球引力相互作用后所发生的周期性涨落现象。由于月球与地球之间的距离较其他天体要近得多，所以对潮汐的影响月球充当了主要力量，而其他天体对潮汐的影响较小，甚至可以忽略。潮汐作为一种自然现象，为人类的航海、捕捞和晒盐等经济活动提供了方便。随着人类文明的发展它还可以转变为电能，给人类带来光明和动力。

（二）潮汐要素及潮汐分类

潮汐振动以潮波的形式从大洋、外海向浅海和岸边传播，进入大陆架海岸时，由于受到所处地理位置、海底地形、海岸形态的影响，各地发生上升、收聚和共振等不同变化，形成了各地不同的潮汐现象。潮波是一种典型的长波，波长在大洋上可达100km以上，传至浅海后波长大幅度减小。潮波波峰达到某地时，表现为高潮位，波谷到达时，表现为低潮位。

潮汐现象在垂直方向上表现为潮位的升降，在水平方向上则表现为潮流的进退。潮汐水位随着时间而变化的过程线，称作潮位过程线，如图 8－1 所示，同时潮汐要素也在潮位过程线上显示。从低潮到高潮，海面上涨的过程称为涨潮。海水起初涨得较慢，接着越涨越快，到低潮和高潮中间时刻涨得最快，随后涨速开始下降，直至发生高潮为止。将这时海面不涨不落的平衡状态，称为平潮。把平潮的中间时间定为高潮时。从高潮到低潮，海面的下落过程称为落潮。当海面下落到最低位置时，海面也有一个短时间处于不涨不落的平衡状态，称为停潮。把停潮的中间时刻定为低潮时。

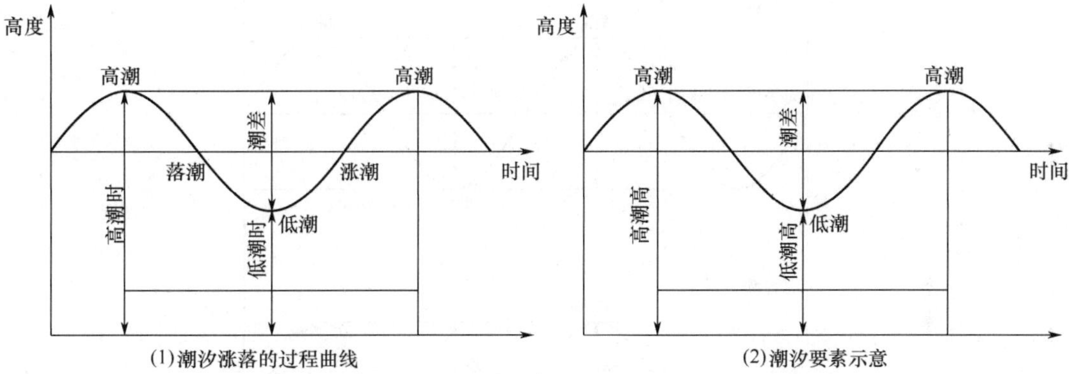

图 8－1 潮汐要素及潮汐涨落过程曲线

潮汐涨落过程中，海面上涨到最高位置时的高度称为高潮高，下降到最低位置时的高度称为低潮高，相邻的高潮高与低潮高之差称为潮差 H。高潮高或低潮高相对平均潮高的高度称为潮幅 $H/2$。

从低潮到高潮的潮位差称为涨潮潮差，从高潮到低潮的潮位差称落潮潮差，两者的平均值即为这个潮汐循环的潮差。世界上较大的潮差值为 13～15m，我国杭州湾的最大潮差为 8.9m。一般认为潮差值在 3m 以上就具有了实际利用价值。从低潮时到高潮时的时间间隔，称为涨潮时，从高潮时到低潮时的时间间隔，称为落潮时，两者之和为潮汐周期。

潮汐的涨落现象成因复杂，因时因地而异。但是，根据潮汐涨落周期和相邻潮差的不同，可以把潮汐现象分为 3 种类型。

1. 正规半日潮

一个地点在一个太阳日（24h50min）内，有两个周期，即发生两次高潮和两次低潮。

这种半日完成一个周期的潮汐称为正规半日潮或半日潮。它的特点是相邻两个高潮或低潮的潮高近似相等；涨潮时和落潮时也近似相等。

2. 全日潮

在半日内，有连续1/2以上天数，在一个太阳日内出现一次高潮和一次低潮，而少数天数为半日潮，这种类型的潮汐，称为全日潮。

3. 混合潮

每日升降两次和一次混杂出现的潮汐，称为混合潮。它一般可以分为不正规半日潮和不正规日潮两种情况。不正规半日潮是在一个太阳日内有两次高潮和两次低潮，但两次高潮和低潮的潮高均不相等，涨潮时和落潮时也不相等；不正规日潮是在半月内，大多数天数为不正规半日潮，少数天数在一个太阳日内会出现一次高潮和一次低潮的全日潮现象，但日潮的天数不超过7天。所以，混合潮是介于半日潮和全日潮之间的一种形式。

潮汐的3种类型如图8-2所示。我国黄海、东海沿岸多数港口属半日潮海区，如上海、青岛、厦门等地区的沿海区就是比较典型的半日潮海区；南海多数地方属混合潮；有些地方则属全日潮海区，如北部湾地区。

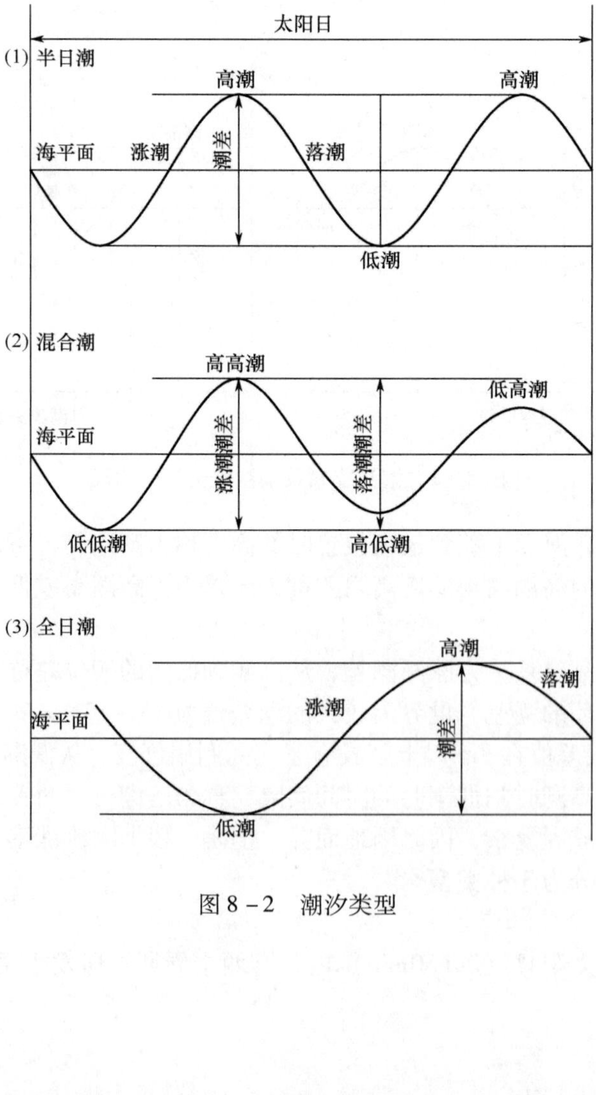

图8-2 潮汐类型

二、潮汐能

在潮汐现象中，因海水潮涨与潮落形成的水的势能被称作潮汐能。潮汐能的大小直接与潮差有关，潮差越大，能量也就越大。由于深海中的潮差一般较小，因此潮汐能的利用主要集中在潮差较大的浅海、海湾和河口地区。

潮汐能是因地而异的，不同的地区常有不同的潮汐系统，但是他们都是从深海潮波获取能量。

现代潮汐能的利用，主要是潮汐发电。利用潮汐发电必须具备两个物理条件：①潮汐的幅度必须大；②海岸的地形必须能储蓄大量海水，并可进行土建工程。

目前成熟的潮汐发电形式是水库式发电，即利用海湾、河口等有利地形，建筑水堤形成水库，以便于大量蓄积海水，并在坝中或坝旁建造水力发电厂房，通过水轮发电机组进行发电。

潮汐能的蕴藏量十分巨大。世界潮汐能的开发利用已初见成效。全球的潮汐能发电储量约有 2000×10^8kW·h，而目前实际用来发电的只有 6×10^8kW·h 左右。我国大陆海岸线漫长，蕴藏丰富的潮汐能，至少有 1.9×10^8kW，占世界蕴藏量的15%左右，可开发的年发电量超过 800×10^8kW·h。在潮汐能蕴藏量中，渤海约占 3000×10^4kW，黄海约占 5500×10^4kW，东海约占 7400×10^4kW，南海约 4000×10^4kW。钱塘江的潮汐能约 700×10^4kW 以上，著名的钱塘江大潮，潮差高达 8.9m，如果用来发电，发电能力几乎是三门峡水电站的50%。

三、潮汐能发电原理及电站类型

利用潮汐能发电分为两种形式：一是利用潮汐的动能，直接利用潮流前进的力量来推动水车、水泵或水轮机发电；二是利用潮汐的位能，在电站上下游有落差时引水发电。由于利用潮汐的动能比较困难，效率低，所以，潮汐发电更多是利用潮汐的位能。

（一）潮汐位能发电

潮汐位能发电的工作原理和一般的水力发电原理是相近的。它是利用潮水的涨落产生的水位差所具有的势能来发电，就是营造水头（高度差），把海水涨落的能量转变为机械能，再把机械能变为电能的过程。这种发电方式也称为有库式发电即水库式发电。

潮汐位能发电主要有如下几种形式。

1. 单水库单向发电

在涨潮时将储水库闸门打开，向水库充水，平潮时关闸；落潮后，待储水库与外海有一定水位差时开闸，驱动水轮发电机组发电，如图 8-3 所示。这种方案的优点是设备结构简单，投资少；缺点是潮汛能利用率低，发电不连续。

2. 单水库双向发电

利用两套阀门控制两条向水轮机引水的管道。在涨潮和落潮时，海水分别从各自的引水管道进入水轮机，使水轮机旋转带动发电机，如图 8-4 所示。这种方案适用于天然潮汐过程，潮汐能利用率高，但投资大。

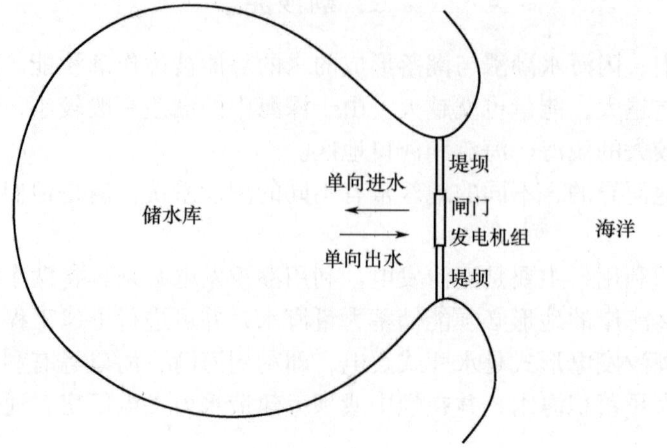

图 8-3　单水库单向潮汐发电示意图

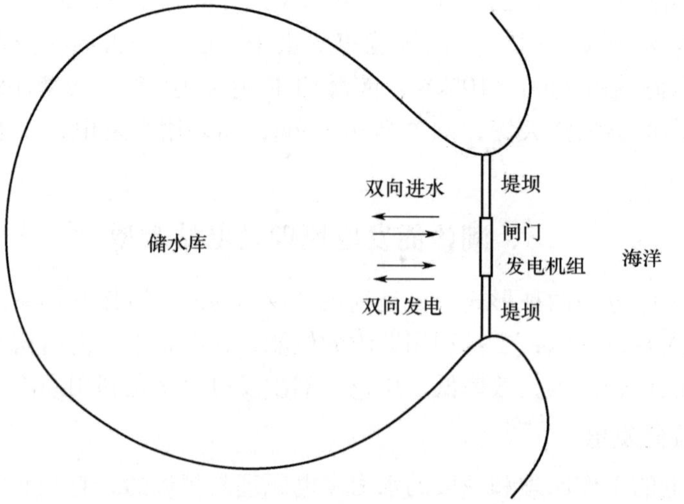

图 8-4　单水库双向潮汐发电示意图

3. 双水库连续发电

采用两个水力相联的水库。涨潮时，向高储水库充水，落潮时，向低储水库排水，利用两水库间的水位差，使水轮发电机组连续单向旋转发电，如图 8-5 所示。该方案可实现连续发电，但是要建两个水库，投资大且工作水头低。

4. 发电结合抽水蓄能式电站

在潮汐电站水库水位与潮位接近并且水头小时，用电网的电力抽水蓄能。涨潮时将水抽入水库，落潮时将水库内的水往海中抽，以增加发电的有效水头，提高发电量。

上述 4 种形式的电站各有特点，各有利弊。在建设时，要根据当地的潮型、潮差、地形和电力系统的负荷要求、发电设备的组成情况以及建筑材料和施工条件等技术经济指标，综合进行考虑，慎重选择。

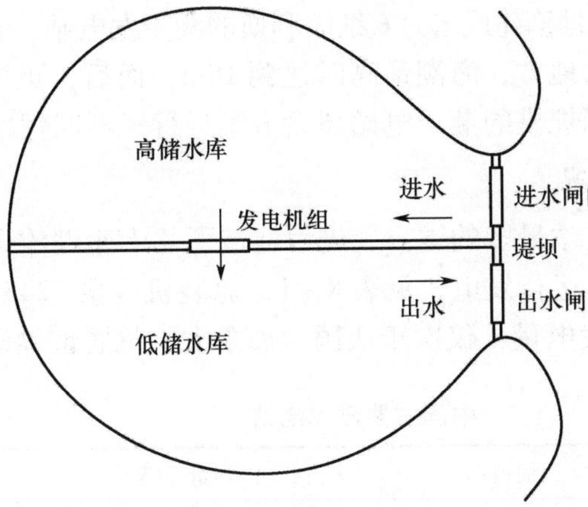

图 8－5 双库连续潮汐发电示意图

（二）潮汐动能发电

如果海湾或河口处在潮汐涨落中的流速较高，可直接利用潮流前进的动能来推动水轮机发电。这种发电方式突破常规发电的概念，也称为无库式潮汐能发电。方法类似于风力发电机，兼顾风和海流的密度等条件的不同而开发设计，因此这种发电技术所用水轮机的结构形式与传统有库式机组的结构形式有很多不同点。根据机组结构组成不同，目前总体分为海底风车式机组和全贯流式机组。

由于涡轮的面积比起潮汐流的截面是很微小的，所以对整个潮汐能的利用率非常低。但是不用建设坝堤及相关设施，投资少，且不影响生态环境，发电的必备条件是潮汐要形成足够的流速。

四、潮汐能发电特点

潮汐能发电有许多优点，例如，潮汐的涨落具有规律性，可以做出准确的长期预报，可以稳定供电；以河口或海湾为天然水库建站发电，基本没有土地淹没、移民等问题，还可以进行围垦农田、水产养殖、蓄水灌溉等综合利用事业，而且不消耗任何燃料，无环境污染等问题。但是潮汐能发电的缺点也很明显，工程艰巨、造价高、单位投资巨大、海水及海生物对水下设备有腐蚀作用等。随着技术的进步，潮汐能发电成本的不断降低，将会促进潮汐能发电的发展。

五、潮汐能应用及前景

（一）国外潮汐能利用情况

世界上潮汐能资源较丰富的国家几乎都在进行开发利用研究，尤其以法国、英国、美国、加拿大等国家开发为早。

1966 年，法国在朗斯河口建成朗斯潮汐电站，该站址潮差最大 13.4m，平均 8m。单库面积最高海平面时为 $22km^2$，平均海平面时为 $12km^2$。大坝高 12m，宽 25m，总长 750m。朗斯潮汐电站是第一个商业化电站，也是世界上最大的潮汐发电站，其发电量达 5.44×10^8kW·h。继法国之后，前苏联在巴伦支海建成基斯洛潮汐电站，其设计总装机为 800kW。1984 年加拿大在芬地湾建成名为安纳波利斯的潮汐发电站，装机容量为 50000kW。芬地湾是世界上潮汐能最大的地方，海潮最高时达到 18m。而后，英国、韩国、印度、澳大利亚和阿根廷等国家对不同规模的潮汐电站建设方案进行了不同程度的深入研究。

（二）我国潮汐能利用情况

我国是世界上建造潮汐电站最多的国家，先后建造了几十座潮汐电站。但由于各种原因，目前只有 8 个电站在正常运行发电，见表 8 – 1，总装机容量 7245kW，年发电量 1000 多万 kW · h。我国的潮汐能发电量，仅次于法国、加拿大，位居世界第三位。

表 8 – 1　中国主要潮汐电站

电站	潮差/m	容量/MW	投运时间
江厦潮汐试验电站	5.1	3.2	1980 年
海山潮汐电站	4.9	0.15	1975 年
沙山潮汐电站	5.1	0.04	1961 年
白沙口潮汐电站	2.4	0.64	1978 年
岳浦潮汐电站	3.6	0.15	1971 年
浏河潮汐电站	2.1	0.15	1976 年
果子山潮汐电站	2.5	0.04	1977 年
幸福洋潮汐电站	4.5	1.28	1989 年

目前制约潮汐能发电的因素主要是成本因素，到目前为止，由于常规电站廉价电费的竞争，建成投产的商业用潮汐电站不多。然而，由于潮汐能蕴藏量巨大和潮汐能发电的许多优点，人们还是非常重视对潮汐能发电的研究和试验。潮汐能发电是一项潜力巨大的事业，经过多年来的实践，在工作原理和总体构造上基本成型，可以进入大规模开发利用阶段。随着科技的不断进步和传统能源的日趋紧张，潮汐能发电在不远的将来将有飞速发展，前景广阔。

六、潮汐发电面临的技术挑战

目前，潮汐发电技术正在不断发展中，各国都在努力研究如何更安全有效环保地利用潮汐能。潮汐发电面临的技术挑战主要来自以下几个方面。

（1）潮汐电站建造在海湾口，水深坝广，建筑物结构发展、施工及基底处理难度大，土建投资高，一般占总造价的 45%。

（2）潮汐发电站中，水轮发电机组约占电站总造价的 50%，同时，机组的制造安装也是电站建造工期的主要控制因素。大、中型水电站由于机组数量多，控制技术要求较高。目前，全贯流式水轮机发电机组由于其外形小、质量轻、效率高，在世界各国已得到广泛应用。

（3）由于海水、海生物对金属结构物和海工建造物有腐蚀、玷污作用，因此，电站需要做特殊的防腐、防污处理。

（4）潮汐电站的选址较为复杂，既要考虑潮差、海湾地形及海底地质，又要考虑当地的海港建设、海洋生态环境保护。电站的海洋环境问题主要包括两个方面，一是电站对海洋环境的影响，如水温水流、盐度分层对海滨产生的影响，这些变化会影响到附近地区浮游生物的生长及鱼类生活等；二是海洋环境对电站的影响，主要是泥沙冲淤问题，既与当地海水中的含沙量有关，还与当地的地形、波流等有关，且关系复杂。

第三节 波浪能

一、波浪的形成及波浪能

波浪，泛指海浪，即海面水质点在风或重力的作用下高低起伏、有规律运动的表现。海水的波动既可出现在海洋表面，又可出现在海洋深处。在风等外力作用下，海水的质点离开其平衡位置做运动。由于海水的连续性，这种运动必将带动起邻近的质点，导致其运动状态在空间上发生传播。通常，可以把海水的波动看成是简谐波动或多个不同频率、振幅的简谐波动的叠加。

波浪按其发生、发展的不同，可细分为风浪、涌浪、近岸浪。风浪是指在当地风作用下，且一直处在风的作用下的海面波动状态；风对海水的压力以及与海面的摩擦力是风浪产生的动力，所以风浪的能量直接来源于风能。涌浪则是指由于其他海区传动来的波动，或者在当地风力已经减弱甚至消失，以及风向发生改变后，海面上遗留下来的波动；此时，海上虽然风和日丽，海面上却依然波高浪大，形成无风三尺浪的现象。近岸浪是指涌浪传到浅水区，由于受到水深变化的影响，出现折射、波面破碎和卷倒，海面白浪翻滚，海边浪花飞溅。

波浪能是指海洋波浪所具有的动能和势能。波浪的能量与波高的平方、波浪的运动周期以及迎波面的宽度成正比。实际上波浪功率的大小还与风速、方向、流速等诸多因素有关。通常，以单位时间在传播峰面单位长度上的能量 P_W 来表示：

$$P_W = \frac{\rho g^2}{32\pi} H^2 T \qquad (8-1)$$

式中 ρ——海水密度

g——重力加速度

H——波高

T——波周期

根据计算可知，如果一个周期为 10s，波高为 2m 的波浪，蕴藏的能量密度为 40kW/m。波浪产生的随机性很大，所以波浪能是海洋能中最不稳定的一种能源，但其品位最高、分布最广且能量密度大。台风导致的巨浪，其功率密度可达 1×10^3kW/m 数量级，而在平静的海面，却只有 1×10^{-3}kW/m 的数量级。波浪能丰富的欧洲北海地区，其年平均波浪功率也仅为 20～40kW/m。我国海岸线大部分的年平均波浪能功率密度为 2～7kW/m。

从全球范围来看，南半球和北半球 40°～60°纬度范围内的风力最强。信风区（赤道两侧 30°之内）的低速风也会产生很有吸引力的波候，因为这里的低速风比较有规律。在盛风区和长风区的沿海，波浪能密度一般都很高。例如，英国沿海、美国西部沿海和新西兰南部沿海等都是风区，有着特别好的波候。北大西洋的波浪能达 80～90kW/m，日本海域有 50kW/m，地中海因其封闭性，只有 3kW/m。世界能源委员会的调查显示，全球可利用的波浪能达到 20×10^8kW，相当于目前世界发电量的 2 倍。

利用中国沿海海洋观测台资料估算，我国沿海理论波浪能年平均功率约为 1.3×10^7 kW。但由于不少海洋观测台站的观测地点处于内湾或风浪较小的位置，故实际的沿海波浪功率要大于此值，其中浙江、福建、广东和台湾沿海为波浪能丰富的地区。

二、波浪能发电

(一) 波浪能发电装置

波浪发电是波浪能利用的主要方式。波浪的运动形式是比较复杂的，能被利用来进行发电的主要有以下几种形式：波浪垂直方向的振荡运动；流体静压力的变动；水粒子的圆周运动或椭圆形轨迹运动；水粒子的水平运动。根据装置构造和工作过程的不同可以将具体装置分为以下几种类型。

1. 利用波浪垂直运动的装置

利用波浪垂直运动的装置，具体有下面几种。

(1) 气柱振荡式　可以是岸式，也可以是离岸固定，如图 8 - 6 所示，利用自行车打气筒的原理。其特点是有一个下端开口的空腔，其下半部分是海水，上半部分是空气。其中的水柱可以和具有某种频率的波浪激发产生共振，推动空气柱做功。当海流起伏时，空腔内的水位随着上升、下降，压出或吸入空气，形成高速气流，气流使空气涡轮机旋转，带动发电机发电。

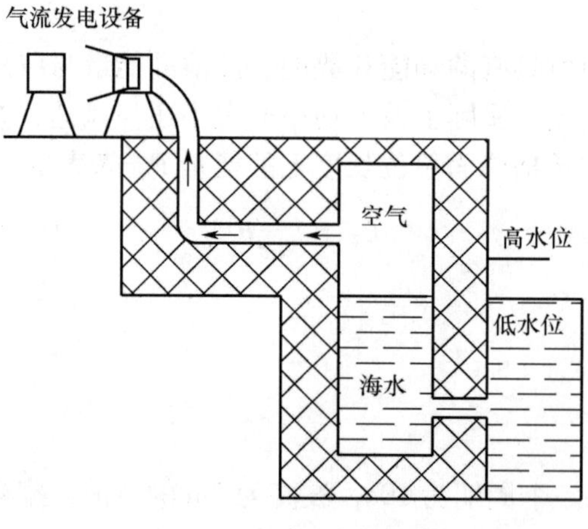

图 8 - 6　岸式和离岸固定气柱振荡波能发电装置示意图

该装置发电能力较小，从几瓦到几百瓦，但结构简单，运行稳定。该装置是由空气推动空气涡轮机发电的，空气柱是往复振荡的，需要采取一定的措施，使空气涡轮单向转动。

气柱振荡发电装置主要有英国的 LIMPET、中国的 100kW 固定式电站等。

(2) 浮体垂直摆荡式（或称漂浮式）　利用可以漂浮在海面上的浮体，在和海面垂直的平面内由波浪推动着振荡或摆动，从而获得机械能。

①振荡浮子式发电装置：该装置采用浮子俘获波浪能，通过与浮子连接的液压装置或机械装置将波浪能转换成某种机械能，再通过发电机组转换成电能。图8－7是浮子式波能转换器示意图。它的优点是：振荡浮子制造简单；可以采用液压或机械系统传递能量，效率比振荡水柱装置高；能量容易汇集，形成大规模发电系统。在振荡浮子式发电的基础上又发展出来点吸收式发电，主要强调对浮子进行相位和负载的控制，从而在较宽的波频范围里获得较高的转换效率。英国的AquaBuOY装置、阿基米德波浪浮子、PowerBuoy都是点吸收式波浪发电装置。

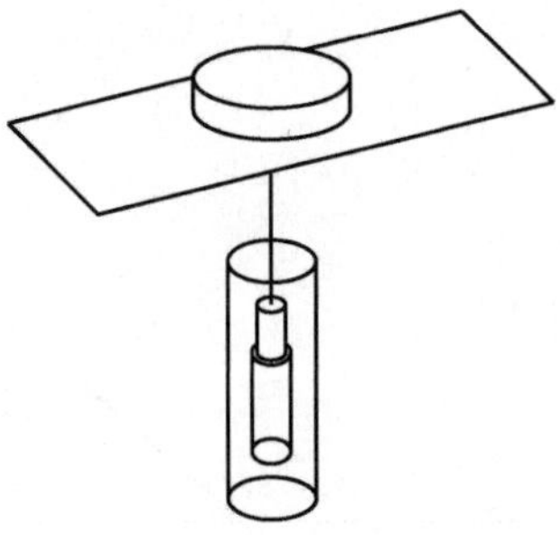

图8－7　浮子式波能转换器示意图

②点头鸭式波浪发电装置：这种发电装置因外形而得名，如图8－8所示。当波浪从左边冲过来时，由于右边没有波浪冲击力，故鸭体失去平衡，产生摆动。波浪中表层海水质点做圆周运动，表面海水分子的运动直径和波高相同，但是随着水深的增加，水质点运动的直径迅速减小。当波浪冲击到鸭体时，表层海水给予鸭体的冲击力大，深层海水给予鸭体的冲击力小，这就使得鸭体抬头；波峰过去后，鸭体点头，如此循环。鸭体吸收波能的效率可达80%～90%。鸭体摆动的过程中，带动内部的花键泵转动，压出高压的油流，高压油驱动油马达旋转，从而带动发电机发电。该装置结构简单，效率高，安全性好，可以阵列进行大规模发电，向陆地输电。目前已能发出功率15kW的电量。中国主要有中国科学院广州能源研究所在珠海万山岛建成的鸭式波浪发电装置。

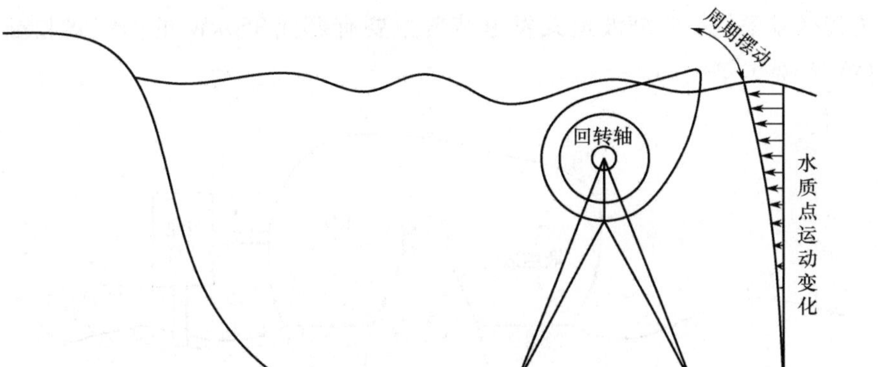

图8－8　点头鸭式波浪发电装置示意图

③波动筏式发电装置：波动筏式发电装置由若干钢制或钢筋混凝土制得箱型筏块连接成一排而组成，如图8－9所示。整个装置浮在海面上，和波浪一起上下浮荡，筏块的状态总保持和波形一致。在筏块随着波浪起伏运动的过程中，筏块之间的夹角不断改变，在两个筏块之间安装一个液压装置就可以将其中的能量提取出来，从而将波能转换为电能。该发电装置的效率可达50%。其结构简单，造价低，易于组装和维护，安全性好，可以经受大风大浪的袭击。

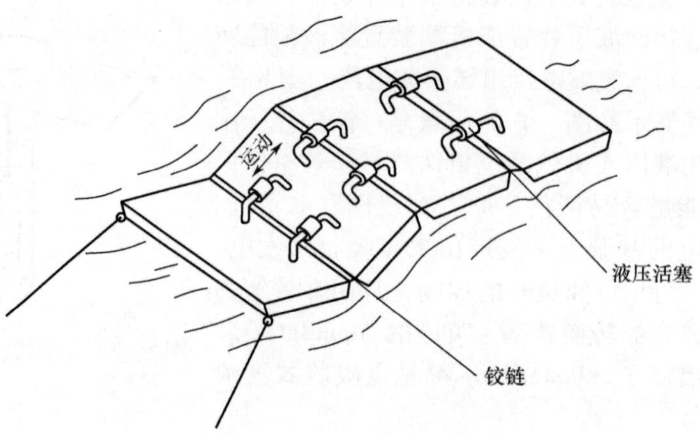

图 8－9　波动筏式发电装置示意图

筏式波浪发电装置主要有英国 Cork 大学和女王大学研究的 McCabe 波浪泵和苏格兰 Ocean Power Delivery 公司的 Pelamis 波能装置。在葡萄牙已经建成三台容量为 750kW 的 Pelamis，并进入商业化试运行。

（3）收缩波道式　波浪收缩波道发电装置主要由收缩波道、高位水库、水轮机、发电机组成，如图 8－10 所示。波道与海连通的一面开口宽，然后逐渐收缩，最后在开口最小处与高位水库相连。波浪在由宽变窄的波道中被不断放大，水平面不断升高，直至溢过高位水库的边墙，将波浪能转变成势能。高位水库与外海间的水头落差可达到 3～8m，再利用水轮发电机组发电。其优点是可靠性好、维护费用低，在浪大时系统出力稳定；但在浪小时，系统转换效率低。收缩波道式发电装置主要有挪威 350kW 的固定式收缩波道装置和丹麦 Wave Dragon 等。

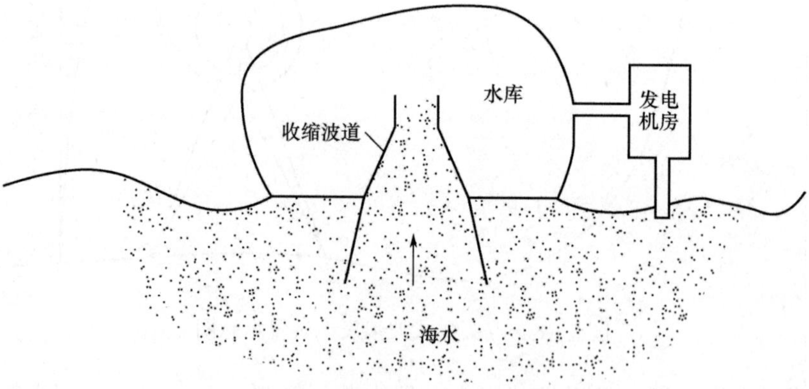

图 8－10　收缩波道式发电装置示意图

2. 利用流体静压力变动的装置

利用流体静压力变动的装置及方式主要有下面几种。

（1）拉塞尔整流式　利用两组阀门的开闭使流经这种装置的水流单向流过水轮机做

功。典型装置有拉塞尔整流式装置。拉塞尔整流式装置是一种闸式结构，其设计构想和原理如图 8－11 所示，对面海洋设有两组单向门：一组是允许水流进入储水池的 B 门，另一组则是只允许水流从集水池流出的 A 门。这两个水池由一个水轮机连接起来。由波浪作用维持的水头使该水轮机不断运转。其工作过程为：波浪产生的压力迫使 B 门打开，储水池充水，当内部流体的静压力超过波浪产生的力，门就关闭。储水池的水通过水轮机流入集水池，集水池充水，直至波浪力在排出门 A 产生的力小于集水池内流体的静压力时，排出门打开，集水池内部的水排出。当波峰到来时，排出门再次关闭。如此循环。该装置的平均发电功率为 5kW/m。

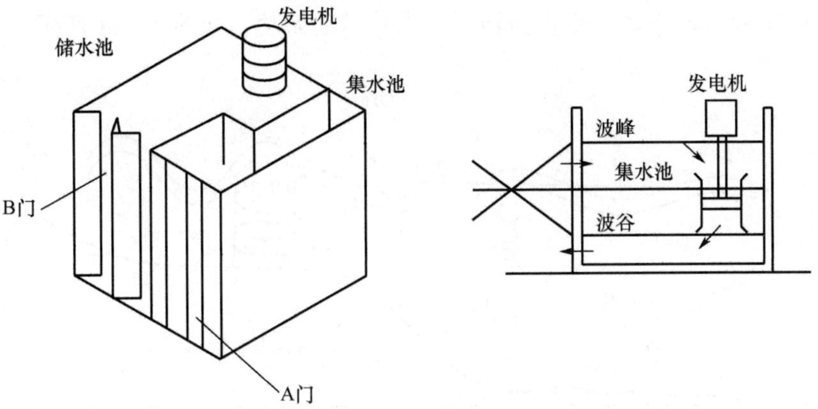

图 8－11　拉塞尔整流构思和原理图

（2）压力－柔性膜式装置　安装在水下，利用波浪带来的静水压力和水粒子运动的压力变化推拉柔性膜，由膜带动介质运动把能量传给发电机。通常分为两类：开式系统和闭式系统。

气袋式波浪发电装置是一种典型的压力－柔性膜式波浪能利用装置，如图 8－12 所示。该装置有一根柔性长管，由软隔膜把长管分隔成若干个小室，小室内充满空气，其底下有一条窄缝，与一根相同长度的矩形预应力混凝土梁相接，并使之封闭。矩形梁内有上下两个气道，两个气道与各小室通过单向阀各自相通。矩形梁内的中部设有空气涡轮机和发电机室。

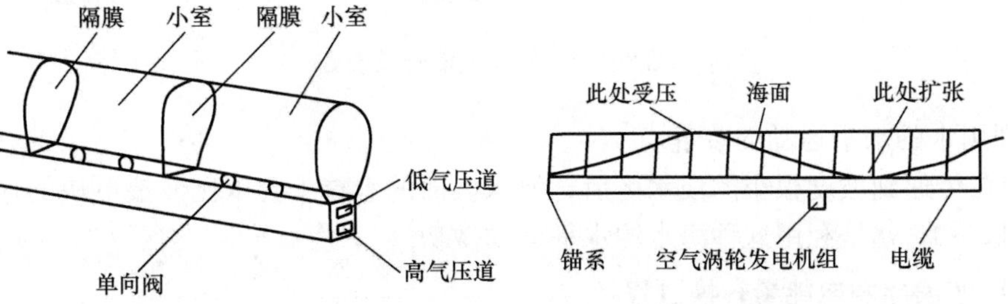

图 8－12　气袋式波浪能发电装置结构和原理示意图

该装置沿波浪前进的方向安放，并以锚链定位。当波浪经过气袋时，有些小室处于波峰位置，另一些小室处于波谷位置。波峰处的小室受到压缩，其内的空气也受到压缩，就冲开单向阀，冲向高压通道，使空气涡轮机旋转带动发电机发电。发电后的气体通过低压通道返回小室。当波浪前进时，原来处于低压的小室变成受压状态，原来受压的小室变成低压状态。这样在波峰和波谷的交替作用下，气袋也交替压缩和扩张，形成气流，从而连续发电。根据估测，该装置每1m长可发出5~6kW的电力，气袋长度可视发电需要增减，是一种有前途的装置。

3. 利用水粒子的运动的装置

波浪传递到浅水中时，水的粒子沿着长轴水平的椭圆形轨迹运动，如图8－13所示。水轮式即利用这种运动带动在垂直面转动的水轮转动做功，如图8－14所示。

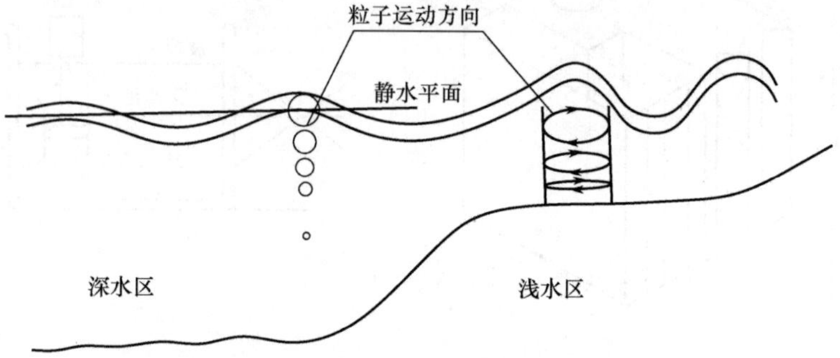

图8－13　深水和浅水处水粒子的运动轨迹

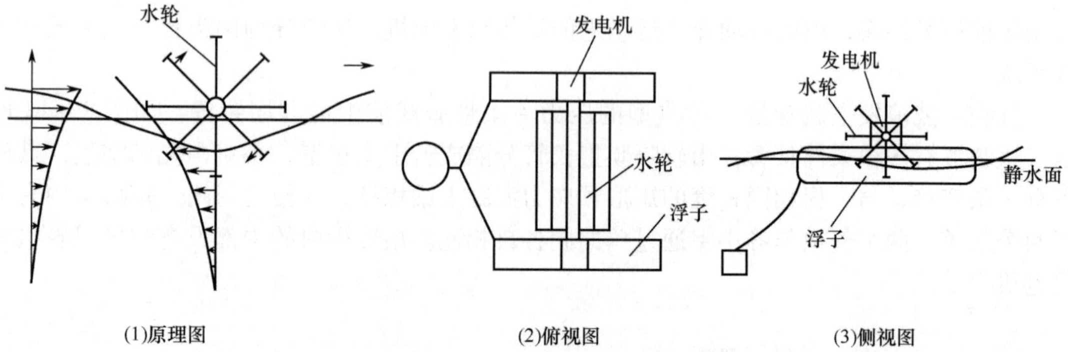

图8－14　水轮波能转换装置

4. 利用水的水平运动的装置

波浪在传递到坡度很小的浅水区后，海水表面的水粒子会以比波浪更快的速度接近海岸。如图8－15就是利用这种海水的水平运动做功。

（二）波浪能发电能量转换过程

分析可知，波浪能发电过程主要分3个阶段：第一阶段是能量采集系统，即捕获波浪能；第二阶段是能量转换系统，其目的是要将低速、低压的波能转换成某种特定形式的机

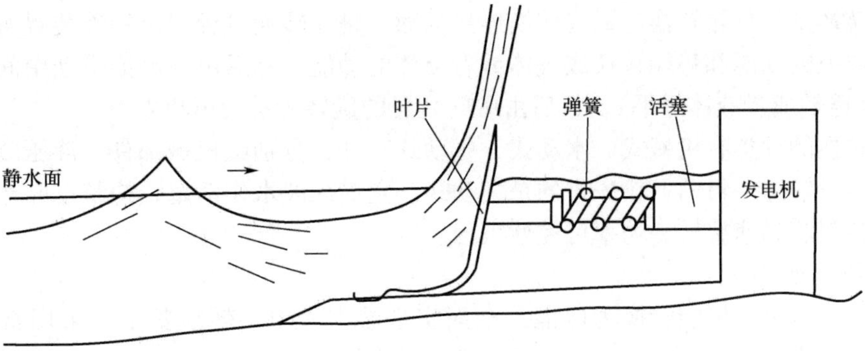

图 8－15　水平往复式波能发电装置示意图

械能；第三阶段是发电系统等。从能量转换上可以分为：首轮转换、中间转换、最终转换。图 8－16 是波浪能发电流程示意图。

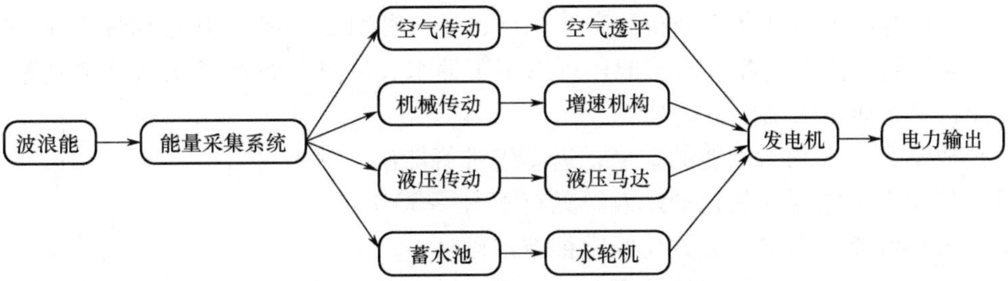

图 8－16　波浪能发电流程示意图

1. 首轮转换

首次转换是能量转换的发源环节，以便将波浪能转换成装置机械能。其利用形式有活动型（款式有鲸式、浮标式、岸坡式）、水流型（款式有收缩水槽、推拌式、环礁式）、压力型（款式有柔性袋子）三种，均采取装置中浮置式波能转换器（受能体）或固定式波能转换器（固定体）与海浪水体相接触，引发波浪直接输送。其中，鸭式活动型采用油压传动绕轴摇摆，转换效率（波浪——机械量）大于 90%。而使用最广泛的是振荡水柱型，采用空气作介质，利用吸气和排气进行空气压缩运动，使发电机旋转做功。水流型和压力型可将海水作为直接载体，经设置室或流道将海水以位能形式蓄能。活动型大多靠柔性材料制成空腔，经波浪振荡运动传动。

世界波浪发电的趋势是前期收集波能，以浮置式起始，深入发展后，仍以岸坡固定式集束波能获得更大的发电功率，并设法用收缩水道的办法，提高集波能力。现代大型波浪发电站首轮多靠坚固的水工建筑，如集波堤、集波岩洞来实现。为了最大限度地利用波浪能，首轮转换装置的结构必须综合考虑波面、波频、波长、波速和波高，其设计要利于波浪频率共振，达到高效采能，使小装置赢得大能量。

必须注意，由于海上波高浪涌，首轮转换构件必须牢固且耐腐，特别是浮体锚泊，还要有波面自动对中系统。

2. 中间转换

中间转换是将首轮转换与最终转换连接沟通，是在转换过程中经特殊装置将首轮转换收集到的波浪的动能和势能转换成气体或者液体的动能，然后由该动能带动中间装置旋转（比如气动透平或者液体透平），最后由中间装置的旋转带动发电机发电。

中间转换的种类有机械式、水动式、气动式三种，分别经机械部件、液压装置和气动装置加强能量输送。目前，较先进的是气动式，它借用波水作活塞，构筑空腔产生限流高密气流，使涡轮高速旋转，功率可控性很强。

3. 最终转换

最终转换多为机械能转换为电能，全面实现波浪发电。转换基本上采用常规发电技术，但用作波浪发电的发电机，必须适应变化幅度较大的工况。转换方式有两种：第一种将机械能转换成直流电能，然后储存于电池或者能量密集型产品中，一般适用于小功率的波浪发电；第二种在第一种转换方式的基础上增加逆变器，把直流电转换成交流电，适用于较大功率的波浪发电，通过电缆传输与陆地电网并联调节负荷。

（三）波浪能发电特点

波浪能具有能量密度高、分布面广等优点，是一种取之不尽、用之不竭的可再生清洁能源，可为孤岛等供电。此外波浪能还可以用于抽水、供热、海水淡化以及制氢等。但是波浪能在利用方面也面临以下挑战。

（1）成本高　大约为风能的 2 倍，远高于常规能源。

（2）效率低　漂浮式装置的总效率只有 10% ~30%。

（3）可靠性差　大部分装置还经常被波浪破坏。

（4）稳定性差　由于缺乏蓄能环节，大部分波能装置只能将随机的波浪能转换成不稳定的能源，用户不能直接使用。

（5）规模小　现有最大的波能装置是英国的 750kW 海蛇号（Pelamis）波浪电站，这样的规模只能满足较小用户的用电要求。在技术成熟后，可以采取多个波能装置形成波能发电场，解决较大用户的需要。

（6）电能的输运　从目前来看，电能的输运主要通过电缆和船舶实现。电缆传递适合于短距离及水不太深的地带。当距离小于 30km 时，可以将波浪能转换成交流电后直接向电网供电。当距离在 30 ~130km 时，将波浪能转换成直流电传输是最可行的。船舶传输主要应用于深水区，其主要原理是将电能转换成化学能，然后将这种化学能储存起来，最后通过置放电池的驳船从能量转换点拽到靠近港湾的能源市场。

三、波浪能发展及工程实例

（一）国外波浪能发展及工程实例

早期海洋波浪能发电付诸实用的是气动式波浪装置。1910 年，法国人布索·白拉塞克在其海滨住宅附近建设了一座气动式波浪发电站，供应其住宅 1kW 的电力。这个电站装置的原理是：与海水相通的密闭竖管中的空气因波浪起伏而被压缩或抽空稀薄，驱动活塞做往复运动，再转换成发电机的旋转运动而发出电力。

20 世纪 60 年代，日本成功研制用于航标灯浮体上的气动式波浪发电装置。此种装置已经投入批量生产，产品额定功率从 60～500W 不等。产品除日本自用外，还出口，成为仅有的少数商品化波浪能装备之一。该产品发电的原理就像一个倒置的打气筒，靠波浪上下往复运动的力量吸、压空气，推动涡轮机发电。

根据相关估测，用于海上航标灯和孤岛供电的波浪发电设备有数十亿美元的市场需求。这一市场需求大大促进了各国对波浪发电的研究。20 世纪 70 年代以来，英国、日本、挪威等国为波浪发电投入大量人力和物力，成绩显著。20 世纪 80 年代初，英国已成为世界波浪能研究中心，英国波浪发电的开发目标是容量为 2GW 的设备，并使它与陆地电网并网，这个研究项目已经完成。

日本为波浪发电实用化的先驱。早在 1965 年，日本就已研制输出功率为 10kW 的浮标灯，现在已有 600 多台这种浮标灯在运行中。20 世纪 80 年代，日本海洋科技中心以同样的原理研制出最大输出功率为 2MW 的“海明”号波浪发电式试验船，并取得年发电 19×10^4kW·h 的良好成绩，实现了海水浮体波浪发电站向陆地小规模送电。日本已将“海明”波浪发电船列为“离岛电源”的首选方案，继续研究改进。

近年采用振荡水柱技术建成的波能装置有：英国的 LIMPET 500kW 振荡水柱式波浪能电站、葡萄牙 400kW 振荡水柱式波浪能电站和我国 100kW 振荡水柱式波浪能电站。这些电站的转换效率较低，主要原因在于所采用的 Wells 空气叶轮效率太低。针对这类电站此类原因造成的转换效率低的缺点，澳大利亚研究人员提出一种改良的振荡水柱波浪装置，使用了一种可控制叶片桨距的 Denniss – Auld 空气叶轮，可调节叶片桨距，使叶片处于最佳功角，以提高空气叶轮的转换效率，该装置装机容量 500kW，预计年发电量为 500MW·h。

采用筏式波浪能利用技术的有苏格兰的 OPD 公司（Ocean Power Delivery Ltd.）的 Pelamis 波浪装置。Pelamis 装置的能量采集系统为端部相铰链、直径 3.5m 的浮筒，利用相邻浮筒的角位移驱动活塞，将波浪能转换成液压能。Pelamis 装置由三个模块组成，每个模块的装机容量为 250kW，总装机容量为 750kW，总长为 150m，放置在水深为 50～60m 的海面上。该装置在 2004 年 8 月 23 日做了为期一周的实际海况发电试验。

近年来研制的收缩坡道式波能装置是由丹麦的 Loewenmark F. R. I. 公司牵头 6 个欧洲国家的多家公司和大学参与合作研究的 Wave Dragon 波浪发电装置。该装置由钢结构组成，漂浮于海面上，通过锚链泊于海底，两侧具有导浪浮体，采用低水头的 Kaplan 水轮机组发电。目前研究人员在模型上安装了一套装机容量为 20kW 的第二代水轮模型机做进一步实验，以降低装置的造价，提高可靠性和功率输出效率。第一台发电上网的模型机目前在丹麦 Nissum Bredning 示范，装机容量为 4MW，预计电价为 0.11 欧元/kW·h。

近期研究的振荡浮子波能装置有荷兰 Teamwork Technology BV 公司研制的 Archimedes Wave Swing（AWS）波浪装置、爱尔兰的 Wavebob 公司研制的振荡浮子波浪装置、美国 Oceam Power Technology（OPT）公司研制的 PowerBuoy 点吸收式波浪装置和我国的振荡浮子波浪装置。

荷兰的 Teamwork Technology BV 正在研究一种称为阿基米德摇摆（Archimedes Wave Swing，AWS）波浪装置。该装置上部漂浮部分为一个直径 3.5m 的浮筒，在波浪作用下上下运动，而下部底座固定不动。该装置装机容量为 2MW。据报道，在 2004 年 5 月已成功地进行了淹没试验。

Wavebob 的波浪装置是一个自由浮动对称的点吸收器，它在不改变浮体设计方案的情况下，用一个特有的系统去改变装置的共振频率，从而实现与入射波特性的最佳匹配（惯性聚波）。此外，数字控制的能量输出允许装置动态地改变阻尼，这样可以被用来进一步适时地匹配系统。据称这些特殊设计使得这种装置的发电量要比一般的波浪装置多3倍以上。研究人员已在频域和时域中对该装置进行了数学仿真，仿真结果得到了造波池试验结果的验证。造波池试验是以模拟与原型的比例为1∶50、1∶25和1∶16进行的，预计把电送上岸的电价为3～5欧分/KW·h。

美国OPT公司（Ocean Power Technology）研制的PowerBuoy点吸收式波浪装置由一个直径2～5m的圆柱形浮子构成，顶部是封闭的，底部开口，在钢壳的顶部和包容了钢壳的一个圆柱形钢结构的浮筒之间安装了一台液压泵，壳和浮筒之间的相对运动使液压系统工作，驱动发电机发电。通过传感器不断地监视各个子系统和周围海洋环境，此装置特性得到了提高，在非常大的海洋情况下，系统自动断开，当浪高恢复到正常时，系统自动连接，重新开始能量转换和传输工作。

（二）国内波浪能发展及工程实例

我国波浪能发电研究成绩也很显著。20世纪70年代以来，上海、青岛、广州和北京的多家研究单位开展了此项研究。用于航标灯的波浪发电装置也已投入批量生产，已安装此类发电装置300多台。成功试建3座波浪试验电站，包括装机容量3kW的岸式固定式装置，总装机容量20kW的岸式波浪试验电站和8kW摆式波浪试验电站。此外，还建设了两座波浪试验电站，装机容量200kW。今后，我国将努力实现波浪发电商业化。

四、波浪能发电现状及展望

在大多数情况下，波浪能装置输出的是电能，但是输出功率不稳定，且离电网较远。因此，直接将这部分电能利用于海水淡化是波浪能利用的一种理想选择。当然，也可以利用波浪能装置产生高压水，再利用反渗透法来产生淡水，通常只有约20%的高压水流经过反渗透膜，其余80%的高压水仍可通过小型冲击式水轮机发电。目前，这种利用波浪能既发电又淡化海水的装置已投入市场。海水淡化市场包括干旱地区的迎风沿海和一些岛屿，现在这些地区每人每天的需水量约为40L，到2020年，随着人口增加，50%的用水将靠海水淡化，估计有1/3的淡化水将依靠波浪能。

目前，英国的波浪能发电技术仍居世界领先地位，并实现了商业化。日本的波浪能研究与开发也十分活跃，日本四季的平均波浪能近海约为13kW/km，沿海约6kW/km。日本的波浪能可满足国内能源总需求量的1/3。日本当前容量最大的设备是1996年9月投运的由日本东北电力公司在原町火电站南部防波堤上装设的130kW波浪发电设备。据报道世界上第一台商业化的波浪发电站位于以色列的岛屿上，其装机容量为500kW，现在仍在运营。

大规模波浪能发电的成本还难与常规能源发电竞争，但特殊用途的小功率波浪能发电，已在导航灯浮标、灯桩、灯塔等装备上获得推广应用。在边远海岛，小型波浪能发电已可与柴油发电机组发电竞争。今后应进一步研究新装置，以提高波浪能的转换效率；研究聚波技术，提高波浪能密度，缩小装置尺寸，降低造价；研究在离大陆较远、波浪能丰富的海域利用工厂船就地发电、就地生产能量密集的产品，如电解海水制氢、氨及电解制铝、提铀等，以提高波浪能发电的经济性。预计随着化石能源资源的日趋枯竭，技术的进步，波浪能发电将在波浪能丰富的国家逐步占有一定的地位。

波浪能发电是继潮汐发电之后发展最快的一种海洋能源利用手段。据不完全统计，目前已有28个国家和地区研究波浪能的开发，建设大小波浪电站、装置、机组或船体上千座/台，总装机容量超过 80×10^4kW，其建站数和发电功率分别以每年2.5%和10%的速度上升。

我国沿海区属于季风区，风向、风量以及因其而引起的波浪能都与季节密切相关。冬季平均风力大，波浪高，每年10月至次年2月，海浪可保持1.5m以上，台湾海峡到南海中部在2m以上。夏季各海区平均浪高明显降低，通常在1.2m以下，但台风经过的海域浪高可达8～10m。

开发波浪能资源，对我国东南沿海地区的经济发展具有极为重要的意义。表8－2是我国各省区可开发的波浪能资源。

表8－2　　我国沿海各省市可开发的波浪能资源

省、市及地区	平均功率/MW	省、市及地区	平均功率/MW
辽宁	255.03	福建	1659.67
河北	143.64	台湾	4291.22
山东	1609.75	广西	1739.50
江苏	291.25	广东	80.9
上海	164.83	海南	562.77
浙江	2053.40	全国	12852.00

在全世界利用波浪能获取能量的机械设计数和发明数量比较大，获取专利证书的也比较多，因此波浪能利用被称为“发明家的乐园”。

最早的波浪能利用机械发明专利是1799年法国人吉拉德父子获得的。1854—1973年的119年间，英国获得了波浪能发明专利340项，美国为61项。在法国，则可查到有关波浪能专利技术的600种说明书。在波浪能技术发展过程中出现如下值得关注的几个趋势。

（1）由岸式到飘浮式　岸式波浪能装置是波浪能利用技术发展的重要过渡阶段，对波浪能技术的发展起着重要的作用。经过多年研究发展，近期研制的波能装置绝大多数是飘浮式的。

（2）由小型到大型　2000年之前大部分波能装置为百千瓦级的；2000年后，波能丰富地区的装置向兆瓦级发展，随着波能技术的成熟，兆瓦级装置有望实现利用。

（3）由单一技术向多种技术发展　2000年之前大部分装置为振荡水柱式的；2000年之后发展了收缩波道、振荡浮子、筏式等装置。

（4）由单一模式到多种模式　2000年前大部分研究集中于并网发电；2000年之后出现了脱网独立发电以及非电功能模式。

开发利用波浪能的主要障碍在于其技术的不成熟导致的效率低、稳定性差、可靠性差、建造成本高等问题。为了解决这些问题，波浪能需要发展下列重点技术。

（1）高效的、低成本的、环保的发电技术　岸式波浪能装置通常转换效率较高，但对海岸有不同程度的破坏，且建造成本较高。浮式波浪能装置不会对海岸造成破坏，容易满足环保要求；通过研究，有望提高转换效率、降低建造成本，是波浪能利用的重点技术之一。

（2）波浪能独立能源系统　对于偏远海岛来讲，传统能源发电成本较高，波浪能发电的成本容易接受，关键在于解决脱网独立发电的技术问题，提高发电的质量，发展用户需要的波浪能独立能源系统。

（3）波浪能海上供电技术　海上设备供电代价极大，研究特殊的波浪能装置对海上设备供电具有重要意义。

第四节　海流能和潮流能

一、定义

海流能是指海水流动所具有的动能，流动的形成主要是由于风、地球自转偏转力及海水温度、密度差异等综合作用的结果。海流能的能量与流速的平方和流量成正比，是一种以动能形态出现的海洋能。海流是海水在水平方向的流动，其富集点多出现在海峡、水道及海湾的狭窄入口处，受海岸形态和海底地形等因素的影响，流速越快，伴随的能量也就越大。

潮流能是由涨落潮引发的海水周期性往复流动，受地域环境、地形的影响较明显。潮流能的表现形式和能量转换方式与海流能相似，主要区别在于海流能是单向流动，而潮流能是双向流动。

二、海流能（潮流能）分类及应用

海流能（潮流能）的利用方式主要是发电，是利用海洋中沿一定方向流动的海流（潮流）的动能进行能量转换而发电。

海流能（潮流能）的动能转化为电能的装置主要有机械式、液压式和磁流式三大类。其中磁流式是利用海流（潮流）中的大量离子垂直通过磁场产生感应电动势而发电。机械式的原理与风力发电相似，几乎任何一个风力发电装置都可以改造成为海流能（潮流能）发电装置，因此也有人将其称为“水下风车”，它是依靠水流的冲击力使水轮机旋转，然后再带动发电机发电。液压式的原理是利用海流能（潮流能）的能量捕获装置，将水流的动能转化成液压能，再通过发电机进行发电，如水翼摆式海流能（潮流能）发电装置。

根据发电装置固定方式的不同，可分为固定式、半固定式、漂浮式和机动式四种。根据水轮机的安装可分为水平轴式和垂直轴式两种。

具有代表性的海流能（潮流能）发电系统有以下几种。

1. 水下风车式

又可以分为水平轴式和垂直轴式。

（1）水平轴式　水轮机的转动轴为水平向安装，其结构形式与现代商业化运营的风力发电装置的结构形式基本一致，运行时需要将叶片与水流的方向相垂直，利用升力驱动叶轮旋转。水平轴水轮机的优点是转换效率较高，可达40%左右。缺点是改变方向比较难，由于潮流流动具有双向性，要实现双向发电，必须旋转发电装置或者叶片才能用于潮流能转换，给装置的设计和运行带来了困难。水平轴水轮机可以通过打桩固定于海底，也可以漂浮于水下。固定式水平轴水轮机，两水轮机旋向相反，可以使结构上的不平衡弯矩相互抵消；漂浮于水下的水平轴水轮机，同样采取了旋向相反来抵消悬浮体上的不平衡力矩。

英国 Marine Current Turbine 公司设计了世界上第一台大型水平轴式潮流能发电样机，目前，该公司已成功开发了商业规模的1.2MW 双叶轮结构的“Sea Gen”样机。另外，挪威的 Hammerfest Strom 公司于2003 年斥资690 万英镑研建了一个装机容量300kW 的海流能装置。

（2）垂直轴式　垂直轴技术是采取垂直安装的水轮机吸取海流能（潮流能），其装置比水平轴装置的效率低，但可以在任何方向的海流下工作，并且保持发电效率基本不变，而无需像水平轴装置一样调整方向。水轮机的转动轴为垂向安装，类似于垂直轴风机。垂直轴水轮机可以采用坐底式，也可以采用漂浮式。图8－17 为垂直式海流发电机组，海水流动方向和转轴呈直角。

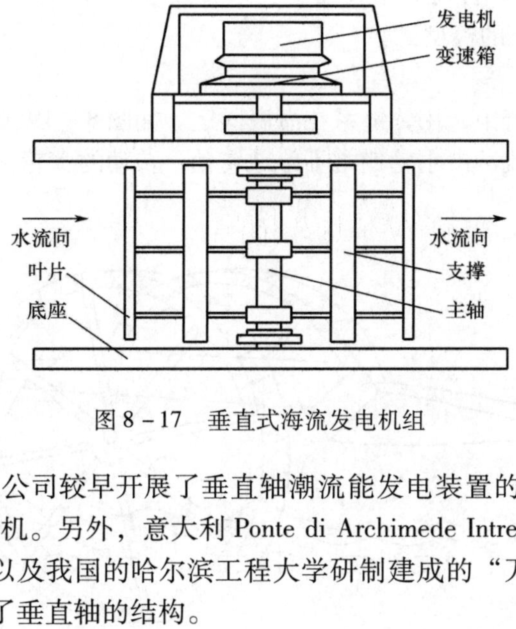

图8－17　垂直式海流发电机组

加拿大 Blue Energy 公司较早开展了垂直轴潮流能发电装置的研究，并开发了著名的 Davis 四叶片垂直轴涡轮机。另外，意大利 Ponte di Archimede Intrenational SPA 公司、美国 GCK Technology 公司，以及我国的哈尔滨工程大学研制建成的“万向1”和“万向2”潮流能发电装置也都采用了垂直轴的结构。

2. 水翼摆式

水翼摆技术是利用水流作用下对一个固定于海底的水翼产生的振荡运动推动主臂也做上下振荡运动，主臂的上下运动驱动液压泵，将水流能量转换成液压能，带动发电机运动发电。

2003 年英国的 EB（Engineering Business Limited）公司与美国新能源与可再生能源中心（NaREC）合作，NaREC 投资100 万英镑，在设得兰群岛安装了一台150kW 的 Stingray 海流能装置示范机组。该装置通过一个水平安置的可调安装角的叶片俘获海流能。

3. 降落伞式

由几十个串联在环形铰链绳上的“降落伞”靠海流的力量撑开，逆海流方向的降落伞靠海流的力量收拢，使阻力减少，“降落伞”顺序张合，往复运动。连接降落伞的铰链绳带动船上的带轮转动，再通过增速系统带动发电机发电。如图 8－18 所示。

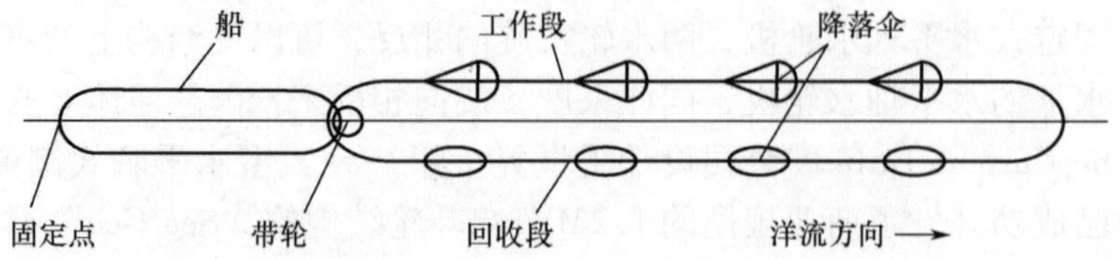

图 8－18　降落伞式海流发电示意图

4. 贯流水轮机式（也称收缩管式）

海流能（潮流能）发电水轮机的效率与传统水轮机组相比很低，为了提高效率，为水轮机加一个辅助性导流罩，既提高了效率，又可以减少海草等海生物对发电设备的影响。贯流水轮机式海流能（潮流能）发电装置采用水平轴水轮机，导流罩使水流的进口流道呈喇叭形，对水流具有良好的增速作用，可以提高水轮机的效率。

英国 Lunar Energy Ltd 公司应用收缩管技术开发了一种称为 Lunar 的海流能装置，在 2004 年 4 月进行了 1∶20 的模型试验。

5. 驳船式

将一艘驳船拖入海流中，用锚链系在海底固定。如图 8－19 所示，驳船两侧分别装上几台螺旋桨水轮机，海流冲击水轮使之不停地转动，转动的水轮又带动船舱内与之相连的发电机发电。

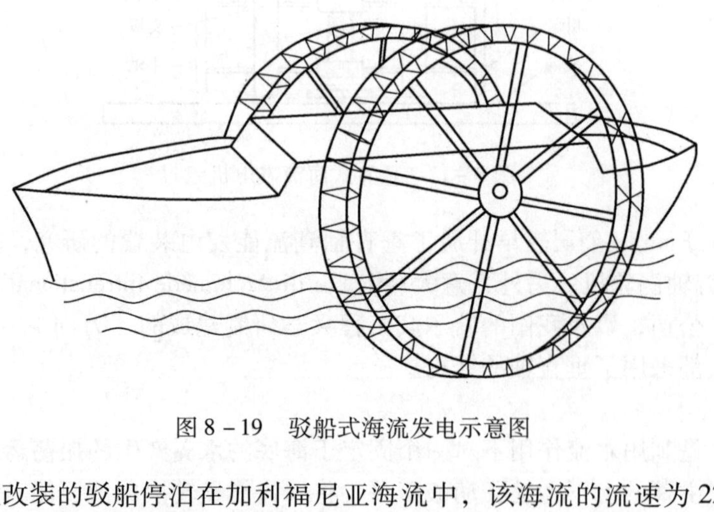

图 8－19　驳船式海流发电示意图

美国把经过改装的驳船停泊在加利福尼亚海流中，该海流的流速为 22km/d。在驳船两侧分别装 1～3 个水轮，海流推动水轮转动，转速为 1r/min，通过增速齿轮，使转速提高到 1000r/min，然后带动发电机发电，该船的功率达到 50MW。

6. 花环式

由一串螺旋桨组成，它的两端固定在浮筒上，浮筒里装有发电机。整个电站迎着海流的方向漂浮在海面上，看上去像花环一样。这种发电系统发电能力较小，一般只能为灯塔提供电力。

7. 磁流式

有专家提出，将一个31000Gs（$1Gs=10^{-4}T$）的超导磁体放入黑潮海流中，海流在通过强磁场时切割磁力线，就会发出1500kW的电力。现阶段此方式还处在概念阶段。

分析可见，海流能（潮流能）发电具有以下几个特点。

（1）能量密度低，但总蕴藏量大，可再生。

（2）能量随时间、空间变化，但有规律可循，可以提前预报。海流能（潮流能）因地而异，有的地方大，有的地方小，即使同一地点在海洋的不同深度的流速也不相同。由于流速的变化使发电输出功率存在不稳定性。随着对海流（潮流）流速准确预报的技术不断提高，当具体安装位置确定后，水流速以及产生的能量输出完全可以预测。

（3）不受洪水的威胁，也不受枯水季节的影响，水量和流速常年基本不变，是一种非常可靠的能源。

（4）开发环境严酷、一次性投资大、单位装机造价高，在海洋环境中建造的海流能（潮流能）发电装置要抵御狂风、巨浪、暴潮的袭击，装置设备要经受海水的腐蚀、海生物附着破坏，加之水的密度比空气大上千倍，所以，要求海流能（潮流能）发电设备庞大、材料强度高、防腐性能好，同时由于设计施工技术复杂，故一次性投资大，单位装机造价高。

（5）不污染环境，不占用农田，可综合利用。潮流发电装置建在海底或系泊于海水中或海面，较少占用土地资源，更不需迁移人口。

三、海流能（潮流能）前景

海流有表层流，表层流下面有上层流、中层流、深层流和底层流。海流流径长短不一，可达数千米，乃至上万米。流量也不一，海流的一般流速为0.5～1n mile/h（1n mile = 1852m），流速高的可达3～4n mile/h。一般来讲，最大流速在2m/s以上的水道，其海流能（潮流能）均有实际开发的价值。

世界著名的海流：大西洋的墨西哥湾暖流、北大西洋海流、太平洋的黑潮暖流、赤道潜流等。墨西哥湾海流和北大西洋海流是北大西洋里两支相连的最大的海流，它们以每小时1～2n mile的流速贯穿大西洋，从冰岛和大不列颠岛中间通过，最后进入北冰洋。太平洋的黑潮暖流的宽度约为100n mile，平均厚度约400m，平均日流速在30～80n mile，宽度在120～250n mile，流速为每小时2～3n mile。

全世界海流能的理论估算值约为10^8kW量级。根据对130个水道的计算统计，我国沿岸海流能资源理论平均功率为13.9GW。其中，以浙江的海流能资源最为丰富，全省有37个水道，总的理论平均功率为7.1GW，约占全国总量的1/2以上；其次是台湾、福建、辽宁等沿海省份，约占全国总量的42%，不少水道的能量密度为15～30kW/m^2，具有良好的开发价值。值得指出的是，我国的海流能属于世界上功率密度最大的区域之一，特别是浙江舟山群岛的金塘、龟山和西堠门水道，平均功率密度在20kW/m^2以上，开发环境和条件很好。

目前，世界海流能逐步向实用化发展。

第五节 温差能

一、温差能及温差能发电

深层海水与表层海水之间所蕴藏的温度差热能，就是温差能。利用这种温差能使热机做功从而对外输出电能，被称作海洋温差能发电。海水表层温度为24～28℃，在500～1000m深处的海水温度为4～7℃，二者之间形成20℃左右的垂直海水温差。海洋可以理解为无限大，深层海水与表层海水的温度也相对稳定，因此海洋温差能的总量巨大，且比较稳定。

海洋温差能电站在设计之初，需要考虑的因素很多，例如，需要寻找能够提供足够热源的地方，以保证进水口能够源源不断地得到温水；温差能电站运行后，深海生物随着冷海水可能被排放到海面，对海洋生态系统造成影响；电站工质的泄漏、发电事故可能造成的海洋污染及其防治措施等。

二、温差能发电原理

海洋温差能发电的基本原理就是将海洋表面的温水作为高温热源，加热某些低沸点的工质使之气化，或者通过某种方式直接将海水汽化，推动汽轮机发电，如图8－20所示。同时，以深层海水作为低温热源，冷却高温蒸汽并使之液化。循环往复，对外输出源源不断的电能。也有采用海底地热或岸边发电站的高温废水作为热源与低温海水冷源形成温差用以发电的。

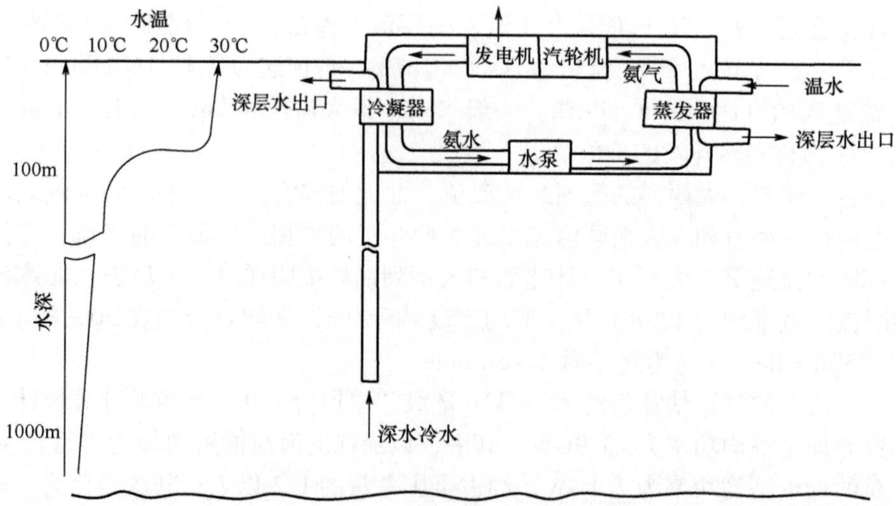

图8－20 海洋温差能发电原理图

海洋温差能发电按循环方式，可分为开式循环系统、闭式循环系统、混合式循环系统和外压循环系统。按发电站的位置，可分为岸式和浮式温差发电站。

1. 开式循环系统

开式循环利用技术，又称为克劳德循环利用技术，或闪蒸法、扩容法。该系统主要包括真空泵、冷水泵、温水泵、冷凝器、蒸发器、汽轮机、发电机组等部分。

工作流程是：真空泵将系统内抽到一定真空，然后把表层的海水引入蒸发器内；由于系统内已保持有一定的真空度，所以进入蒸发器内的海水会沸腾蒸发；形成的水蒸气经管道推动汽轮机运转并带动发电机发电；从汽轮机排出的废气，进入冷凝器，与从深层抽上来的低温海水进行热交换，冷却凝结成淡水，排出系统，如图 8 – 21 所示。

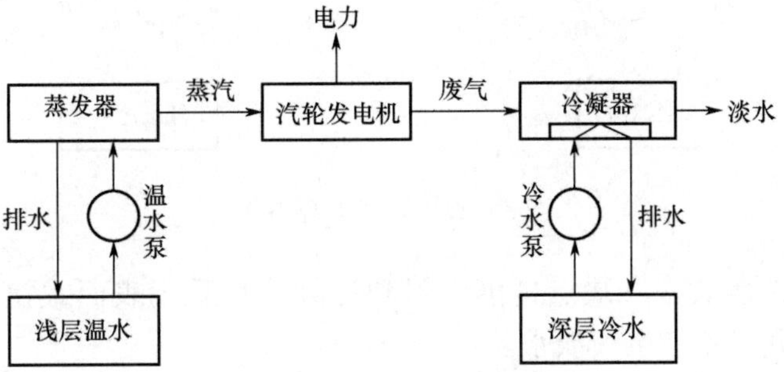

图 8 – 21　开式循环系统

在开式循环中需要消耗大量的能量：真空室真空用的能量；由于很少量的温海水变成蒸汽，要保证汽轮机正常工作就必须泵送大量的温海水所用的能量；在淡水生成之后，需要用泵将淡水排出系统所用能量；从深海中抽取冷却用冷海水的能量等。这些都需要从系统产生的动力中扣除。当系统存在如效率不高、损耗过大、密封性不好等问题时，就会造成产能下降或耗能增加，系统扣除耗能之后产生的净能量就会下降，甚至为负值。因此，降低流动中的损耗，提高密封性，提高每个泵的工作效率，提高换热器的效率就成为系统成败的关键。

开式循环的优点是直接以海水作为工作介质，产生电力的同时还产生淡水。缺点是用海水作为工质，沸点高，汽轮机工作压力低，导致汽轮机尺寸大（直径约 5m），机械能损耗大；需要很长的管道，单位功率的材料占用大，投资大、耗材多，施工困难，经济上不合算等。

2. 闭式循环系统

闭式循环利用技术，又称为朗肯循环利用技术，或中间介质法。该系统主要包括冷水泵、温水泵、冷凝器、蒸发器、工质泵、汽轮机、发电机组等部分。该系统采用一些低沸点的物质（如丙烷、异丁烷、氟利昂、氨等）作为工质，在闭合回路内低沸点工质反复被蒸发、做功、冷凝，故称为闭式循环系统。

工作流程是：低沸点工质通过蒸发器与表层的海水进行热交换后，沸腾蒸发；形成的蒸气经管道推动汽轮机运转并带动发电机组发电；从汽轮机排出的工质气体，遇到低温的深海水，工质冷凝、液化；冷凝后的工质，再次被泵到蒸发器内，完成一个循环，如图 8 – 22 所示。

闭式循环的优点在于工质的沸点低，故可以在较低的温度、较高的压力下被蒸发，又可以在比较低的压力下冷凝，提高了汽轮机的压差，减小了汽轮机的尺寸，降低了机械损

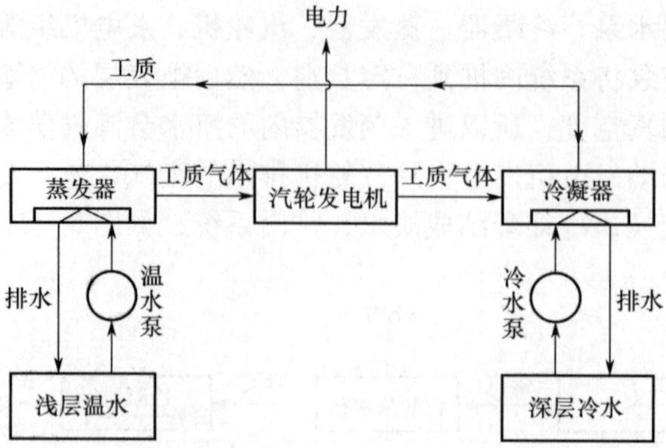

图 8－22　闭式循环系统

耗，提高了系统的转换效率。缺点是蒸发器和冷凝器均采用表面式换热器，导致体积庞大、建设成本高，并且不能生产淡水。

3. 混合式循环系统

混合式循环系统，是在闭式循环系统的基础上结合开式循环系统改造而成的，是开式循环和闭式循环同时存在的系统。混合式循环系统因目的不同而分为两种形式：一种是热能首先用于生产淡水，然后再用于发电；另一种是首先用于发电，然后进行生产淡水。

混合式循环系统的工作流程是：先让开式循环工作，闪蒸后产生的水蒸气经蒸发器冷凝，产生淡水；蒸发器内的工质接收到水蒸气的热量后气化，驱动汽轮机，带动发电机发电；从汽轮机排出的工质气体，遇到低温的深海水，工质冷凝、液化；冷凝后的工质，再次被泵到蒸发器内，完成一个循环，如图8－23 所示。

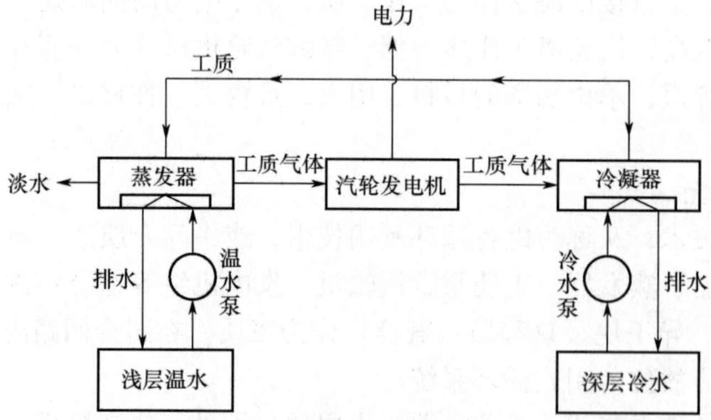

图 8－23　混合式循环系统

混合式循环系统综合了开式循环系统和闭式循环系统的优点，既可以生产淡水，又利用闭式循环系统获得电力，减小了机械损耗，提高了效率。

在这三种循环系统中，技术上以闭式循环方案最接近商业化应用。为了让海洋温差能发电更接近实用化，很多科学家在装置上加入了其他可以生产副产品的功能。

三、温差能发电系统组成

海洋温差能发电系统一般分为三部分：动力系统、管道系统和工作平台系统。

1. 动力系统

动力系统主要包含热交换器和泵。

无论是开式、闭式、混合式，都需要良好的蒸发器和冷凝器，它们就是热交换器。因其需要在较小的温差条件下，与大量的海水进行热量交换，所以其特点除尺寸较大外，还要求其具有较高的热传导效率、耐化学腐蚀、耐生物腐蚀、耐污等特点。常用的热交换器主要有板式和管式两种。

温差能发电系统中常用的泵主要有冷水泵、温水泵、真空泵等。

2. 管道系统

管道系统包括温水管、冷水管和排水管，根据系统所用工质的不同管道的材质有所不同，根据作用的不同管道的长短也不同。温水管主要是抽取表层温海水，长度较短；排水管在布置时考虑到生态危害，防止与表层海水混合，长度一般会在几百米；冷水管因要从深海抽取冷海水，所以尺寸最长，布设也最复杂，近岸段需要埋在明沟中，以防止波浪产生的危害。

3. 工作平台系统

海洋温差能电站的工作平台主要有浮型和岸型两种。浮型平台主要以船式为主，发电机安装在船上，需要多点系泊或动力定位，同时还需要考虑风浪荷载等因素的作用，可直接利用电能制造出可运送到陆地的产品，或通过海底电缆输送；岸式平台发电装置设在岸边，安全稳定，无海浪作用，但需要一条很长的沿着水下斜坡段的冷水管道，用来抽取深层冷海水，如图 8－24 所示。

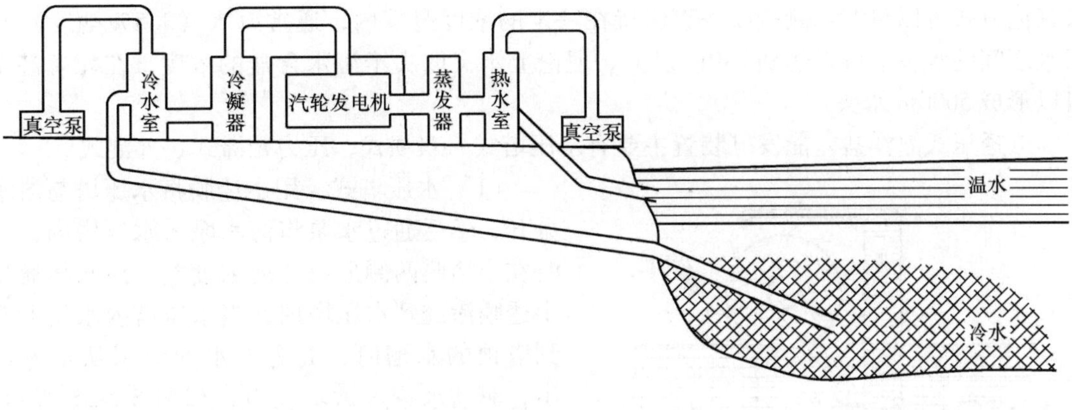

图 8－24　岸式开式循环海水温差电站示意图

四、温差能发电特点

海洋温差能实质是海洋接收太阳的辐射能，是一种储藏量巨大的可再生的清洁能源，由于潮汐和海浪等影响，海洋温差发电相对稳定，而且无需占用土地。但是海洋温差发电也存在一些问题，由于冷热海水温差小，海洋温差能的能量密度低，转换效率低；循环中换热器面积大，管道长，设备投资大，建设费用高，输电困难；海水及海洋生物对设备有腐蚀作用等。

现在，许多国家和地区都在进行海水温差发电研究。利用海水温差来进行发电还兼具有海水淡化的功能。另一方面，由于电站抽取的深层冷海水中富含营养盐类，所以在海洋温差发电站的周围，正是浮游生物及鱼类的理想栖息场所，这有利于提高鱼类的近海捕捞。

第六节　盐差能

一、盐差能概述

两种不同浓度的溶液互相渗透产生的化学电位差能就是浓度差能。在海水和江河水相交汇处，就存在着这种盐度差，被称作盐差能。

二、盐差能发电

海水盐差能的研究时间并不长，现在还处于原理研究和试验阶段。目前海水盐差能发电的方式主要有渗透压式、渗析电池法、蒸汽压法等。其中渗透压式最受重视。

1. 渗透压式

在河海的交汇处，由于海水和淡水存在盐度差，如果用一种特殊的半透膜（具有透水性，但溶存物质难以通过）将二者分开，迫使淡水通过半透膜向海水一侧渗透，便可使海水水位升高，最终海水侧与淡水侧形成水的势能，通过水的势能带动水轮发电机发电。这就是渗透压式海洋盐差能发电的原理。海水侧与淡水侧水位之差也叫水头，如果通过搅拌或其他方式可以将海水侧盐度一直保持在一定的浓度范围内，通常海水（3.5%盐度）与河水之间的水头值可以达到240m以上。理论上水头取决于海水含盐的浓度，在死海甚至可以形成5000m水头。

渗透压式海洋盐差能发电装置主要有水压塔式、双坝式、压力延滞式、外混式。

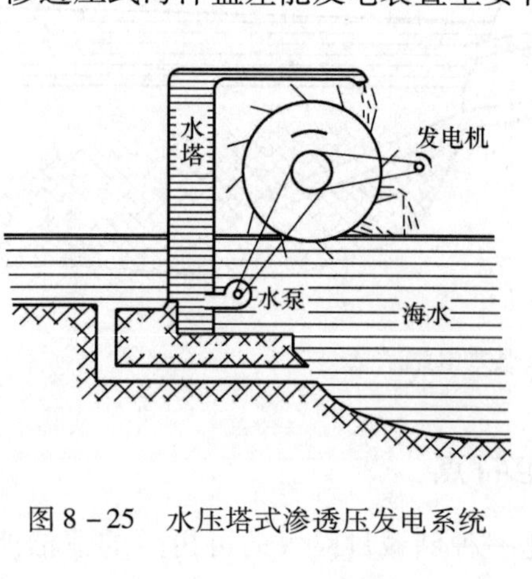

图8－25　水压塔式渗透压发电系统

（1）水压塔式　用半透膜将水压塔与淡水分开，然后通过水泵将海水泵入水压塔内，此时在半透膜两侧形成盐的浓度差，淡水将通过半透膜渗透到水压塔内，当水压塔内水位上升到塔顶的水槽时，混有淡水的海水从水槽流出，驱动水轮机做功发电，如图8－25所示。为了保持水压塔内海水的浓度，还要通过水泵不断地向水压塔内泵入未经稀释的海水。通过不断地循环得到剩余电能对外输出。

（2）双坝式　该系统装置由前坝、后坝、水轮机、深水池、渗流器等部分组成。其中渗流器由半透膜构成。前坝和后坝之间形成一个228m深的深水池。河水通过管道流入深水池，并带动水轮机发电；流入深水池的淡水在渗透压的作用下透过渗流器进入海水侧；由于理论上海水相对于河水是无穷的，当淡水进入海水后，可以认为对海水侧高度不会产生影响；随着深水池内的淡水不断流入海水侧，深水池水位下降，与河水侧再次形成水位差，河水继续通过水轮机流入深水池。图8－26所示为该发电装置示意图。

同样，在运行中也是需要大量海水不断冲刷渗流器周边的海水，以保持半透膜周边海水的浓度。

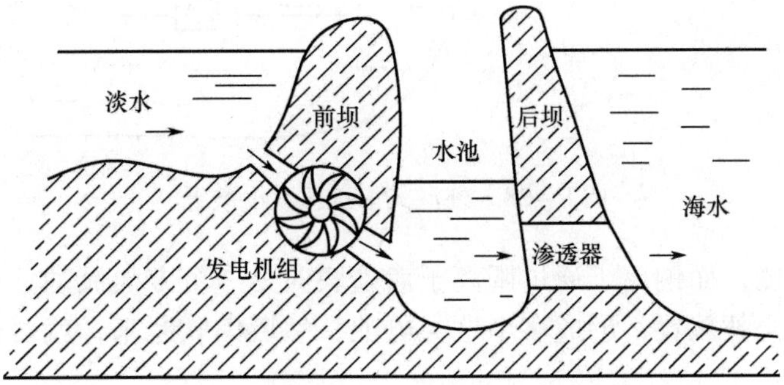

图8－26　双坝式渗透压发电装置

（3）压力延滞式　运行前先将海水泵入压力室，压力室内海水的压力需要小于海水和淡水的渗透压差；运行时淡水在渗透压的作用下，通过半透膜向海水渗透；随着淡水的不断增多，压力室内的压力不断增加，然后利用混合后的海水驱动安装在出口处的水轮机进行发电。图8－27为该装置示意图。

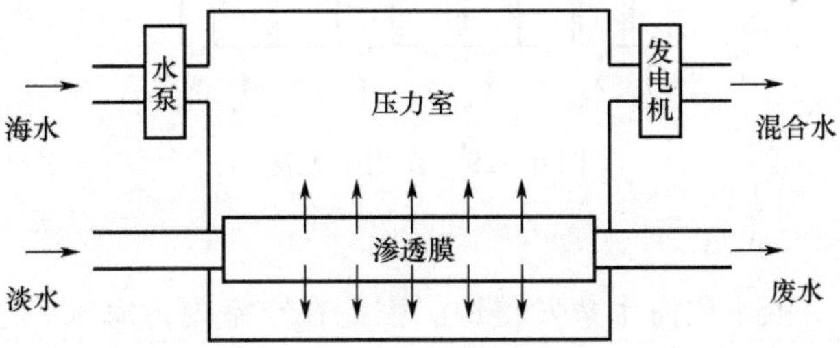

图8－27　压力延滞式渗透压发电装置

（4）外混式　如图8－28所示，这种方式是双坝式渗透压发电装置的变形。它是在海水中安装一个相对封闭的装置，装置内安装有水轮机和半透膜。首先，淡水在重力的作用下带动水轮机发电；然后，淡水在渗透压的作用下渗透到海水中。其发电效率取决于淡水入口到水轮机的位差H。

2. 渗析电池法

渗析电池法又称浓差电池法。

如图8－29所示，在海水通道的两侧分别放置只允许阴离子（主要是Cl^-）通过的阴离子渗透膜和只允许阳离子（主要是Na^+）透过的阳离子渗透膜，海水中的氯离子通过阴

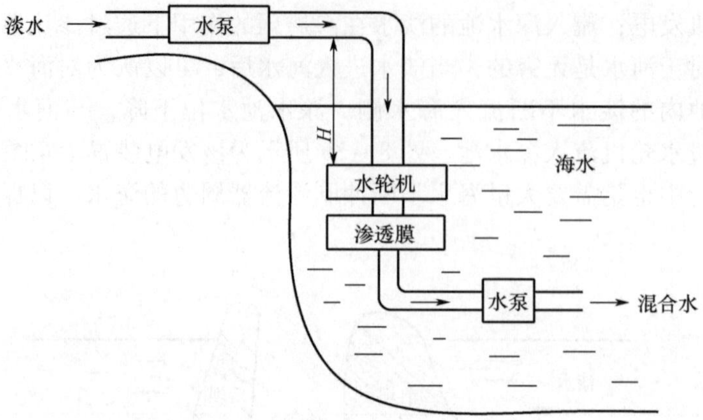

图 8－28　外混式渗透压发电装置

离子渗透膜流向一侧，而钠离子通过阳离子渗透膜向另一个方向流动。如果把阳离子渗透膜和阴离子渗透膜交替放置，形成多个这类电池，然后串联起来，就可以得到串联压，获取较大的功率。

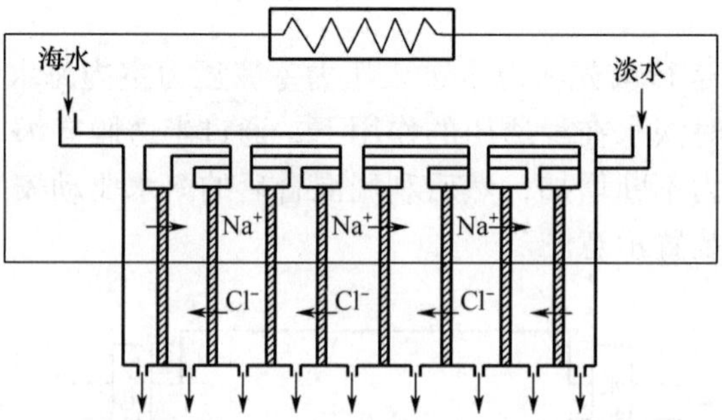

图 8－29　渗析电池法

3. 蒸汽压法

在同样的温度下，淡水比海水蒸发得快。因此在空室内，海水一边的蒸汽压力要比淡水一边低，于是，水蒸气很快从淡水上方流向海水上方，只要装上涡轮，就可以利用盐差能进行发电。过程中，淡水不断地蒸发吸热使得温度降低，蒸汽压也随之降低，海水侧温度不断升高，这种热量的转移会使系统工作过程减慢最终停止。可通过热交换器将热能不断地从海水传递到淡水，使淡水和海水的温度相同，从而保持蒸汽恒定地流动。

蒸汽压发电装置看似一个筒状物，它由树脂玻璃、PVC 管、热交换器（铜片）、汽轮机、浓盐溶液和稀盐溶液组成，如图 8－30 所示。

蒸汽压发电最显著的优点是不需要半透膜，这样就不存在膜的腐蚀、高成本和水的预处理等问题。但是发电过程中需要消耗大量淡水，使蒸汽压法的应用受到限制。

此外，在 70℃下淡水与海水的饱和蒸汽压差为 800Pa，而淡水与盐湖的饱和蒸汽压差为 8kPa，显然，这种方法更适用于盐湖的盐差能利用。

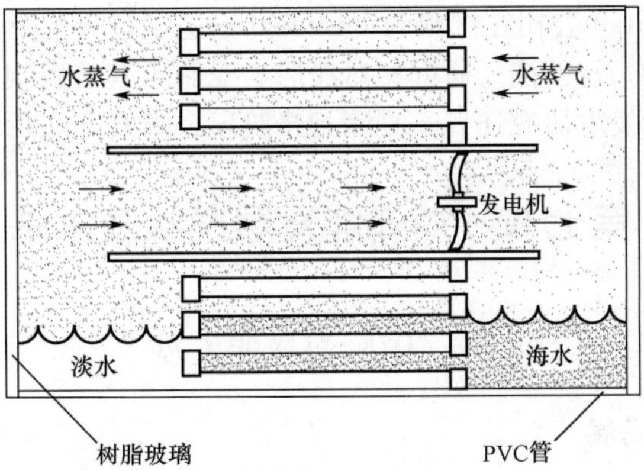

(1)蒸汽压法示意图

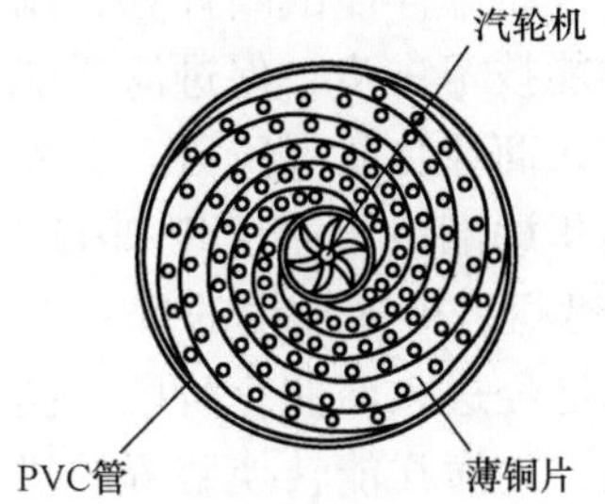

(2)侧面图

图 8－30 蒸汽压发电装置

三、盐差能开发潜力及特点

盐差能是以化学能存在的海洋能，其具有以下特点。

（1）盐差能是海洋能中能量密度最大的，通常海水（3.5%盐度）与河水之间的化学电位差相当于 240m 高的水位落差。

（2）盐差能蕴藏量巨大，是海水中能量密度最大的一种可再生能源。世界盐差能储量达 30×10^6MW，可利用的海水盐差能约为 2.6×10^6MW。我国海水盐差能的理论估值约为 1.1×10^5MW。

（3）具有季节性、可预测的特点。根据雨季的可预测性，以及淡水流量的可预测性，可以提前测算出盐差能的发电量。

四、盐差能发电现有工程

1939 年，美国人首次提出利用海洋盐差能发电的设想；1954 年，建造并试验了一套电位差原理运行的装置，其最大输出功率为 15MW；1973 年，发表了第一份利用渗透压发电的报告；1975 年，以色列建造了一套渗透压法的装置，通过试验证明盐差能发电的现实可行性。我国于 1979 年开始研究盐差能，1981 年发表了第一篇科研论文，1985 年，我国也制造了一套盐湖盐差能发电的装置。21 世纪以来，很多发达国家加入到盐差能研发的队列。2002 年，荷兰政府资助 KEMA 公司，启动“Blue Energy”计划，研发低成本的电渗析膜；2008 年，Statkraft 公司在挪威的 Buskerud 建造了世界上第一座盐差能发电站。

相比于其他海洋能，盐差能的研究相对滞后。受制于其装置规模较大、投资高、实施难度大等原因，盐差能发电研究还属于刚刚起步阶段，离实际应用还存在相当一段距离。

第七节　海洋能发展现状及未来

一、国际海洋能发展

（一）海洋能技术发展

受石油价格和全球气候环境变化的影响，欧美、加拿大等沿海发达国家高度重视海洋能在未来能源领域的战略地位，发布海洋能战略计划，制定海洋能发展路线图，引导私有资本投入海洋能领域，推动海洋能技术进步，促进海洋能产业的发展。目前，国外潮汐发电技术已较为成熟，潮汐电站进入商业化发展阶段，世界上有多座潮汐电站正在商业化运行，其中装机规模最大的韩国始华湖潮汐电站已于 2011 年正式发电，装机总容量达 25.4×10^4kW。潮流能发电技术发展迅猛，英国建设的试验电站有的已成功并网发电。波浪能发电技术呈现多样化，部分技术已经进入商业化阶段。同时，以欧美为代表的沿海发达国家，还建设了海洋能海上试验场，为海洋能转换装置的研发提供试验、测试和评价系列服务，为实验室工程样机走向商业化应用奠定了基础条件。温差能、盐差能技术尚处于技术研发阶段。

1. 潮汐能发电技术

潮汐能发电技术在海洋能开发技术中最为成熟，走在最前列，近期发展迅猛。据不完全统计，目前在英国、法国、加拿大、韩国等国家运行、在建、设计、研究及建议建设的电站大约 140 座。主要潮汐能电站见表 8-3，其中韩国始华湖潮汐电站是目前世界装机量最大的潮汐电站，设计建设周期为 6 年，拥有 10 台机组，其中 6 台机组已于 2011 年 8 月投入生产。

表 8-3　　主要潮汐电站

电站	装机量/MW
韩国始华湖潮汐电站	254
法国朗斯潮汐电站	240
加拿大芬迪湾安纳波利斯潮汐电站	20
中国江厦潮汐电站	3.9

2. 波浪能发电技术

波浪能利用技术已经经历了装置发明、实验室研究、实际海况应用示范等发展阶段，技术基本成熟，多项技术正在开展技术示范。设计和建造中的问题已经基本解决，现在已经具备应用条件。

波浪能开发因其产品在海岛地区有广阔的市场，其开发利用在世界范围内受到重视。

据报道，开展波浪能利用研究的国家有英国、日本、挪威、丹麦、加拿大、美国、法国、西班牙、葡萄牙、瑞典、荷兰、印度、澳大利亚等20多个国家，尤其是英国、日本、挪威等国家对波浪能发电的研究最为活跃。

3. 海（潮）流能发电技术

海（潮）流能利用研究起步较晚，各国对海（潮）流发电技术研究不像潮汐能、波浪能发电技术那样活跃，但是目前海（潮）流能技术已经成熟，较为前沿的技术有：易于上浮的坐底式技术，这种技术避免对航运的影响，抗台风能力强，易于维修；防海水腐蚀、海洋生物附着技术，如特种涂料的研制、阴极保护等技术。

世界上从事海流能开发的主要有美国、英国、加拿大、日本、意大利和中国等国家。海流能利用研究在透平设计制造、装置的海水防腐、水下安装与锚定、固定等技术方面均取得较大进步。中国主要利用船舶技术开发浮体悬吊式装置，英国等国家主要借用风力发电技术开发海底固定式水平轴装置。

在小容量示范装置试验成功的基础上，海流能发电装置将向大型化发展，以降低装置的单位装机容量造价，如英国IT公司经过论证后认为，只有当装机容量达500kW以上才可以获得商业性收益。

经过近几年快速发展，目前潮流能的规模化开发利用，虽然还没有成功运作的商业化项目，但已有兆瓦级电站建成，且在开发利用的选址、经济技术和环境影响等全面评估的基础上，提出了不同类型的原型设计，并在实验室、海域进行实验研究。世界众多研发机构或公司已参与到潮流能技术研究中，现在基本处于试验和商业化运作前期，众多大容量的商业开发项目正在筹划建设当中，其中，英国潮流能研发走在世界前列，已有商业化规模的潮流能电站建成。

4. 温差能发电技术

虽然海洋温差发电的概念提出已有一个多世纪，但是直到20世纪70年代第一次石油危机之后，以美国、日本为代表的发达国家为了寻找替代能源，才真正把海洋温差发电的研究列入基础研究范围，海洋温差发电研究工作才开始取得实质性进展。目前，海洋温差发电技术的研究在热动力循环方式、高效紧凑型热交换器、微型透平、工质选择以及海洋工程技术等方面均取得长足的发展，很多技术已逐渐成熟。

世界上发展海洋温差发电技术的国家并不多，主要有美国、法国、中国、日本和英国等。主要原因是拥有温差能资源的地理位置集中在热带及其邻近地区。上述研发温差能的五个国家中，只有我国台湾具有此种得天独厚的地理条件，美国则局限在夏威夷地区，其他国家则需要在南太平洋岛屿中寻找试验地区。

温差能发电系统还可以通过制氢后将氢气输送回陆地，解决了以往海上电力设施需要巨大投资的问题。随着能源紧缺和对可再生能源的日益重视，以及氢能源需求的日益加大，使得开展海洋温差能的研究更加活跃。美国、日本和印度继续加大对海洋温差能的研究和资金投入。

5. 盐差能发电技术

盐差能开发的技术关键是膜技术，高成本的膜材料一直是限制盐差能技术发展的主要因素。近年来随着石油资源的价格上涨，及廉价膜材料制备技术的发展，盐差能应用技术得到了迅速发展。

海洋盐差能的研究以美国、以色列的研究为先，中国、瑞典和日本等也开展了一些研究。从全球盐差能发展情况来看，盐差能发电研究还处于小规模实验室研究阶段，距离示范应用还有较长的路程。但是随着能源需求量增大及各国政府和科研力量对可再生能源的重视，盐差能发电研究将越来越深入，盐差能开发必将出现一个崭新的局面。

6. 海洋能海上试验场

海洋能海上试验场的主要功能是建立通用性的公共测试平台，对海洋能装置进行性能检测和相关数据收集分析，为开发利用波浪能、潮汐能等海洋能资源提供科学依据。

据悉，全球业务化运行的海洋能海上试验场已达 10 余个。国外主要海洋能海上试验场如表 8 –4 所示。此外，表 8 –4 中还显示了根据国际海洋能组织 2014 年报告，得知的世界不同地区海洋能试验场分布情况。我国从 2012 年开始加大海洋能海上试验场建设的投入力度，截至 2015 年 5 月已经立项 2. 8 亿多元支持海洋能海上试验场建设。在地方政府的支持下，逐步形成了山东威海、浙江舟山、广东万山三大国家海洋能试验场及示范基地。其中，我国首个国家级浅海海上试验场于 2014 年 11 月落地威海，2015 年开工建设。舟山潮流能试验场和万山波浪能试验场已完成总体设计。舟山试验场在普陀山岛和葫芦岛之间海域，潮流能平均能流密度为 1. 5kW/m^2，规划建设 3 个具备 1MW 测试能力的泊位。万山试验场年均波能密度 4kW/m，将建设 600kW 波浪能示范区和 300kW 测试区。

表 8 –4　国外主要海洋能海上试验场分布

海洋能试验场地区分布情况		
地区	设施数量	
北美地区	11	
欧洲地区	18	
亚洲	4	
大洋洲	1	
波浪能海上试验场		
国家	试验场	建成年份
爱尔兰	Belmullet	2012
	Galway Bay	2006
葡萄牙	Pilot Zone	—
英国	EMEC	2004
	WaveHub	2011
西班牙	BIMEP	2011
法国	SEM – REV	2011
美国	Oregon	2008
潮流能海上试验场		
加拿大	Force Bay of Fundy	2009
英国	SOEC	2014
	MEMC	2007

（二）国际促进海洋能开发利用的策略

综合分析各类海洋能开发利用历史发展可以看出，各国为促进海洋能开发都实行了一些有力的政策和措施。

1. 重点开发优势资源

各国根据本国国情及优势海洋资源，综合考虑国际市场潜力，确定海洋能开发研究的重点。例如，在欧洲中部和北美洲北部的大西洋沿岸及亚洲北部沿海潮差较大，潮汐能资源丰富；大多数海岛缺乏常规能源，但波浪能资源丰富，具有广阔的开发前景；而海洋温差能资源则主要分布在赤道两侧低纬度，且多为发展中国家附近海域。所以各国海洋能开发重点各有不同，如英国重点开发潮汐能和波浪能，日本侧重发展波浪能和温差能，俄罗斯、法国和加拿大重点发展潮汐能，美国和挪威分别侧重于温差能和波浪能。

2. 国家政策激励

为加快海洋能技术的成熟，提高海洋能成本的竞争力，许多国家政府都使用了政策工具，制订鼓励开发新能源的法律法规，制定海洋能开发的中长期计划和市场激励机制，大力加大财政投资支持，以确保海洋能新技术的投资充足。这些政策及类型说明见表 8－5，各国具体政策见表 8－6。此外，各国为开发海洋能设立了政府或民间机构，管理协调和促进海洋能利用发展，例如，美国能源部成立海洋技术署，日本有海洋热能转换委员会、海洋热能转换促进基金会等。

表 8－5　海洋能相关政策类型说明

政策	说明
总量目标	
法定目标	国家规定在全部能源或电力供应中的比例
预期目标	海洋能技术发展的非法定目标或预测所达到的目标
财政支持	
技术研发资金支持	鼓励海洋能技术创新性研究
原型样机部署资金支持	鼓励海洋能发电设备原型样机部署
工程开发资金支持	鼓励示范工程开发（通常采用匹配资金形式）
奖励	对完成生产目标的给予资金奖励
市场激励	
上网电价	对于利用海洋能电力给予保障性价格
可再生能源义务交易	法律规定电力生产商海洋能发电义务并可上市交易
支持产业发展	
支持产业集群	集团化发展
支持行业协会	政府间行业协会发展给予财政支持
研究、检测、基础设施等公共支撑服务平台建设	
国家海洋能源中心	技术研发及部署中心

续表

政策	说明
海洋能源测试中心	原型样机或商业化前期装置检测认证中心
离岸枢纽或示范区	为离岸海洋能装置提供连接的基础设施
资源分配与行业标准	
标准规范	波浪、潮汐、潮流的国际标准
许可证制度	如英国彭特兰湾开发权的公开招标
空间/资源分配制度	如美国外大陆架的许可制度

表 8-6　各国海洋能政策

类别		国家	说明
国家立法		英国	《2002 英格兰和威尔士可再生能源义务条例》
		美国	《2005 年能源政策法案》
		澳大利亚	《可再生能源电力法》
		德国	《电力入网法》《可再生能源法》
		中国	《可再生能源法》
发展目标		英国	到 2020 年，英国全国电力 3% 来自于海洋能
		加拿大	到 2050 年，海洋能装机容量达到 14000MW
		爱尔兰	到 2020 年，海洋能装机容量达到 500MW
		葡萄牙	到 2020 年，海洋能装机容量达到 550MW
规划及路线图		爱尔兰	2011 年 5 月，《海洋能路线图》
		英国	2011 年 1 月，《海洋能研发路线图》
		美国	2010 年，《国家海洋政策和沿海及海洋空间规划框架》
		葡萄牙	海洋空间计划项目
		中国	《可再生能源法》
专项资金		澳大利亚	澳大利亚可再生能源中心设立 1 亿澳元的风险投资用以支持可再生能源项目
		新西兰	新西兰海洋能基金
		英国	苏格兰设立了波浪和潮汐能研发和示范支持基金
		美国	美国海洋能基金计划
分配制度及标准规范	标准规范	国际电气技术委员会	发展波浪能、潮汐能、潮流能的国际标准
	特性权	英国	彭特兰湾开发特许权招标
	许可证	美国	联邦能源管制委员会对外大陆架区域海洋能开发进行许可证准入机制

续表

类别		国家	说明
市场激励措施	电价补贴	美国	美国政府采取直接补贴的方式为海洋可再生能源电力系统提供入网补贴。政府设立了可再生能源鼓励基金，对于经过专门机构认定的海洋可再生能源电力系统，其每发电 1kW · h，可以得到该基金 1.5 美分的补贴
		威尔士	波浪能、潮汐能等传统海洋能的平均补贴额度为 0.45 磅/kW · h
	鼓励性税收政策	中国	海洋可再生能源专项资金
		葡萄牙	政府计划为可再生能源电力系统关键部件的生产企业制定了税收政策。税收减免的额度为 12% ~21% 。额度的大小主要取决于可再生能源系统的装机容量
	可再生能源义务条例	英国	2002 年出台可再生能源义务政策，以每 1000kW · h 为一个可再生能源电力义务指标，电力公司可以选择使用各种可再生能源电力以完成规定的指标，也可以根据政府规定的价格在市场上购买这一指标，以完成政府规定的义务
	奖金	苏格兰	圣安德鲁十字奖对两年内发电总量达到 100GW · h 的海洋能装置给予 1000 万英镑的奖励

3. 鼓励企业集团积极参与海洋能开发

在各国政府相关法规、政策的调控驱动下，许多相关企业集团如土木、电子、机械、海工等独立或组成集团参加到海洋能开发研究行业中。例如，在日本有 100 多家企业参加的海洋热能转换促进基金委员会；在英国，默西潮电站工程集团是由 24 家国家和地方公司组成的，而塞汶潮汐电力集团也是由 6 家土木和电气工程公司共同成立的；在美国，许多著名的大公司都有部署海洋能事业的项目，如洛克希德公司不仅投资研发温差能发电，还投资研究波浪能发电技术。

4. 海洋能开发前期充分论证

海洋能开发利用涉及大量海上工程施工及运行维护等技术，具有难度大、风险大、投资大等特点，所以海洋能开发前期要进行全面深入充分且谨慎的论证工作，主要包括三个方面：①技术可行性论证，技术方案需要优化选择，且可靠；②经济效益论证，经济性好，效益要好；③生态环保论证，环境友好，利于生态环境保护。

二、我国海洋能发展

（一）我国海洋能开发现状

据公开资料显示，我国拥有近 200 个海湾、河口具有开发潮汐能的条件，海洋能发展空间巨大。据初步统计，我国潮汐能总储量达 1.9×10^8kW，其中可开发量达 3850×10^4kW，目前我国已有 8 座长期运行的潮汐电站，但规模较小，如位于温岭市的江厦潮汐试验电站是我国目前最大的潮汐电站，但该站总装机量仅为法国朗斯洛潮汐电站的 1/75；波浪能、海（潮）流能的新技术与新装置开始进入实海况条件的试验研究阶段；海洋温差能和海洋盐差能技术仅仅处于实验室原理性试验阶段。在《可再生能源发展“十二五”

规划》中这样描述：潮汐能利用技术基本成熟，波浪能、潮流能等技术研发和小型示范应用取得进展，开发利用工作尚处于起步阶段，目前已经有较好的技术储备，未来有较大的发展潜力。

近年来，国家高度关注海洋能开发发展。2010年4月实施的国家可再生能源法明确将海洋能纳入其中，《国家海洋事业发展规划》《国家海洋经济发展规划纲要》《国家十二五海洋科学和技术发展规划纲要》，都对海洋能发展做出了部署，明确了海洋能的发展目标和重点方向，提出积极推进技术基本成熟、开发潜力大的海洋能的产业化，并实施新能源集成利用示范重大工程。2014年颁布实施的《能源发展战略行动计划（2014—2020年)》，着重强调发展海洋再生能源，促进能源结构优化。科技部《可再生能源技术发展战略（2020)》，重点考虑海洋可再生能源的三个关键任务，即设计和建设兆瓦级潮流能涡轮发电站，设计和制造模块化100kW级波浪能发电设施，研究并示范潮汐能环境友好技术。国家《可再生能源中长期发展规划》中将积极推进海洋能的开发利用放在重点发展领域，并提出2020年前建成潮汐电站10×10^4kW的目标；3~5年内渴望有100kW级的波浪、潮流实用电站建成；再经过5~10年的努力，有望进入兆瓦级装置和小型装置群的示范研究阶段，并开始规模化开发波浪能、潮流能群式（阵列）等。

在财政支持和市场激励方面，财政部设立了海洋可再生能源专项资金，全面推进海洋能开发利用技术的研究、应用和示范工作，为海洋能产业化培育及发展奠定坚实的基础。2010年5月，我国设立海洋可再生能源专项资金，支持潮汐能、潮流能、波浪能、温差能、盐差能及其他海洋能研究。截至2015年5月，专项资金共支持了大约96个项目，投入经费总额近10亿元人民币。

据悉，2011年以来，我国陆续批准了山东半岛蓝色经济区、浙江海洋经济发展示范区、广东海洋经济综合试验区、舟山群岛新区等涉及海洋经济的国家战略。目前，关于海洋能的开发技术依然不是很成熟，仍处于边界发展的状态。

（二）海洋能技术是我国开发海洋能的关键

我国发展海洋能已有一定的技术基础。潮汐能利用技术基本成熟，达到国际先进水平。波浪能、潮流能等技术研发和小型示范应用取得进展，开发利用工作尚处于起步阶段，但已有较好的技术储备，未来有较大的发展潜力。我国独立建设了装机容量为3900kW的江厦潮汐试验电站，具备设计和制造单机容量为2.6×10^4kW低水头大功率潮汐发电机组能力。先后建设了70kW漂浮式、40kW坐底式两座垂直轴的潮流实验电站和100kW振荡水柱式、30kW摆式波浪能发电实验电站。启动了500kW至兆瓦级的波浪能独立电力系统和并网电力系统示范工程建设。近海波浪能和潮流能试验场一期工程已经列入计划，并启动了相关建设工作。温差能技术完成了实验室原理试验研究，正在进行温差发电的基础性试验研究。

我国海洋能开发利用在技术上虽然具备了一定的研究基础，但是，目前与发达国家相比，技术积累明显不足，开发利用海洋能的技术经济性相比风电、太阳能等其他新能源还有较大差距，距离产业化发展还需经历较长的时间。

海洋能开发是利用海洋蕴藏的巨大能量，其开发利用涉及大量海上工程施工及运行维护等技术，具有难度大、风险大、投资大等特点。海洋能开发最大的困难是企业资金问题，国家海洋局和国家能源局制定了一系列发展规划，明确制定优惠措施，包括财税激励政策，加大投资支持，包括保证国家持续投资支持。并培养天津、山东、浙江、广东等海洋能装备龙头制造企业，力求形成装备基地。但是，即使国家给予补贴，从事海洋能开发的公司估计也无法得到较多资金，因为其技术不成熟，远没有达到能够获得国家财税激励的地步，因而在国家“十二五”期间，国家政策更多的是促进海洋能的科技开发上。

在海洋能开发上，应该组织开展潮汐能、波浪能、海流能及其各类海洋能技术的研发，建立海洋能研发试验平台和综合示范工程，进一步突破关键技术瓶颈，培养具有世界先进水平的研发团队，促进我国海洋能产业的快速健康发展。

目前，还存在许多制约海洋能发展的重要问题。

（1）技术创新体系尚不健全　我国海洋能研究虽然起步较早，但与国际先进水平相比，技术研发投入较少，研发力量比较分散，缺乏系统的技术开发体系，没有建立起人才培养机制，整体技术水平较低，有关设备制造能力和生产能力存在较大差距，技术创新的后劲不足。

（2）产业服务体系尚未建立　我国海洋能利用技术的应用仍局限于小型示范项目和试验电站，产业服务体系尚未形成。海洋能资源调查、技术标准、产品检测和认证体系不完善，没有形成今后能够支撑海洋能发展的产业服务体系。

（3）激励政策措施不完善　海洋能源开发利用投入高、风险大，技术工艺复杂，缺乏市场竞争力，尚处于起步阶段，需要政策扶持和经济激励。目前，我国支持海洋能开发利用的扶持政策较弱，经济激励措施不够明确，相关政策之间缺乏协调等，尚没有形成支持海洋能开发利用发展的有效机制。

三、海洋能未来

预计海洋能开发技术在经历近半个世纪发展的基础上，在当前国际重视可再生新能源开发部署的大好环境下，将会获得更快的发展。根据各国报道，21 世纪在英国、加拿大和俄罗斯等将会建成千万千瓦级的潮汐电站，美国、日本、印度尼西亚和印度可能建设（0.1～10）$\times 10^4$kW 的温差能电站，英国、挪威和日本可能会发展（0.1～10）$\times 10^4$kW 级的波浪能电站。

在海洋能开发过程中，首先是潮汐能、波浪能等将随着风能发展而发展，之后迈向实用化、商业化的道路，为全球能源供应做出贡献。

思考题

1. 简述海洋能的概念及类型。
2. 海洋能具有什么特点？
3. 潮汐要素是什么？
4. 潮汐能发电原理及特点是什么？
5. 波浪能发电装置包含哪些类型？
6. 海潮能发电装置类型有哪些？
7. 简述温差能及其发电原理。

8. 简述盐差能及其发电原理。

9. 简述促进海洋能开发利用的策略。

参考文献

1. 张晓东，杜云贵，等．核能及新能源发电技术．北京：中国电力出版社，2011.

2. 高虎，王仲颖，等．可再生能源科技与产业发展知识读本．北京：化学工业出版社，2009.

3. 黄素逸，杜一庆，等．新能源技术．北京：中国电力出版社，2011.

4. 王淑娟．可再生能源及其利用技术．北京：清华大学出版社，2012.

5. 王新程，葛莉，等．可再生能源概论．北京：中国环境出版社，2013.

6. 何一鸣，钱显毅，等．可再生能源及其发电技术．北京：北京交通大学出版社，2013.

7. 吴金星，赖艳华，等．能源工程概论．北京：机械工业出版社，2013.

8. 鞠平，吴峰，等．可再生能源发电系统的建模与控制．北京：科学出版社，2014.

9. 夏登文，康健．海洋能开发利用国际现状．北京：海洋出版社，2014.

10. 夏登文，岳奇，等．海洋矿产与能源功能区研究．北京：海洋出版社，2013.

11. Sergey A Doroshenkoa，Anna V Doroshenkob. Physical modeling of flow around the underwater tidal power. Procedia Engineering，2014（91）：194～199.

12. Shinya Obara，Masahito Kawai，et al. Operational planning of an independent microgrid containing tidal power generators，SOFCs，and photovoltaics. Applied Energy，2013（102）：1343～1357.

13. Roy A Walters，Michael R Tarbotton，et al. Estimation of tidal power potential. Renewable Energy，2013（51）：255～262.

14. Pedro B Leite Neto，Osvaldo R Saavedra，et al. Optimization of electricity generation of a tidal power plant with reservoir constraints. Renewable Energy，2015（81）：11～20.

15. Prof A R Ghode，Mr Kukkar Paresh K. Tidal energy harvesting. Chemical Business – October，2014：48～52.

第九章　储能技术

第一节　储能技术分类

一、按储存介质划分

按储能的存储介质划分，储能技术可划分为物理储能、电磁储能、电化学储能和相变储能。物理储能主要有飞轮储能、抽水蓄能和压缩空气储能；电磁储能主要有超导储能；电化学储能主要有蓄电池储能、超级电容器储能；相变储能主要有冰蓄冷储能等。

物理储能是指在不改变物质组成成分的前提下，将一种能量转换成另一种能量储存起来，在需要的时候再将储存的能量释放出来。根据工作原理的不同可以分成飞轮储能、抽水蓄能和压缩空气储能。

电磁储能是利用超导线制成的线圈将电网供电励磁所产生的磁场能量存储起来，在需要时再将此储存能量送回至电网或其他应用。即利用超导物质在一定温度下达到超导状态即电阻为0Ω的特性，在超导线圈充电之后，超导线圈中形成短路状态，由于这一闭合回路中的电流不会减少而形成永久磁通，所以电流的能量就以永久磁通的形式储存起来了。

电化学储能即通过发生化学反应来储存或者释放电能量的过程。化学储能的实质就是化学物质发生化学反应，且反应是可逆的。根据化学物质的不同可以分为钠硫电池、全钒液流电池、铅酸电池、锂离子电池和镍氢电池等。

相变储能材料是指随温度变化而改变形态并提供潜热的物质。相变材料由固态变为液态或由液态变为固态的过程称为相变过程，这时相变材料将吸收或释放大量的潜热。相变材料可分为有机或无机的相变材料，也可分为水合相变材料和蜡质相变材料。

二、按规模划分

按储能的规模可划分为大容量储能和分布式储能。一般来讲，容量大于1MW、接入电压等级高于10kV的储能技术为大容量储能技术，主要包括抽水蓄能、压缩空气储能、钠硫电池储能、全钒液流电池储能等；容量小于1MW、接入电压等级低于10kV的储能技术为分布式储能技术，主要包括超级电容储能、飞轮储能等。

三、按性能划分

按照储能的性能可划分为能量型储能和功率型储能。能量型储能以高比能量为特点，主要用于高能量输入、输出场合；功率型储能以高比功率为特点，主要用于瞬间高功率输入、输出场合。能量型储能装置放电速率相对较慢且放电时间较长，如数十分钟到数小时；功率型储能则以高放电速率快速放电为特点，放电时间一般为数秒到数分钟。

第二节 技术原理及性能

一、抽水蓄能

抽水蓄能是目前应用较为广泛的一种蓄能技术，其基本原理是在电力系统负荷低谷时将下水库的水抽至上水库，将电能转化成势能储存起来。当电网出现峰荷时，由抽水蓄能机组作水轮机工况运行，将上水库的水用于发电，满足系统调峰需要。抽水蓄能的工作原理如图 9-1 所示。通常，抽水蓄能电站按照有无天然径流分为两类：一是纯抽水蓄能电站，上水库没有或只有很少的天然径流，水体上、下水库间循环使用，主要承担调峰填谷、事故备用等任务，而不承担常规发电等任务；二是混合式抽水蓄能电站，上水库有天然径流，既利用天然径流承担常规发电和水能综合利用等任务，又承担调峰填谷、事故备用等任务。

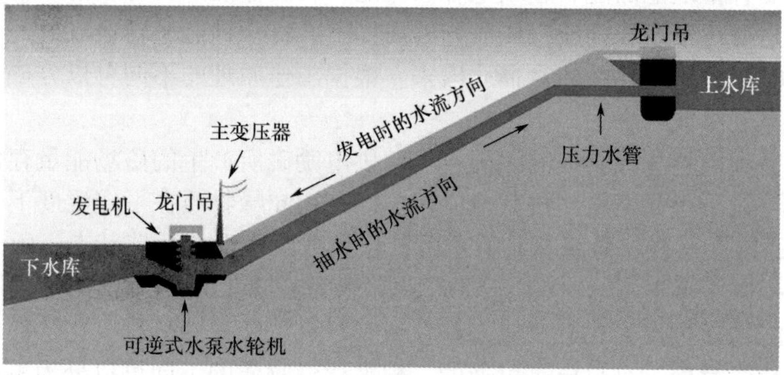

图 9-1 抽水蓄能的工作原理

抽水蓄能电站是目前技术最成熟、应用最广泛的大规模储能技术，具有容量大（可达百兆瓦级）、寿命长、运行费用低的优点。但是，抽水蓄能电站的建设受地理条件的约束，需要有合适的上、下水库。在抽水和发电过程中进行能量转换时会有一定的能量损失，储存效率为 65% ~80%。抽水蓄能电站一般都建在远离电力负荷的山区，必须建设长距离的输电系统，建设工期长、工程投资大。

抽水蓄能在发达国家的开发程度较高，日本、美国和部分欧洲国家的抽水蓄能电站装机容量占全世界抽水蓄能电站装机容量的 80% 以上，并且核电、风电装机容量比例大的国家，都建有一定规模的抽水蓄能电站以配合其运行。表 9-1 列举了目前国外部分抽水蓄能电站及其装机容量。

表 9-1 国外部分抽水蓄能电站及其装机容量

电站名称	国家	装机容量/MW	投运时间
巴斯康蒂抽水蓄能电站	美国	3003	1985 年
神流川抽水蓄能电站	日本	2820	2005 年

续表

电站名称	国家	装机容量/MW	投运时间
迪诺维克抽水蓄能电站	英国	1728	1983 年
新高濑川抽水蓄能电站	日本	1280	1981 年
昂特拉克抽水蓄能电站	意大利	1317	1984 年

截至 2014 年年底，我国抽水蓄能装机总容量达 42.95GW，其中投产容量达 21.81GW，在建容量 21.14GW，已位于世界第一，但仅占我国总装机容量的 1.7%。目前已建成十三陵、天荒坪、广蓄等 30 多座抽水蓄能电站。在建的河北丰宁抽水蓄能电站容量预计可达 3600MW，建成后有望成为世界上装机容量最大的抽水蓄能电站。

二、压缩空气储能

传统的压缩空气储能基于燃气轮机技术，由两个循环过程构成，分别是充气压缩循环和排气膨胀循环。压缩时，利用谷荷的多余电力驱动压缩机，将高压空气压入地下储气洞；峰荷时，储存压缩空气先经过预热，再使用燃料在燃烧室内燃烧，进行膨胀做功发电。压缩空气储能原理如图 9－2 所示。

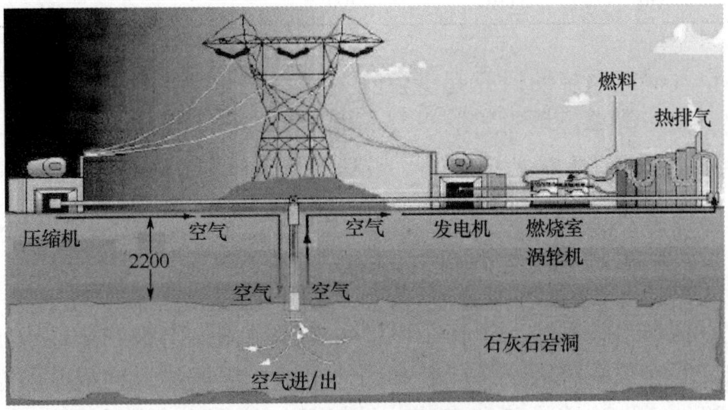

图 9－2 压缩空气储能原理

压缩空气储能系统的建设和发电成本均低于抽水蓄能电站，储气库漏气开裂的可能性极小，安全系数高，寿命长，可以冷启动、黑启动，响应速度快。但其能量密度低，且必须与燃气轮机电站配套使用，不能适配其他类型的电站，面临着化石燃料价格上涨和污染物控制的限制。此外，同抽水蓄能电站类似，压缩空气储能也需要特殊的地理条件建造大型储气室，如密封的山洞或废弃矿井等。

为解决传统压缩空气储能系统面临的主要问题，国际上先后出现了一些改进的技术，包括先进绝热压缩空气储能系统、小型压缩空气储能系统和微型压缩空气储能系统。先进绝热压缩空气储能系统将空气压缩过程中的压缩热存储在储热装置中，并在释能过程中回收这部分压缩热，系统的理论储能效率可达到 70% 以上。小型压缩空气储能系统的规模一般在10MW级，它利用地上高压容器储存压缩空气，从而突破大型传统压缩空气电站对储气洞穴的依赖，具有更大的灵活性。微型压缩空气储能系统的规模一般在几千瓦到几十千瓦级，它也是利用地上高压容器储存压缩空气，主要用于特殊领域的备用电源、偏远孤立地区的微电网以及压缩空气汽车的动力等。

压缩空气储能主要用于峰谷电能回收调节、平衡负荷、频率调制和发电系统的备用。压缩空气储能最早有两座大规模的电站投入商业运行。第一座投入商业运行的压缩空气储能电站是1978年建于德国Hundorf的一台290MW机组，可连续发电2h。美国1991年在Alabama的McIntosh建成了第二座商用压缩空气储能电站，机组功率为110MW，可连续发电26h。整个建设过程耗时30个月，耗资6500万美元，这台机组能够在14min之内并网。第三台商用压缩空气储能电站，也是目前世界上容量最大的压缩空气储能电站，计划建在Ohio州的Norton，整个电站装机容量为2700MW，共有9台机组，压缩空气储存在一个现有的位于地下2200ft（1ft=0.3048m）深的石灰石矿井里。21世纪以来，国外规划了更多的压缩空气储能项目，部分已经投入运行，见表9-2。

表9-2　　国外压缩空气储能项目

项目	Huntorf	McIntosh	Norton	沙川町	Gaines	ADELE
国家	德国	美国	美国	日本	美国	德国
装机容量/MW	290	110	2700	2	2	200

我国对压缩空气储能系统的研究起步较晚，现在还停留在理论和小型实验的层面。中科院工程热物理研究所等单位均对压缩空气储能系统进行了研究。2013年，中科院工程热物理研究所储能研发中心完成了1.5MW超临界压缩空气储能系统的示范工作，并且10MW的示范工作也在进行中。

三、钠硫电池

常规的二次电池如铅酸电池、锂离子电池等都是由固体电极和液体电解质构成的，而钠硫电池与之相反，它是由熔融液态电极和固体电解质组成的，构成其负极的活性物质是熔融金属钠，正极的活性物质是硫和多硫化钠熔盐，硫填充在导电的多孔炭或石墨毡里，固体电解质兼隔膜为$\beta-Al_2O_3$。钠硫电池的工作原理如图9-3所示，其充放电过程是可逆的，且整个过程都由浓差扩散作用所控制。

钠硫电池的电动势随硫极Na_2S_x组分的变化将线性地逐渐减小至1.78V，如图9-4所示。电池放电至这个组分通常定义为放电深度100%时的理论安时容量。钠硫电池由于其内阻在大部分放电范围都是欧姆化的，所以电池的放电特性完全是由内阻决定的，即电池放电容量与放电率无关。这是钠硫电池区别于其他电池的一个非常显著的特征。

钠硫电池具有以下优点：①理论比能量为760W·h/kg，实际已达150W·h/kg，是铅酸电池的3~4倍；②可大电流、高功率放电，其放电电流密度一般可达200~300mA/cm^2，瞬时可放出其固有能量的3倍；③充放电效率高，放电效率几乎为100%；④循环寿命长，100% DOD下能耐2500次以上的充放电。但也存在缺点：①工作温度在300~350℃，电池充电时需要加热保温，在放电状态下需要良好的散热设计；②电池的工作倍

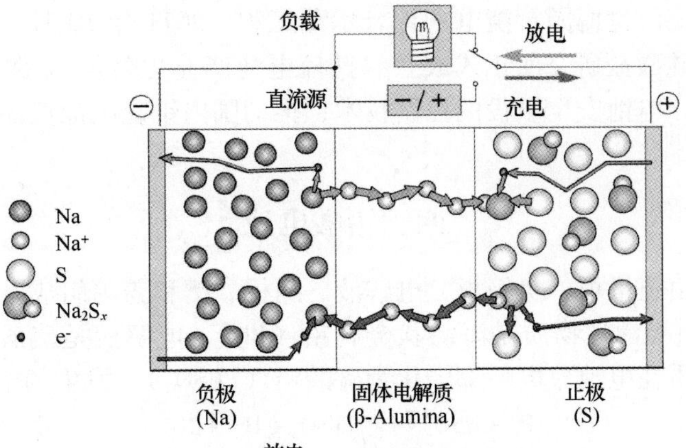

$$2Na + xS \underset{充电}{\overset{放电}{\rightleftharpoons}} Na_2S_x (EMF:2.08\sim1.78V)$$

图 9－3 钠硫电池的工作原理

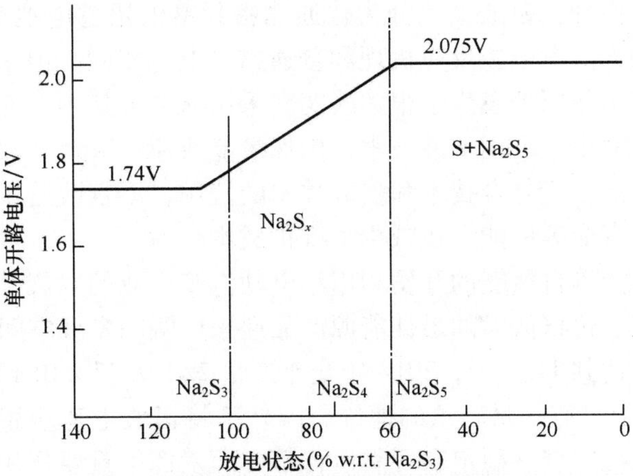

图 9－4 钠硫电池开路电压随组成的变化

率较低，不适合大功率快速充放电；③由于硫具有腐蚀性，电池护体需要经过严格的耐腐处理。

钠硫电池储能技术适用于分布式能源，能够发挥削峰填谷、大容量储能的作用，并且在负载调节、备用电源、平滑风光功率输出的瞬间波动和保证风光长时间的稳定输出等领域有广泛应用。截至 2014 年，全球有 221 处钠硫电池储能项目投入运行，总的装机容量约 316MW/1896MW · h。目前，钠硫电池储能主要分布在日本、美国、德国、法国等国，基本是由日本 NGK 公司和东京电力的下属企业生产并安装。

我国在钠硫电池储能研究方面也有所进展，主要从事研究的单位是中科院上海硅酸盐研究所和芜湖海力实业有限公司。2006 年起，硅酸盐研究所与海力公司合作，在小容量钠硫电池研发的基础上，成功研制了基于 30A · h 单体电池的 6kW 车载钠硫储能电池，使我国成为继日本之后第二个掌握大容量钠硫单体电池核心技术的国家。2010 年上海世博会期间，100kW/800kW · h 城网钠硫储能系统已成功在上海硅酸盐研究所嘉定南门产业基地启动运行，作为上海世博园智能电网综合示范工程。2011 年 10 月，上海电气集团、上海电力公司和上海硅酸盐研究所正式成立“钠硫电池产业化公司”，致力于完善钠硫电池制备的产业化基础和电池安全服役的控制技术，推动国内钠硫电池产品的商业化及核心技术的提升。

四、铅酸电池

铅酸电池主要由正极板、负极板、电解液、隔板、槽和盖等组成。正极活性物质是二氧化铅（PbO_2），负极活性物质是海绵状金属铅（Pb），电解液是硫酸，开路电压为 2V。正、负两极活性物质在电池放电后都转化为硫酸铅（$PbSO_4$），发生的电化学反应如下。

负极反应：
$$Pb + HSO_4^- \rightleftharpoons PbSO_4 + H^+ + 2e^- \tag{9-1}$$
正极反应：
$$PbO_2 + 3H^+ + HSO_4^- + 2e^- \rightleftharpoons PbSO_4 + 2H_2O \tag{9-2}$$
电池总反应：
$$PbO_2 + Pb + 2H^+ + 2HSO_4^- \rightleftharpoons 2PbSO_4 + 2H_2O \tag{9-3}$$
在电池充电过程中，当正极板的荷电状态达到 70% 左右时，水开始分解：
$$2H_2O \longrightarrow O_2 + 4H^+ + 4e^- \tag{9-4}$$

根据结构和工作原理，铅酸电池分为普通非密封富液铅蓄电池和阀控密封铅蓄电池。阀控密封铅蓄电池的充放电电极反应机理和普通铅酸电池相同，但采用了氧复合技术和贫液技术，电池结构和工作原理发生了很大改变。采用氧复合技术，充电过程产生的氢和氧再化合成水返回电解液中；采用贫液技术，确保氧能快速、大量地移动到负极发生还原反应，提高了可充电电流。氧复合技术和贫液技术的使用，不仅改善了铅酸电池的效率、比功率、比能量、循环寿命等性能，还减少了维护成本。

随着太阳能、风能等自然能的开发利用和电动汽车产业的发展，铅酸蓄电池作为一种安全性高、电压带宽、价格低廉的最佳能源产品迎来广阔的发展空间。2014 年年末，我国铅酸电池制造厂家已达到 1151 家，2014 年全年产量 $22069.77 \times 10^4 kW \cdot h$，约占世界产量的 1/3，在国际市场上具有举足轻重的地位。国外已将铅酸电池应用在发电厂、变电站等领域，在维持电力系统安全、稳定和可靠运行等方面发挥了重要作用，在产量和产值方面居于各类化学电源之首。表 9－3 列出部分铅酸电池储能系统及其作用。

表 9－3　部分铅酸电池储能系统及其作用

系统名称	地点	额定功率/MW	额定容量/（MW·h）	作用	安装时间
BEWAG	柏林	8.5	8.5	热备用、频率控制	1986 年
Crescent	北卡罗来纳州	0.5	0.5	峰值调节	1987 年
Chino	加利福尼亚州	10	40	热备用、负荷平衡	1988 年
PREPA	波多黎各	20	14	热备用、频率控制	1994 年
Vernon	加利福尼亚州	3	4.5	提高电能质量	1995 年
Metlakatla	阿拉斯加州	1	1.4	提高孤立电网稳定性	1996 年
ESCAR	马德里	1	4	负荷平衡	20 世纪 90 年代后期

五、全钒液流电池

全钒液流电池是将具有不同价态的钒离子溶液分别作为正极和负极的活性物质，分别储存在各自的电解液储罐中，如图 9－5 所示。

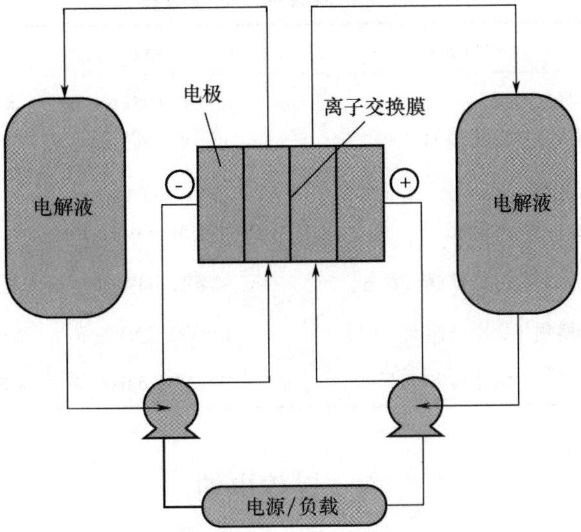

图 9－5　全钒液流电池的结构示意图

全钒液流电池的正极活性电对为 VO^{2+}/VO_2^+，负极活性电对为 V^{2+}/V^{3+}，是众多化学电池中唯一使用同种元素组成的电池系统，从原理上避免了正负半电池间不同种类活性物质相互渗透产生的交叉污染。在对电池进行充、放电时，电解液通过泵的作用，由外部储液罐分别循环流经电池的正极室和负极室，并在电极表面发生氧化和还原反应。

正极：$$VO^{2+} + H_2O \rightleftharpoons VO_2^+ + 2H^+ + e^- \tag{9-5}$$

负极：$$V^{3+} + e^- \rightleftharpoons V^{2+} \tag{9-6}$$

电池总反应：$$VO^{2+} + H_2O + V^{3+} \rightleftharpoons VO_2^+ + V^{2+} + 2H^+ \tag{9-7}$$

两个反应在碳毡电极上均为可逆反应，反应动力学快、电流效率和电压效率高，是迄今最为成功的液流电池。对于 1mol/L 的活性溶液，全钒液流电池正负极的标准电势差为 1.26V。

全钒液流电池的优点：①电池的功率和储能容量可以独立设计，电池系统组装设计灵活，易于模块组合；②电池系统可快速响应，高功率输出；③电池系统易于维护，安全稳定；④电池的活性溶液可重复使用，不存在环境污染；⑤可超深度放电（100%）而不引起电池的不可逆损伤。缺点有：①需要配置循环泵维持电解液的流动，降低了其整体的能量效率；②电解液泄露是实际工程中需要考虑的问题；③全钒液流电池的容量单价较高，甚至与钠硫电池的价格水平不相上下，与同等容量铁锂电池的价格相比缺乏优越性。

截至 2014 年年底，全钒液流电池储能项目总装机容量约为 28MW/86MW · h，2015 年规划和在建项目约 51MW/215MW · h，增长势头很强，这主要来自于太阳能、风能等可再生能源的发展对电网调峰及安全、稳定性提出了新的挑战，电力系统对大规模储能的需求增加。此外，各国对大规模储能的激励政策也有效促进了行业发展。目前全球范围内从事全钒液流电池研发和制造的企业主要有日本住友电工公司、大连融科储能技术发展有限公司、美国 UniEnergy Technologies 公司、奥地利 Gildemeister 公司、北京普能世纪科技有限公司等。表 9－4 列出了部分全钒液流电池储能项目。

表 9－4　部分全钒液流电池储能项目

时间	项目名称	规模	公司
2016，投运	宁夏嘉泽微电网	125kW/625kW·h	大连融科储能技术发展有限公司
2014，竣工	锦州国电和风电场储能	2MW/4MW·h	
2016，投运	可再生能源并网	15MW/60MW·h	日本住友电工公司
2014，竣工	太阳能发电并网储能	500kW/3MW·h	
2012，竣工	国家电网张北风光储联合发电	2MW/8MW·h	北京普能世纪科技有限公司
2015，竣工	美国华盛顿州变电站储能	1MW/3.2MW·h	UniEnergy Technologies
2013，竣工	德国 Pcllwovc 岛可再生能源	200kW/1.6MW·h	Gildemeister

六、锌溴电池

锌溴液流电池是在 20 世纪 70 年代由埃克森公司（Exxon）和古德公司（Gould）联合提出的。锌溴液流电池的电解液为溴化锌，充电过程中，锌以金属形态沉积在电极表面，溴形成油状络合物，储存于正极电解液的底部。充、放电时电极上发生的电化学反应如下。

正极：
$$Zn^{2+}+2e^{-}\rightleftharpoons Zn \tag{9-8}$$

负极：
$$2Br^{-}\rightleftharpoons Br_2+2e^{-} \tag{9-9}$$

电池反应：
$$Zn+Br_2\rightleftharpoons ZnBr_2 \tag{9-10}$$

锌溴液流电池的优点：①具有较高的能量密度，可以达到 70W·h/kg；②具有良好的循环充放电性能，放电深度可达到 100% 而不会损害电池，反而会改善电池的性能；③锌溴液流电池在常温下工作，不需要复杂的热控制系统，其大部分组件由聚烯烃塑料制成，便宜的原材料和较低的制造费用使它在成本上具有竞争力。缺点有：①溴和溴盐的水溶液对电池材料具有腐蚀性，充电过程中锌电极上形成枝晶；②溴在电解液中溶解度高，溶解的溴快速传质到锌电极表面，与锌直接反应，造成较严重的自放电。

锌溴液流电池广泛地应用于电网调峰，太阳能、风能等间歇性能源的发电储能，远距离供电，新能源汽车以及紧急情况供电。目前，美国 ZBB 公司是全球领先的锌溴液流电池生产商，该公司设计开发出了 50kW·h 的电池模块，并通过电池模块的串并联，构建出了兆瓦级的电池系统。日本在 20 世纪 90 年代安装的 1MW/4MW·h 锌溴液流电池组，经过 1300 多次循环后，能量效率为 66%。

我国的锌溴液流电池的研究起步于 20 世纪 90 年代，目前国内有 3～4 家企业从事锌溴液流电池的开发。北京百能汇通科技股份有限公司，通过对关键材料及电堆技术的自主研发，建立了微孔隔膜及双极板的连续化生产线，填补国内该领域的空白，同时利用先进的电堆集成工艺，目前已开发出额定功率 2.5 kW 的单电堆以及 10kW/25kW·h 的储能模块。

七、锂离子电池

锂离子电池采用了一种锂离子嵌入和脱嵌的金属氧化物或硫化物作为正极，有机溶剂-无机盐体系作为电解质，碳材料作为负极。充电时，Li^+从正极脱出嵌入负极晶格，正极处于贫锂态；放电时，Li^+从负极脱出并插入正极，正极为富锂态。为保持电荷的平衡，充、放电过程中应有相同数量的电子经外电路传递，与Li^+同时在正负极间迁移，使负极发生氧化还原反应，保持一定的电位，如图9-6所示。

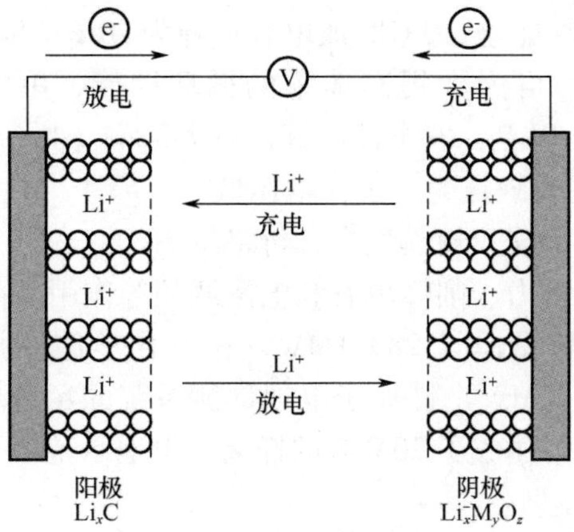

图9-6　锂离子电池的工作原理

根据正极材料划分，锂离子电池又分为钴酸锂、镍酸锂、锰酸锂、磷酸铁锂等。表9-5是不同锂离子电池的特性比较。

表9-5　不同锂离子电池的特性比较

正极材料	理论容量/(mA·h/g)	实际容量/(mA·h/g)	开路电压/V	成本	安全性	循环次数(100% DOD)
钴酸锂（$LiCoO_2$）	274	140~160	3.7	高	一般	300~500
镍酸锂（$LiNiO_2$）	274	190~210	2.5~4.2	中	差	>300
锰酸锂（$LiMn_2O_4$）	148	90~120	3~4	低	好	100~200
磷酸铁锂（$LiFePO_4$）	170	110~165	3.4	低	很好	>2000

钴酸锂电池（$LiCoO_2$）是最早商品化的锂离子电池，工艺成熟，市场占有率高。理论容量为274mA·h/g，实际容量大于140mA·h/g，开路电压为3.7V。主要优点为：充放电电压平稳，循环性能好。主要缺点为：原材料较贵，抗过充电等安全性能差，不适合大型动力电池领域。

镍酸锂材料（$LiNiO_2$）的理论容量为274mA·h/g，实际容量为190~210mA·h/g，开路电压为2.5~4.2V。主要优点为：镍资源相对丰富，成本低。主要缺点为：合成条件苛刻，循环稳定性差，安全性有待提高。

锰酸锂材料（$LiMn_2O_4$）的理论容量为148mA·h/g，实际容量为90~120mA·h/g，开路电压为3~4V。主要优点为：成本低、安全性较钴酸锂电池高，在全球的动力电池领域占有重要地位。主要缺点为：理论容量低，循环性能差。新近发展起来的$LiMnO_2$正极材料在理论容量和实际容量两方面都有较大幅度的提高，理论容量为286mA·h/g，实际容量达 200mA·h/g 左右，开路电压范围为 3～4.5V，但仍然存在充放电过程中结构不稳定的问题。

磷酸铁锂材料（$LiFePO_4$）的理论容量为 170mA·h/g，实际容量大于 110mA·h/g，开路电压为 3.4V。主要优点是：循环性能好，单体 100% DOD 循环 2000 次后容量保持率为 80% 以上，安全性高，放电电压平台稳定，可在 1～3C 下持续充放电，瞬间放电倍率达 30C。主要缺点是：理论容量不高，低温性能差，0℃时放电容量降为 70%～80%。

钛酸锂（$Li_4Ti_5O_{12}$）作为负极材料时，可大大提高体系的循环性能，单体电池在 100% DOD 循环 3000 次后容量保持率为 80% 以上；安全性能好，可大倍率（40～50C）放电，快速充电（10C），适用温度范围宽。主要缺点为：工作电压低（2.5V），电子导电性差，制作过程中容易析气，而且目前还没有实现大规模生产，价格较高。

锂离子电池储能系统主要发挥平滑风光出力、削峰填谷和电网调频等作用。截至 2014 年年底，全球锂离子电池储能系统的装机容量总计 283.1MW，在电化学储能技术中占 36%。美国电科院在 2009 年开展了兆瓦级（2MW）锂离子电池储能系统的示范应用，用于电力系统的频率和电压控制。日本三菱公司建成了 20MW 的锂离子电池示范项目，用于风电并网的平滑化与调频。

截至 2014 年年底，我国锂离子电池储能系统的装机量总计 62.3MW，在电化学储能技术中占 74%。福建莆田湄洲岛储能电站，项目规模是 1MW，使用磷酸铁锂电池，对于稳定配电网、末端电压，提高供电质量和稳定性，促进海岛上的发电起到了很好的作用。

八、飞轮储能

飞轮储能系统主要包括储存能量用的转子系统、支撑转子的轴承系统和实现能量转换的电动机/发电机系统 3 部分。基本原理是利用电动机带动飞轮高速旋转，将电能转换成机械能储存起来；在需要时飞轮减速，电动机作为发电机运行，将飞轮动能转换成电能，飞轮的升速和减速实现了电能的储存和释放。飞轮储能系统的基本结构如图 9－7 所示。

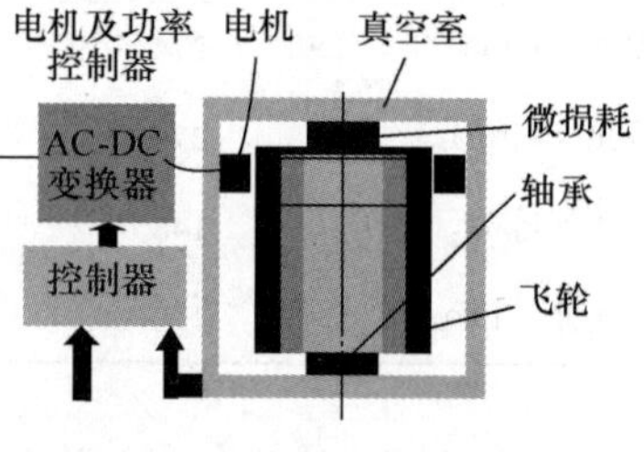

图 9－7　飞轮储能的工作原理

从飞轮的转子转速来分，包括低速飞轮产品和高速飞轮产品。低速飞轮产品中，转子主要由优质钢制成，转子边缘线速度一般不会超过 100m/s。这类产品可采用机械轴承、永磁轴承或者电磁轴承，整个系统功率密度较低，主要通过增加飞轮的质量来提高储能系统的功率和能量。高速飞轮产品的转子转速能够达到 50000r/min 以上，转子边缘线速度能够达到 800m/s 以上。如此高的转速要求高强度的材料，因此主要采用玻璃纤维、碳纤维等作为制造转子的主要材料。这类产品中无法采用机械轴承，只能采用永磁、电磁或者超导类轴承。目前国外对永磁和电磁轴承的研究和应用已经比较成熟，最新的研究热点是基于超导磁悬浮的高速飞轮产品。

飞轮储能系统的优点是运行于真空度较高的环境中，没有摩擦损耗、风阻小、效率高、寿命长、对环境没有影响，几乎不需要维护。但缺点是能量密度较低、系统复杂，对转子、轴承的技术要求较高。

飞轮储能主要用于电网调频、电力输配领域备用、轨道能量回收、分布式发电以及微电网。随着新型特殊材料技术、磁悬浮轴承技术、现代电力电子技术的发展，飞轮储能逐渐表现出其优越性，得到越来越广泛的应用。自2010年以来，规划、在建和已经投运的飞轮储能项目有14个，装机容量共计81MW。日本已经制造出世界上容量最大的变频调速飞轮蓄能发电系统（容量26.5MW，电压1100V，转速510690r/min）。美国马里兰大学也已研究出用于电力调峰的24kW·h的电磁悬浮飞轮系统，飞轮重172.8kg，工作转速范围11610～46345r/min，系统输出恒压110～240V，全程效率为81%。

我国在飞轮储能技术的开发和研究起步较晚，主要集中在高等院校，部分大学和机构完成了集成装置研究，开始由实验室向企业进行转化。2012年7月，清华大学设计的质量为1200kg的低速重型合金钢飞轮转速达到了3600r/min，该系统实现了100 kW充电/500kW发电运行。

九、超级电容储能

超级电容器储能单元根据电化学双电层理论研制而成，可提供强大的脉冲功率，充电时处于理想极化状态的电极表面，电荷将吸引周围电解质溶液中的异性离子，使其附于电极表面，形成双电荷层，构成双电层电容。

根据电极选择的不同，超级电容器主要有碳基超级电容器、金属氧化物超级电容器和聚合物超级电容器等，目前应用最广泛的为碳基超级电容器。碳基超级电容器的电极材料由碳材料构成，使用有机电解液作为介质，活性炭与电解液之间形成离子双电层，通过极化电解液来储能，能量储存于双电层和电极内部。

双电层超级电容器的储能过程并不发生化学反应，且储能过程是可逆的，因此超级电容器反复充放电可以达到数十万次，且不会造成环境污染。超级电容器具有非常高的功率密度，适用于短时间高功率输出；充电速度快且模式简单，可以采用大电流充电，能在几十秒到数分钟内完成充电过程；使用寿命长；低温性能优越，超级电容器充放电过程中发生的电荷转移大部分都在电极活性物质表面进行，容量随温度的衰减非常小。

自超级电容器工业化以来，超级电容器在电子产品、电动汽车中已经获得了广泛的应用。目前，大功率的超级电容器被视作一种大功率的物理二次电源，各发达国家都把对超级电容器的研究作为国家重点战略项目。超级电容器在电力系统中的应用也越来越受到关注，如基于双电层电容储能的静止同步补偿器和动态电压补偿器。日本、美国、俄罗斯在超级电容器商业化生产中处于领先地位，特别是日本，其本土与海外生产商占有率超过90%。

我国超级电容器研究工作起步于20世纪80年代，目前我国已有小型商品问世。国内首家实现超级电容器产业化的企业是大庆华隆电子有限公司，其产品有3.5V、5.5V、11V等系列。

十、超导磁储能

超导磁储能的基本结构主要由超导线圈、失超保护、冷却系统、变流器和控制器等组成，如图9-8所示。超导磁储能是利用超导线圈作储能线圈，由电网经变流器供电励磁，在线圈中产生磁场而储存能量。需要时，可经逆变器将所储存的能量送回电网或提供给其他负载用。

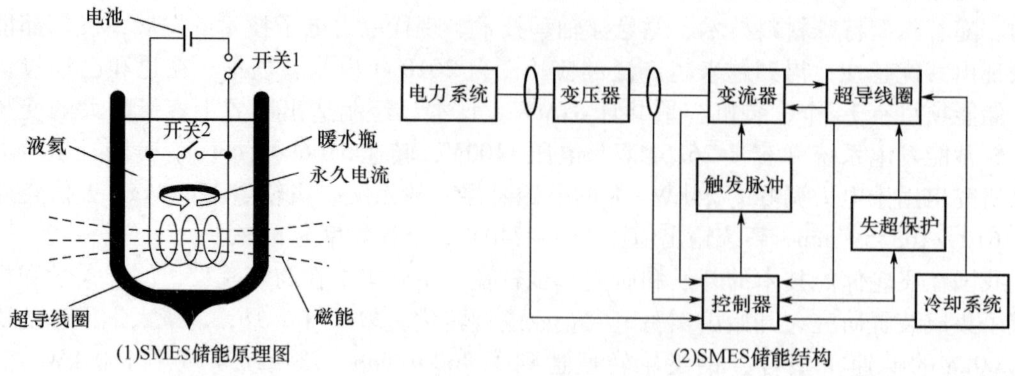

图 9-8 SMES 储能原理与结构

超导储能线圈几乎是无损耗的，因此线圈中储存的能量几乎不衰减。与其他储能系统相比，超导磁储能具有很高的转换效率（可达 95%）和很快的反应速度（可达几毫秒）。最大的缺点是成本高，其次是需要压缩机和泵以维持液化冷却剂的低温，使系统变得更加复杂，需要定期维护。

超导磁储能在电力系统中的应用最早由 Ferrier 在 1969 年提出，可用作系统备用、紧急备用电源和分布式能源，能够提高电力系统的稳定性，提供静止无功补偿，改善电能质量。1976—1982 年，美国 LANL 和 BPA 合作建成了 30MJ/10MW 的 SMES，该系统成功地抑制了从太平洋西北地区到南加利福尼亚州 1500km 的双回交流 500kV 输电线路的低频 0.35Hz 自发功率振荡，但由于低温系统达不到运行要求并出现故障，致使该储能装置未能继续运行。表 9-6 列举了目前世界上部分超导磁储能项目及其作用。

表 9-6　　部分超导磁储能项目及其作用

国家	应用地点	主要参数	时间	作用
美国	美国威斯康星州公用电力北方环型输电网	8MW/18MJ	2000 年	避免电压凹陷和短路故障
	美国田纳西州 TVA 电管局 500 kV 输电网	8MW/24MJ	2002 年	维护输电网电压稳定性
日本	Chubu 电力司	5MW/7.3MJ	2002 年	提供瞬时电压补偿
	Hosoo 电站	10MW	2006 年	提高系统稳定性和供电品质
德国	德国 ACCEL	150kJ	2002 年	用于 20 kVA UPS 系统，与电网相连以提高电能质量，同时发挥有源电力滤波器作用
韩国	韩国电力研究所，Hyundai 重工	750kW/3MJ	2006 年	提高敏感负荷的供电质量

十一、相变储能

相变储能是一种基于相变储能材料的储能技术。相变储能材料是指在特定温度或温度范围内发生物质相态的变化，并且伴随着相变过程吸收或放出大量的相变潜热，因此可用于储热或储冷。相变储能材料按照相变的方式一般可分为四类：固-固相变、固-液相变、固－气相变以及液－气相变。由于后两种相变方式在相变过程中伴随有大量气体的存在，使材料体积变化较大，因此尽管它们可能有很大的相变潜热，但在实际应用中很少被选用。对于实际使用的相变储能材料必须满足的一些要求有：①合适的相变温度；②较大的相变潜热；③合适的导热性能；④在相变过程中不应发生熔析现象，以免导致相变介质化学成分的变化，必须在恒定的温度下熔化及固化，即必须是可逆相变；⑤不发生过冷现象（或过冷很小），性能稳定；⑥无毒，对人体无腐蚀；⑦与容器材料相容，即不腐蚀容器；⑧不易燃；⑨较快的结晶速度和晶体生长速度；⑩低蒸气压；⑪体积膨胀率较小；⑫原材料易购，价格便宜。因此实际能被使用的相变材料不超过1%。

相变储能材料在许多领域都具有应用价值，如电子器件热保护、太阳能利用、电力调峰、废热利用、跨季节储热和储冷、食物保鲜、建筑隔热保温、纺织服装、农业等。美国管道系统公司应用 $CaC_2 \cdot 6H_2O$ 作为相变储能材料制成储热管，用来储存太阳能和回收工业中的余热。在生态建筑中，可在建筑材料中加入相变储能材料，或将相变储能材料与建材复合，通入暖气时可以将室内余热以相变潜热的方式储存起来，暖气关闭后继续供热，保持室内恒温。以相似的方式可以储冷，在室内保持相对较低的温度。

十二、氢储能

氢储能系统利用清洁能源电力电解技术得到氢气，将氢气存储于高效储氢装置中，再利用燃料电池技术，将存储的能量回馈到电网，或者将存储的高纯度氢气送入氢产业链直接利用。氢能绿色无污染、能量密度高，运行维护成本低，可长时间存储，不存在类似蓄电池的自放电现象，被认为是极具潜力的新型大规模储能技术。欧洲有多个配合新能源接入使用的氢储能系统的示范项目，其中德国在普伦茨劳市推进的 PTG（Power to Gas）项目，采用电解水制氢方式，将富余的风电转化为氢气存储，提升了可再生能源的消纳能力；法国于2011年11月在科西嘉岛完成了 MYRTE 项目，法国科西嘉岛 MYRTE 项目如图9－9所示。该项目为使光伏电站在夜间持续工作，配备了储能容量100kW/1.75 MW·h的氢储能系统，该系统采用了高压储氢和余热回收技术，综合效率达到70%～80%。

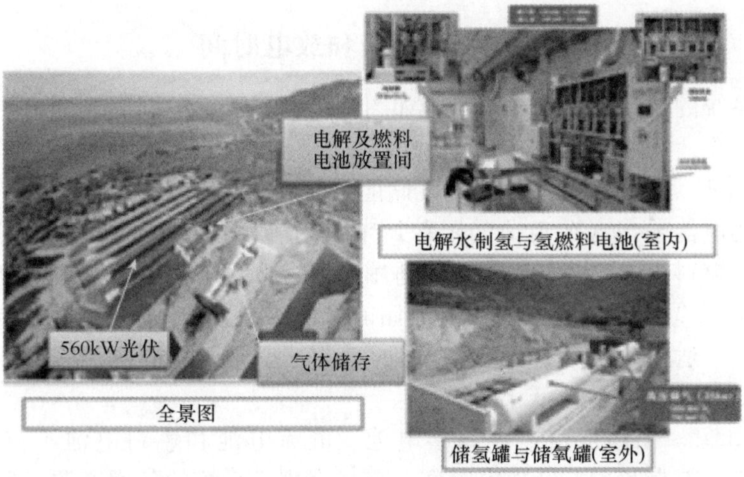

图9－9　法国科西嘉岛 MYRTE 项目

第三节 储能技术综合比较

一、技术成熟度

电力存储技术的成熟性如图 9－10 所示，根据目前的技术现状，可划分成以下三类。

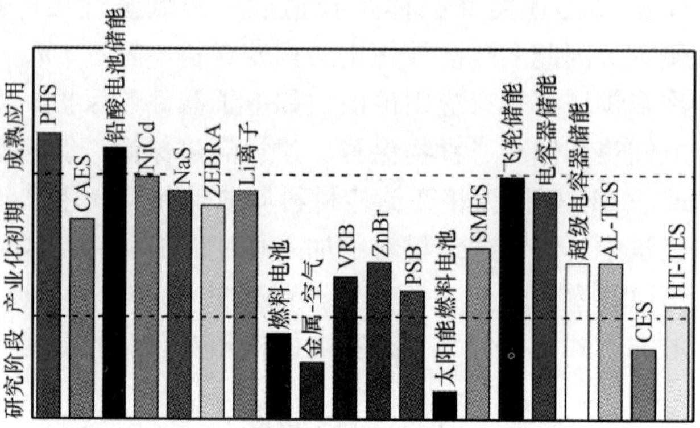

图 9－10 各类储能技术的相对成熟性

（1）成熟应用 抽水蓄能和铅酸电池储能技术是目前最成熟的储能技术，应用已经超过 100 年。

（2）产业化初期 压缩空气储能、镍镉/氢电池、钠硫电池、锂离子电池、液流电池、超导磁储能、飞轮储能和超级电容器储能都是较成熟的技术。以上储能系统在技术上成熟，商业化可行，但尚处于产业化初期，大规模应用上还未推广。这些储能技术的竞争性和可靠性还有待在电力工业和市场应用中进一步验证。

（3）研究阶段 蓄热蓄冷储能和燃料电池技术还处于发展阶段，尽管技术上可行，但商业化不成熟。然而，在能源和环境问题的驱动下，这些储能技术在未来的电力工业应用中有巨大的市场潜力。

二、功率等级和放电时间

不同储能系统的功率等级和放电时间如图 9－11 所示。根据储能的应用场合，可大致分为以下三类。

（1）能量管理 抽水蓄能、压缩空气储能适用于规模大于 100MW 的应用场合，在白天提供小时级的电能输出，在负荷的跟踪调节、削峰填谷中发挥重要作用。大规模电池组、液流电池、燃料电池、相变储能系统适用于 10～100MW 的中等规模的应用场合。

（2）电能质量调节 飞轮储能、电池储能、超导磁储能和超级电容器储能响应时间快，接近毫秒级，适用于改善电能质量，如抑制电压跌落，抑制电压闪变和作为短时间断电的 UPS 电源，典型应用功率低于 1MW。

（3）备用电源 铅酸电池、锂离子电池、液流电池和燃料电池不仅具有快速响应（<1s）的特点，还有较长的持续放电时间，更适合用于系统的备用电源，典型功率应用为 100kW 至10MW。

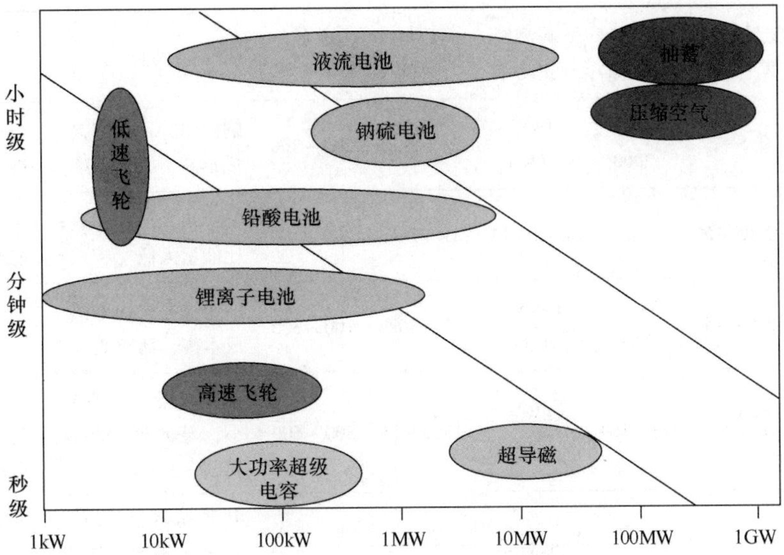

图 9－11 各类储能技术的功率等级与放电时间比较

三、能量/功率密度

功率密度是指单位体积或单位质量储能系统的输出功率，能量密度是指单位体积或单位质量储能系统的输出能量。其中储能系统包括储能单元、辅助设备、支撑结构和电力变换设备。从表 9－7 中可以看出，电池储能具有较高的能量密度；抽水蓄能、超导磁储能、超级电容器储能和飞轮储能能量密度低于 30W・h/kg。但超导磁储能、超级电容器储能和飞轮储能具有很高的功率密度，可以大电流放电，且响应时间快，适用于应对电压暂降和瞬时停电、提高用户的电能质量，抑制电力系统低频振荡和提高系统稳定性等。钠硫电池和锂离子电池比传统的铅酸电池的能量密度高 3～4 倍，而液流电池的能量密度低于传统的电池。但同类产品由于制造工艺的不同会导致性能有差异。

表 9－7　各类储能系统的特点与应用

储能类型		能量密度/（W・h/kg）	功率密度/（W/kg）	典型额定功率	放电时间	成本/（$/kW）	特点	应用场合
机械储能	抽水储能	0.5～1.5	—	100～2000MW	4～10h	600～2000	适于大规模，技术成熟；响应慢，需要地理资源	日负荷调节，频率控制和系统备用
	压缩空气	30～60	—	10～300MW	1～20h	600～700	适于大规模；响应慢，需要地理资源	调峰，系统备用
	飞轮储能	10～30	400～1500	5kW～1.5 MW	15s～15min	250～350	比功率较大；成本高，噪声大	调峰、频率控制、UPS 和电能质量控制

续表

储能类型		能量密度/（W·h/kg）	功率密度/（W/kg）	典型额定功率	放电时间	成本/（$/kW）	特点	应用场合
电磁储能	超导储能	0.5~5	500~2000	10kW~1MW	2s~5min	200~300	响应快，比功率高；成本高，维护困难	电能质量控制、输配电稳定，UPS
	电容器	0.05~5	—	1~100kW	1s~1min	200~400	响应快，比功率高；比能量太低	输电系统稳定、电能质量控制
	超级电容	2.5~15	500~5000	10kW~1MW	1~30s	100~300	响应快，比功率高；成本高，储能低	与FACTS结合
电化学储能	铅酸电池	30~50	75~300	kW~50MW	1min~3h	300~600	技术成熟，成本较小；寿命低，环保问题	电能质量、频率控制、电站备用、黑启动、可再生储能
	液流电池	10~30	~30	5kW~100MW	1~20h	4000~5000	电池循环次数长，可深充深放，适于组合；但储能密度低	电能质量、备用电源、调峰填谷、能量管理、可再生储能
	钠硫电池	150~240	150~230	100kW~100MW	数小时	7000~8200	比能量较高；成本高，运行安全问题有待改进	电能质量、备用电源、调峰填谷、能量管理、可再生储能
	锂电池	75~200	150~315	千瓦~兆瓦	分钟~小时	4000~5000	比能量高；成本高，成组应用有待改进	电能质量、削峰填谷、储能电站、平滑新能源

四、自放电

抽水蓄能、压缩空气储能和液流电池的自放电非常小，可在较长时间存放；铅酸电池和锂离子电池在常温下的自放电率分别约为0.3%/d和0.1%/d，存放时间不应超过几十天；钠硫电池、超导磁储能和超级电容器储能的自放电达10%~40%/天，循环使用周期最长为数小时，其中钠硫电池由于工作温度高，需要自加热保持系统运行，导致自放电率高；飞轮储能的自放电率为100%/天，最佳放电时间应控制在分钟级范围内。

五、循环效率

单次循环效率定义为单次循环中放电电量与充电电量的比值，不考虑自放电损失。图9-12比较了各种储能系统的单次循环效率，具体可以分为三类。

（1）超导磁储能、飞轮储能、超级电容器和锂电池储能系统具有很高的循环效率，大于90%。

（2）抽水蓄能、压缩空气储能和其他类电池具有较高的循环效率，为60%~90%。可以看出，压缩空气储能系统包括气体的压缩和膨胀过程，快速压缩空气前需要预热，消

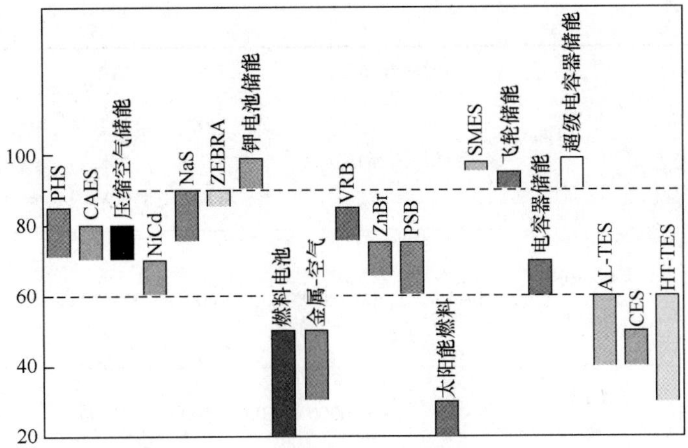

图 9－12　各类储能系统的循环效率比较

耗热能，循环效率低于抽水蓄能。

（3）可再生燃料电池和蓄热储能由于在交流变换过程中有很大损失，效率低于 60%。其中可再生燃料电池系统中包括电解水和燃料电池发电两部分，效率在 20% ～50%。

六、循环寿命

表 9－8 比较了各种储能系统的寿命和循环次数。电磁储能的循环次数高达数万次，如超导磁、电容器和超级电容器。

表 9－8　　　　　　　　各类储能系统的技术特性比较

储能类型		自放电（每天）	存放时间	循环寿命		成本			对环境影响
				寿命/年	循环次数	单位功率成本/（$/kW）	单位容量成本/（$/kW·h）	单次循环的容量比费用/（¥/kW·h）	
机械储能	抽水蓄能	很小	数小时～数月	40～60	—	600～2000	5～100	0.1～0.4	负面，破坏植被
	压缩空气储能	较小	数小时～数月	20～40	—	600～700	2～50	2～4	负面
	飞轮储能	100%	数秒～数分钟	约 15	>20000	250～350	100～5000	3～25	几乎无影响
电磁储能	超导磁储能	10%～15%	数分钟～数小时	>20	>100000	200～300	1000～10000	—	负面，强磁场
	电容器储能	40%	数秒～数小时	约 5	>50000	200～400	500～1000	—	无影响
	超级电容器储能	20%～40%	数秒～数小时	>10	>100000	100～300	300～2000	2～20	几乎无影响

续表

储能类型		自放电（每天）	存放时间	循环寿命		成本			对环境影响
				寿命/年	循环次数	单位功率成本/（$/kW）	单位容量成本/（$/kW·h）	单次循环的容量比费用/（¥/kW·h）	
电化学储能	铅酸电池	0.1%～0.3%	数分钟～数天	5～15	500～800	300～600	200～300	20～100	负面，制造和运行中产生铅污染
	液流电池	较小	数小时～数月	5～10	>10000	600～1500	约1500	5～80	负面，含有毒物质
	钠硫电池	约20%	数秒～数小时	10～15	约4500	1000～3000	3000～3500	8～20	较小，强腐蚀性
	锂离子电池	0.1%～0.3%	数分钟～数天	5～15	>1000	1200～4000	约650	15～100	几乎无影响

机械储能如抽水蓄能、压缩空气储能和飞轮储能系统的寿命主要取决于系统中机械部件的寿命，受传统机械工程技术的影响很大。

由于长时间运行的电极材料性能下降程度不同，液流电池、钠硫电池的循环次数远高于铅酸电池、锂离子电池。

七、投资成本

成本是储能系统推广应用的重要影响因素，表9－8列出了各类储能系统的单位功率成本、单位容量成本和单次循环的容量比费用，其中考虑了储能系统的能量转化效率。单次循环的容量比费用反映了一次充放电的耗资，在频繁充放的应用场合中能直观地评价储能系统的投资价值。但不同的制造技术、建设周期、地理位置和系统规模都会影响储能系统的投资。

铅酸电池的投资成本较低，但由于循环寿命短，在能量管理的应用中投资并非最低。考虑到技术和应用方式的不同，没有包括运行、维护、回收和其他费用。

抽水蓄能、压缩空气储能的容量成本较低，尤其是压缩空气储能在成熟的储能技术中经济性很高；电池储能的成本随着技术的改进逐渐降低，但目前仍高于抽水蓄能；超导磁储能、超级电容器储能和飞轮储能的功率密度高，单位功率的成本较低，适合高功率、短时间的应用场合，单位容量成本非常昂贵。

在所有的储能系统中，抽水蓄能和压缩空气储能的单次循环费用最低，电池储能系统的单次循环费用在近些年明显降低，但仍高于抽水蓄能。

八、环境影响

从表9－8可以看出，抽水蓄能、压缩空气储能、液流电池、铅酸电池和超导磁储能由于不同的原因对环境产生负面影响。抽水蓄能在建设过程中不可避免地破坏植被等，水库的建设可能改变生态系统，对环境产生不良影响；压缩空气储能基于蒸汽轮机技术，系统中有化石燃料的燃烧，产生温室气体排放，影响环境；电池储能中可能存在有毒材料和废弃物污染，在较长的时间内也会体现出来；超导磁储能系统面临最大的环境问题就是产生强磁场，对人体产生伤害；其他储能系统对环境的影响相对很小。

第四节 储能系统构成

结合多个储能电站示范工程的建设，储能系统的架构和集成逐渐有了明确的定义和方法。由于电池储能系统构成复杂，其集成技术十分具有代表性，概念和方法可应用到其他类型的储能系统中。本章以电池储能系统的集成技术为例，介绍储能系统的集成设计方法；归纳储能系统在电力系统不同应用环节中的典型应用模式；通过储能系统的典型应用场景分类来计算单一用途下的收益分析方法，最后分析了我国电力市场环境下储能系统的综合效益。

从集成设计方面来看，电池储能系统由储能电池、电池管理系统（BMS）、储能变流器（PCS）、储能监控系统、低压接入开关或升压变单元构成，如图 9－13 所示。储能监控系统接收上级管理系统的调度指令，结合上传的储能系统实时运行数据，完成各储能子系统的实时数据处理、分析、图形化显示、数据存储、调度功率分配、历史数据查询等功能。储能变流器（PCS）是连接储能电池和电网的装置，实现交流与直流的双向转换，接收储能监控系统的控制命令，按指定的工作模式进行充放电，并与电池管理系统进行信息

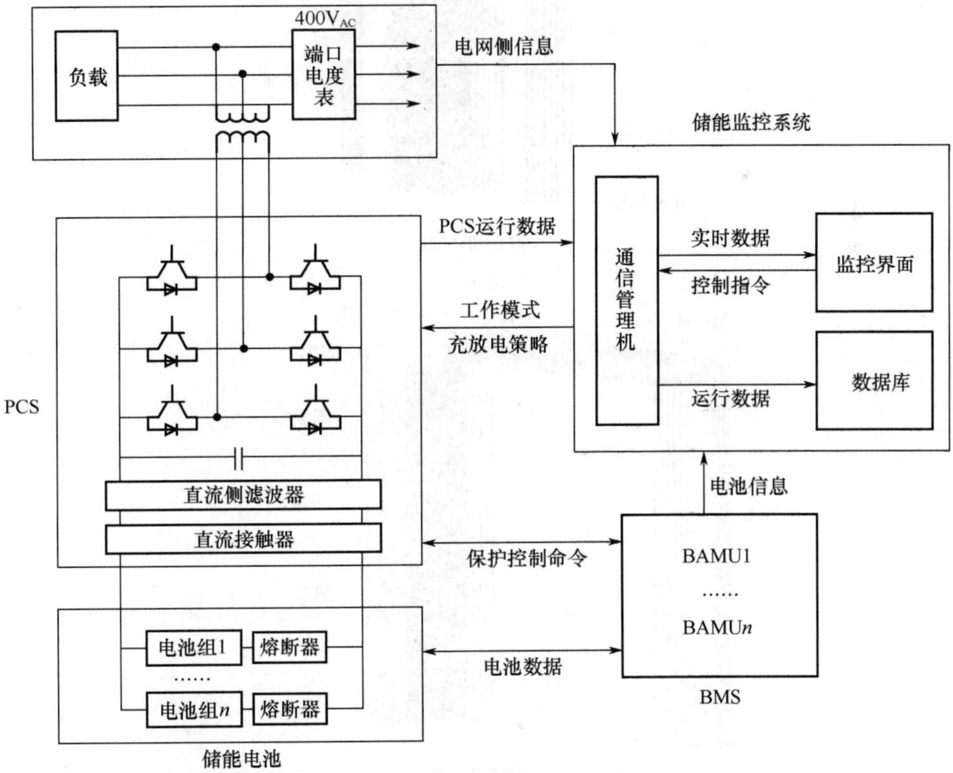

图 9－13 电池储能系统的基本组成

交互，确保储能系统在安全稳定的状态下进行工作。电池管理系统（BMS）负责监视储能电池的运行状态，采集电池的电压、电流、温度等信息，并能对储能电池实现实时均衡和保护功能。储能电池是储能系统的能量存储单元。

一、电池本体及成组

电池堆是储能电站的核心单元，由单体电池的串并联组合而成，即传统意义上的电池成组。目前，单体电池的容量有几安时到几百安时不等，而储能电站的总体容量可达到兆瓦到几十兆瓦，因此，构成储能电站的单体电池数量将达到成千上万只。科学合理的电池成组设计不仅可以提高电池连接的可靠性、安全性，同时方便储能电站的监控、管理和维护。

电池堆的集成过程可以表示为：单体电池→单元电池→电池模块→电池串→电池堆。

单体电池由电极、电解质和隔膜构成，是一个独立的封闭体，作为电池的最小单元，不可分割。图 9－14 是单体电池的典型结构示意图。

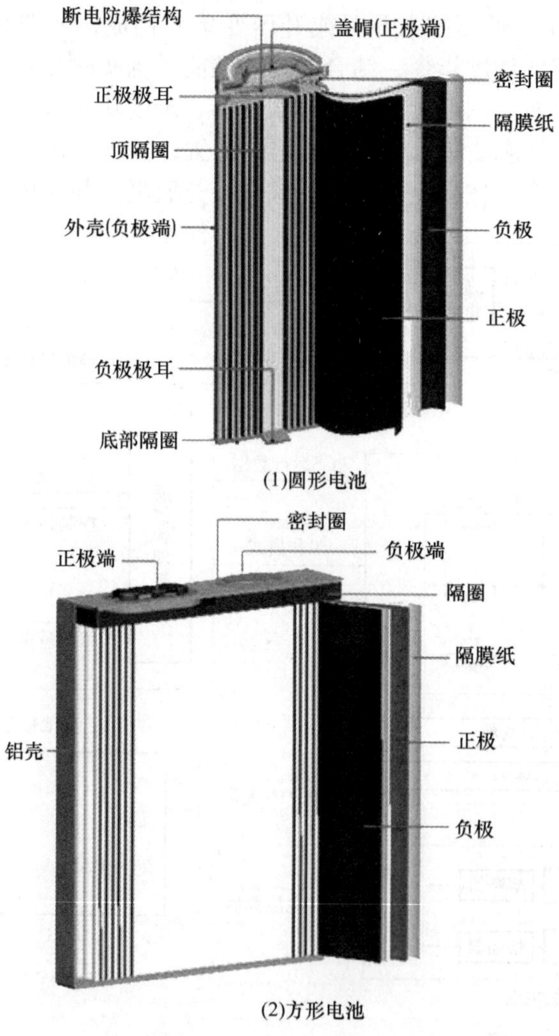

图 9－14 单体电池的示意图

为了满足一定电压范围内电池组的容量需求，将多个单体电池并联构成单元电池，如图 9－15 所示。单元电池中单体电池的并联数量一方面取决于单体电池的容量，另一方面取决于电池连接的安全可靠性。为了避免单元电池的均流控制问题，应尽量减少单体电池的并联数。

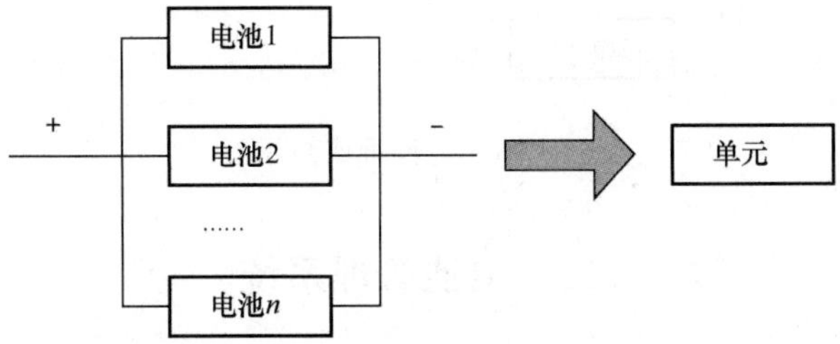

图 9－15　单元电池成组示意图

为了实现电池的模块化设计，由多个单元电池串联组成电池模块，如图 9－16 所示。单元电池的串联数目以方便电池模块的管理为原则，同时结合电池管理单元（BMMU）的接口数目进行设计。通常一个 BMMU 管理一个电池模块，将电池模块和对应的 BMMU 设计在同一电池箱内，称为电池箱，满足模块化管理。目前，电池模块以 12 个单元电池串联为主，少数为 8 个或 10 个。为了满足电池组的工作电压范围要求和利用 BMMU 的所有接口通道，电池模块中单元电池的串联数和 BMMU 的接口数量可相互协调。

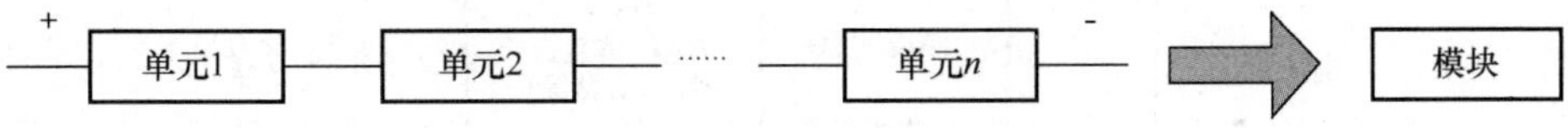

图 9－16　电池模块成组示意图

为了达到系统的功率（工作电压/电流），由多个电池模块串联组成电池串，如图 9－17所示。电池串中电池模块的串联数一方面需要满足储能变流器的工作电压范围，另一方面考虑串联充放电会造成电池容量的不一致性，应尽量减少电池模块的串联数。已建或在建的电池储能系统中，电池串的额定电压为 500～800V 不等。由于电池模块的规格不同，电池串中电池模块的串联数有 17、20 和 25 等。

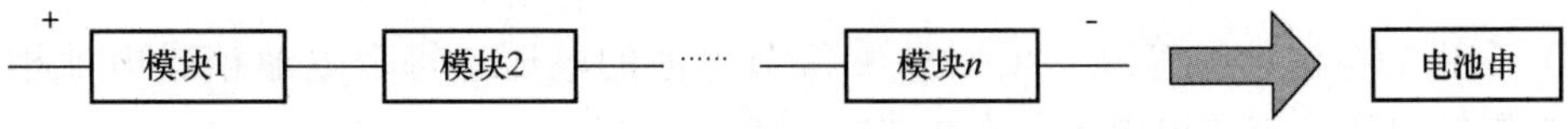

图 9－17　电池串成组示意图

为了满足储能系统的容量要求，由多个电池串并联组成电池堆，如图 9－18 所示。电池堆中电池串的并联数量取决于储能系统的总容量、冗余度和工作模式。

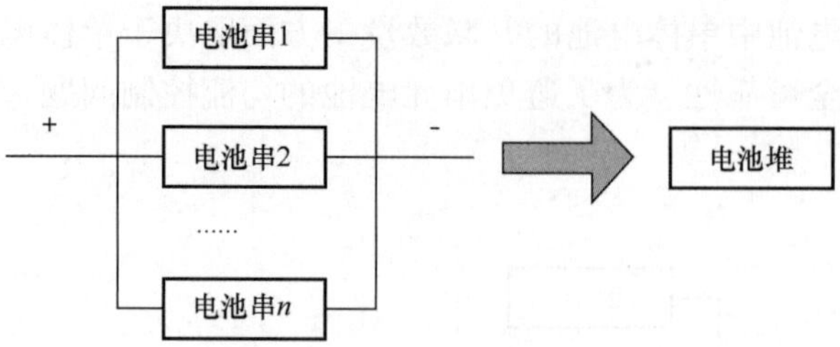

图 9 - 18　电池堆成组示意

二、电池管理系统

电池管理系统能全程可靠地完成电池状态的实时监控和故障诊断，及时地对整体电池状况进行自动修复；根据上级控制策略，通过总线的方式将电池组的信息告知上级，达到安全、高效地使用电池。电池管理系统能检测单体电池的电压、温度，电池组充放工作电流的检测和充放电的实时管理，单体电池电压不平衡时的均衡，电池组荷电状态的估测，电池故障分析与在线报警，能与上位机实时通信，提供必要的数据，实时显示电池信息，与 PCS 通讯，安全实现电池的充放电，其架构如图 9 - 19 所示。

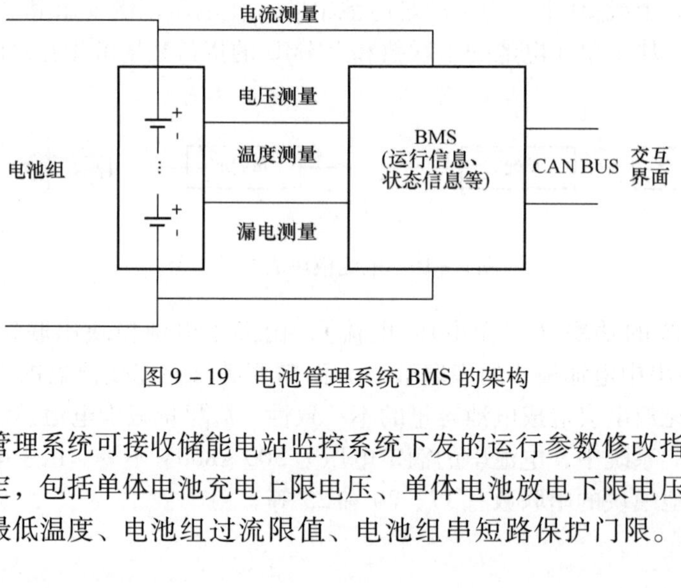

图 9 - 19　电池管理系统 BMS 的架构

此外，电池管理系统可接收储能电站监控系统下发的运行参数修改指令，对电池组的运行参数进行设定，包括单体电池充电上限电压、单体电池放电下限电压、电池运行最高温度、电池运行最低温度、电池组过流限值、电池组串短路保护门限。主要功能可概括如下。

（1）全面的电池信息管理　实时监测每节电池的电压、每个电池箱或电池柜内的温度、电池组端电压和充放电电流、漏电监测等参数。

（2）在线 SOC 计算　在实时数据采集的基础上，建立专家数学分析诊断模型，在线计算电池荷电状态。

（3）运行报警功能　在出现过压、欠压、过流、高温、漏电、通信异常、电池管理系统异常等状态时，显示并上报告警信息。

（4）保护功能　在电池系统运行时，如果电池电压、电流、温度等模拟量出现超过安全保护门限时，能够实现就地故障隔离，将故障电池组退出运行，同时上报保护信息。

（5）均衡功能 针对提高电池各项指标的均衡性采取的解决方案，克服电池间的一致性差异，保证电池系统的使用寿命和能量利用率。

（6）热管理功能 对电池箱的运行温度进行严格监控，当温度高于或低于保护值时，将输出热管理启动信号，系统可配备风机或保温装置调整温度；当温度达到设定的危险值时，电池管理系统自动与系统保护机制联动，及时切断电池回路，保证系统安全。

（7）自诊断功能 对电池系统与外部通信中断、电池管理系统内部通信异常、模拟量采集异常等故障进行自诊断，并能上报到就地监测系统。

（8）参数管理功能 电池管理系统运行各项参数应能通过本地和远程两种方式在电池管理系统或储能电站监控系统修改，并有通过密码进行权限认证的功能。

（9）本地运行状态显示功能 在本地对电池组的运行状态进行显示，如系统状态、模拟量信息、报警和保护信息等。

（10）事件及历史数据记录功能 在本地对电池组的各项事件及历史数据进行存储，记录不少于10000条事件及不少于10天的历史数据。

储能电站电池管理系统的典型拓扑结构如图9－20所示，由电池管理单元（BMU）、电池串管理单元（BSMU）和储能电池管理系统（EBMS）、电池管理高压检测单元（HMU）及辅助器件（高压保护继电器、电流传感器、熔断器、接触器、隔离开关）组成。BMU实时采样电池模块中各单元电池的电压和温度，可分析出电池的最高最低电压、最高最低温度，并通过CAN总线上传数据至BSMU；BSMU获取单元电池的数据，计算电池簇SOC、SOH、电池状态以及故障信息，上传给EBMS，并能实现电池模块内各单元电池之间的均衡；HMU采样电池串电流、总电压、母线总电压以及绝缘信息，并上传到内部CAN和CAN2总线；EBMS对数据进行统计处理，根据系统的状态，按照一定的控制策略，对电池串管理单元BSMU下达控制命令，统筹管理每串电池的接入与断开，并能实现电池串内各电池模块之间的均衡。

当系统上电，电池管理系统完成硬件自检和模块初始化后，开始进行电压检测、温度检测、总电流检测、总电压检测、数据处理、故障报警、通讯处理、热管理、充电管理等操作。

三、储能变换系统

储能变换系统可实现电池直流电和电网交流电之间的双向变换，可吸收电力电能储存于电池组中，并可将电池组储存的直流电转换成交流电，向电网反馈电力或在事故断电情况下对局部区域设备释放电力，可就地或远程进行运行模式及充放电电流、功率、时间的设定。准确执行BMS的保护信号和储能管理系统下发的充放电指令，实现电池与电网间能量的可控转换，具有并网运行和独立供电运行两种工作模式，其中并网模式下，可以根据需要，进行充电、放电、等待等三种状态之间的切换，充放电电流值、电压值在线可调；当因故障失去市电时，系统自动转入孤岛运行模式，在电网恢复供电后，应当能够自动检测并从孤岛运行模式自动转为并网运行模式，继续运行该时段原来的充放电状态。控制方式可以有恒电流控制、恒功率控制、自定义控制（时间/电流模式、时间/功率模式）以及自适应控制（与新能源配合使用或负荷跟踪模式），具有完善的保护系统，至少包括

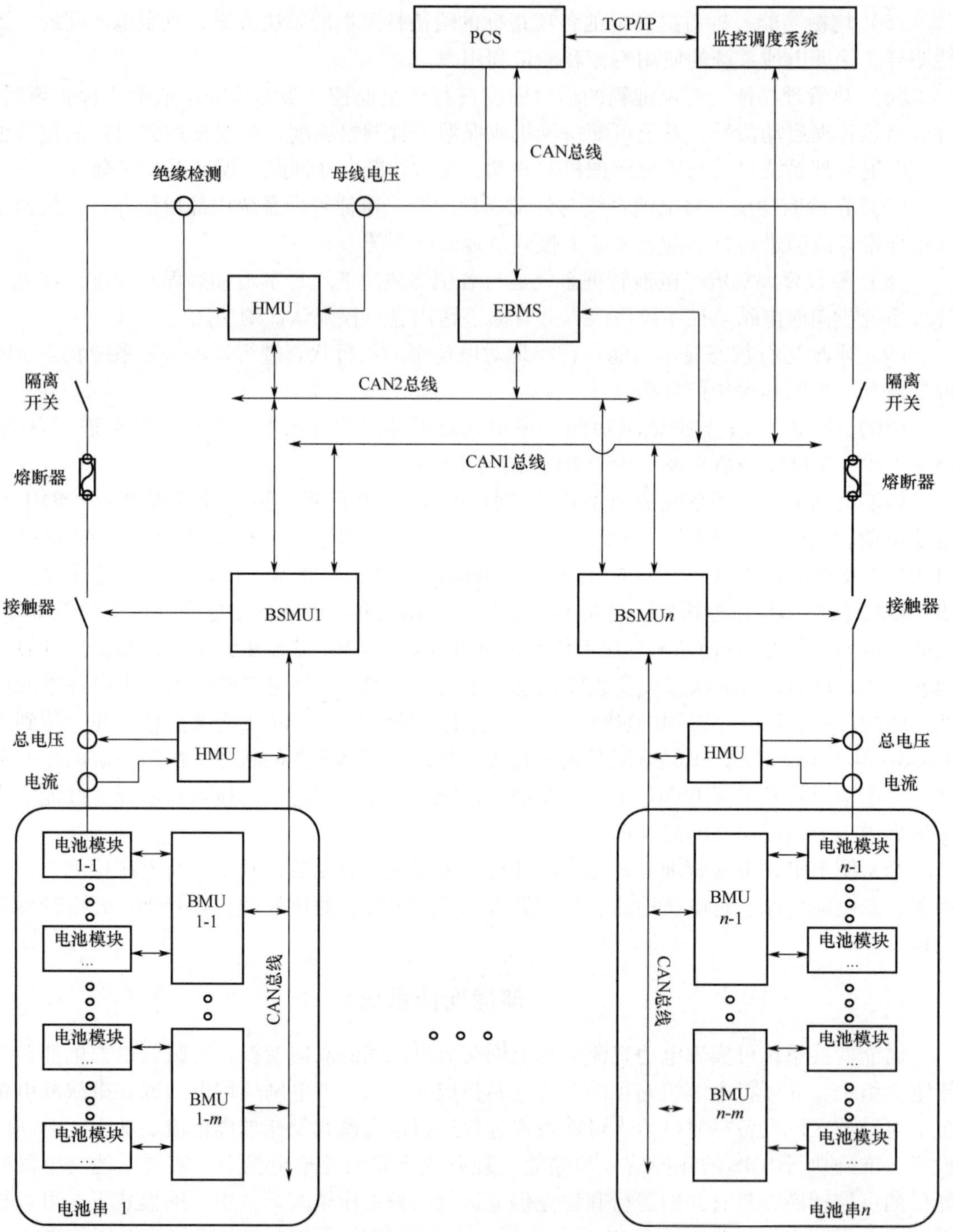

图 9－20　储能电池管理系统典型拓扑结构

过流保护、相序检测、电压过高/过低保护、温度保护、充放电高/低容量保护、输出限流等必要的保护功能，并配合 BMS 电池管理系统对电池状态进行相应的保护。

储能变流器由变流器和控制系统构成，其中大型器件如 GCT、IEGT、IGBT 构成的变流器已发展到几十兆瓦级别。储能变流器作为一种新型变流装置，尚不具有成熟的、一致的主电路拓扑结构和控制策略。储能变流器可按照隔离方式和电路拓扑进行分类。

根据隔离方式的不同，储能变流器可以分为：隔离型和非隔离型。隔离型又分为高频变压器隔离型和工频变压器隔离型。隔离型可实现电池组和电网之间的电气隔离，但由于引入了变压器，降低了能量转换效率，同时增加了成本。非隔离型不含变压器，结构简单，所需器件少，体积小、成本低、可靠性高，且整体能量转换效率高，控制相对简单，但存在变比不能太大、发电安全性、并入交流电网中的直流分量大等问题，尤其是电网故障时，可能会干扰电池，不利于电池组的安全稳定运行。

根据电路拓扑的不同，储能并网装置主要分为两种类型：单级型和两级型。单级型储能变流器仅由一个 DC/AC 环节构成，即一个 PWM 整流器；两级型储能变流器由一个双向 DC/DC 变换器和 PWM 整流器构成。

AC/DC 交直变流器是交/直流侧可控的四象限运行的变流装置，实现电能的交直流双向转换。在充电状态时，作为整流装置将电能从交流变成直流储存到储能单元中；在放电状态时，作为逆变装置将储能单元储存的电能从直流变为交流输送到电网。

AC/DC 交直变流器应具备下列功能。

（1）不同模式充电功能　浮充、恒流充电、恒压充电、恒功率充电。

（2）不同模式放电功能　安时放电、限压放电、恒功率放电、恒流放电。

（3）孤岛检测功能　采用主动式检测和被动式检测相结合的方式，消除孤岛检测的盲区，准确检测出系统处于孤岛状态，采取孤岛保护措施，保障人员的安全。

（4）低电压穿越功能　当电网电压由于故障而发生跌落时，储能变流器具有并网发电的能力。

（5）有功和无功的控制功能　在储能变流器容量范围内，实现有功和无功平滑的调节，功率因数可以在 -1 ~ 1 变化。

（6）并网和离网的模式切换功能　储能变流器可以在并网和离网模式下工作，在双模式控制之间平滑切换。

（7）保护功能　储能变流器具有直流侧极性反接保护、直流侧过欠压保护、直流侧过流保护、交流侧过流保护、短路保护、交流侧过欠压保护、交流侧过欠频保护、过热保护、浪涌保护等保护功能。

（8）人机界面和通讯功能。

随着应用需求的增加和技术的提高，储能变流器的功能也将不断扩充。典型的 AC/DC 变流器的主要性能参数见表 9 - 9。

表 9 - 9　典型的 AC/DC 交直变流器性能参数要求

项目	参数/规格	备注
额定功率	100/250kW	
允许电网电压范围	(380 ± 38) V	
允许电网频率范围	(50 ± 0.5) Hz	GB/T 15945—2008 3 - 1

续表

项目	参数/规格	备注
直流电压范围	450～750V	VDC
交流电压 THD	3%	GB/T 14549—1993
交流电流 THD	3%	
三相输出电压不平衡度	<2%	GB/T 15543—2008 4－1
功率因数	±0.95	Q/GDW 480—2010 6.2
系统最大效率	>97%	带隔离变（实际按97%做）
输出相位偏差	< 3°	
过载能力	110% 2h，120% 1min，150% 10s	Q/GDW 480—2010 7.3
工况转换时间	200ms	
防护等级	IP20	
噪声	70/55 dB	GB 12348—2008 4.1
冷却方式	风冷	
直流稳压精度	1%	
直流稳流精度	2%	
电池电流纹波	1%	

DC/DC 直直变换器位于电池串（堆）和 AC－DC 变流器之间，可实现储能系统接入电网的直流电压要求和对电池串进行独立充放电控制。具体功能如下。

（1）多种充电功能　浮充、恒流充电、恒压充电。

（2）不同模式放电功能　恒功率放电、恒流放电。

（3）电压变换功能　接受宽范围电池电压输入，扩展逆变器适用工作电压范围，降低对电池组串联节数的要求。

（4）对分布式能源接入电网隔离保护功能　某个分布式能源出现故障时，切断故障点电源，保证系统正常工作，方便用户对故障点电源维护。

（5）不同类型电源接入功能　不仅可以接受不同电压等级的电池，还可以接受光伏、风能等其他能源接入电网。

（6）直流微网电网支撑功能　双向 DC/DC 变换器可以工作在并网和离网模式下，并为直流微电网提供稳定可靠的电源。

（7）保护功能　具有直流侧极性反接保护、直流侧过欠压保护、直流侧过流保护等。

（8）人机接口和远程通讯操作功能。

典型的 DC/DC 直直变换器的主要性能参数见表 9－10。

表 9－10　　典型 DC/DC 直直变流器性能参数要求

项目	参数/规格
额定功率	50kW
最大输入电压	800V
最大输入电流	167A
工作电压范围	300～800V
起动电压	300V
关机电压	300V
电压纹波值	<5%
环境温度	－10～50℃
允许海拔高度	2000m
防护等级	IP21
噪声	<65 dB（A）
冷却方式	风冷

四、储能监控系统

储能监控系统由监控主站、通信网络、测控设备共 3 个层次组成。

监控主站是储能监控系统的核心。监控主站通过通信网络汇集测控设备上传的电压、电流、功率、电池状态等信息，通过监控主站各应用系统对这些数据进行处理、分析和归档，从而监视并保护储能系统的正常运行状况。监控主站起到“上传下达”作用，一方面接受上级电网调度，根据自身运行状态把调度指令分配给各个储能支路；另一方面，把储能系统 SOC 等重要运行状态及参数上传给上级电网调度，给调度提供决策依据。

通信网络是储能监控系统的信息联络线，通过通信网络把储能系统的监控主站、测控设备等连接为一个整体。依据设备特点及传输的数据内容不同的要求，储能系统通信网络采用不同的通信协议。BMS 和 PCS 之间通常采用 Canbus；监控主站和 BMS、PCS 之间通常采用 Modbus、TCP/IP；监控主站和开关测控单元之间采用 CDT、101、104 协议；监控主站和上级电网调度之间通常采用 104 协议。

测控设备包括 PCS、BMS、开关测控保护单元。PCS、BMS 分别上传储能变流器、电池的运行参数及状态信息，开关测控保护单元上传储能系统内部配电网络的电压电流数据，并完成基本的保护功能。

储能监控系统可分为储能就地监控系统和储能远方监控管理系统。

储能就地监控系统设置在储能系统本地，通过采集储能系统的各种运行信息，实现对储能系统的监视和控制，同时与电网调度/监控系统和储能远方监控系统交换信息。若储能系统应用在微电网系统中，则储能系统的信息直接接入微电网协调控制器或微电网能量管理系统，不再单独设置储能监控系统，微电网协调控制器或微电网能量管理系统兼有储能就地监控系统的功能。

储能远方监控管理系统，又称储能集中监控管理系统，实现对一定区域或范围内储能系统的集中监视、控制和管理，储能系统的运行调度由电网调度/监控管理系统来完成。因此，储能集中监控系统与电网调度/监控系统在一个层次，层次架构如图9－21所示。

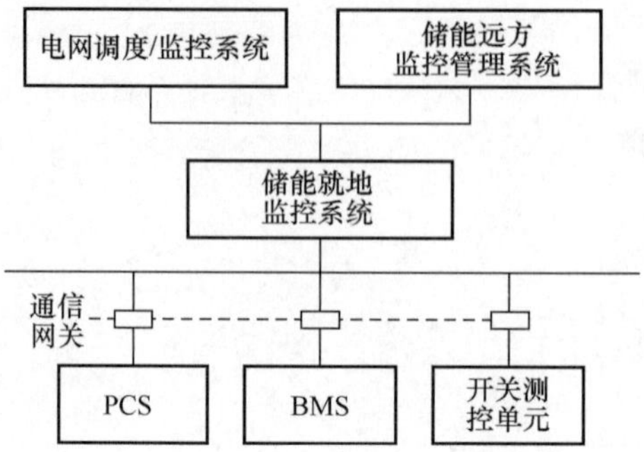

图9－21　储能监控系统层次架构

储能监控是整个储能系统的高级控制中枢，负责监控整个储能系统的运行状态，保证储能系统处于最优的工作状态。储能监控是联结电网调度和储能系统的桥梁，起到上传下达的作用：一方面接收电网调度指令，另一方面把电网调度指令分配至各个储能支路，同时监控整个储能系统的运行状态，分析运行数据，确保储能系统处于良好的工作状态。具体地说，储能监控系统的功能有如下几个。

（1）SCADA功能　采集BMS、PCS、开关测控单元和升压变测控单元信息，对模拟量、状态量、电度量进行数据处理和存储，并对系统画面、系统参数及运行状态、PCS显示、BMS显示、实时曲线、计划用电/发电量显示、故障报警等进行图形化展示，以及数据报表和图形的打印。

（2）诊断预警功能　实时监视储能系统各种运行数据，进行关联性分析，提供数据诊断和分析决策功能。在线分析电池串、电池堆、PCS及回路告警和故障信息，从设备的告警、异常和故障信息中进行分析，分析系统运行中可能存在的隐患问题，及时提供重要信息。分析对储能系统运行可能产生的影响，及时、准确地判断储能系统异常或故障类型，通知运行人员进行维护，提前做好应对措施，并自动实施异常工况限制、故障保护和声光报警显示功能。

（3）全景分析功能　全景分析是数据的全景综合高级分析功能，根据上送的全景数据，分析系统运行状态，挖掘或抽取有用的信息，如储能系统SOH、充放电次数、循环次数、储能充放电效率等。基于全景分析算法，得出电池组重要信息（可用容量/能量、可持续工作时间、可循环寿命），并进行电池、PCS、储能回路的历史数据分析、电能表数据统计分析、事故追忆、日志管理等。

（4）有功/无功优化调度　优化调度决策功能，有功无功控制功能。根据上级电网调度指令，确定充放电功率，协调分配各个可独立运行的储能电池组的功率，考虑故障回路影响，优化有功无功调度策略。

储能监控系统并没有一个确切的功能目录，随着新技术新要求的出现，加入到这个系统中的功能还会不断增加。

第五节　储能系统在电力系统中的应用

储能系统在智能电网发电、输电、变电、配电、用电各个环节将得到广泛的应用，并发挥重要作用。在用电环节，储能系统主要发挥备用电源、削峰填谷、提高用户侧电能质量和供电可靠性的作用；在配电环节，发挥削峰填谷、提高分布式电源接纳能力、降低配网增容改造投资、提高供电能力的作用；在变电环节，主要作用为削峰填谷，支撑电网有功、无功控制；在输电环节，可发挥电网调频调压，支撑电网实现有功无功调度的作用；在发电环节，储能系统可平滑新能源功率输出，减少对大电网的冲击，提高电网对新能源发电的接纳能力。储能系统可以在电力系统的各个环节提供不同的应用解决方案，不同应用场合的储能技术需求、接入方式和运行方式有所不同。图 9－22 为电力系统不同应用场合下储能系统功率等级和放电时间需求。

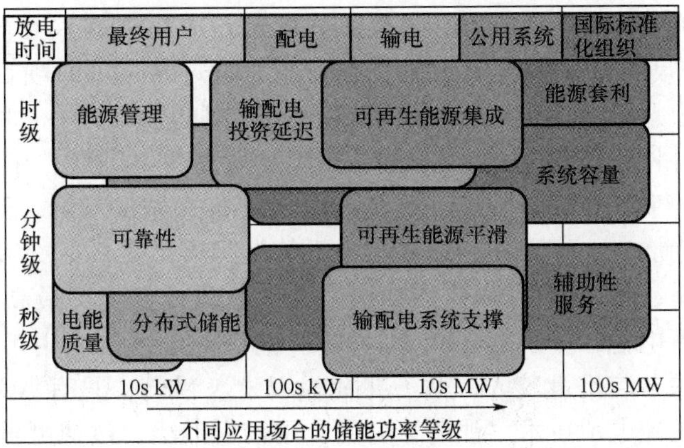

图 9－22　适合于不同应用场合的储能功率等级和放电时间

2014 年，全球储能市场继续稳步发展，据中关村储能产业联盟（CNESA）项目库不完全统计，截至 2014 年年底，全球应用在电力系统的储能项目（不含抽蓄、压缩空气及储热）累计装机规模为 845.3MW，2014 年新增装机 111.6MW，年增长率 15%，较去年增幅提升 2%。其中，中国储能累计装机规模达 84.4MW，占全球储能装机的 10%。

从地域分布上看，北美、欧洲、亚太地区是储能项目开展较多的区域。美国远远领先其他区域，是储能项目开展最多的国家，拥有全球近一半的示范项目，并出现了若干应用于调频辅助服务领域的商业化运行项目。2013 年，美国投运了几个装机规模较大的项目，如 AES 位于 Dayton 市的 40MW 调频项目、毛伊岛 10MW 风电场项目等，使其全球装机规模超越日本，位居第一。2014 年，美国新增装机主要集中在调频辅助服务和用户侧领域。在调频领域，Beacon Power 和 RES America 分别投运了 20MW Hazle 调频电站和 4MW Sunbury 调频电站项目。欧洲近几年计划大力推行可再生能源发电，储能将有很大的发展前景。德国、英国、法国、西班牙等国在 2013 年相继开展了若干项目，涉及输配、智能城市、海岛微网等领域，特别是德国，储能补贴政策出台以后，促动了户用储能市场，目前已有 30MW 的储能项目获得补贴。此外，政府正在部署大规模储能的调频项目。日本储能项目装机容量仅次于美国，但其中NGK公司的钠硫电池占有很大的装机规模，其一家公司的装机容量就已超过300MW，项目数量也很多，但由于公司开展示范研究的时期较早，一些项目已结束示范期并停运。韩国近两年较为活跃，在智能电网、微网、电动汽车、燃料电池车等领域均有涉足，三星SDI、LG Chem等韩企也成功在欧美市场开展了几个储能项目，如英国Buzzard地区6MW/10MW·h输配项目等。中国储能市场近两年发展较快，分别在可再生能源并网、分布式发电及微网以及电动汽车等领域部署了一些储能项目。

从应用上看，按装机容量划分，储能在可再生能源并网领域的比例最高，约占51%。电力输配、分布式发电及微网，以及辅助服务也是应用的重点领域。可再生能源并网，特别是风电并网领域，项目较多，如美国Kaheawa风电场Ⅰ、Ⅱ期项目（51MW），Notrees风电场项目（36MW）等。随着可再生能源的大规模并网，对电力输配的性能提出了更高的要求，特别是日本，2014年相继规划了60MW·h和20MW·h的储能项目用于应对自然灾害对电网的袭击而造成电力供应短缺的问题。此外，英国、加拿大等国也开始借助储能延缓老化的输配网更新的问题。美国得益于FERC 755法案，辅助服务的应用案例最多，有若干商业化运行的电站，Beacon Power和AES等公司成功建设了几个储能电站，如已投运的纽约州智能电厂项目（20MW）和西弗吉尼亚Laurel Mountain项目（32MW）用于调频服务。分布式发电及微网，是近年来储能应用最热门的领域之一，特别是在中国市场。为促进可再生能源并网、解决边远地区无电人口及海岛用电问题，中国政府相继出台了《分布式发电管理暂行办法》等法规、政策，促进分布式光伏发电，开展微网示范工程，如珠海万山群岛、南麂岛、鹿西岛、新疆吐鲁番等微网项目。

从技术类型上看，截止到2013年，钠硫电池的装机比例仍旧最高，约占45%，其次是锂离子电池和铅蓄电池，分别占32%和12%。钠硫电池主要应用于可再生能源并网及输配电领域，单个项目装机量较大，均为兆瓦级以上。目前，只有NGK公司拥有最成熟的、商业化运作的钠硫电池技术。锂离子电池应用较为广泛，包括可再生能源并网、电力调频、分布式微网、电动汽车等领域，全球装机量约为237MW，仅次于钠硫电池。

一、储能在发电侧的应用

1. 主要作用

储能在发电侧的应用，具有提高机组效率和动态响应，以及取代或延缓新建机组的特征。储能系统按照日前发电曲线和调度中心的实时指令进行充放电，调节整个发电机组的总输出，使火电机组运行在接近额定功率运行状态下，这样既提高了机组的运行效率，又减少了动态运行对火电机组寿命和效率的影响，也减少了火电机组的温室气体排放，同时增强了发电厂整体的调峰能力。

取代或者延缓新建机组这一应用的意义在于，负荷较低时，发电机组给储能系统充电，在尖峰负荷时，储能向负荷供电，等于利用高效的储能系统取代了低效的尖峰负荷机组。

2. 典型案例

日本青森县六所村的电网容量较小，能承受的风电容量有限，且该地区的昼夜负荷相差很大。为了有效利用当地丰富的风能资源，满足风力发电的最大存储量，结合政府补贴政策的经济性，储能系统的容量按照风力发电的70%进行配置。因此，日本青森县51MW

风力发电场配置了34MW钠硫电池储能系统。该风储联合系统于2008年8月1日起向东京电力公司和日本电力交易所供电。

34MW钠硫电池储能系统由17组2MW钠硫电池、17组2MW储能变流器（PCS）、17组电池管理系统（BMS）及一组电堆总控制系统、总监控保护系统组成，PCS通过升压变接入6.6kV母线，如图9－23所示。其中，2MW钠硫电池由40个50kW电池模块组成；每组电池管理系统进行电压、电流、温度和SOC的监测和采集，传输至电堆总控制系统，再集中送至总监控保护系统；PCS在电网电压正常时，每0.2s接收总监控保护系统的调度，实现对电池的充放电控制。当电网电压异常波动时，PCS做停机处理。

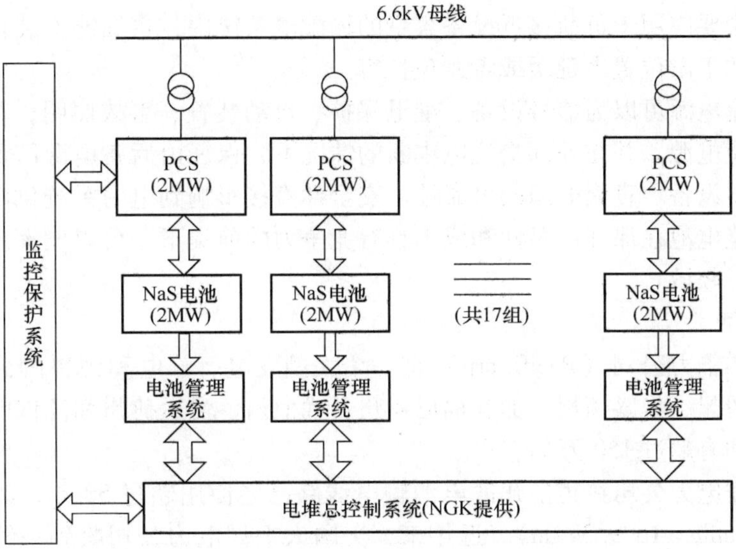

图9－23　34MW钠硫电池储能系统拓扑结构

为保证钠硫电池储能系统15年的使用寿命，NGK额外配置了一组2MW储能单元，与其他组电池每2年进行一次轮换使用，也可保证系统在其中一组单元发生故障时的正常运行。此外，NKG公司可通过远程监控系统实时监测储能系统的运行状态，根据用户需求或经客户同意，定期对储能电池的参数进行修正。当系统发生故障时，能及时通知客户进行故障处理。

长期运行数据表明，钠硫电池储能系统满足平滑风场出力和削峰填谷的应用要求，并可同时实现两种功能。削峰填谷模式下，风电场根据前一天的发电数据做出第二天的出力计划曲线，钠硫电池按计划要求提供功率出力，以夜间充电、白天发电的模式运行。计划曲线和实际运行曲线的偏差应控制在40×（1±0.8）MW范围内，储能电池的瞬间功率波动时间为1～2s。

二、储能在电网侧的应用

1. 主要作用

储能在输配电领域的应用主要包括四个方面：无功支持、缓解输电阻塞、延缓输配电设备扩容和变电站内的直流电源。储能在缓解输电阻塞和延缓输配电扩容两个方面的应用，相对简单的扩容升级，更加灵活，减少了投资的风险，提高了电力资产的利用率。

无功支持是指在输配电线路上通过注入或吸收无功功率来调节线路上的电压。储能在动态逆变器、通讯和控制设备的辅助下，可以调整储能系统输出的无功功率大小，进而对输配电线路的电压进行调节。

储能系统安装在阻塞线路的上游，当线路负荷超过线路容量，即发生线路阻塞时，储能系统充电，将线路不能运输的电能存储在储能设备内；当负荷低于线路容量时，储能再向线路放电。在输配电线路扩容幅度不高的情况下，储能可以用于避免线路阻塞引起的相关成本和费用。

用于延缓输配电扩容升级是指利用一定较小容量的储能设备延缓甚至是免去对输配电设备的扩容，主要应用于负荷接近设备容量的输配电系统内，将储能安装在原本需要升级的输配电设备的下游位置来延缓或者避免扩容。

变电站直流电源可以为信号设备、继电保护、自动装置、事故照明，及断路器分、合闸操作提供直流电源，并在外部交流电中断的情况下，保证由后备电源即蓄电池继续提供直流电源的重要设备。直流电源的可靠性、安全性直接影响到电力系统供电的可靠性、安全性。新型储能电池在保证可靠性和成本具有竞争力的前提下，可以发挥寿命长、免维护的特点进入这一领域。

2. 典型案例

美国太平洋电力公司（PacifiCorp）是一个大型发电、输电和销售的公司。作为太平洋，美国俄勒冈州、华盛顿州、加利福尼亚州、犹他州、爱达荷州和怀俄明州的电力供给公司，该公司拥有超过 150 万的客户。

美国太平洋电力公司在犹他州的电源输电线路已经使用超过 50 年，改输电线路总长超过 85mile（1mile = 1609. 344m）。近年来，美国太平洋电力公司收到一线公共服务委员会有关用电可靠性和电能质量上的问题反馈，最后促使美国太平洋电力公司（PacifiCorp）使用液流电池储能替代增加新的馈线的主要原因有：①原来的馈线位于犹他州 Arches 国家公园的科罗拉多河，增加馈线要穿过国家公园；② 25kV 的（14. 4kV LN）馈线主配电线分布长度有 209km，由于馈线是如此之长，可靠性和电能质量将降低；③增加新的输电线路被拒绝，因为馈线不能提供低电压，不能显著减少用户用电对电网的负荷；④传统的替代品，以增加容量和提高服务是非常昂贵的，并且环境很难允许；⑤这是决定一个钒电池储能系统使用的优势，如果使用储能系统，通过在城堡谷安装大约一半馈线就能解决问题（图 9 - 24）。

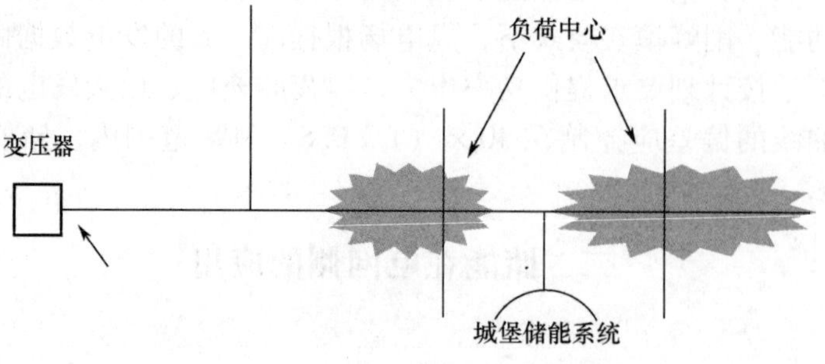

图 9 - 24　含储能系统的供电网络

美国太平洋电力公司（PacifiCorp）在犹他州的城堡谷安装了一套容量为2MW·h（250kW×8h）的全钒液流储能系统（VRB-ESS）。该套系统于2004年2月投运，是北美地区第一套商业运行的大容量全钒液流储能系统。该套系统连接在25kV农网馈线上，负责向犹他州东南一偏远地区提供高峰电力，从而可延缓新建一座变电站的需求。该系统还可进行无功调节，以提高25kV系统的功率因数和降低线损（图9-25）。

图9-25 太平洋电力公司的2MW·h全钒液流储能系统外景和内景图

与其他储能系统相比选择液流储能系统的原因如下：①长寿命，没有后续的维护问题；②效率高与低温运行；③波形偏差的反应速度必须能够弥补闪烁生产负荷；④解决方案必须能进行无人操作；⑤快速充电和放电；⑥功率控制器（PCS），电压调整灵活；⑦可扩展性，在同一个空间系统能从额定2MW·h增加至4MW·h；⑧有较好的经济性。

城堡谷VRB-ESS的规格及操作参数如下。

①容量：2MW·h，250kW×8h。

②电解质存储容量：140000L（并非所有使用）。

③系统的占位面积：200m^2。

④电压响应：<5ms。

⑤温度范围：5~40℃。

⑥无人操作：是。

城堡谷VRB-ESS的3D布局如图9-26所示。一个外墙包围着两个储液罐，储液罐的材质是双薄壁玻璃纤维，所有的管道都是PVC。储液罐有足够的空间，可以见液流电池的容量提升至500kW。

如图9-27所示，储能管理系统屏幕上能显示VRB-ESS系统运行的关键参数，如充放电情况、充放电时的电压电流、三相电压电流和电解液储液罐液体容量等。

2004年美国太平洋电力公司（PacifiCorp）的全钒液流储能系统（VRB-ESS）投运至今使用效果如下（图9-28，图9-29，图9-30）。

①安装VRB提高2.2%（250kVar和250kW的组合）的25kV的线路电压。

②减少电容器充电损耗和线路损耗，减少电力需求约40kW。

③在最大负载时，VRB-ESS提供的最大功率支持，将是4.6%（这仍有待旺季期间测量）。

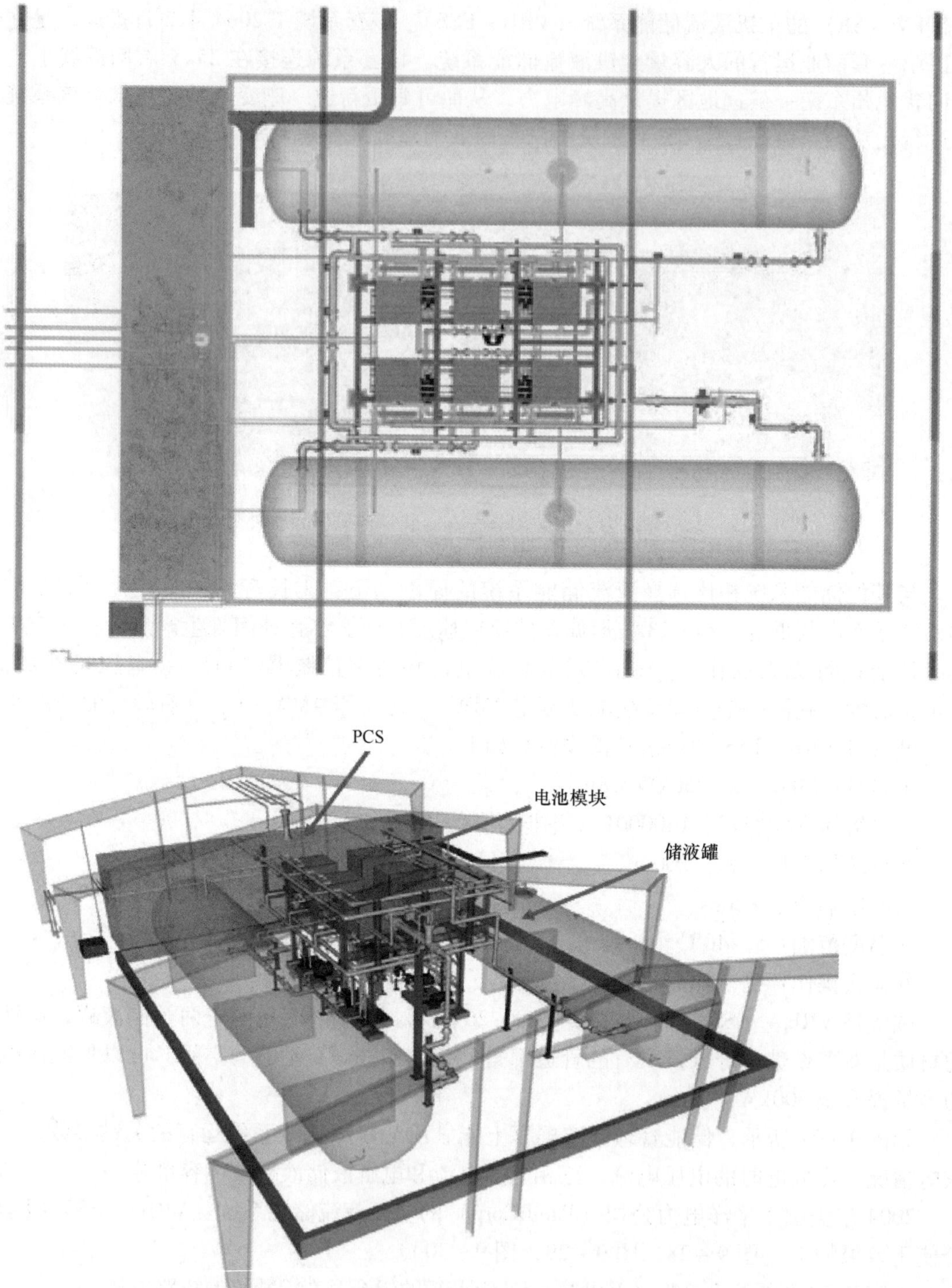

图 9 - 26　VRB - ESS 的 3D 布局

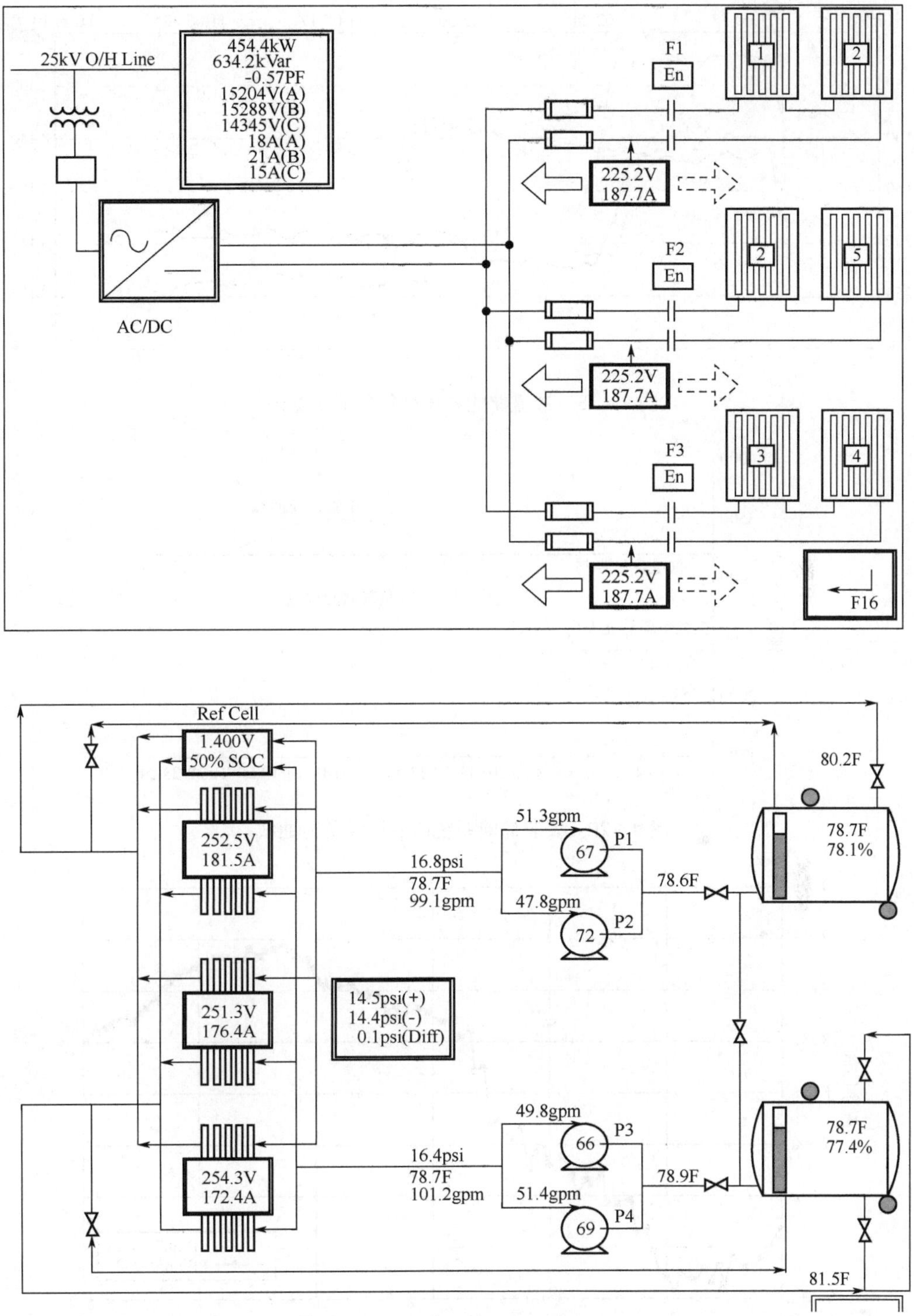

图 9－27 液流储能管理系统屏幕示意图

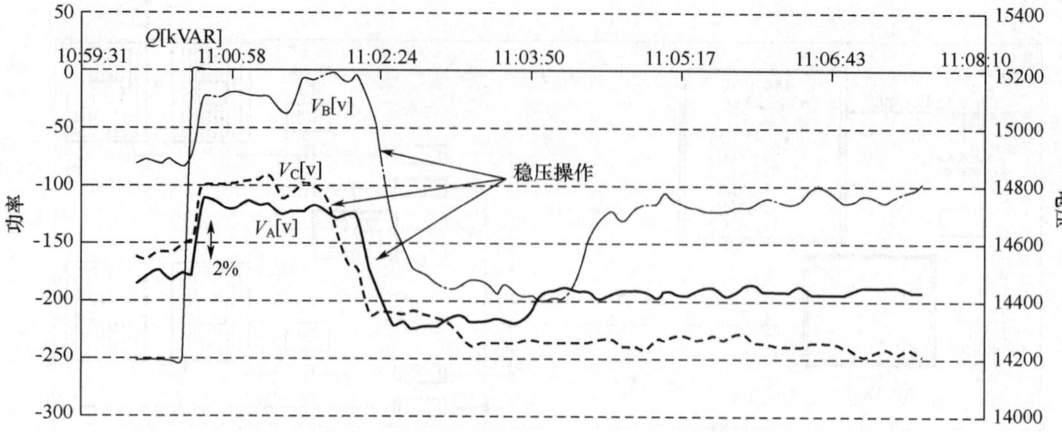

图 9－28 液流储能系统运行负荷示意图

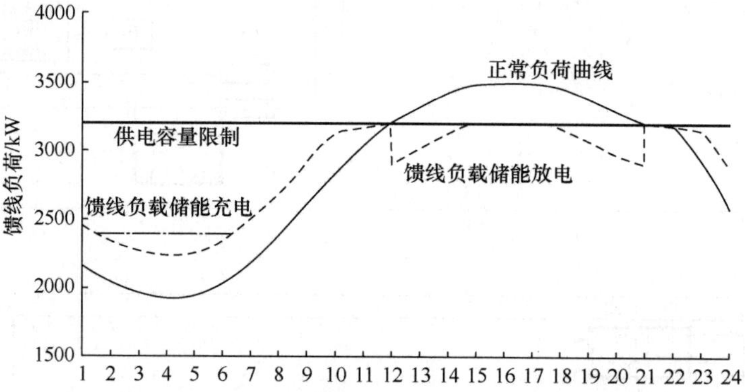

图 9－29 安装储能系统前后馈线负荷曲线

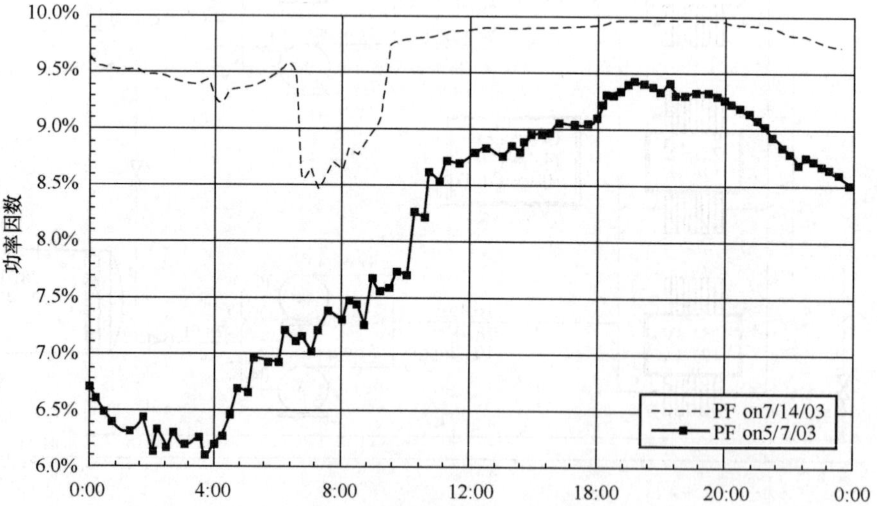

图 9－30 安装储能系统前后功率因数曲线

三、储能在用户侧的应用

1. 主要作用

储能在用户侧的应用主要集中于用户分时电价管理、容量费用管理、电能质量管理三个方面。其中分时电价管理和容量费用管理功能的实现要依赖于电力市场中存在分时电价和容量电价体系。目前，中国的工业用电中已经存在这样的电价机制，部分省份的居民用电也进行了尝试，给储能提供了应用可能。而电能质量管理涉及很多方面，在用户侧应用最广泛的是为提高供电可靠性而布置的 UPS 系统，如铅酸、飞轮等储能技术。

储能在用户侧的另一种应用模式是通过用户侧建设分布式发电和微电网来实现的。微电网是指由分布式电源、储能装置、能量转换装置、负荷和监控保护装置汇集成的小型发配电系统，是一个能够实现自我控制、保护和管理的自治系统，既可以与外部电网并网运行，也可以孤立运行。

2. 典型案例

美国阿拉斯加州的费尔班克斯冬季气温最低零下 50℃，90000 居民的用电多数是经过高压传输线从安克雷奇过来的，一旦传输线路中断或发电机组停机，电网频率会产生衰减或衰变，这都将会对居民取暖带来严重影响。针对这一问题，ABB 厂家在北方希利煤场附近设立镍镉蓄电池储能系统。

Golden Valley 电池储能系统是世界上第一个商业招标的电池设施，由美国电力研究协会制定计划书，Golden Valley 电气公司使用。

ABB 公司对镍镉蓄电池储能系统进行初步设计和控制工程，是整个项目的主要承包商。项目总用工为 24 个月，总花费 3500 万美元。

镍镉蓄电池储能系统总共用了 13760 个镍镉电池，总质量达 1300t，安置于长 120m、宽 26m 的室内，计划寿命 20 ~ 30 年。每 344 个电池组成一个模块，其中每 4 个镍镉电池串联（可扩展至 8 个电池串联），由一个 BMS 进行监控（图 9 - 31，表 9 - 11）。

图 9 - 31　室内镍镉电池

表 9 - 11　　　　镍镉蓄电池储能系统的基本参数

项目	基本参数
环境温度	-52 ~ 32℃
标称电压	138kV/187A/59 ~ 60.5Hz
直流电压	3440 ~ 5200V/12000A
交流功率	46MW
控制系统	ABB PSR Ⅱ

储能系统由大型电子电力转换器件和镍镉电池组成，镍镉电池是储能系统的媒介，负责能量的储存；电子电力转换器件进行交流电和直流电的转换。PCS 由镍镉储能电池、直流过滤电路、AC/DC 转换器、变压转换器以及 SCADA 操作系统组成，如图 9 - 32 所示。

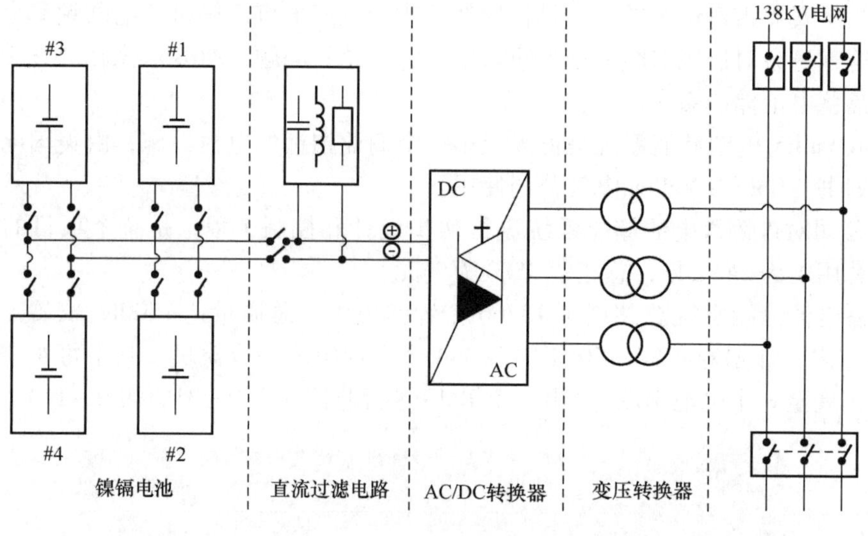

图 9 - 32　PCS 储能系统原理

其中，电子电力转换器件包括如下几个部件。

（1）变压转换器　如图 9 - 32 所示，整个系统中有 3 个变压器，每个变压器的功率为 14.9MVA，连接在 AC 端和电网之间。

（2）转换器　将交流电转换成适合储能电池的直流电，是整个系统的关键之处。

（3）过滤电路　将品质较差的电压过滤掉，使电压平衡，一般选取 60Hz 的频率。

（4）热处理系统　用水或乙二醇流经运行的储能系统中，将储能系统内部热量带出，并循环给室外提供过剩的热能，以节约资源（图 9 - 33）。

（5）控制器　储能系统由智能控制平台高速编程控制器（PSR Ⅱ）控制，PSR Ⅱ 不仅对储能系统进行控制，还能对系统进行保护。

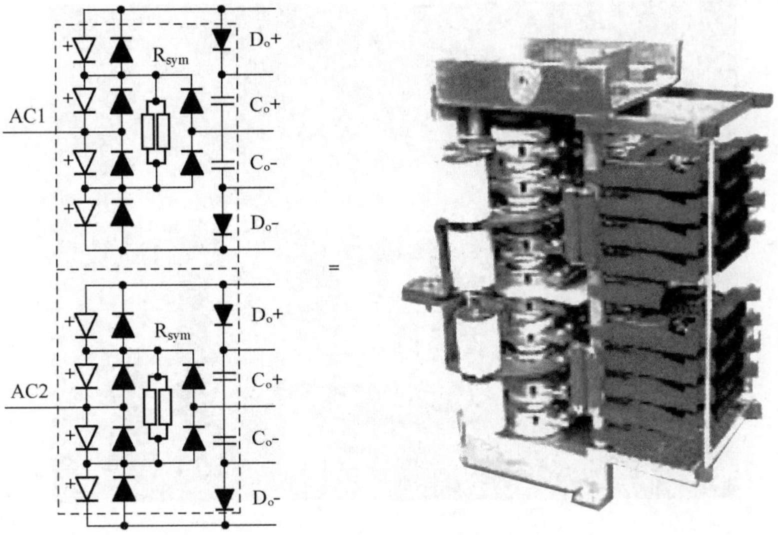

图 9-33 热处理系统原理及外观

电池管理系统 BMS 由费城科技公司提供，它需要检测、记录、报告电池模块的电压、电流、温度、电解质容量等参数，每个模块配备一个监控系统。各个模块之间相互不干扰，但可以通过总线将数据集中传输到电脑中进行分析。BMS 是整个储能系统的末端，根据电池性能的差异划分电池等级，便于管理。

阿拉斯加州的储能系统直流电压超过 5200V，是目前世界上最高的电池电压；5min 内功率可达 46MW，测试峰值达到 26.7MW，容量达 40MW·h。

镍镉电池储能系统的额定输出标称电压为 138V，电压偏差 ±14V，输出频率 60Hz，频率偏差 ±0.1Hz，持续输出的频率为 59～60.5Hz。

此套储能系统能实现 7 种操作模式。

（1）无功补偿　储能系统提供 5～7MVar，支撑电力系统稳态和紧急操作。

（2）旋压储备　储能系统响应远程中断系统，优先于其他模式。

（3）稳定电力系统　包括阻尼电力系统振荡。

（4）自动调度　用来提供即时系统支持。

（5）预定负荷增加　允许储能系统响应增加的大型电动机负载。

（6）自动发电控制　类似于旋转机械。

（7）充放电功能　储能系统进行兆瓦级的充电或者放电运行。

2001 年 10 月到 2005 年 12 月之间，应对突发大型事件共运行 60 余次；平均功率 12MW；累计时间 553min；累计保护居民用电 297970 次。

运行率高，系统运行率大于 99%（17 个月仅有 5 天未运行），指令接受度超过 98%。

实际效益比计划效益高，在电能上，可以达到 24min 持续 27MW 工作；在断电故障中，计划提升至 60%～65%，实际超过 80%（图 9-34）。

图 9－34　27MW 镍镉电池储能系统

思考题

1. 储能技术如何分类？
2. 简要介绍抽水蓄能和压缩空气储能的基本原理。
3. 简要介绍锂离子电池储能原理，并写出典型的电极反应式。
4. 如何比较储能技术？
5. 简要介绍储能技术的应用。
6. 结合当前国内实际，展望我国储能技术的发展方向。

参考文献

1. 周荣，胡平．部分国家抽水蓄能项目发展状况．水利水电快报，2015，11，36（11）：17～20.

2. 曹鹏，蔡羽燕．世界抽水蓄能电站的发展趋势．水利水电快报，2015，2，36（2）：6～7.

3. 张新敬，陈海生，等．压缩空气储能技术研究进展．储能科学与技术，2012，9，1（1）：26～40.

4. 余耀，孙华，等．压缩空气储能技术综述．装备机械，2013，（1）：69～74.

5. 孙丙香，姜久春，等．钠硫电池储能应用现状研究．现代电力，2010，12，27（6）：62～65.

6. 王中昂．钠硫储能电池管理系统研究．武汉：武汉理工大学出版社，2012.

7. 孙文，王培红，等．钠硫电池的应用现状与发展．上海节能，2015，（2）：85～89.

8. 王晓丽，张宇，等．全钒液流电池技术与产业发展状况．储能科学与技术，2015，

9，4（5）：458～466.

9. 孟琳．锌溴液流电池储能技术研究和应用进展．储能科学与技术，2013，1，2（1）：35～43.

10. 苏放．超导磁储能系统的发展与展望．中国科技博览，2015，(27)：150～152.

11. 姜勇，丁恩勇，等．相变储能材料的研究进展．广州化学，1999，(3)：48－54.

12. 张文亮，丘明，等．储能技术在电力系统中的应用．电网技术，2008，4，32（7）：1～9.

13. 艾欣，董春发．储能技术在新能源电力系统中的研究综述．现代电力，2015，10，32（5）：1～9.

14. 严干贵，谢国强，等．储能系统在电力系统中的应用综述．东北电力大学学报，2011，6，31（3）：7～12.

15. 孔令怡，廖丽莹，等．电池储能系统在电力系统中的应用．电气开关，2008，(5)：61～64.

16. 沈鑫，曹敏，等．分布式储能技术在智能电网的应用．云南电力技术，2015，12，43（增刊）：5～8.

17. 黄子豪，赵瑞，等．探析电力储能技术在电力系统中的应用．华东电力，2014，42（增刊）：3086～3088.

18. Abbas A Akhil，Georgianne Huff ， et al. DOE/EPRI Electricity storage handbook in collaboration with NRECA. America：Sandia National Laboratories ，2015.